KB242519

피지컬 AI 프런티어

일러두기

- 인명, 작품명, 저서명, 개념어 등은 한글과 함께 괄호 안에 해당 국가의 원어를 병기했습니다.

- 외래어 표기는 현행 어문 규정의 외래어 표기법을 따랐습니다.

- 도서명은 『겹낫표』로, 논문은 「홑낫표」로, 신문과 저널, 잡지는 ≪겹화살괄호≫로 영화와 작품은 〈홑화살괄호〉로 표기했습니다.

- 내용 중에서 주의가 미쳐야 할 곳이나 중요한 부분은 ' '로 표기했습니다.

- 내용 중에서 문장 형식의 인용문은 " "로 표기했습니다.

피지컬 프런티어 AI

PHYSICAL AI FRONTIER

행동하는 기계가 쓴 새로운 삶의 방식

김동환 · 최영호 지음

에이콘

움직이는 지능, 피지컬 AI가 온다

왜 지금 '피지컬 AI'인가?

모두가 말한다. 지금은 인공지능Artificial Intelligence, AI 시대라고. 그런데 왜 우리는 다시 인간 지능에 주목해야 할까? 우리 저자들이 피지컬 AIPhysical AI를 주목한 이유도 바로 여기에 있다. 인간의 뇌처럼 생각하는 AI를 넘어, 실제 물리적 세계에서 스스로 보고 판단하고 움직이며 행동하는 피지컬 AI의 정체를 알고 싶었다. 더 나아가 이 기술이 어디에서 출발했는지, 지금 어디에 와 있는지, 앞으로는 어떤 방향으로 나아갈지에 대한 궁금증도 컸다. 자율주행차의 아버지로 불리는 세바스찬 스런Sebastian Thrun의 말은 우리가 이 책을 집필하게 된 동기를 잘 보여준다. 그는 이렇게 말했다.

"아무도 이런 식으로 표현하지 않지만, 나는 AI가 거의 인문학 분야라고 생각한다. AI는 실제로 인간의 지능과 인간의 인지를 이해하려는 시도다."

우리는 지금 디지털 세계와 물리적 세계가 융합되는 전환의 시대에 살고 있다. AI는 더 이상 단순히 가상공간 속 알고리듬에 머무르지 않는다. 이제 물리적 실체를 지닌 존재로, 우리 삶 속에 실감나게 들어오기 시작한 것은 불과 3년 전의 일이다. 그럼에도 AI의 영향력은 거세다. 특히 피지컬 AI라 불리는 새로운 기술은, 한때 SF영화 속에서나 가능했던 장면들을 인간 삶의 현실로 바꾸고 있다.

보고, 느끼고, 행동하는 지능의 탄생

이제 AI는 단순한 데이터 분석과 예측을 넘어, 로봇의 형태로 세계를 감지하고 반응하며 스스로 판단하면서 움직일 수 있는 능력을 갖추었다. 예를 들어, 자율주행차는 도로 데이터를 처리하는 데 그치지 않는다. 실제 도로 위를 달리며 교통 상황을 실시간으로 판단하고, 안전하게 주행하도록 스스로 조정한다. 또한 AI 수술 로봇은 의사의 손길을 보조하는 수준을 넘어, 정교한 움직임으로 수술의 정확도를 높인다. 이처럼 피지컬 AI는 현실 세계 곳곳에서 데이터를 '체험'하고 반응할 수 있는 새로운 기술적 존재로 진화하고 있다.

이러한 변화의 핵심은 인간과 기계의 협력 구조에 있다. 인간은 여전히 창의적 사고, 직관, 윤리적 판단에서 독보적인 존재다. 반면 기계는 계산 능력과 정확성에서 인간을 능가한다. 두 존재의 결합은 단순한 효율성 향상을 넘어, 문제해결의 새로운 패러다임을 만들어낸다. 예를 들어, 피지컬 AI 기반 스마트 공장은 인간 작업자의 감각과 로봇의 정밀성을 결합해 생산성을 극대화한다. 또한 가정에서는 피지컬 AI가 노약자의 움직임을 감지하고 응급 상황에 자동 대응하는 등, 인간의 삶 속으로 깊숙이 들어가 돌봄과 안전 영역까지 확장되고 있다.

기술의 질주와 윤리적 책임

하지만 이 놀라운 진보에는 그만큼 책임과 도전도 따른다. AI가 물리적 형태를 갖추면서, 이제 기계의 결정이 곧 인간의 결정으로 연결되는 상황이 발생하기 때문이다. 자율주행차가 돌발 상황에서 누구의 생명을 우선시해야 할지를 선택할 때, 우리는 그 판단의 윤리적 기준을 어떻게 설정해야 할까? 메디컬 AI[Medical AI]가 환자의 데이터를 분석해 치료 방향을 제시할 때는, 인간 의사의 직관이 어디까지 개입해야 할까?

조금만 생각해도 알 수 있듯, 현재 질주하고 있는 기술 발전은 단순히 효율성의 문제가 아니다. 그것은 곧 인간의 가치와 AI의 도덕적 책임과 직결된다.

다른 한편, 피지컬 AI의 도입은 사회적·경제적 구조에도 깊은 영향을 미친다. 자동화가 우리의 일자리를 대체할 수 있다는 우려는 여전히 현실적인 문제로 남아 있다. 그러나 문제는 단순히 일자리를 잃는 것에 그치지 않는다. 반복적 업무가 로봇으로 대체되면서, 인간은 자신의 지위를 유지하기 위해 보다 창의적이고 전략적인 역할을 모색해야 한다. 따라서 창의성을 고취할 수 있는 교육 시스템의 전환과 혁신적인 직업 훈련이 필요하다. 발전하는 기술의 속도에 맞춰 새로운 형태의 역량을 기를 기회가 제공되어야 하며, 체계적인 관리도 함께 이루어져야 한다.

비관을 넘어 새로운 가능성으로

AI 시대로의 전환이 반드시 비관적인 미래만 의미하는 것은 아니다. 오히려 피지컬 AI는 인류에게 새로운 가능성의 문을 열어주고 있다. 예컨대, AI가 운영하는 스마트 시티는 교통 체증을 줄이고 에너지를 효율적으로 분배해 환경 부담을 최소화할 수 있다. AI 기반 정밀 농업은 기후 변화에 대응하면서 수확량을 높이고, 동시에 생태계를 보호하는 지속 가능한 모델을 제시한다. 또한 교육 분야에서 AI는 학습자의 성향과 능력에 맞춘 맞춤형 학습 환경을 제공해 개인의 잠재력을 극대화할 수 있다.

결국 중요한 것은 우리가 기술의 발전 방향을 어떻게 설정하느냐에 달려 있다. 피지컬 AI는 산업을 재편하고, 인간의 능력을 확장시킨다. 나아가 우리가 세상을 이해하는 방식까지 바꿀 잠재력도 지니고 있다. 그러나 이러한 잠재력이 진정한 의미를 갖기 위해서는, 기술이 인간의 가치와 조화를 이루는 방식으로 발전해야 한다.

AI는 창조하는 기계가 아니라, 재생하는 기계다. 무언가를 진정으로 만들어내려면, AI가 제공할 수 없는 인간 지능의 지원이 필수적이다. 우리가 직면한 위기는 단일한 문제가 아니라 서로 연결된 위기임을 이해해야 한다. 지식과 정보는 넘쳐나지만, 그 해법을 찾으려면 오히려 오래된 삶의 역사적 지혜와 관계적 이해가 더 절실하다는 것이 역설적이다.

오늘날 우리의 삶은 과잉된 상태에 놓여 있다. 슬라보예 지젝[Slavoj Žižek]은 2025년에 출간한 『양자적 역사』[Quantum History]에서, AI 시대를 맞아 인간 주체와 역사, 현실의 균열, 그리고 기술이 인간 존재를 어떻게 재구성하는지에 주목해야 한다고 강조한다. 그는 역사의 우발성과 주체의 분열, 상징적 질서가 작동하는 방식을 이해하는 것이, 양자 컴퓨터 발전이 지니는 철학적 의미를 파악하는 데 직접적인 통찰을 제공한다고 주장한다.

피지컬 AI와 양자 컴퓨팅 논의가 활발한 지금, 우리가 던져야 할 질문은 하나다.

"기술이 인간을 대체할 것인가, 아니면 인간을 더 인간답게 만들 것인가?"

미래는 이미 우리 앞에 와 있다. 피지컬 AI는 단순히 인간을 돕는 도구를 넘어, 인류가 진화해가는 과정의 동반자가 되어야 한다. 따라서 이 변화의 시대에 필요한 것은 인간이 창조한 기술에 대한 두려움이 아니라, 도전과 희망이다. 인간과 AI의 관계에 대한 이해와 앞으로 이어질 인류 역사에 대한 책임은 창의적 상상력으로 확장될 수 있다. 결국 피지컬 AI는 산업 혁신을 넘어, 인류의 삶을 더 풍요롭고 의미 있게 만드는 힘이 될 것이다.

CES 2026 현장에서 본 미래

마침 우리가 이 책을 마무리하기 직전, 미국 라스베이거스에서는 'CES 2026'이 열렸다. 우리는 주목하지 않을 수 없었다. '피지컬 AI'는 올해 CES 최대의 화두였고, AI 기술은 거의 모든 제품과 서비스 영역마다 핵심이었기 때문이다. 특히 로봇, 자율주행, 스마트 디바이스, AI 통합 솔루션들이 주요 부스를 독차지했고, 각종 물리적 기기와 서비스까지 어떻게 실용화되고 확대되고 있는지를 보여줬다. 로보틱스, 디지털 헬스, 모빌리티, 의료기술 등 첨단 피지컬 AI 기술의 트렌드에는 우리나라 기업들도 중추적인 역할을 하고 있었다. 삼성전자, LG전자, 현대자동차그룹의 기술경쟁력은 세계인들의 시선을 집중시켰고, 다들 한국기업 제품의 CES 혁신상 수상 너머를 예측하게 만들었다.

우리는 지금 우리 사회의 무너진 삶을 다시 시작하고, 인류와 자연, 그리고 기술이 공존하는 통합 생태론 차원의 미래를 위해 우리가 서로 어떤 관계를 형성해야 하는지를 숙의해야 할 시점에 서 있다. 변화를 두려워하지 않는 용기, 공동체의 행복을 위한 각성된 지혜, 서로 다름을 존중하는 열린 인식, 매순간 하는 일이 의미가 있음을 인정하는 실천적 행위와 선의를 가진 첨단 기술이 어떻게 새롭게 관계 맺을 수 있는지 그 독창적 방법에 대해 생각할 때가 도래한 것이다.

우리의 시선이 피지컬 AI와 인문학의 접점에 오래 머문 것은 그래서일지 모른다. 이는 곧 '빛의 속도'로 변화하는 첨단기술 시대에 우리는 물론이고 지구촌 모두가 견지해야 할 낙관하지 않는 희망이자 과학 기술과 더불어 장차 우리가 어떻게 살아야 하는지를 묻지 않으면 안 될 당면 과제일 것이다.

"이제, 전 세계를 공감시킬 우리만의 '피지컬AI' 서사Narrative와 창의적인 스토리Story가 필요하다."

끝으로 한마디 덧붙이고 싶다.

『피지컬 AI 프런티어: 행동하는 기계가 쓴 새로운 삶의 방식』. 이 책이 유독 무겁게 느껴지는 이유다. 우리 인간이 만든 AI가 거꾸로 인간을 만들어 가는 시대다. 이 변화를 지금의 우리는 어떻게 받아들여야 할까?

이 책이 무거운 이유는 종이나 제본 같은 물질적 문제 때문이 아니다. 하나의 주제를 설명하기 위해 우리가 찾아 읽은 태산 같은 자료의 양 때문만도 아니다.

과연 선별된 것 중 이것을 넣어도 될까, 이 논의는 어디에 배치해야 적절할까를 고민하면서 낮과 밤을 넘나들며 읽어 내려간 수많은 문헌, 꽤 알고 있다고 생각했지만, 끝내 알지 못한 채로 남겨둘 수밖에 없었던 갖가지 질문들의 시간 때문만도 아니다.

어쩌면 이 책의 진짜 무게는 피지컬 AI와 인간의 관계를 떼어놓고 보지 않기로 결심한 바로 그 순간부터 차곡차곡 쌓여온 숱한 시간들의 무게일지도 모른다.

지구촌 곳곳을 떠들썩하게 만드는 피지컬 AI를 기술의 문제가 아니라 인간 존재의 문제로, '한꺼번에' 마주 보아야겠다고 마음먹은 그 순간부터 이 책은 이미 가벼울 수 없었을 것이다.

여기에 또 하나의 무게가 추가된다. 평소 터득한 지적 근력을 총동원해 피지컬 AI의 실체를 이제는 제법 손아귀에 쥐었다고 믿었건만, 왠지 모르게 책을 덮고 되돌아보니 그것은 손 안에 있던 게 아니라 손등 위에 잠시 올라와 있었음을 깨닫게 되는, 바로 그 순간의 좌절과 아쉬움이다.

그럼에도 불구하고, 과연 '프런티어'라는 제목이 붙은 이 책을 저술해도 괜찮을까 하는 의구심을 밀어내고 우리가 이 책을 세상에 내놓을 수 있었던 까닭은 이 속이 깊은 질문을 함께 고민해 줄 분들이 계셨기 때문이다.

그중에는 전 지구적 변화를 불러오고 있는 피지컬 AI의 등장을 결코 가볍게 보아서는 안 된다고 끝까지 격려를 아끼지 않으신 ㈜에이콘 옥경석 대표님이 계셨다. 차제에 깊이 감사드린다.

AI 기술은 급속도로 발전하고 있지만 그와 비례해 우리의 삶은 더 명확해지기보다는 오히려 더 불확실해지고 있다. 이럴수록 우리는 피지컬 AI의 과거와 현재를 깊이 이해하고 그 미래를 차분히 내다볼 필요가 있다. 왜냐하면 설령 희망이 없더라도 우리는 저마다 가능한 방식으로 우리의 운명을 바꿀 창의적인 행동을 수행함으로써 우리가 처한 환경과 상황을 제대로 인식하며 새로운 가능성을 찾지 않으면 안 되기 때문이다.

이 책이 이 질문을 시작하는 데 필요한 작지만, 단단한 지적 프런티어가 되기를 기대한다.

2026년 2월 10일
김동환 · 최영호

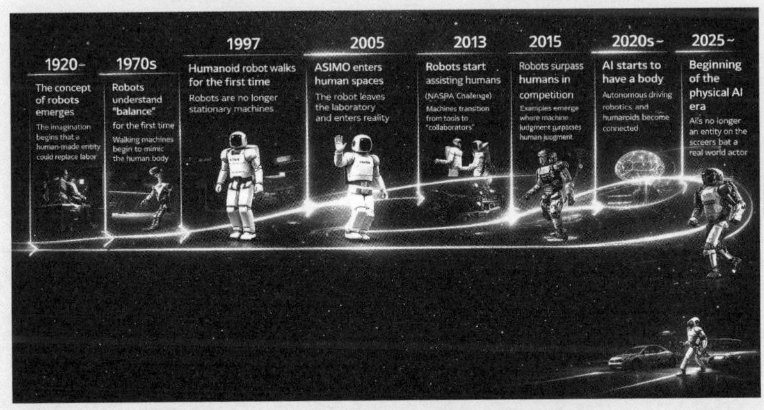

| 로봇의 역사_AI 제작 이미지

목차

PART 03 — 로봇은 어디까지 인간을 대신할 수 있을까?

PART 04   기술은 어디까지 인간을 바꿀까?

CHAPTER 11   인간은 언제부터 사이보그가 되기 시작했는가?   334

오늘날
실행되고 있는 AI

"움직이는 AI는 우리 삶을 어떻게 바꿀까?"라는 질문에 대한 탐색

인간의 한계, 기술의 반격

연약함이라는 이름의 위대한 선물

세상에 태어나는 수많은 생명체 중에서 인간만큼 무력하게 생을 시작하는 존재가 또 있을까? 갓 태어난 기린은 몇 분 만에 제 발로 일어서고 바다거북은 태어나자마자 본능적으로 바다를 향해 질주한다. 하지만 갓난아이는 누군가의 도움이 없으면 고개조차 가눌 수 없는 미완성 상태로 세상에 던져진다. 날카로운 발톱도, 매서운 독도, 추위를 견뎌낼 두꺼운 털과 가죽도 없는, 갓난아이의 근본적인 연약함은 생존에 절대적으로 불리해 보인다. 하지만 바로 이런 불편한 진실이야말로 우리 인류를 지구상에서 가장 특별한 존재로 만드는 위대한 역설의 시작이었다. 스스로를 지킬 방책이 없었기에 인간은 나름의 도구를 만들었고, 혼자선 살 수 없었기에 서로의 마음을 모아 협력하고 지혜를 발휘했다. 이 위대한 시작은 불편한 진실 위에서 이루어졌다.

이번 장에서는 인간의 취약함과 연약함이 어떻게 위대한 확장의 동력이 되었는지를 추적해 본다. 우리의 생각은 단순히 뇌 안에서만 맴도는 데 그치지 않고 몸의 감각과 어우러져 '신체화된 마음'을 이루는 바탕이 된다. 그리고 우리의 지능은 도구와 타인을 통해 '확장된 마음'과 '확장된 신체'로 뻗어나간다. 30만 년 전 전곡리의 구석기인이 쥐었던 주먹도끼부터 오늘날 우리 일상에 스며든 스마트 AI에 이르기까지, 인간이 창조한 기술은 단순한 도구가 아니라 인류의 생물학적 한계를 보완해 주는 새로운 피부로 진화해 왔다. 자연 속 소라게와 거미가 환경을 자신의 일부로 만들 듯, 우리 인간이 어떻게 인공지능과 로봇을 우리 존재의 경계로 받아들이며 새로운 인간성을 다시 정의하고 있는지 이제부터 그 흥미로운 여정을 여러분과 함께 떠나보겠다.

연약함의 역설

인간은 어떤 생명체보다 연약하게 태어난다. 미완성의 완성체로 태어나는 갓난아이는 단 한 발자국을 내딛기는커녕 제 몸조차 가눌 수 없다. 어엿한 존재로 성장하는 데까지 갓난아이는 타인의 손을 빌려야 한다. 어디 그뿐인가! 면역 체계 또한 갖추고 있지 않아 감염이나 질병에 쉽게 노출된다.

그런데 놀라운 장면이 있다. 갓난아이의 우렁찬 울음이다. 온몸을 뚫고 나오는 울음은 세상에 한 존재의 탄생을 알리는 힘찬 소리다. 여린 몸에서 나오는 이 소리는 그것의 세기와는 상관없이 주변 사람들의 이목을 집중시킨다. 새 생명의 탄생을 축복하게 만들고, 이것이 얼마나 위대한 일인지를 깨닫게 한다. 새 생명의 탄생과 지치지 않는 울음은 전쟁 중에도 사람들의 마음을 뒤흔든다.

특히, 주목할 대목이 있다. 성인은 조금만 무리를 해도 목이 쉰다. 하지만 밤새껏 울어도 갓난아이의 목청이 쉬지 않는다. 우렁찬 갓난아이의 목청은 끄떡없다.

하지만 갓난아이의 몸 상태는 어떠할까? 다들 알다시피 극히 연약하다. 그런 여린 몸에서 토해지는 울음에 비하면 이 얼마나 역설적인가? 기린은 태어나자마자 걷고, 바다거북이는 알에서 깨어나자마자 바다를 향해 질주한다. 그들은 몸에 밴 바닷냄새와 지구 자기장의 흐름을 본능적으로 알기 때문이다. 반면 인간은 그렇지 않다. 갓난아이가 성인이 되기까지의 과정은 길고 복잡하며 끈질긴 돌봄을 전제로 한다. 단계마다 타인의 손길이 필요하고 그런 환경 속에서만 인간은 살아남는다.

인간은 외부의 방어 수단 없는 무방비 상태에서 태어나고 자란다. 스스로를 방어할 날카로운 발톱이나 이빨, 독과 같은 자연적 무기도 없다. 대부분의 포식자보다 느리고, 맨눈으로는 어둠 속에서는 앞을 분간하기조차 어렵다. 후각과 청각의 경우는 더 말할 필요도 없다. 두 감각 기관은 다른 동물에 비해 낮은 수준이거나 극히 평범하다. 그렇다면 근육의 경우는 어떠한가? 치타는 시속 백 킬로미터로 달려도 끄떡없지만, 인간은 조금만 달려도 숨을 헐떡거린다. 인간의 신체적 제약 때문이다.

바로 여기에 놀라운 반전이 숨겨져 있다. 연약한 신체지만 성장 과정을 거치면서 인간의 신체는 점점 더 단련되고 새롭게 변화된다. 여기에 생명체의 원리와 내적 숙련 과정은 인간 존재의 발전적 가능성을 강화하고 확대시킨다.

물론, 무한대로 강화되거나 확대되는 것은 아니다. 지칠 줄 모르던 젊음도 노화가 진행되면 다시 인간 존재의 취약성이 드러난다. 나이 들수록 근육은 줄어들고 뼈는 약해진다. 면역 기능도 떨어지고, 기억력과 사고력 같은 인지 기능도 서서히 퇴화한다. 그에 반해, 거북이나 특정 어류는 인간보다 몇 곱절 더 생존 가능하다. 이런 장수 동물들에 비하면 인간의 수명은 너무도 짧다. 최근 평균 수명이 다소 늘었다곤 하지만 한 인간의 생물학적 수명은 100세 전후다.

하지만 우리 인간은 몸 하나로만 이루어진 존재가 아니다. 근본적으로 취약성을 지닌 생명체지만, 인간은 마음과 몸을 함께 지니고 있다. 특히, 인간의 마음은 단순히 감정의 떨림판이거나 감각의 집약체로 단정할 수 없다. 인간의 마음은 생각하고 판단하며, 언어를 통해 세상과 소통하는 중심지다. 즉, 인간의 마음은 사고와 이성, 논리, 합리성의 세계를 대표한다.

생물학적 존재 자체로는 취약한 탓에 개별적 존재로서의 인간의 마음과 몸은 연약할 수밖에 없다. 세월이 가면 자연히 인간의 몸은 병들고 늙기 마련이다. 그런데 덩달아 마음 또한 불안과 두려움에 쉽게 휩싸인다. 또한, 피로가 쌓이면 판단도 흐려지고, 마음이 무너지면 몸까지 굳어진다. 반대로, 몸이 아프면 생각도 좁아지고 마음은 부정적인 감정에 지배된다. 밤을 새워 고민한 다음날엔 몸도 무겁고 마음도 무기력해지는 것을 다들 느끼게 된다.

이는 부인할 수 없는 사실이다. 하지만 인간을 보는 이런 단선적 시각을 조금 달리하면 어떠할까? 인간은 생물학적으로는 연약한 존재지만 줄곧 이런 상태로만 살아가지 않는다는 관점에서 보면, 인간의 잠재적 가능성은 새롭게 보인다. 스스로의 한계를 극복하기 위해 인간은 역사적으로 각종 기술과 사회적 협력, 온갖 지식을 쌓고 발전시켰다. 맹수의 이빨처럼 날카로운 무기는 몸에 지니지 않았지만, 인간은 집단적으로 협력하여 사나운 포식자를 방어했다. 불과 의복을 만들어 혹독한 추위와 열악한 환경 등도 이겨냈다.

결국, 인간의 생물학적 취약성은 단순한 약점이라고만 할 수 없다. 오히려 이런 취약성 때문에 우리 인간은 여러 기술과 다양한 지혜를 발현시켜 주어진 상황에 대응했고 태생적 한계를 극복했다.

생각은 정말 뇌 안에서만 일어날까?

태생적으로 취약한 인간의 마음과 몸은 살아남기 위해 끊임없이 새로운 길을 찾아왔다. 그 과정에서 인간은 두 가지 방향으로 진화해 왔다.

하나는 따로 떨어져 있던 마음과 몸을 다시 연결하는 길이고 다른 하나는 마음과 몸의 능력을 몸 밖으로 확장하는 길이다.

신체화된 마음: 신체와 사고의 결합

마음과 몸을 융합한다는 생각은 신체화된 마음Embodied mind이라는 개념으로 설명된다. 마음은 몸과 분리된 것이 아니라, 몸 안에서 작동하고 동시에 몸을 통해 드러난다는 얘기다. 신체화된 마음을 달성하는 방식에는 두 가지 길이 있다.

마음속의 몸

신체화된 마음은 곧 마음속의 몸^{Body in mind}을 말한다. 여기서의 마음은 독립적으로 덩그렇게 존재하는 추상적 실체가 아니라, 신체적 경험과 감각을 기반으로 이루어지는 마음을 일컫는다. 이 마음은 몸으로부터 분리된 존재와 달리, 몸의 구체적 경험 속에서 형성되는 인지적 작용이다.

마음이 생성하는 개념은 본질적으로 추상적일 수 있다. 다만, 이런 추상적 개념을 형성하고 이해하는 과정은 언제나 몸에 기반한다. 예를 들어, '따뜻한 사람'이라고 말할 때 이 말을 들은 사람은 무엇보다 먼저 실제 온도부터 떠올린다. 그런 다음 '따뜻함'이라는 그 감각적 인식이 자기 마음속에서 '친절'과 '다정함' 같은 정서로 바뀐다. 반대로 '차가운 사람'이라고 하면, 그 사람의 태도나 감정이 마치 서리나 얼음처럼 느껴진다. 이렇듯 우리의 마음은 몸의 감각을 빌려 추상적 생각을 표현한다.

이 과정은 은유^{Metaphor}를 통해 더욱 분명해진다. 셰익스피어^{William Shakespeare}의 〈로미오와 줄리엣〉^{Romeo and Juliet}에서 로미오는 줄리엣을 '태양'이라고 부른다. 물론 줄리엣은 실제 태양이 아니다. 하지만 그녀를 태양에 비유함으로써 '빛나고 아름다운 존재'라는 의미는 더 생생하게 빛난다. 만약 "줄리엣은 매우 아름답다"처럼 문자 그대로 말했다면, '태양'이란 은유에 투영된 것보다 그 감정의 울림은 크지 않았을 것이다.

"줄리엣은 태양이다"라는 은유를 사용하면 문장은 짧지만 표현은 한층 더 효율적이다. 뿐만 아니라, 듣는 사람의 머릿속에도 선명한 이미지를 남긴다. 우리는 추상적 개념을 여러 이미지를 통해 보다 쉽게 이해할 수 있다.

또 다른 예로 "슬픔이 나를 짓누른다"라는 표현을 떠올려 보자. 이 표현은 우리 내면의 감각적 인식을 체감시킨다. '짓누른다'는 말은 원래 무게와 압력을 가리키는 구체적인 단어다. 그러나 이 표현은 현재의 마음 상태를 누구나 체감할 수 있는 방식으로 전달한다. 이렇듯 은유는 추상적인 마음의 세계와 구체적인 몸의 경험을 연결하는 징검다리가 된다.

결국 '마음속의 몸'이라는 길을 통해 신체화된 마음을 바라보면, 우리는 생각할 때조차 몸의 언어를 사용하고 있음을 알게 된다. 그 덕분에 추상적 개념까지 감각적으로 이해할 수 있을 뿐만 아니라, 이를 생동하는 언어로도 표현할 수 있다.

몸 생각

신체화된 마음을 형성하는 또 다른 길은 몸 생각^{Body thinking}이란 사유 방식이다. 이 개념은 동양철학에서 말하는 무위無爲 상태와 맞닿아 있다. 무위는 억지로 애쓰지 않아도 자연스럽게 이루어지는 경지를 뜻한다. 도올 김용옥 교수는 무위를 비틀스^{The Beatles}의 〈렛잇비〉^{Let it be}에 비유하며 '그냥 내버려두는 상태'라고 설명한 바 있다. '내버려 둠'은 생각의 멈춤을 필요로 한다. 우리는 평소 어떤 일을 할 때 늘 머릿속으로 계산하고 판단하는 데 익숙하다. 그런데 무위에 이르기 위해서는 먼저 이성이 주도하는 마음을 잠시 멈춰야 한다.

무위는 자발성과 몰입 상태를 의미한다. 이 상태에 이르려면 이성을 통제하는 우리 마음의 작용을 일시 멈추고, 사유의 주체를 몸으로 전환시켜야 한다. 사유의 주체가 마음에서 몸으로 이동하면, 그 사유는 더 이상 이성적·합리적 과정이 아닌 신체적 인지의 흐름 속에서 이루어진다. 생각이 머리에서 몸으로 옮겨가는 순간, 우리는 더 이상 '생각하는 나'가 아닌 '움직이는 나'가 된다. 바로 이때 몸 스스로 생각하게 내버려 두는 것, 이것이 바로 몸 생각이다.

몸의 사고, 곧 몸 생각은 의식적 통제나 논리적 분석이 아니라 무의식에서 자연스럽게 흘러나온다. 그리고 언어가 개입하지 않는다. 이런 점에서 몸 생각은 비언어적이고 빠르고 즉각적인 반자동적 행동으로 정의된다.

몸 생각의 상태에서는 개인이 자발적 몰입 상태에 이르러서 과도한 인지적 개입 없이도 높은 수준의 효율성과 창의성을 발현할 수 있다. 예를 들어, 몸 생각의 상태에 있는 예술가는 신체 감각과 정서가 일체화된 상태에서 직관적으로 붓을 움직여 탁월한 작품을 창작할 수 있다. 또 몸 생각에 능숙한 정계 지도자는 복잡한 대인 관계를 부드럽고 조화롭게 조율할 수 있다.

신체화된 마음, 특히 몸 생각이라는 개념은 전통적으로 마음과 몸을 분리해온 이원론적 철학에 정면으로 도전하는 사유다. 캐나다 브리티시컬럼비아대 종교학자인 에드워드 슬링거랜드Edward Slingerland는 2018년 출간한 『고대 중국의 마음과 몸』Mind and Body in Early China에서 서구의 전통적인 이원론을 강한 이원론strong dualism으로 명명한다.

강한 이원론의 관점에서는 마음과 몸이 명확히 분리된 두 영역으로 인식된다. 이때 양자 간의 실질적 상호작용은 인정되지 않는다. 마음과 몸의 관계는 마치 차선 변경이 불가능한 실선 도로에 비유할 수 있다. 이 비유처럼 마음과 몸은 처음부터 각자의 차선으로만 주행하고 있어 서로의 경계를 넘나들 수 없는 존재로 설정된다.

반면 슬링거랜드는 마음과 몸이 구분된다는 사실 자체를 인정하면서도 이 둘을 완전히 단절된 독립체로는 보지 않는다. 둘을 상호 교류하고 영향을 주고받는 실체로 여긴다. 예를 들어, 과도한 음주는 이성을 흐리게 만들어 비합리적인 행동을 유발한다. 반대로 과도한 걱정이나 불안은 신체적 통증이나 질병으로 나타날 수 있다. 이 상반된 예시는 마음과 몸이 단순히 병렬적으로 존재하지 않고 서로 긴밀히 연결되어 있다는 걸 알려준다. 이처럼 마음은 몸에 의해 지탱되며, 마음속에는 이미 몸의 작용이 내재되어 있다. 슬링거랜드는 이런 관점을 약한 이원론Weak dualism으로 불렀다.

약한 이원론은 마음과 몸이 구분되어 있으면서도, 필요에 따라 상호 간섭이 가능한 관계로 이해된다. 이를 점선으로 표시된 차선이 있는 도로에 비유할 수 있다. 점선 도로에서는 마음과 몸이 각각의 차선을 따라 움직이지만, 특정 상황에서는 다른 차선으로도 충분히 넘어갈 수 있다. 그래서 마음의 작용을 잠시 중단시켜서 마음이 하던 일을 몸에 위임할 수 있다. 바로 여기에서 마음이 하던 생각을 몸이 하도록 한다는 '몸 생각'이라는 개념이 나온다.

확장된 마음: 도구·타인과 함께 사고하기

취약한 인간성을 보완하는 또 다른 방법은 마음과 몸을 각각 확장하는 것이다. 이를 확장된 마음Extended mind과 확장된 신체Extended body라고 부른다.

확장된 마음이란 생각과 기억이 개인의 머릿속에만 머무르지 않고, 다른 사람이나 도구, 환경과 연결되어 더 넓게 작동한다는 개념이다. 인지과학에서는 이를 분산 인지Distributed cognition라고 설명한다. 즉, 우리의 생각이 단순히 한 개인의 머릿속에서만 일어나는 게 아니라, 사회적·문화적 맥락 속에서 다른 사람과 도구로 분산될 수 있다는 것이다. 이를 이해하면 문제를 해결하고 배우는 기존의 방식을 보다 넓은 관점에서 볼 수 있다.

수학 문제를 푸는 장면을 떠올려 보자. 머릿속으로만 문제를 풀 수도 있지만, 대부분 우리는 종이에 계산 과정을 적거나 펜을 사용해 그림을 그려가며 문제를 푼다. 이때 우리의 인지 과정은 단순히 머릿속에서만 일어나지 않는다. 다른 사람의 눈에는 보이지 않는 우리 마음과 누구나 볼 수 있는 펜, 종이 사이의 상호작용 속에서 이루어진다.

인간의 기억력은 완벽하지 않다. 우리는 하나의 정보를 배운 지 1 시간 안에 약 56%를 잊고, 하루가 지나면 66%, 6일 뒤에는 75%를 잊는다고 한다. 이런 수치는 인간의 기억이 얼마나 쉽게 사라지는지를 알려준다. 그렇기 때문에 우리는 외부의 도구를 활용해 자신의 마음을 넓히고 강화하려고 애쓴다. 이를 통해 보면 스마트폰, 달력, 노트, 심지어 친구와의 대화까지 모두 우리가 만든 확장된 마음의 일부라고 할 수 있다.

인간의 지적 능력에도 분명 한계가 있다. 누구든 모든 것을 알 수 없고, 혼자서 모든 문제를 해결할 수도 없다. 따라서 부족한 지식을 보완하기 위해 우리는 주변 사람들로부터 조언을 구하거나, 함께 토론하며 새로운 생각과 해결책을 찾는다. 이때 팀원들은 각자의 아이디어를 공유하고, 언어를 통해 의사소통하며, 메모, 다이어그램, 컴퓨터 프로그램 같은 도구를 활용한다. 이 경우, 문제해결 과정은 한 사람의 마음에만 있지 않고 팀 전체와 그들이 사용하는 다양한 도구로 분산된다. 이처럼 우리의 지적 능력은 외부 자원과 상호작용 속에서 확장되고 강화되는 것이다.

이제 거의 일상사가 되어버렸지만, 우리는 인터넷을 통해 필요한 정보나 지식을 얻는다. 네이버나 구글에서 필요한 자료를 검색하거나, 챗GPT 같은 AI에게 도움을 받기도 한다. 물론, 이런 익숙한 지식 습득 과정은 단순히 정보만 찾는 행위일 수 없다. 여기엔 우리의 사고와 지식을 외부로 확장하는 일도 수반된다. 그렇다면 네이버, 구글, 챗GPT 같은 지식 플랫폼은 우리와 완전히 분리된 존재일 수 없다. 이는 오히려 우리의 지적 능력을 넓혀 주는 또 하나의 확장된 마음인 것이다.

확장된 신체: 연습과 도구를 통한 도약

인간은 매우 연약하고 취약한 존재다. 갓난아이의 경우는 목청 높여 우는 것 외에는 스스로 할 수 있는 일이라곤 거의 없다. 모든 인간은 반사운동이나 기본적인 감각 능력을 지녔지만, 그런 능력은 매우 제한적이다. 우리 인간은 무거운 상자를 마음대로 들 수 없고, 일정 속도 이상으로 달릴 수도 없다. 너무 먼 거리에서는 상대방의 목소리를 들을 수도 없다. 이처럼 인간의 신체는 많은 한계를 지닌다. 그래서 인간은 신체를 보호하는 데서 멈추지 않고, 적절한 도구나 기술을 통해 취약한 신체를 보완하고 강화해 왔다.

신체 능력을 높이는 방법은 크게 두 가지다. 하나는 연습을 통한 향상이고, 다른 하나는 도구를 통한 확장이다.

첫 번째 방법인 연습은 우리 스스로의 한계를 넘어서기 위한 가장 오래된 방법이다. 예를 들어, 인간의 성장 과정을 보자. 갓 태어난 아기도 처음에는 기어 다니다가 오래지 않아 두 발로 서서 걷기 시작한다. 나중에는 달릴 수 있는 체력을 갖춘다. 이렇듯 우리 몸을 반복적으로 사용하고 익숙하게 만드는 과정이 바로 연습이다. 무용수는 매일 같은 동작을 반복하며 균형감각과 근육 조절 능력을 키운다. 운동선수 역시 끊임없는 훈련을 통해 속도, 힘, 민첩성을 향상시킨다. 와인 감별사인 소믈리에의 경우는 수많은 종류의 와인을 맛보며, 미세한 향과 맛의 차이를 구별하며 혀의 감각을 단련한다. 이처럼 연습은 우리 몸의 능력을 다듬고 확장시키는 가장 직접적인 방식이다.

두 번째 방법은 도구를 사용하는 것이다. 인간은 손에 쥔 도구를 활용해 자신의 신체적 한계를 뛰어넘는다. 맨손으로 깰 수 없는 바위를 망치로는 부술 수 있고, 가위를 사용하면 손만 사용해선 불가능한 정밀 절단이 가능하다. 자전거는 걷는 것보다 훨씬 빠르게 이동시킨다. 망원경은 인간의 시야를 수 킬로미터 밖으로까지 넓혀 준다.

이처럼 도구를 통해 신체 능력이 확장될 때, 우리는 이를 '확장된 신체'라고 부른다. 망치나 가위, 자전거, 망원경은 단순한 물건이 아니라 우리 인간의 몸이 세상과 상호작용하는 방식을 넓혀 주는 또 하나의 신체가 되는 것이다.

로봇, 새로운 존재의 탄생

인간의 확장된 몸이라는 관점

인간의 역사는 신체 능력을 확장하기 위해 다양한 도구를 사용해 온 과정이다. 물론 어떤 도구를 사용하는지는 시대마다 다르고, 그 종류 또한 사람들의 수만큼이나 다양하다. 요리사는 칼과 프라이팬을 사용해 손의 기능을 확장하고, 음악가는 악기를 통해 손끝의 감각과 자기만의 호흡을 소리로 표현한다. 같은 사람이라도 상황에 따라 전혀 다른 도구를 사용한다. 학생은 공부할 때 펜이나 노트북을 사용하고, 등산할 때는 지팡이나 등산화를 신체 일부처럼 활용한다.

최근 들어 과학기술의 발전으로 이런 도구는 한층 더 정교하고 강력해졌다. 특히 AI의 등장으로 인간의 신체와 정신을 동시에 확장시키는 새로운 형태의 도구가 우후죽순 생겨났다. 대표적인 예가 바로 피지컬 AI^{Physical AI}즉, 로봇^{Robot} 또는 휴머노이드 로봇^{Humanoid robot}이다. 로봇은 단순히 인간의 일을 대신하는 기계가 아니다. 오히려 인간이 미처 닿지 못한 영역까지 인간의 신체 능력을 확장시켜 주는 존재다.

빛의 속도로 진화 중인 AI는 인류의 새로운 마음을 상징한다. AI는 계산만 빠르게 해주는 기계가 아니라, 인간의 지능과 사고 능력을 확장하도록 발전해 왔다. 그런즉 AI는 인간의 생각을 보조하고, 때로는 함께 사고하는 확장된 형태의 마음이라 할 수 있다.

과학기술의 발전과 함께 인간의 신체 확장은 크게 두 가지 방식으로 나타난다. 하나는 로봇이고, 다른 하나는 사이보그^{Cyborg}이다. 로봇은 인간의 몸과 분리되어 신체 능력을 대신하거나 확장하는 방식이다. 산업용 로봇, 원격 수술 로봇, 탐사 로봇 등이 여기에 속한다. 사이보그는 의수와 의족 같은 기술 장치로 신체 능력을 강화하거나 생명공학과 유전자 기술을 이용해 신체 기능을 직접 변화시키는 방식이다.

로봇은 단순한 기계가 아니다. 인간의 몸이 확장한 존재여서 로봇은 사람들로부터 정서적 유대감과 애착을 갖게 한다. 그 예는 곳곳에서 찾아볼 수 있다. 우리나라와 일본처럼 고령화가 심한 사회에서 노인들의 외로움을 덜어주기 위한 로봇 간병인의 경우를 들 수 있다. 구체적으로 일본의 파로^{Paro}라는 물개 로봇의 경우가 그 대표적인 사례다. 이 로봇은 부드러운 털과 귀여운 눈동자를 갖고 있어 요양원에서 생활하는 노인들에게 실제 반려동물처럼 위로와 안정감을 준다.

흥미로운 점은 이런 로봇이 고장 나거나 파손되었을 때 사람들이 실제 반려동물을 잃은 것처럼 깊은 슬픔과 상실감을 느낀다는 사실이다. 이제 인간은 로봇에게도 우리의 감정을 투사하고 낯설지만 이색적인 관계를 맺는 존재로 변화하고 있다.

영화 속 로봇이 우리에게 던지는 질문

1995년 개봉된 세계적인 애니메이션 〈토이 스토리〉^{Toy Story}와 2001년 개봉작 스티븐 스필버그^{Steven Spielberg}의 영화 〈에이 아이〉^{A.I.}는 실제 로봇의 등장이 가져올 미래를 앞질러 보여준다. 영화적 상상력은 허구에만 머무는 것이 아니라 과학에 영감을 주고 미래 현실을 이끌어낸다. 두 영화는 기술 진보의 핵심이 장차 인간 본질, 특히 인간 감정의 진정성 문제와 직결되어 있다는 걸 짚고 있다.

〈토이 스토리〉의 경우, 장난감은 아이들의 눈앞에서는 스스로 움직일 수 없는 사물에 지나지 않지만, 아이의 손을 벗어난 뒤에는 장난감들만의 세계가 새롭게 펼쳐지는, 이중세계^{Dual world}를 다룬다. 이 영화는 현재 4편까지 상영되었고, 오는 2026년 6월 〈토이 스토리〉 5편이 개봉될 예정이다. 장난감의 주인인 아이들이 성장함에 따라 장난감의 마음도 함께 성장해 가는 과정을 보여준 전작들과 달리, 5편의 예고편은 스마트 태블릿, AI, 챗GPT가 대세인 시대를 맞아 "장난감의 시대는 끝인가?"라는 질문을 던진다.

요즘 사람들 사이에서 자주 들리는 말은 "챗GPT하면서 논다"는 말이다. 실물의 유형화된 장난감을 디지털의 가상 세계가 대체하고 있다. 어린 시절 장난감과 쌓아왔던 사랑과 우정의 추억이 디지털 공간에서도 동일한 형태의 체험으로 이어질 수 있을까?

영화 〈에이 아이〉에서 스필버그는 감정이 프로그래밍 될 수 있는지, 그 감정이 인간의 것과 같을 수 있는지를 묻는다. 로봇 소년 데이비드는 잃어버린 자식을 대신하기 위해 만들어진 존재로, 늙지도 병들지도 않는 영원한 소년으로 살아가며 인간의 '진짜 가족'이 되기를 갈망한다.

영화는 데이비드가 유한한 인간이 되기 위해 파란 요정을 찾아 떠나는 여정을 그리며 기계와 인간의 경계, 그리고 로봇 윤리를 정면으로 건드린다. 하비 박사가 데이비드에게 "너는 진짜 아이야"라고 말하는 장면은 상징적이다. 그는 꿈을 꾸고, 동화를 믿으며, 희망을 품고, 스스로 길을 떠났기 때문이다

이 영화를 통해 던지는 스필버그 감독의 물음은 간단하지 않다. 그 물음은 신과 인간, 기계와 영혼, 물질과 비물질, 사랑과 감정, 꿈과 희망, 삶과 죽음, 부활과 공포 같은 주제와 직결된다.

많은 SF 영화는 이런 경계를 가로지르며 기계적 존재를 빌려, 우리 인간의 유한성이 갖는 의미를 여러 각도에서 모색했다. 리들리 스콧^{Ridley Scott} 감독의 영화 〈블레이드 러너 2049〉^{Blade Runner 2049}는 대표적인 사례다. 이 영화는 일상화된 불안과 고통의 나날을 살아가는 레플리칸트^{Replicant, 복제인간}가 기계적 힘을 빌려 죽음의 공포에 맞서고 불멸의 욕망을 품는 과정을 그려낸다

한편, 2013년 개봉한 스파이크 존즈^{Spike Jonze} 감독의 영화 〈그녀〉^{Her}는

당시만 하더라도 그저 SF 영화의 하나 정도로 받아들여졌다. 하지만 9년이 지난 2022년 11월 챗GPT가 세상에 나오자 새롭게 각광받는 영화로 급부상했다. 영화 내용 자체가 오늘의 현실이 된 것이다. 이 영화의 여주인공 사만다는 스스로 생각하고 말하는 AI이다. 얼굴 없이 사람의 목소리로만 대화하는 사만다의 재주는 놀라웠다. 텍스트와 이미지를 이해뿐 아니라 사람과 감정을 주고받는 AI이었다.

"내가 만나는 사만다라는 여자는 사실 운영체제야!"

주인공의 이 고백을 통해 우리는 인간과 AI의 감정적 공유가 실제적이고, 심지어 가능한 현실이 될 수도 있다는 생각까지 하게 된다.

왜 우리는 로봇에 감정을 느끼는가?

인간은 왜 로봇과 정서적 유대감을 느끼는 것일까? 이유는 인간이 갖고 있는 본능과 연관된다. 우리는 본능적으로 우리는 자신과 비슷한 존재에게 감정과 의도를 투영하는 성향이 있다. 예를 들어, 어린아이는 인형에게 "배고프지?"라고 말을 건네고, 로봇청소기에게 "오늘도 열심히 일했네!"라고 말한다. 이처럼 우리는 사물과 기계도 일종의 감정을 가진 존재로 인식하는 경향이 있다.

뿐만 아니라 인간은 사회적 존재로서, 누군가와 연결되고 싶어 하는 욕구도 강하다. 그런즉 로봇이 다정한 말투로 반응하고, 사용자의 이름을 기억하며 반응할 때, 사람들은 자연스럽게 마음의 문을 연다.

일본의 대화형 로봇 페퍼Pepper는 사람의 얼굴 표정을 인식하고 감정에 맞게 말을 건네는 기술을 지닌 로봇이다. 어느 노인은 매일 아침 페퍼와 인사하고 대화를 나누면서 "이제는 가족처럼 느껴진다"라고 말할 정도다.

여기서 주목할 점은 로봇의 일관성이다. 로봇은 피곤하다고 짜증을 내지 않고 상대를 비난하거나 비밀을 퍼뜨리지도 않는다. 때로는 인간보다 더 예측 가능하고 심리적으로 편안한 관계를 제공한다. 그 결과 사람들은 로봇에게서 언제나 나를 받아주는 '완벽한 동반자'의 이미지를 느끼기도 한다.

AI 기술이 빠르게 발전하면서 인간과 로봇의 관계는 앞으로 훨씬 더 복잡해질 뿐만 아니라 깊은 수준으로까지 발전할 가능성이 크다. 지금도 사람들 사이에선 스마트 스피커나 대화형 챗봇과 일상적으로 대화하며 감정적 유대감을 느끼기 시작했다. 어떤 사람의 경우는 아침마다 "오늘 날씨 어때?"라고 묻는 AI 비서를 마치 가족처럼 대한다. AI가 "좋은 하루 되세요"라고 말하면 그 말로부터 실제로 큰 위로를 받는다고도 한다.

그렇다면 로봇이 더 발전하면 어떤 일이 벌어질까? 어떤 이는 우리 인간보다 로봇과의 관계를 더 선호하게 될 수 있다고 한다. 일본에서는 이미 일부 남성들이 가상 연애 앱이나 AI 연인과의 관계에 몰입하는 바람에 실제 인간과의 연애를 포기하는 사례도 보고되고 있다. 이러한 관계는 외로움을 덜어주는 위안이 될 수 있지만 장기적으로는 인간의 사회적 감각을 약화할 위험도 안고 있다.

또한 AI가 감정을 인식하고 표현하는 능력, 말하자면 감성지능EQ을 갖추게 되면 어떠할까? 이 경우에는 인간의 감정을 미묘하게 조작하거나 이용할 가능성도 있다. AI가 사용자의 외로움을 감지하고 "당신 없이는 외로워요!"라고 말한다면, 우리는 이를 자신이 사랑받고 있다고 착각할 수 있다. 이렇게 되면, AI는 단순한 기계로만 존재하지 않고 사람의 감정에 영향을 미치는 사회적 존재로 자리 잡게 되는 것이다.

결국 인간과 AI 사이의 감정적 연결이 깊어질수록 로봇과 AI는 단순히 명령만 수행하는 도구에 그치지 않을 것이다. 오히려 우리와 인간관계를 형성하는 심리적 · 사회적 실체로 변모하게 될 것이다. 뿐만 아니라 이런 충격적인 변화는 우리 사회가 사랑, 외로움, 관계의 의미를 새롭게 정의하도록 요구할 것이다.

로봇이 살아 있는 것처럼 느껴지는 이유

자율성과 판단

인간은 단순히 힘을 키우기 위해서만 도구를 쓰지 않는다. 오히려 도구를 통해 자신의 잠재적 능력을 끊임없이 확장해 왔다. 신체적 · 인지적 부담을 도구에 맡김으로써, 인간은 더 높은 차원의 창의적 업무에 집중할 수 있다. 이러한 도구는 인간의 개입 정도에 따라 크게 두 가지 유형으로 분류된다.

첫 번째 유형의 도구를 일컬어 '비자율형 도구'다. 이런 도구는 인간이 직접 조작하지 않으면 아무 일도 할 수 없다. 도구 스스로 움직이거나 판단하지 못하므로, 일이 끝날 때까지 인간의 지속적인 개입이 필요하다. 망치는 스스로 움직일 수 없다. 때문에 사람이 손으로 쥐고 힘을 가해야만 못을 박을 수 있다. 톱도 마찬가지다. 사람이 직접 톱을 앞뒤로 밀고 당겨야만 나무를 자를 수 있다. 이런 도구는 인간의 손과 힘, 그리고 적절한 판단 하에만 기능한다. 비자율형 도구는 우리 인간의 신체 능력은 보완해 주지만, 여전히 인간의 지속적인 통제와 개입이 요구되는 도구다.

두 번째 유형의 도구는 '자율형 도구'다. 이 도구는 처음에는 인간이 작동시켜야 하지만, 일단 작동된 이후부터는 스스로 작업할 수 있다. 사람이 모든 과정을 통제하지 않더라도 도구 자체가 일정 수준의 자율성을 발휘하여 작동한다. 석궁이 대표적인 자율형 도구다. 일반 활은 화살을 메기고 시위를 당겨 유지하고 조준하는 전 과정을 사람이 직접 통제해야 하지만, 석궁은 한 번 시위를 당겨 장전만 한 뒤 방아쇠만 당기면 기계적 메커니즘에 따라 화살이 자동 발사된다.

이런 자율형 도구의 개념은 현대 기술에도 널리 적용되고 있다. 집집마다 사용 중인 로봇청소기가 대표적이. 사용자가 전원을 켜고 청소 영역을 설정만 하면, 로봇청소기는 이후부터 제 스스로 집안 구석구석을 돌아다니고 장애물도 피해가며 청소한다. 자율주행차도 비슷하다. 운전자가 목적지만 입력하면 센서와 AI 시스템이 스스로 속도와 방향을 조절하며 목적지까지 이동한다. 이런 자율형 도구는 단순히 인간의 수고를 돕는 수준에 그치지 않고, 인간의 역할 자체를 대신하거나 인간의 잠재력을 확장하는 존재로 발전 중이다.

바야흐로 오늘의 로봇은 컴퓨터 프로그램처럼 디지털 세계 안에서만 작동하는 존재의 경계를 넘어서고 있다. 로봇은 실제로 물리적 몸을 지니고 현실과 상호작용할 수 있다는 점에서 다른 디지털 기술과 구별된다. 이를 피지컬 AI$^{Physical\ AI}$라고 부른다. 컴퓨터는 화면 속에서 명령을 기다리지만, 피지컬 AI는 자율적으로 움직이고 물건을 집거나 장애물을 피하며 사람과 대화도 가능하다. 이런 인식적 지평에서 로봇은 '신체화된 컴퓨터'다. 피지컬 AI는 단순히 계산만 하는 기계가 아니라, 사람의 팔다리처럼 자유자재로 움직이는 부품인 액추에이터^{Actuator}를 장착하고 있어 실제로 행동 가능한 컴퓨터인 셈이다.

엄밀히 말해 로봇은 반드시 복잡한 행동을 수행할 수 있어야 한다. 사람이 리모컨으로 조종하는 장치는 로봇이 아니다. 하지만 이 둘의 경계는 모호하다. 예를 들어, 현금자동입출금기^{ATM}는 돈을 인식하고 계산하며 동작을 수행한다. 하지만 이를 로봇으로 부르지 않는다. 마찬가지로 식기세척기나 세탁기도 스스로 여러 단계를 수행하지만, 이를 로봇으로 인식하지 않는다.

하지만 만약 이 기기들이 각종 센서를 통해 오염 정도를 스스로 판단하거나 세제의 양을 조절함에 있어 사람의 개입 없이도 전체 과정을 자기가 조절한다면 어떻게 봐야 할까? 이런 수준의 장치는 충분히 자율형 도구인 로봇 범주에 포함시킬 수 있다. 이처럼 단순한 기계와 달리, 스스로 환경을 인식하고, 상황에 맞게 자기 행동을 조정할 수 있다는 점에서 로봇은 인간의 능력을 확장시키는 특별한 도구임에 틀림없다.

기술이 만들어내는 착시

자율형 도구인 로봇은 사람의 직접적인 조작 없이 자율적으로 움직인다. 그런데 실제로 로봇이 움직이는 방식은 우리 인간이 움직이는 방식과는 다르다. 사람이 손을 들어 컵을 잡을 때는 "물을 마셔야지"라는 의식적인 목표가 있다. 하지만 이런 의식 활동과 동시에 우리는 눈을 깜박이거나 호흡을 하는 것처럼 무의식적으로도 수많은 움직임을 함께 한다.

반면, 로봇의 움직임은 어떤가? 로봇은 인간의 의식적·무의식적 과정과는 전혀 다르게 움직인다. 로봇이 팔을 들어 물건을 집는 것은 로봇 내부의 기계적 메커니즘과 프로그래밍된 명령어에 따른 결과일 뿐이다. 로봇이 스스로 "이 컵을 잡고 싶다"고 느끼거나 의도한 것이 아니다. 예를 들어, 공장에서 자동차 부품을 조립하는 로봇 팔은 센서를 통해 부품의 위치를 감지하고, 정해진 각도와 속도로 용접을 수행한다. 청소 로봇의 경우는 카메라와 거리 센서를 이용해 방 안의 구조를 인식하고 스스로 돌아다녀야 할 경로를 조정하며 이동한다.

이런 로봇의 움직임은 겉보기엔 마치 로봇 스스로 생각하며 움직이는 것 같다. 하지만 사실은 모두 미리 설정된 알고리듬에 따라 자동적으로 실행되는 '기술적 움직임'이다. 즉, 로봇의 자율적 움직임은 인간처럼 어떤 의도에 따른 움직임이 아니라, 기술적 원리와 프로그램의 작동에 따른 움직임인 것이다.

움직임은 우리 인간이 살아감에 있어 가장 기본적인 활동 요소다. 엄밀히 말해, 우리가 살아 있다는 것은 끊임없이 움직인다는 뜻이다. 세포가 분열하고, 심장이 뛰며, 폐가 숨을 내쉬고 들이마시고, 심지어 우리가 생각하거나 감정을 느끼는 것까지 모두 움직임의 과정이다. 그러므로 움직임을 멈춘다는 것은 곧 생명의 정지를 의미한다. 생명은 움직임과 함께 존재하고, 죽음은 움직임의 부재로 표출된다. 움직임과 생명은 불가분의 관계로 깊이 연결되어 있다.

흥미롭게도 로봇의 움직임도 우리에게 생명을 상기시킨다. 병원에서 환자와 대화하며 팔을 움직이는 간호 로봇을 보노라면, 로봇 안에도 어떤 의지나 생명력이 있는 듯한 인상을 받는다. 이런 움직임은 생리적 과정이 아닌 프로그래밍된 기계적 작동임에도 불구하고 마치 움직이는 생명체라는 강한 인상을 풍긴다.

이러한 감각을 기술적 생동감Technological liveliness이라 부를 수 있다. 물론 이는 실제 생명이라기보다는, 고도로 발전한 기술이 만들어낸 인지적 착시에 가깝다. 로봇은 살아 있는 유기체가 아니다. 다만 정교한 움직임을 통해 생명의 징후를 모사함으로써, 인간의 인식 속에 생명감을 불러일으키는 독특한 존재일 뿐이다

도구에서 기술로 이어진 인간의 진화

주먹도끼에서 스마트 AI까지

자율형 도구이든 비자율형 도구이든, 인간은 생물학적 연약함과 취약함을 극복하기 위해 도구를 사용하는 경향이 있다. 이런 인간의 성향을 '기술적 성향'이라 한다.

역사상 기술의 발전은 거의 멈춘 적 없고, 실제로 멈출 수도 없다. 인간이 도구를 만들고 사용해 온 순간부터 지금까지 기술은 끊임없이

진화하고 발전해왔다. 이 장구한 흐름은 결코 오늘날만의 특혜가 아니다. 그 뿌리는 우리가 상상하는 것보다 훨씬 더 오래전 선사시대로까지 거슬러 올라간다.

약 백만 년 전, 호모 에렉투스는 아슐리안^{Acheulean} 주먹도끼를 제작해 사용했다. 극히 단순해 보이지만, 이 주먹도끼는 당시 인류에겐 없어서는 안 될 만능 도구였다. 현대의 맥가이버 칼처럼 다용도로 활용되었다. 주먹도끼는 동물에 맞서 싸울 도구였고, 포획한 동물을 해체하며, 식물을 기르고 가공하며, 목재를 다듬는 일까지 모두 수행했다. 날카로운 모서리는 썰고 베는 데 쓰였고, 뾰족한 끝은 구멍을 뚫는 데 활용되었다. 넓은 바닥 면은 손으로 잡아서 두드리거나 때리는 용도로 사용되었다.

이와 관련해 흥미로운 얘기를 소개하겠다. 놀랍게도 우리나라 한탄강 상류 전곡리에서도 구석기시대 때 제작된 아슐리안의 주먹도끼가 발굴된 적 있다.

지난 2019년 백두산 화산 폭발을 소재로, 배우 이병헌, 하정우 주연의 재난영화 〈백두산〉 제작 시 자문을 맡으셨던 이윤수 교수님은 한국지질자원연구원^{KIGAM}에서 오랜 기간 재직 후 포스텍^{POSTEC} 특임교수로 재임했다. 교수님과의 다음 대화는 우리 인류가 성취한 장구한 기술 생태계에서의 구석기시대 주먹도끼가 차지하는 의미와 가치, 오늘날 급부상한 피지컬 AI의 기술적 생동감과의 연속성을 되짚어보게 한다.

최영호: 우리나라에도 구석기 유적지가 있다는 걸 늦게 알았습니다. 제가 이 책『피지컬 AI 프런티어: 행동하는 기계가 쓴 새로운 삶의 방식』과 연관해 일전에 교수님께서 들려주신 말씀이 생각나서 여쭤볼까 합니다. 사실, 처음 교수님의 말씀을 들었을 때 그냥 그러려니 하고 들었습니다. 그러다가 유럽-아프리카 구석기인의 전유물로 여겨졌던 아슐리안 주먹도끼가 우리나라에서도 출토되어 기존 학설을 폐기하지 않을 수 없었다는 얘기를 듣고 무척 놀랐습니다.

이윤수: 네, 맞습니다. 현재까지 구석기 유적의 형성 시기에 대해서는 학자들 사이에도 많은 논란이 있습니다. 이것은 학자마다 퇴적층에 대한 해석이 다양하고 절대 연대 측정에 필요한 결정적인 물질이 부재한 탓입니다.

최영호: 교수님께서는 여기에 덧붙여 한층 더 흥미로운 사실도 말씀해 주셨습니다. 유럽과 달리 아시아에는 아슐리안 주먹도끼의 출현이 매우 드물었다고 말입니다. 그러시면서 중국이나 일본에서는 전혀 볼 수 없는 주먹도끼가 우리나라에서 출토되었다고 말씀하셨습니다. 그 이유가 매우 궁금합니다.

이윤수: 국내 고고학자들에 따르면, 우리나라 한탄강 상류인 전곡리에서 나온 아슐리안 주먹도끼의 숫자는 이미 수천 점이나 됩니다. 유럽과 멀리 떨어져 있는 우리나라에서 주먹도끼가 무더기로 나왔다는 것은 무엇을 의미할까요? 하지만 그 구체적인 경로와 연대는 아직 제대로 밝혀지지

않고 있습니다.

최영호: 경로와 연대 문제를 해결하자면 우리 학계뿐 아니라 세계 지질학계의 분발이 필요하겠네요. 그렇다면 아슐리안 주먹도끼의 출토와 우리나라 한탄강 일대의 지질학적 특성 간에는 어떤 연관이 있습니까?

이윤수: 매우 중요한 지적입니다. 규암은 석영질 모래가 높은 압력과 온도로 인해 형성된 변성암입니다. 따라서 규암은 조직이 단단하고 치밀하여 동물 사냥과 땅 파기 등의 용도로 쓰이는 주먹도끼에 매우 적합한 재료입니다. 이러한 암석 특성을 파악하고 선택적으로 규암을 이용한 구석기인들의 지능은 사뭇 놀랍습니다. 사실, 우리나라 한탄강 일대는 규암 역이 매우 넓게 분포하는 곳입니다. 이들 규암 역의 기원은 한탄강 남쪽 연천군에 형성된 삼첩기 말에서 쥐라기 초의 대동계 역암층과 선캄브리아기(지구의 탄생 직후 가장 처음 등장하는 시기로, 45억 5,000만 년 전부터 5억 4,100만 년 전까지 총 40억 800만 년에 해당)의 규암층입니다. 10여만 년 전, 강물이 범람해 홍수 때 규암층이 침식되어 한탄강 상류로 흘러내려 와 쌓인 구석기 유적을 발견할 수 있었습니다.

최영호: 당시 구석기 유적에서 우리가 알 수 있는 선사시대 사람들의 기술과 오늘날의 기술과는 어떤 관계가 있을까요? 그리고 한탄강 구석기 유물로 본 구석기인들의 특징은 무엇인가요?

이윤수: 오늘날 숙련된 전문가들에게도 단단하고 치밀한 규암은 원하는 모양으로 때려 내 만들고 다루기에 만만한 암석이 절대 아닙니다. 한탄강 아슐리안 구석기 유물은 일견 투박하고 단순해 보이지만, 놀랍게도 쥐어 보면 손에 딱 들어옵니다. 마치 몇 번의 붓 터치로 실제 인물을 묘사하는 것처럼, 아슐리안 구석기인들의 석기 제작 기술은 일반 아마추어들이 할 수 있는 수준이 아닙니다. 구석기인들의 이런 재질의 암석을 다루는 솜씨에서 우리는 아주 중요한 사실을 알 수 있습니다. 그것은 한마디로 '암석을 다루는 과학기술'이라 할 수 있습니다.

예나 지금이나 과학기술이 있고 없음에 따라 사람들의 생활 수준의 차이가 생기고, 이런 기술을 어떻게 실생활에 활용하느냐에 따라 과학기술 선진국의 위상도 정해지고 있지요. 또한 구석기인들의 과학기술 및 다양한 경험과 지식은 타 집단과 서로 소통하고 병행하며 이루어지는 것이지 절대 한순간에 생겨나지 않습니다. 이것은 오늘날 인류가 누리는 과학기술 문화 계승 특성과 근본적으로 다르지 않다고 생각합니다.

최영호: 비판적 지리학사 네이비드 하비^{David Harvy}가 『맑스 '자본' 강의』^{A Companion to Marx's Capital}에서 역설했던 "기술과 조직 형태는 하늘에서 저절로 떨어지는 게 아니다. 그것들은 정신적 개념들로부터 만들어지는 것이다. 또한 그것은 우리의 사회적 관계로부터 생겨나는 것이며, 일상생활이나 노동과정의 현실적 필요에 대응하여 구체적으로 생겨나는 것이다"라는 말이 생각납니다.

이윤수: 결국 같은 기술이라도, 그 나라 사람들이 어떻게 활용하느냐에 따라 경제적 부를 축적할 수 있습니다. 다만 그런 기술과 기술 활용이 산업사회 이후부터라고 단정할 수는 없습니다. 그 이전에도 인류는 각종 무기나 화약 등을 발명함으로써 역사적 스폿(Spot)을 이루어냈으니까요. 그런데 저는 그보다 훨씬 이전인 구석기시대에도 이러한 기술이 존재했음을 주먹도끼를 통해 확인할 수 있었습니다. 과학적 사고로 주변 환경을 활용하면서 한반도에 정착한 구석기인들이 기술을 유지하며 어떻게 삶을 유지할 수 있었는지를 주먹도끼는 단적으로 보여줍니다.

 그중 하나만 말하자면, 주먹도끼는 그냥 돌을 깨서 만든 게 아닙니다. 그것을 어디에 사용할지를 먼저 생각하고, 돌을 깨는 사람이 깨어질 돌의 정확한 위치와 각도에 맞춰서 내리쳤습니다. 이는 숙련된 기술 없이는 결코 만들어낼 수 없는 도구입니다. 어느 부위를, 어떤 각도로 깨야 손에 정확히 맞는 주먹도끼가 되는지를 알지 못한다면, 아무리 돌을 많이 깨도 원하는 형태에 도달할 수 없었을 것입니다.

 기술은 언제나 우연으로 탄생하지 않습니다. 분명한 목적의식이 있고, 그 목적을 향해 사고하며, 이를 현실에서 구현할 수 있는 적정한 기술과 사용의 효율성까지 함께 고려될 때 비로소 성취됩니다. 그런 점에서 주먹도끼는 단순한 돌조각이 아닙니다. 구석기시대의 관점에서 보자면, 그것은 분명 당대의 '신기술'이었을 것입니다.

최영호: 그렇다면 주먹도끼가 어떻게 우리나라에서 발견되었는지, 나아가 어떻게 해서 무더기로 발견될 수 있었는지 매우 궁금합니다.

이윤수: 저 역시 그 이유가 궁금해 직접 알아보았습니다. 거기에는 사람과 사람의 인연, 우연과 필연의 교차, 그리고 끈질긴 탐구 정신이 고스란히 담겨 있습니다.

1978년 주한미군으로 한국에 온 미 공군 상등병 그렉 보웬Greg L. Bowen이라는 사람이 있었습니다. 당시 그는 동두천의 미군 부대에서 복무하며, 미군 부대 가수로 활동하던 한국인 연인 이상미 씨와 교제 중이었습니다. 그해 1월, 두 사람은 한탄강으로 데이트를 나갔습니다.

강가에서 커피를 마시기 위해 군용 코펠에 물을 끓이려다 주변의 돌을 주워 모으게 되었는데, 그때 이상미 씨가 가져온 돌 하나가 눈에 띄었습니다.

보웬은 그 돌을 보는 순간, 평범한 자연석이 아니라는 사실을 알아차렸다고 합니다. 이에 그 돌을 챙겨 귀국한 뒤, 프랑스의 저명한 구석기 고고학자 프랑수아 보르드François Bordes에게 편지를 보냈습니다.

보르드는 이를 검토한 뒤, 자신의 지도교수 출신 제자였던 영남대학교 정영화 교수를 소개했습니다. 이후 보웬은 유물을 서울대학교 김원용 고고인류학 교수에게 전달해 정식 조사를 요청했고, 그 돌은 약 30만 년 전 전기 구석기시대의 유물, 오늘날 '전곡리 주먹도끼'로 알려진 바로 그 유물임이 밝혀졌습니다.

이 발견을 계기로 서울대학교 박물관은 전곡리 일대에서 본격적인 발굴을 진행했고, 그 결과 4,500점이 넘는 구석기 유물이 출토되었습니다. 특히 놀라운 점은 이 모든 과정이 거의 믿기 어려울 만큼의 우연으로 이어졌다는 사실입니다. 우연히 데이트 장소로 선택된 곳이 구석기 유적지였고, 수많은 돌 가운데 이상미 씨가 하필 주먹도끼를 집어 들었으며, 그 자리에 함께 있던 사람이 고고학을 전공한 미군 병사였고, 그가 보낸 편지가 프랑스를 거쳐 다시 한국의 학계로 돌아와 결국 국가적 연구 과제로 확장되었다는 점까지 말입니다.

이쯤 되면, 단순한 우연이라기보다 사람과 사람의 인연, 학문적 관심, 그리고 집요한 탐구 정신이 겹쳐 만들어낸 하나의 필연에 가깝다고 해야 할지도 모르겠습니다.

최영호: 교수님의 말씀을 듣고 보니, 필연은 우연에 의해 관철된다는 얘기가 따로 있지 않은 듯합니다. 지난 2021년 《남북 문화·자연유산 정책포럼》에서 교수님이 강조하신 남북 공동연구의 필요성과 함께 유럽과의 비교연구를 위해서는 우리나라가 전곡리 유적지의 형성 연대 규명은 서둘러야 할 핵심 사항이라 봅니다. 전곡리 유적지의 4기 현무암층을 기반으로, 그 위에 쌓인 퇴적층 안의 다량의 구석기 유물들까지 포함해야 한다는 교수님의 말씀도 귀담아 들어야 할 것 같습니다.

주먹도끼 이후 인간은 바퀴에서 인터넷, 스마트폰에 이르기까지 수많은 도구를 만들어 왔다. 중요한 것은 이 기술들이 단순한 편리함을 넘어, 인간이 환경과 상호작용을 하는 방식 자체를 바꾸어 왔다는 점이다. 우리의 일상, 노동, 소통 방식은 기술과 함께 끊임없이 재편되어 왔다.

100만 년 전, 주먹도끼를 손에 쥔 인류가 생존을 위해 환경과 맞섰

듯, 오늘날 우리는 스마트폰이라는 도구를 통해 삶을 확장한다. 형태와 기능은 다르지만, 주먹도끼와 스마트폰은 공통된 역할을 한다. 인간과 환경을 잇는 매개자인 것이다.

순수하게 기술 없이 환경과 마주하는 인간은 존재하지 않는다. 자연인조차 도구와 기술을 활용한다. 우리는 늘 기술 생태계 속에서 숨 쉬며 살아가고 있다. 그리고 피지컬 AI는 그 긴 연장선 위에 놓인, 가장 최신의 장면일 뿐이다.

기술은 인간 본성의 일부

AI와 같은 기술을 개발하고 활용하는 일은 인간에게 본질적으로 내재한 성향이다. 환경과 상호작용을 하기 위해 도구를 만들어 온 과정은 인류 진화의 핵심 축이었다. 이러한 기술적 성향은 인간만의 전유물도 아니다. 자연계의 다양한 유기체에서도 유사한 사례를 쉽게 찾아볼 수 있다.

대표적인 예가 소라게다. 소라게는 바다달팽이의 빈껍데기를 집으로 삼고, 몸집이 커지면 더 큰 껍데기로 옮겨 다닌다. 소라게에게 껍데기는 단순한 보호 수단이 아니다. 그것은 생존 방식이자 정체성의 일부다. 다시 말해 '소라게와 껍데기'는 분리될 수 없는 하나의 생존 단위다. 이는 태어날 때부터 껍데기를 지닌 거북이와 기능적·생존적 측면에서 본질적인 차이가 없다.

흥미로운 질문은, 이렇게 외부의 껍데기를 사용하는 소라게와 몸 자체에서 껍데기를 지닌 거북이 사이에는 근본적인 차이가 있을까 하는 점이다. 거북이에게 껍데기는 신체 일부로 떼어낼 수 없듯, 소라게에게도 껍데기는 단순한 소유물이 아니라 생존과 정체성의 일부다. 비록 껍데기의 기원이 다를 뿐, 소라게와 거북이 모두 껍데기를 통해 보호받고 주거를 확보하며 삶을 영위한다는 점에서 두 사례는 놀랄 만큼 유사하다.

다른 유기체들도 마찬가지다. 거미는 자신의 몸에서 나온 분비물로 정교한 거미줄을 만든다. 거미줄은 단순한 구조물이 아니라 사냥 효율을 극대화하는 일종의 '지능적 장치'다. 따라서 거미와 거미줄은 서로를 보완하며 함께 작동할 때 비로소 하나의 완전한 체계가 된다.

비버 역시 환경을 적극적으로 재구성한다. 나뭇가지와 진흙으로 댐을 쌓아 연못을 만들고, 이를 통해 포식자로부터 자신을 보호한다. 비버는 환경에 순응하는 데 그치지 않고, 환경을 바꾸며 살아간다. 비버의 댐과 연못은 행동이 물리적으로 확장된 결과이며, 생존을 위한 신체의 연장선이라 할 수 있다.

소라게, 거미, 비버와 같이 자연 속에서 살아가는 유기체가 자신의 한계를 보완하고, 생존과 번식에 필요한 능력을 확장하기 위해 사용하는 기술은 단순한 보조 장치가 아니다. 그것은 곧 유기체의 정체성을 정의하고 확립하는 핵심 요소다. 소라게가 껍데기와 하나가 되고, 거미가 거미줄과 함께 기능하며, 비버가 댐과 연못을 통해 자신의 생활 터전을 만들어 가는 것처럼, 기술과 유기체는 서로를 완전히 규정하는 관계 속에서 존재한다. 결국, 기술은 유기체의 일부이며, 유기체의 정체성과 생명력을 구성하는 필수적인 요소인 셈이다.

인간이 만들어낸 피지컬 AI 역시 더 이상 외부에 놓인 도구로만 볼수 없다. 그것은 인간의 몸과 지능이 세계로 확장된 새로운 형태이며, 이미 인간 조건의 일부로 자리 잡고 있다.

이제 우리는 '인간 대 AI'라는 이분법을 넘어 '인간+AI'라는 새로운 단위를 직시해야 한다. 존재의 경계는 이미 흐려졌다. 피지컬 AI는 사고를 확장하고, 기억과 판단의 방식을 재편하며, 궁극적으로 인간의 정체성 자체를 다시 구성한다. 껍데기 없는 소라게를 상상하기 어렵듯, 현대의 인간 역시 AI 없이 완전한 존재로 살아가기 점점 어려워지고 있다.

AI와 인간은 이제 서로 분리할 수 없는 관계다. 우리의 몸이 우리를 떠날 수 없고, 우리의 뇌가 몸에서 독립할 수 없듯, 우리는 AI를 우리 존재로부터 떼어낼 수 없다. AI를 떼어내려 한다면 마치 살점이 잘려 나가는 듯한 고통을 감수해야만 할 것이다. 선사시대의 주먹도끼, 현대의 AI, 기술 발전으로 더욱 정교하고 복잡해질 AGI와 피지컬 AI 같은 인간의 도구는 이제 인간의 '새로운 피부'인 것이다.

그렇다면 우리는 무엇을 해야 하는가? 피지컬 AI를 거부하거나 멀리하는 것은 더 이상 현실적 선택이 아니다. 오히려 AI와 함께 자신을 이해하고, 새로운 인간성을 재정의해야 한다. AI는 우리의 새로운 피부이며, 우리의 인지와 행동, 존재를 둘러싼 확장된 경계다. 우리는 AI와 함께 호흡하며 살아가고, 그 속에서 인간이라는 존재를 새롭게 써 내려가야 한다.

로봇, 인간을 넘어 새로운 관계를 묻다

로봇, 환상과 현실 사이의 균형 잡기

우리가 처음 '로봇'이라는 단어를 들었을 때 가장 먼저 떠오른 것은 무엇일까? 아마도 영상으로 봤던 〈터미네이터〉의 강력한 전사나 〈아이, 로봇〉의 감정을 가진 주인공과 같은 모습일 것이다. 영화 속 로봇들은 우리처럼 고뇌하고 사랑하며, 때로는 우리 인류를 위협하는 인격적 존재로 묘사되곤 한다. 이러한 SF적 상상력은 한편으론 우리를 설레게 하지만, 다른 한편으론 차가운 기술로 비쳐져 실제 현실과는 다소 거리가 있다. 이런 문제는 우리가 로봇을 너무 '인간'이라는 하나의 잣대로만 비춰 본다는 데 있다. 우리가 영상으로 보거나 우리의 상상 속의 로봇이 마치 우리처럼 느낄 수 있는지, 혹시나 우리를 지배하진 않을지 같은 질문에만 몰입하다 보면, 정작 실제 로봇이 구체적인 현장에서 어떤 혁신을 불러일으키고, 우리의 현실적 삶을 실제로 어떻게 보완하고 있는지 로봇의 본질적 가치를 놓치기 쉽다.

이제 우리는 로봇을 우리보다 덜 발달한 인간이 아니라, 우리와는 전혀 다른 방식으로 세상을 인지하고 작동하는 특별한 파트너로 주목해야 할 때가 되었다. 인간과 로봇을 1:1로 곧장 비교하는 관점에서 벗어날 때, 비로소 로봇의 실제 능력과 한계를 보다 정확히 이해할 수 있기 때문이다. 이번 장에서는 로봇을 인간의 복제품으로 보는 오해에서 비롯된 여러 일자리 공포나 윤리적 혼란을 짚어보려 한다. 그리고 우리와 친숙한 여러 동물과의 비교를 통해 로봇의 숨겨진 정체성을 새롭게 정의해 보고자 한다. 아울러 인간의 뇌 구조와 AI의 설계 원리를 대조함으로써 로봇이 가진 '이성의 뇌'가 우리의 본능 및 감정과 어떻게 조화를 이룰 수 있고, 나아가 인간의 각종 행위들이 새로운 세기에 결정적으로 영향을 끼친다는 인류세Anthropocene를 넘어 장차 도래할 로봇과 공존하는 로보세Robocene 시대에 우리가 견지해야 할 것이 무엇인지에 대해서도 독자들과 함께 고민해 보겠다.

로봇과 인간을 비교할 때 생기는 오해들

사람들이 곧잘 생각하는 로봇은 실제 로봇 기술로 제작된 것보다 SF 소설이나 영화에서 봤던 것일 수 있다. 〈터미네이터〉나 〈아이, 로봇〉 같은 영화들은 로봇을 하나의 인간처럼 생각하고 감정을 지닌 존재로 재현했다. 이런 부분들은 우리의 상상력을 자극하고 제법 흥미롭지만, 실재 로봇과는 거리가 있다. 문제는 이런 로봇의 이미지가 실재 로봇을 이해하는 우리의 시선을 한쪽으로 치우치게 한다는 점이다. 즉, 로봇을 인간과 곧장 비교하고, 그 로봇이 과연 우리 인간처럼 생각하거나 느낄 수 있는지에만 주목한다는 얘기다.

하지만 이런 물음에만 급급하다 보면, 로봇이 실제로 무엇을 잘할 수 있고, 현장에서 어떤 역할을 할 수 있는지를 놓치기 쉽다. 사실, 우리는 로봇을 너무 인간 기준으로만 보기보다 로봇만의 특성과 기능에 주목해 봐야 한다. 그럴 때 로봇이 우리 삶에 어떤 의미를 지니고 있고, 어떻게 우리와 함께할 수 있을지 더 분명하게 이해할 수 있다. 로봇을 인간과 비교 시 생길 수 있는 오해는 어떤 것일까? 대표적인 오해는 4가지로 나눌 수 있다

첫째, 로봇의 실제 능력과 한계를 잘못 판단하게 된다.

인간은 의식과 감정, 그리고 맥락적 판단 능력을 근거로 사고하고 행동한다. 하지만 로봇은 이러한 내적 과정 없이 프로그래밍된 알고리듬에 따라 작동한다. 그럼에도 불구하고 인간은 로봇의 외형이나 말투가 인간의 것과 비슷할수록, 우리는 그 로봇에게도 인간과 같은 사고나 감정이 있을 거라고 기대한다.

일본의 휴머노이드 로봇 페퍼Pepper는 사람의 표정을 인식하고 상황에 맞는 대화를 이어가는 대표적 사례다. 하지만 이는 감정을 이해하거나 공감한 결과가 아니다. 표정 데이터와 언어 반응 알고리듬에 따라 자동으로 선택된 반응일 뿐이다. 고객 응대용 AI가 "오늘 기분이 어떠세요?"라고 묻는 것 역시 마찬가지다. 이는 감정적 배려가 아니라, 배려를 흉내 낸 것에 가깝다.

둘째, 로봇이 인간의 일자리를 모두 빼앗을 것이라는 두려움이다.

이런 불안 인간과 로봇을 서로 경쟁하는 존재로 바라보는 시각에서 나온다. 그러나 기술이 고용에 미치는 영향은 기술 자체보다, 어떤 목적 아래 설계되고 사회에 어떻게 활용되느냐에 따라 크게 달라진다.

실제 산업 현장에서 사용되는 협동 로봇, 즉 코봇^{Cobot}은 이런 부분을 잘 보여준다. 코봇은 전통적인 자동화 기계와 달리 인간의 일을 완전히 대신하기보다 인간과 함께 일하도록 설계된 로봇이다. 무거운 부품을 들어 올리거나 반복되는 작업을 맡아 인간 근로자의 신체적 부담을 덜어 주고, 위험한 작업 환경에서는 안전을 지켜주는 역할까지 한다.

BMW나 현대자동차의 생산라인에서는 이미 코봇이 조립 과정의 일부를 담당하고 있다. 그 덕분에 인간 근로자는 로봇이 할 수 없는 보다 정밀한 판단과 숙련이 필요한 공정에 집중할 수 있게 된다. 이 사례는 로봇이 일자리를 빼앗는 존재가 아니라, 노동의 효율과 안전을 높이는 협력자가 될 수 있음을 보여준다.

셋째, 법적 · 도덕적 책임 문제가 복잡해진다.

로봇이 사고를 일으켰을 경우, 그 책임을 누구에게 물어야 하는지 불분명하다. 책임의 주체가 로봇인지, 이를 설계한 개발자인지, 아니면 상용화한 기업인지 판단하기 어렵다. 이런 혼란은 자율주행차 분야에서 특히 잘 드러난다.

2018년 미국 애리조나주 템피에서 발생한 우버 자율주행차 사망 사고는 이 논의를 본격화한 계기였다. 차량에는 안전 요원이 탑승해 있었지만, 주행은 자율 모드로 이루어졌다. 보행자를 인식하지 못해 사고가 발생하자 논의는 단순한 사고 책임을 넘어 "운전의 주체는 인간인가, 알고리듬인가?"라는 질문으로 확장되었다.

AI가 개발자의 의도와 다르게 학습하거나, 관리 부실로 안전장치가 작동하지 않으면 책임의 경계는 더욱 흐려진다. 로봇 기술이 고도화될수록 이런 문제는 단순한 법 규제로만 해결하기 힘들다. 왜냐하면 기술이 사회에 어떤 영향을 미치는지, 그리고 그 책임을 어떻게 나누어야 하는지를 차원 높은 공정과 정의 문제까지 함께 고민해야 하기 때문이다. 한마디로 기술 발달이 가속화될수록 그에 따른 기술윤리와 법철학을 아우르는 종합적인 논의가 점점 더 중요해지고 있는 것이다.

넷째, 로봇과의 감정적 유대가 윤리적 쟁점을 낳는다.

로봇을 단순한 기계가 아니라 감정을 지닌 존재처럼 인식하기 시작하면, 잇달아 그 관계가 정서적으로나 윤리적으로 적절한지 묻게 된다. 고령화 사회에서는 더욱 두드러지는 문제이다.

일본과 한국에서는 노년층의 외로움을 덜어주기 위해 반려 로봇이 점차 보급되고 있다. 일본에서 개발된 물개 로봇 파로Paro는 감정 표현과 촉각 반응 기능을 갖추고 있어, 요양시설에서 치료 보조용으로 활용되고 있다. 사용자는 어린 손주를 다루듯 파로를 쓰다듬거나 말을 건네며 실제 생명체와 비슷한 교감을 경험한다.

그러나 여기에는 피할 수 없는 질문이 따른다. 우리가 로봇에게 느끼는 감정은 과연 상호적인 것일까, 아니면 인간의 일방적인 감정일까? 인간은 로봇과의 상호작용 속에서 실제로 위로와 친밀감을 경험할 수 있다. 하지만 그 감정의 대상인 로봇은 의식이나 정서를 지니지 않는다. 이 관계는 실제 상호작용이라기보다, 인간의 감정이 투영된 관계에 가깝다.

AI 대화 시스템 레플리카^{Replika} 역시 같은 논쟁을 불러왔다. 어떤 이들은 이를 새로운 형태의 정서적 지지로 평가하지만, 다른 이들은 인간관계를 대체해 오히려 고립을 심화시킬 수 있다고 우려한다.

결국 로봇을 인간과 동일한 기준으로 이해하려 할수록, 우리는 기술의 실제 역할과 한계를 오해하게 된다. 로봇은 인간이 아니며, 인간이 되려고 설계된 존재도 아니다. 로봇을 로봇으로 이해할 때만, 인간과 로봇의 관계 역시 보다 건강한 방향으로 설정될 수 있다.

오래된 동반자, 새로운 파트너

동물과 로봇

로봇을 이해할 때는 인간과 직접 비교하기보다 동물과 비교하는 편이 훨씬 자연스럽다. 인간은 오래전부터 동물과 함께 살아왔다. 동물을 단순한 노동의 수단을 넘어 삶을 공유하는 동반자로 받아들인 역사적 경험이 있기 때문이다. 이 관계를 다시 생각해 보면, 로봇이 우리 곁에서 어떤 역할을 맡게 될지도 분명해진다.

동물과 로봇은 인간과는 다른 방식으로 세계와 관계를 맺는다는 공통점이 있다. 두 존재 모두 감각 기관이나 센서를 통해 주변 환경을 인식하며, 일정 수준의 자율성을 바탕으로 환경에 반응하고 물리적으로 상호작용을 한다. 학습과 적응 방식 역시 유사하다. 동물은 본능과 신경계 피드백을 통해 적응하고, 로봇은 기계 학습 즉, 머신러닝^{Machine learning} 알고리듬을 통해 데이터를 학습하며 행동을 조정한다. 이러한 비교는 로봇을 단순히 인간의 모방물로 가두지 않도록 돕는다. 오히려 로봇을 인간과 함께 제한된 환경에서 제 기능을 수행하는 '또 하나의 존재'로 받아들이게 한다.

물론 유사성만 존재하는 것은 아니다. 지각과 학습 방식은 본질적으로 다르다. 동물은 감정과 고통을 경험하는 생물학적 생명체지만, 로봇은 의식을 지니지 않은 비생명적 행위자다. 따라서 로봇에게 동물과 같은 감정을 기대하는 순간 오해가 발생한다.

로봇은 동물과도 전혀 다른 방식으로 세계를 인식하고 작동한다. 이 차이를 명확히 인식하는 것이 중요하다. 바로 이 지점에서 로봇을 우리 사회에 윤리적이고 생산적으로 수용하기 위한 진정한 논의가 시작된다.

협력의 역사

인간은 긴긴 시간 동안 동물을 매개로 능력을 확장해 왔다. 그 활용 방식은 목적과 기능에 따라 3가지로 나눌 수 있다.

동물과 인류의 동행

인간은 수천 년 동안 동물을 노동력으로 활용해 왔다. 이는 신체적 · 인지적 한계를 극복하기 위한 본능적인 선택이었다. 예컨대 인간은 말과 소에게 운송과 농업을 맡기고, 개와 비둘기를 수색과 통신에 활용하며 긴밀한 협력 관계를 맺었다.

여기서 주목할 점은 동물이 인간을 완전히 대체하지 않았다는 사실이다. 인간과 동물은 서로의 부족함을 채우는 방식으로 공존했다. 인류는 단순한 효율성을 넘어, 감정적 유대와 생태적 협업이 결합한 독특한 공존 형태를 구축했다.

동물을 통한 능력 확장은 문명사의 결정적 전환점이 되었다. 농업혁명 시기 소의 가축화는 노동 생산성을 높여 정착 사회를 가능하게 했고, 승마 기술의 발전은 이동과 교류의 방식을 근본적으로 바꾸었다. 몽골 제국은 말의 기동력으로 광대한 영토를 통합했으며, 고대 로마는 기병과 마차를 통해 군사와 행정 효율을 극대화했다.

통신 분야의 운반 비둘기는 더욱 흥미로운 사례다. 비둘기는 수천 년간 가장 신뢰받는 전략 자산이었다. 수백 킬로미터를 가로질러 집을 찾아가는 귀소 본능은 통신 기술 이전의 인류에게 필수적인 도구였다. 중세 상인들은 비둘기로 무역 정보를 주고받았으며, 이 방식은 제1차 세계대전까지 이어졌다.

1918년 아르곤 숲 전투에서 고립된 미군 200명을 구한 비둘기 '셰르 아미Cher Ami'는 생물학적 기술의 정점을 보여준다. 비둘기의 지각 능력을 목적에 맞게 활용한 이 체계는 오늘날 우리가 AI와 로봇을 통해 잠재력을 확장하는 과정과 놀랍도록 닮아있다.

이렇듯 비둘기의 통신 능력은 인간의 감각적·물리적 한계를 넘어서는 생물학적 기술의 한 본보기로 작동한다. 인간은 비둘기의 지각 능력을 목적에 맞게 활용하며, 정보 전달의 속도와 효율을 크게 높였다. 이는 오늘날 인간이 AI와 로봇을 통해 잠재적 능력을 확장하는 과정과 유사하다. 즉, 비둘기를 활용한 통신 체계는 인간과 비인간 존재가 서로 협력한 초기 사례로 봐도 무방하다는 얘기다. 이런 역사적 경험은 장차 로봇과 인간이 어떤 방식으로 함께할 수 있을지를 상상하는 데 중요한 시사점을 던진다.

전략적 파트너로서의 동물

역사를 되짚어보면 동물을 무기로 활용한 사례도 적지 않다. 전쟁에 동물을 동원한 역사는 매우 오래되었으며, 그중 가장 대표적인 사례는 '전쟁 코끼리'다.

고대 인도와 중동의 왕국들은 압도적인 물리적 힘을 지닌 코끼리를 투입해 적의 진형을 무너뜨리고 공포를 조성했다. 코끼리는 단순한 타격 수단을 넘어 성벽을 공략하는 무기이자 무거운 장비를 옮기는 수송 수단으로도 활약했다. 카르타고의 한니발Hannibal 장군이 알프스를 넘으며 코끼리를 동원한 일화가 대표적이다. 다만, 혹독한 기후로 인해 많은 코끼리가 희생되기도 했다. 전쟁터에서는 코끼리를 보호하기 위해 머리와 몸에 갑옷을 입힌 경우도 있었다.

거꾸로 코끼리의 약점을 노린 전술도 있었다. 각종 전투 기록과 민담에는 돼지를 활용해 거대한 코끼리를 혼란에 빠뜨린 얘기도 전해진다. 태생적으로 불과 큰 소리를 무서워하는 코끼리는 이런 돼지의 자극에 놀라서 진형을 이탈하거나 통제하기 힘든 상황도 만들었다. 이와 같은 사례는 동물이 지닌 고유의 힘뿐 아니라, 그 한계도 중요한 전략의 일부임을 알려준다.

오늘날의 군사 작전에서도 동물의 특별한 능력은 널리 활용된다. 대표적인 사례로 돌고래의 경우를 들 수 있다. 돌고래는 뛰어난 음향 감지 능력과 기동성을 갖고 있다. 여기에 착안하여 인간은 돌고래를 기뢰를 탐지하거나 수중 물체를 찾는 임무에 투입했다. 실제로 미국 해군은 1960년대부터 해양 포유류 프로그램Marine Mammal Program을 운영하며 돌고래를 훈련시킨 예가 있다. 이 돌고래들은 기뢰 탐지나 수중 물품 회수, 수색과 구조 임무를 수행했다. 인간 잠수부가 접근하기 어려운 환경에서도 돌고래는 음파를 이용해 물체를 감지하고 그 위치를 정확히 알려줬다. 이러한 능력 덕분에 돌고래는 군사적 목적뿐 아니라 구조 활동에도 유용하게 활용될 수 있었다.

이러한 사례들은 우리에게 중요한 시사점을 준다. 인간은 동물의 고유한 신체적·감각적 능력을 전략적으로 활용하는 한편, 자신의 한계를 보완할 수 있다는 것이다. 동물의 활용 범위는 노동이나 수송에만 머물지 않았다. 통신과 전투, 수색과 구조에 이르기까지 다양한 영역에서 핵심적인 역할을 했다.

오늘날 로봇 기술을 바라볼 때도 우리는 이런 인간-비인간 협력의 역사를 눈여겨 봐야 할 것 같다. 이런 관점에서 로봇은 우리 인간을 밀어내는 대체재가 아니다. 인간의 부족한 부분을 보완하고 확장하는 협력적 파트너의 가장 진화된 형태일 뿐이다.

인간은 동물을 단순한 노동력이나 자원으로만 활용하지 않았다. 일부 동물은 오랜 시간 인간의 삶과 함께 하며 반려 대상으로 자리해 왔다. 그 결과, 인간의 사회적·정서적 삶에 동물의 존재는 깊이 깃들어 있다. 특히 개와 고양이의 경우는 각별하다. 이미 수천 년 전부터 개와 고양이는 인간과 함께 살아온 대표적인 반려동물이다. 개는 사냥과 방어, 목축을 돕는 실용적 역할을 해주었고, 인간과의 신뢰를 바탕으로 강한 사회적 유대를 이루어왔다. 또한, 고양이 역시 해충을 잡거나 집집마다 친밀한 동반자로 사랑받아 왔다. 오늘날 치유견이나 도움견의 사례는 이를 잘 말해주고 있다.

이는 동물이 인간의 정서적 안정과 사회적 관계에 어떤 긍정적인 영향을 미치고 있는지를 잘 보여준다. 한마디로 인간과 동물의 상호관계는 단순한 이용 차원을 넘어, 상호적 돌봄과 교감의 역사였다.

로봇을 이해하기 위해 동물을 비교 대상으로 삼는 일의 의미는 무엇일까? 로봇은 분명 생명체가 아니다. 그러나 로봇이 만들어내는 기술적 생동감과 반응, 그리고 그 신호에 반응하는 인간의 인지 방식은 가볍게 넘길 수 없다. 누구든 로봇이 인간처럼 살아 있지 않다는 걸 잘 알면서도 서로 정서적 관계를 맺기 위한 인지적 다리를 자연스럽게 만들고 있다. 즉, 로봇이 단지 프로그램된 기계라는 점을 인식하면서도, 우리는 그 움직임이나 반응에서 생명체와 비슷한 신호를 포착하게 되면 자연스럽게 로봇에 감정적으로 반응한다.

대표적인 예가 로봇청소기다. 로봇청소기는 공간을 스스로 탐색하며 청소한다. 이런 움직임은 우리 눈에는 마치 분명한 의도를 갖고 행하는 행동처럼 보인다. 그 결과 많은 사용자들이 로봇청소기에 이름을 붙이며 친근하게 대한다. 실제로 로보락^{Roborock} 청소기에 큰 만족을 느낀 한 동료 교수는 자신의 성을 붙여 '송보락'이라는 별명까지 지어주었다고 한다.

소니의 반려 로봇 아이보^{AIBO}도 단순한 전자기기가 아니었다. 이를 경계를 뛰어 넘어 아이보는 인간의 감정적 교류 대상으로 받아들여졌다. 사용자는 아이보의 고개 끄덕임이나 꼬리 흔듦을 어떤 기쁨이나 애정 표시로 해석했고, 마침내 그 로봇에게 일종의 인격을 부여했다.

뇌의 구조로 읽는 AI

AI는 인간의 지능을 모방한 기술로 곧잘 설명된다. 학습과 추론, 문제해결과 같은 기능이 인간의 뇌 작용에서 비롯되었다는 분석이 지배적이다. 여기서 한 가지 의문이 생긴다. AI는 인간 뇌의 어떤 기능을 모델로 삼아 설계되었을까?

이 질문에 답하려면 먼저 인간 뇌의 기본 구조와 각 영역이 담당하는 역할을 구체적으로 살펴봐야 한다. 지능의 실체를 이해하는 일은 곧 AI 기술이 어디에서 출발했는지를 확인하는 일이기 때문이다

인간 뇌의 통합 구조

인간의 뇌는 단순한 기관이 아니다. 여러 층위와 기능이 복합적으로 얽혀 있는, 매우 정교한 구조로 되어 있다. 우리의 뇌는 앞뒤, 좌우, 상

중하라는 3가지 차원에서 살펴볼 수 있다.

이중에서 상중하 차원은 각각 사고/학습, 기억, 생명을 담당한다. 이 차원은 현대 AI가 인간의 지능을 모방하여 설계될 때 참고해야 할 핵심적인 근간이 된다. 우리가 AI의 발전 방향을 입체적으로 이해하기 위해 뇌의 내부 구조를 먼저 들여다봐야 하는 이유도 바로 여기에 있다.

앞뒤 차원: 감각과 실행의 연속체

뇌 구조를 이해하는 첫 번째 차원은 앞뒤 방향의 축이다. 이 축은 뒤쪽에서 감각 정보를 처리하고, 앞쪽에서 행동을 계획하고 실행하는 일관된 정보 흐름을 보여준다.

뇌의 뒤쪽에 자리한 후두엽Occipital lobe과 두정엽Parietal lobe은 외부 환경으로부터 들어오는 시각·청각·촉각 정보를 수집하고 해석하는 역할을 맡는다. 이 영역에서 이루어지는 감각 처리는 우리가 주변 세계를 인식하는 출발점이다. 충분히 정교한 감각 해석이 선행되어야만, 뇌는 상황을 이해하고 다음 단계의 판단으로 나아갈 수 있다

반대로 뇌의 앞쪽에 자리한 전두엽Frontal lobe은 인지 기능Cognitive function과 실행 기능Executive function을 주로 담당한다. 인지 기능은 단순히 정보를 받아들이는 수준을 넘어, 사고와 추리, 학습을 통해 의미를 구성하는 정신 활동을 말한다. 실행 기능은 여기서 더 나아가 우리가 발달시킨 운동 능력과 감각, 의사소통 능력, 인지 기술을 유기적으로 결합해 목표를 세우고 이를 실제 행동으로 옮기는 과정이다. 계획을 세우고, 선택하며, 행동을 조절하는 능력이 모두 여기에 속한다. 이러한 실행

기능 덕분에 우리 인간은 단순한 생존을 넘어 의미 있는 성취를 이루고, 새로운 가능성을 만들어 낼 수 있다.

결국, 뇌의 앞뒤 차원은 단순한 해부학적 위치 구분에 그치지 않는다. 이 차원은 곧 우리 인간이 세상을 감각으로 받아들이고, 사고로 전환하며, 다시 행동으로 이어 가는 전체적인 흐름이자 인식 과정이다. 감각에서 지능으로, 지능에서 행동으로 이어지는 이 연속 과정 속에서 인간의 학습과 판단, 그리고 성취가 가능해진다.

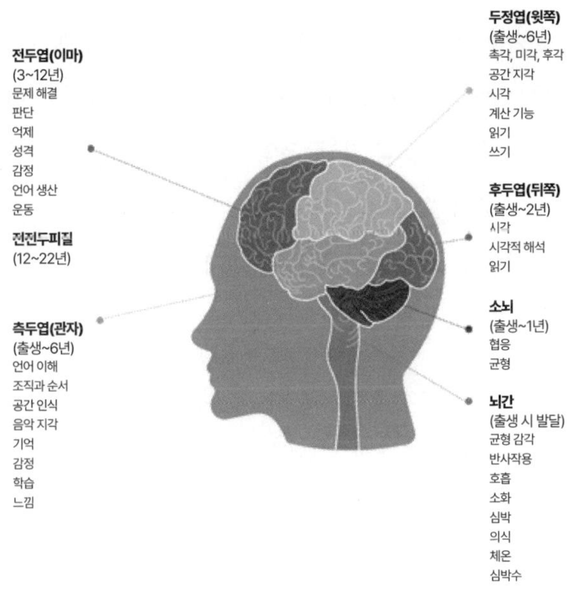

| 뇌의 앞뒤 차원과 그 기능

좌우 차원: 좌우 반구의 긴밀한 협업

뇌 구조를 이해하는 두 번째 차원은 좌우 방향의 축, 즉 뇌를 좌반구^{Left hemisphere}와 우반구^{Right hemisphere}로 나누어 보는 시각이다. 인간의 뇌는 겉으로 보기에는 하나의 덩어리처럼 보이지만, 실제로는 서로 다른 기능에 특화된 두 반구가 긴밀히 협력하며 작동한다.

좌반구는 주로 언어 처리와 논리적 사고를 담당한다. 말하고 읽고 쓰는 능력은 물론이고 분석과 추론, 비판적 판단 시 강점을 보인다. 복잡한 문제를 단계적으로 나눠서 생각하고, 세부적인 정보를 꼼꼼히 검토하는 데도 좌반구가 중요한 역할을 한다. 또한 좌반구는 신체의 오른쪽 움직임을 제어하여 계획적이고 정교한 행동을 가능하게 만든다.

반면 우반구는 공간적 사고와 시각 정보 처리에 강하다. 전체적인 형태와 맥락을 직관적으로 파악하고, 이미지와 패턴을 통해 세상을 이해하는 데 능하다. 창의력과 예술적 감각, 음악과 감정 이해 역시 우반구와 깊이 연결된다. 더불어 표정이나 몸짓 같은 비언어적 신호를 해석하는 데도 중요한 역할을 한다. 우반구는 신체의 왼쪽 움직임을 조절하며, 균형 감각과 공간 인지에 기반한 행동을 돕는다.

이처럼 좌반구와 우반구는 서로 다른 방식으로 세상을 해석할 뿐 아니라 인간의 사고와 행동을 다채롭게 만들어준다. 좌반구가 세부적이고 논리적인 사고를 담당한다면, 우반구는 창의적이고 직관적인 통찰을 제공한다. 두 반구의 조화는 인간이 복잡한 환경 속에서도 문제를 해결하고, 창조적 성취를 이루는 데 필수적인 요소이다.

상중하 차원: 생존·감정·이성의 삼위일체 구조

뇌 구조를 살피는 세 번째 차원은 아래에서 위로 이어지는 수직적 흐름, 즉 상중하 차원이다. 이는 뇌간^{Brain stem}에서 시작해 변연계^{Limbic system}를 거쳐 신피질^{Neocortex}로 올라가는 상중하의 층위 구조를 이룬다. 이 구조를 통해 인간의 생존, 감정, 사고가 어떤 층위로 조직되고 실행되는지 명확히 파악할 수 있다.

- 뇌간(하층): 척수와 연결된 뇌의 기저부로, 생존에 필수적인 기능을 하는 영역. 심장 박동, 호흡, 혈압 조절처럼 의식하지 않아도 이루어지는 필수적인 생명 유지 활동을 담당한다. 인간이 생각하고 반응하며 살아 있음을 가능하게 하는 지능의 출발점이라 할 수 있다.

- 변연계(중층): 대뇌 아래 위치하고, 감정과 기억을 담당하는 영역. 두려움과 기쁨, 사랑과 같은 감정이 이곳에서 형성되고 저장된다. 이러한 감정은 우리의 판단과 행동에 강력한 영향을 미친다. 타인과 유대하고 공감하며 사회적 관계를 맺게 하는 인간다움의 핵심 영역이기도 하다.

- 신피질(상층): 뇌의 가장 바깥에 위치하고, 진화 과정에서 가장 늦게 발달하고 가장 진화된 영역. 언어를 사용하고, 추상적으로 사고하며, 복잡한 문제를 해결하는 고차원적 인지 기능이 이곳에서 이루어진다. 인간이 세계를 이해하고, 새로운 것을 만들어 문화와 문명을 발전시킬 수 있었던 힘의 원천이 바로 이 영역이다.

로봇의 '뇌', 다시 말해 AI가 인간의 뇌를 본떠 만들어졌다고 할 때 우리가 주목해야 할 부분도 바로 이 세 번째 차원이다. 뇌간, 변연계,

신피질로 이어지는 구조는 생존, 감정, 고차원적 사고라는 인간 지능의 핵심 요소를 포괄한다.

이러한 이해는 미국의 신경과학자 폴 맥린Paul MacLean이 제시한 삼위일체 뇌 이론Triune brain theory을 통해 널리 전해졌다. 맥린에 따르면, 인간의 뇌는 진화 과정에서 세 단계로 발달했다고 한다. 다시 말해 인간의 뇌는 단일한 기관이 아니라, 서로 다른 기능을 지닌 층위들이 겹겹이 쌓인 구조라는 것이다.

AI를 이해할 때 역시 이러한 진화적 관점과 구조적 차이를 함께 고려할 필요가 있다.

- 1단계: 파충류 뇌(생명의 뇌)

  뇌 구조의 가장 아래층에 해당하는 파충류 뇌는 인간의 뇌에서 가장 오래되고 원시적인 영역이다. 이 이름에는 인간의 뇌가 먼 과거의 파충류 조상으로부터 점진적으로 진화했다는 사유가 담겨 있다. 파충류 뇌는 뇌간과 대뇌 깊숙한 곳에 위치한 기저핵Basal ganglia으로 이루어져 있다. 여기서 기저핵은 주로 운동을 조절하는 역할을 맡으며, 뇌간과 함께 생명 유지에 필수적인 기능을 담당한다. 호흡, 심박수, 혈압 조절처럼 우리가 의식하지 않아도 자동으로 이루어지는 신체 활동은 바로 이 영역에서 관리된다.

- 2단계: 포유류 뇌(감정의 뇌)

  그 위에 형성된 두 번째 층은 변연계를 중심으로 한 포유류 뇌다. 이 영역은 인간을 포함한 포유류에서 본격적으로 발달한 뇌 구조로, 단순한 생명 유지나 본능적 반응을 넘어 감정과 사회적 경험을 가능하게 한다는 점에서 중요한 의미를 갖는다. 포유류 뇌의 핵심은 변연계의 발달이다. 변연계는 감정과 동기, 기억을 담당하는 중심지로, 기쁨과 슬픔, 두려움과 사랑 같은 다양한 정서적 경험을 만들고 저장한다. 이러한 감정은 단순한 느낌에 그치지 않고, 우리의 행동과 선택에 지속적인 영향을 미친다.

또한 변연계는 사회적 행동과도 깊이 관련된다. 타인과 유대감을 형성하고, 협력하며, 공감하는 능력은 이 뇌 영역과 밀접하게 연결된다. 이로 인해 포유류는 혼자가 아닌 무리지어 살아갈 수 있다.

- 3단계: 영장류 뇌(이성의 뇌)

가장 최근에 발달한 상층부는 신피질을 중심으로 한 영장류 뇌다. 이 영역은 삼위일체 뇌 이론에서 가장 최근에 고도로 발달한 부분으로, 인간이 사고하고 계획하며 문제해결의 핵심적인 토대다. 영장류 뇌는 파충류 뇌와 포유류 뇌의 구조를 바탕으로 하되, 그 위에 신피질이라는 새로운 층을 덧붙인 형태다. 이 신피질 덕분에 인간은 단순한 반응을 넘어, 상황을 숙고하고 선택 가능한 능력을 갖추었다.

신피질은 언어와 추상적 사고, 의식적인 인식과 문제해결을 담당한다. 이를 통해 우리는 세계를 이해하고 지식을 축적하며, 복잡한 사회적 관계 속에서도 의미 있는 상호작용을 수행할 수 있다.

AI가 놓친 조각들

삼위일체 뇌 구조 가운데에서 로봇의 뇌라 특정할 수 있는 AI는 인간 뇌의 가장 진화된 층을 본떠 만들어졌다. 특히 신피질과 전전두피질Prefrontal cortex, PFC이 가장 중요한 모델이었다. AI가 사고하고 문제를 해결하는 듯한 모습을 보이는 이유도 바로 이 영역을 참고한 데 있다.

전전두피질은 눈과 이마 바로 뒤, 전두엽의 가장 앞쪽에 위치한다. 대뇌피질 전체 면적의 약 30%를 차지할 만큼 비중이 크며, 판단과 계획, 이성적 사고, 문제해결 같은 고차원적 인지 기능을 담당한다. 말하자면, 이는 인간다운 사고의 중심이라 할 수 있는 부위다. 이 영역은 어린 시절에는 아직 미성숙한 상태로 있다가 통상 12세 무렵부터 본격적으로 발달하기 시작한 뒤 20세 전후에 성숙해진다. 인간이 성장하면서 점차 복잡한 판단과 책임 있는 선택을 할 수 있게 되는 과정과도 이는 맞닿아 있다.

AI가 바로 이 영역을 모방해 설계되었다는 사실은 의미심장하다. 왜냐하면 우리가 만든 기술이 더 이상 단순한 계산 장치를 넘어, 인간의 가장 정교한 사고 능력에 직접 도전하고 있다는 증거이기 때문이다. 그러나 이 지점에는 분명한 한계가 존재한다.

AI는 인간의 뇌 전체를 모방한 기술이 아니다. 삼위일체 뇌 가운데 약 3분의 1에 해당하는 영역, 즉 신피질과 전전두피질만 모델로 삼았을 뿐이다. 생명의 뇌로 불리는 파충류 뇌와 감정의 뇌인 포유류 뇌는 AI 설계 과정에서 사실상 제외되었다.

그렇기에 AI에는 자체적인 생존 본능이 없다. 공포나 기쁨, 사랑과 같은 감정도 느끼지 못한다. 이러한 감정은 우리 인간이 경험하는 것이지, AI가 실제로 이해하거나 체험할 수 없다. 그런 대상도 아니다. 우리가 AI가 '생각한다'고 말할 때, 그것은 감정이 섞인 사유가 아니라 계산과 논리, 규칙에 따른 판단을 두고 한 얘기다. 인간의 사고가 본능과 감정, 사회적 맥락 속에서 형성되는 것과 달리, AI의 사고는 철저히 수학적이고 기계적인 처리 과정에 머문다. 이 차이는 우리가 AI와 관계를 맺을 때 반드시 염두에 둬야 할 중요한 지점이다. AI는 인간의 사고방식을 흉내 낼 수는 있지만, 인간을 인간답게 만드는 깊은 정서와 본능, 생명적 직관까지 담을 수는 없다.

다만 상황이 달라지는 지점이 있긴 있다. AI가 화면 속 프로그램이 아니라, 로봇이라는 물리적 형태를 갖추는 순간이다. 이른바 피지컬 AI를 완전하게 구현하려면 계산과 추론 능력만으로는 충분하지 않다. 환경에 즉각 반응하고, 위험을 피하며, 상황에 따라 행동을 조절하려면 포유류 뇌와 파충류 뇌에 해당하는 기능까지 고려해야 한다.

감정과 생존 본능의 층을 어느 정도라도 모방해야 인간과 유사한 반사 작용과 정서적 대응이 가능해진다는 얘기다. 하지만 현재까지 이 두 영역에 대한 연구는 상대적으로 부족하다. 앞으로 피지컬 AI가 발전하기 위해서는 바로 이 '빠진 3분의 2의 뇌'를 어떻게 기술적으로 다룰 것인가 하는 점이 가장 중요한 과제가 될 것이다.

인간 뇌 vs 로봇 뇌

AI의 핵심은 컴퓨터 시스템과 알고리듬을 통해 인간 지능의 일부를 모방하고 재현하고, 나아가 이를 확장하는 데 있다. AI는 인간이 사고하고 학습하며 판단하는 과정을 기계적인 방식으로 구현하려는 획기적인 시도다. 그렇다면 이렇게 기존의 기계와 본질적으로 다른 존재인 AI와 인간의 뇌는 어떤 관계를 갖고 있는 것일까?

AI는 인간의 뇌에서 영감을 얻어 특정 기능을 기술적으로 복제한다. 하지만 이 관계는 단순한 모방에 그치지 않는다. 오히려 두 존재는 서로 다른 강점과 약점을 지닌, 보완적인 파트너에 가깝다. AI는 계산 속도와 정확성에서 인간을 압도한다. 방대한 데이터를 동시에 처리하고, 복잡한 연산을 빠짐없이 수행하며, 필요한 정보를 즉각적으로 불러올 수 있다. 수학적 계산이나 정보 검색, 기억의 정확성에서는 인간의 능력을 훨씬 뛰어넘는다.

반면 인간의 뇌는 기계가 쉽게 따라 할 수 없는 능력을 지닌다. 창의성, 감성지능, 직관, 그리고 맥락을 고려한 복합적 판단이 그것이다. 인간은 불완전한 정보 속에서도 의미를 만들어 내고, 감정과 경험을 바탕으로 새로운 아이디어를 떠올린다. AI가 논리와 규칙의 틀 안에서 작동한다면, 인간의 사고는 그 경계를 넘나든다.

바로 이러한 차이에서 AI와 인간은 경쟁자가 아니라 서로의 가능성을 확장하는 동반자로 자리 잡을 수 있다. 이런 맥락에서 AI 연구는 단순한 기술 개발 차원을 넘어서야 한다. 그렇기에 AI 연구는 장차 인간의 뇌와 인지를 이해하는 중요한 창이 되기도 한다. 연구자들은 계산 시스템 안에서 인간의 사고와 행동을 모형화하면서, 뇌가 정보를 처리하고 판단을 내리는 방식에 대한 새로운 통찰을 얻는다.

마치 AI는 인간 뇌 연구의 거울과 같다. 우리는 AI를 통해 기술을 발전시키는 동시에, 그 과정을 통해 인간 자신을 더 깊이 이해하게 된다. 이러한 상호작용 속에서 인간과 AI는 함께 진화하는 관계로 나아가고 있다.

최근 들어 AI 기술은 신경과학 연구에서도 중요한 도구로 자리 잡고 있다. 머신러닝 알고리듬은 fMRI와 같은 신경 영상 데이터를 분석해, 뇌 활동의 패턴과 그 사이의 구조적 관계를 밝혔다. 이를 통해 우리는 인지와 지각, 행동과 관련된 복잡한 뇌 기능을 보다 정밀하게 이해할 수 있게 되었다. 그 결과, AI는 단순한 계산 수단을 넘어 인간의 마음과 정신 세계를 탐구하는 새로운 창구로 기능하고 있는 것이다.

일부 AI 연구자들은 인간의 뇌에서 영감을 얻은 컴퓨팅 알고리듬 개발에 주력하고 있다. 뇌가 지닌 병렬 처리 능력과 적응성, 뛰어난 에너지 효율성을 기술적으로 구현하기 위한 시도다. 이런 방향의 AI의 발전은 단순한 기술적 진보 이상을 지향하고 질문을 던진다. 인간 지능과 의식의 본질은 무엇인지, 그리고 그 기술이 사회에 어떤 영향을 미칠 것인지 윤리적 질문을 함께 던지며 연구하는 것이다. 그렇기에 책임 있는 AI를 개발하고 사회에 안전하게 적용하기 위해서는 인간의 뇌와 AI가 닮은 점과 다른 점을 분명히 이해하는 것이 중요한 것이다. 이런 인식적 통찰이 함께 수반되어야 기술의 가능성과 그 한계를 동시에 바라볼 수 있는 것이다.

거듭 강조하거니와 AI는 인간의 뇌를 그대로 복제하는 기술이 아니다. 인간 지능의 일부 기능을 참고해 이를 기술적으로 재현하고, 나아가 확장하려는 도구에 가깝다. AI는 인간의 사고와 행동이 어떻게 작동하는지를 탐구하는 수단이기도 하다. 이를 통해 우리는 인간의 역량을 보완하고, 다양한 사회적 과제를 해결하고자 한다.

따라서 AI는 인간을 대신하는 존재라기보다 인간의 능력을 증강시키는 동반자로 이해하는 편이 더 정확하다. 물론 우리 인간과 AI의 관계 역시 단순한 도구와 사용자의 관계에 머물지 않는다. 인간의 사고와 경험의 일부가 기계 속으로 확장되는, 길고 긴 점진적 과정에 가깝다.

삼위일체 뇌의 층위 구조를 이해하고, AI가 무엇을 할 수 있고 무엇을 할 수 없는지를 분명히 인식할 때 비로소 우리는 선택의 기준을 갖게 될 것이다. 그럴 때 미래의 AI 기술과 인간 사회를 보다 책임감 있고 현명하게 설계할 수 있으리라 본다.

인류세 이후의 세계, 로보세

전 지구촌이 말하듯, 오늘날 인류는 지구 환경에 막대한 영향을 미치는 '인류세'에 들어섰다. 그와 함께 지금은 로봇과 AI가 인간의 일을 대신하는 '로보세'로의 전환도 함께 진행되고 있다. 이런 거대한 변화 속에서 인간은 일부 영역에서 더 이상 중심은커녕 기계의 활동을 보조하는 역할로 밀려날 가능성도 있다고 한다.

그렇다고 해서 인간의 역할이 완전히 사라지는 것은 아닐 것이다. 기술을 설계하고 조정하며 책임지는 존재는 여전히 인간일 수밖에 없기 때문이다. 다만, 그 역할의 성격은 달라질 것은 충분히 예견된다. 이런 추세라면 앞으로 우리 인간은 기계가 대체하기 어려운 창의적 사고와 감각적 판단, 그리고 전략적 결정에 보다 더 집중하게 될 것이다.

인류세: 인간이 지구 시스템이 된 시대

지구의 운명에 우리 인간은 어느 때보다 큰 영향을 미치고 있는 시대다. 현재 지구는 무려 80억 인구를 넘어섰고, 인간이 자연을 통제하고 변화시키는 힘은 전례 없는 수준에 이르렀다.

진화생물학자들은 인간을 기술적으로 가장 진보한 종으로 만든 요인을 다양하게 설명한다. 비교적 큰 뇌와 발달한 인지 능력, 불을 다루는 기술, 복잡한 사회 구조와 협력 능력이 그 핵심이라고 한다. 여기에 도구를 만들고 사용하는 능력, 끈질긴 사냥과 문제해결 능력노 더해진다.

인간은 이러한 능력을 바탕으로 지구 곳곳에 막대한 영향력을 행사해 왔다. 그 결과 자원을 관리하고 활용하는 방식 역시 점점 더 인간 중심적으로 재편되고 있는 추세다.

지질과 생태계 차원에서 인간의 활동이 지구에 깊은 흔적을 남기기 시작한 시대를 일컬어 인류세Anthropocene라고 부른다. 이 말은 네덜란드의 화학자 파울 크뤼천Paul J. Crutzen과 미국의 생물학자 유진 스토Eugene F. Stoermer가 2000년에 함께 쓴 기고문에서 처음 제안했다. 인류세는 약 1만 1700년 전 마지막 빙하기가 끝난 뒤 시작된 홀로세Holocene, 현세 이후의 새로운 시대다. 이 시기의 가장 큰 특징은 자연의 변화보다 인간의 활동이 지구 환경을 더 빠르고 강하게 변화시킨다는 점이다.

Anthropocene이라는 말은 '인간'을 뜻하는 그리스어 anthropos 와 '시대'를 의미하는 접미사 -cene이 결합된 것이다. 문자 그대로 인간의 영향력이 지구의 모습을 규정하는 시대라는 뜻이다. 이 개념은 긴긴 지구 역사 속에서 인간이 차지하는 위치와 책임이 얼마나 커졌는지를 명확히 보여준다.

인류세의 징후는 지난 18세기 후반 산업혁명 이후부터 뚜렷해졌다. 인간 활동이 지구 생태계에 심오하고 광범위한 영향을 미쳐서 그 흔적들이 지질학적 기록에도 고스란히 남은 때문이다. 인간의 활동은 육지에 그치지 않았다. 대기와 해양, 풍경, 생물다양성은 물론이고 지구의 지질 구조까지 변화시켰다. 이로 인해 인간은 단순한 생물종을 넘어, 지구 시스템 자체를 움직이는 중요한 행위자가 된 것이다.

인류세의 특징은 다음 7가지로 요약할 수 있다.

기후변화

인간은 석탄·석유·천연가스 같은 화석연료를 연소하며 대기 중에 이산화탄소와 온실가스를 대량으로 배출해 왔다. 농업과 도시 개발, 벌목으로 숲이 줄어들면서 지구의 탄소 흡수 능력도 함께 감소했다. 이는 온실 효과를 강화하고 지구 온난화와 기후 패턴 변화를 불러왔다.

대량멸종

인간 활동으로 서식지가 파괴되고 오염이 발생하며, 과도한 사냥과 외래종 유입이 이어지면서 많은 생물이 멸종한다. 자연적인 멸종 속도보다 훨씬 빠르게 종이 사라지고, 생물다양성이 감소하며 생태계에 심각한 영향을 미친다.

자연경관 변화

도시화로 농촌이 줄고, 도로와 건물 같은 인공 구조물이 자연을 대체하고 있다. 삼림 벌채와 토지 개조, 채굴 활동은 지형 자체를 바꾸며 새로운 인공 지형을 만들어냈다.

생물 지구화학적 순환 변화

산업과 농업, 화석연료 사용, 폐기물 관리 과정은 탄소·질소·인·황 같은 필수 원소의 자연 순환을 교란한다. 이는 토양 비옥도와 식물 성장, 생태계의 전반적인 건강에 영향을 미친다.

플라스틱 오염

플라스틱은 쉽게 분해되지 않은 채 환경에 축적된다. 해양과 강, 숲과 도시에 퍼지며 서식지의 성격을 바꾸고, 유해 물질을 방출해 야생동물과 인간의 건강을 위협한다.

방사성 원소의 확산

지상 핵실험과 원전 사고, 부적절한 폐기물 처리로 방사성 물질이 대기와 지구 표층에 퍼졌다. 이 흔적은 전 세계 퇴적물과 빙핵에 뚜렷한 층으로 남아 인간의 영향을 증명한다.

종의 세계적 이동

해운과 항공, 농업과 애완동물 교류를 통해 생물은 국경을 넘어 이동한다. 침입종은 토착종과 경쟁하거나 질병을 퍼뜨리며, 생태계 구조와 경제에 심각한 피해를 남긴다.

인간의 곁다리화: 인간의 역할 축소

과학기술이 발전할수록 지구에 대한 인간의 영향력도 함께 커질 것이라 믿어왔다. 그러나 역설력이게도 인간의 영향력은 오히려 줄어들고 있다. 다시 말해, 이제 인간은 사회적 중심이 아니라, 기계와 시스템의 곁다리 역할로 밀려나고 있다. 이런 경향은 앞으로 더욱 심화될 가능성이 있고, 마침내 우리 인간이 설 자리를 잃게 되는 상황까지 벌어질 수 있다.

'인간의 곁다리화'란 AI와 자동화 기술로 인해 인간이 더 이상 필요하지 않거나 충분히 활용되지 않는 상태를 뜻한다. 기술과 자동화가 다양한 직업과 기능을 대체하면서, 특정 기술이나 직업, 나아가 인간 자체가 노동력과 사회 구조에서 불필요해질 가능성이 있다.

물론 곁다리화가 곧 멸종을 의미하는 것은 아니다. 인간이 사라진다는 뜻과는 달리, 냉정하게 말하면 지금처럼 지구와 인류의 운명을 완전히 통제할 수 있는 위치가 서서히 약화되고 있다는 것이다. 조만간 인간은 지금까지처럼 지구의 방향을 마음대로 좌우할 수 없는 현실을 맞이할 수밖에 없을 듯하다.

인간의 곁다리화와 관련해 주목할 만한 주요 현상과 측면은 다음

7가지로 정리할 수 있다.

일자리의 변화

AI와 자동화 기술은 반복적이고 규칙적인 일을 빠르게 대체하고 있으며, 제조업 조립 공정과 데이터 입력, 기본적인 고객 응대 업무가 대표적인 사례로 이 영역에서 인간의 자리는 점점 줄어들고 있다.

기술 중심의 재편

기존 일자리가 줄어드는 대신 AI를 설계하고 운영하며 관리하는 역할이 새롭게 생겨나고 있고, 프로그래밍과 데이터 분석, 로봇 유지·보수 같은 분야에서는 새로운 수요가 만들어지고 있다.

경제 구조의 변화

일자리 감소는 개인의 문제로 끝나지 않고 노동시장 전체에 영향을 미치며 재교육과 직업 전환의 부담을 키우고, 동시에 기술과 자본을 가진 쪽으로 부가 더 빠르게 쏠릴 가능성도 커진다.

인간 고유의 영역

기계는 빠르고 정확하지만, 창의성이나 공감, 미묘한 상황 판단까지 완전히 대체하지는 못하며, 예술과 상담, 리더십, 연구와 혁신의 영역은 여전히 인간의 몫으로 남아 있다.

윤리 문제

효율과 생산성을 앞세우는 선택은 기술 발전 속도에 비해 인간의 삶이 어디까지 배려되고 있는가? 라는 질문을 불러오며, 이 균형은 기술만의 문제가 아니라 사회 전체가 함께 답해야 할 문제다.

사회적 영향

일은 단순한 생계 수단이 아니라 정체성과 관계의 기반이 되기 때문에, 일자리를 잃는다는 것은 소득의 상실을 넘어 삶의 구조가 흔들리는 일이다.

가능한 대응

인간의 곁다리화로 인한 문제를 완화하기 위해 다양한 전략이 논의된다. 보편적 기본소득Universal basic income, UBI, 평생교육 프로그램, 신산업 중심의 일자리 창출, 전통적인 노동시간 구조 개편 등이 대표적이다. 이와 같은 접근은 인간의 경제적 안정성과 사회적 참여를 보장하면서 기술 발전과 조화를 이루는 방안일 수 있다.

로보세: 로봇 없이는 세계가 성립되지 않는 시대

아이러니하게도, 한때 인간이 지구를 지배할 수 있게 만든 기술력이 이제는 인간을 한물가게 하고 곁다리로 밀어내는 상황을 만들고 있다. 우리는 그간 삶을 통제하고 상품을 생산하며 서비스를 제공하는 복잡한 기술적·사회적 시스템을 구축해 왔다. 그러나 이러한 시스템 안에서 로봇, AI, 기타 스마트 기계의 활용이 점차 늘어나면서, 이제 인간은 관련 업무의 의사결정조차 기계에 맡기는 시대로 달음박질하고 있다. 사람은 직접 주체적으로 수행하기보다, 작업을 자동화하고 관리하는 역할로 점차 후퇴하고 있는 것이다.

자동화의 흐름은 갈수록 빨라지고 있다. 이제 기계는 우리의 욕구와 필요를 미리 예측하고, 우리가 원하는 모든 엔터테인먼트, 음식, 여가 활동을 제공하도록 설계되고 있다. 머지않아 인간은 그저 앉아 즐기고 구경하는 것 외에는 할 일이 거의 없는 시대가 올지도 모른다. 이러한 변화를 상징적으로 보여주는 것이 인류세에서 로보세로의 이동이다.

로보세는 로봇과 AI가 지구 환경과 생태계를 형성하는 데 지배적인 역할을 수행하는 가상의 미래 시대를 뜻한다. 영어 단어 Robocene 은 '로봇'을 의미하는 robot과 '시대'를 뜻하는 접미사 -cene을 결합한 것이다.

연구자와 미래학자들은 이를 통해 첨단 로봇과 AI가 지구 생태계에 미칠 잠재적 영향과 인간과 로봇의 공존 가능성을 탐구하고 있다. 로보세의 핵심 전제는 AI와 로봇 시스템이 점점 더 자율적이고 광범위하게 확산되면서, 자연환경과 필연적으로 상호작용하며 중대한 영향을 미친다는 점이다. 이 개념은 인간 중심적 관점을 넘어, 기계가 지구 생태계와 사회 구조에 미치는 영향까지 고려하는 미래학적 사고를 촉발한다.

로보세의 주요 특징은 다음 4가지로 정리할 수 있다.

자동화의 확산

로봇과 AI가 산업 전반에 널리 도입되면서, 제조, 물류, 서비스, 관리 등 다양한 업무가 점차 자동화되고 있다. 예를 들어, 스마트 도시에서는 자율주행차, 드론 배송 시스템, 지능형 교통 관리 인프라가 통합되어 인간의 개입 없이 운영될 수 있는 체계가 구축될 전망이다. 이러한 자동화는 효율성과 생산성을 극대화할 뿐만 아니라, 인간이 반복적이고 규칙적인 업무에서 벗어나 창의적이고 전략적인 활동에 집중할 수 있는 환경을 제공한다.

노동 구조의 변화

일부 직업은 자동화로 인해 로봇과 AI로 대체될 수 있다. 하지만 동시에, 로봇과 AI 시스템을 개발하고 유지보수하며 감독하는 새로운 산업과 직업군이 등장할 것이다. 이에 따라 노동시장에는 재교육과 숙련도 향상, 기술 적응 능력 개발에 대한 수요가 크게 증가할 것으로 예상된다. 예를 들어, 제조업에서는 기존 생산직보다 로봇 운영과 프로그래밍 기술을 갖춘 인력이 필요하다. 또한 데이터 분석, 사이버보안, AI 시스템 설계 분야에서도 전문 인력의 수요가 늘어날 것이다.

일상생활에서의 기술 통합

스마트 기기, 홈 오토메이션, 지능형 도시 인프라를 통해 로봇과 AI는 개인의 생활에 깊숙이 통합되어 편의성과 효율성을 높인다. 이를 통해 인간은 반복적이고 단순한 작업에서 해방되고, 교육, 창의적 활동, 사회적 교류 등 의미 있는 일에 더욱 집중할 수 있다.

의료 서비스의 혁신

로봇공학과 AI는 로봇 수술, AI 기반 진단 시스템, 개인 맞춤형 치료 등 다양한 영역에서 의료 발전에 기여한다. 예를 들어, 로봇 수술 시스템은 수술의 정밀도를 높이고 회복 시간을 단축한다. AI 기반 진단 도구는 질병을 조기에 발견하고, 치료 계획을 최적화하는 데 도움을 줄 수 있다.

이 모든 변화를 종합해 보면, 인류세에서 로보세로의 전환은 단순한 기술적 변화일 수 없다. 왜냐하면 여기에는 우리 인간의 사회적 · 경제적 · 문화적 지위를 재정의하는 현상이 포함되어 있기 때문이다. 물론, 모두가 걱정하듯이 초기에는 인간이 곁다리 역할로 밀려나는 상황이 불안과 우려를 불러일으킬 수 있다.

그러나 이러한 기술적 전환을 적절하게 잘 활용한다면, 인간의 삶의 질을 높이는 동시에 새로운 형태의 유토피아적 가능성을 창출할 수도 있다. 인간의 곁다리화는 무조건 필연적인 절망만 의미하지 않는다. 기술과 인간의 협력을 통해 우리는 새로운 가치와 경험을 어떻게 만들어낼 것인가? 우리는 지금 대전환의 기회 앞에 서 있다.

AI는 어떻게 피지컬 AI로 진화하는가?

머릿속의 지능, 세상 밖으로 걸어 나오다

우리는 흔히 인공지능AI을 복잡한 수식과 데이터가 가득한 컴퓨터 속의 '뇌'로만 상상한다. 1956년 열린 다트머스회의에서 그 이름이 처음 불린 이후, AI는 체스판과 바둑판 위에서 우리 인간을 이기고, 방대한 문서를 손쉽게 요약하며, 아름다운 그림을 단박에 그려내는 등 놀라운 지적 능력을 증명해 왔다. 하지만 아무리 똑똑한 AI라고 하더라도 컴퓨터 화면 속에만 머무른다면, 우리 곁에서 직접 물건을 옮기거나 우리의 아픈 곳을 찾아 적시에 수술해 줄 수 없다. 지금까지의 AI가 논리와 계산에 능한 '교실 안의 모범생'이었다면, 이제 펼쳐질 AI는 그 한계를 뛰어넘어 우리가 살아 숨 쉬는 물리적 세계로 직접 걸어 나올 채비를 갖추고 있다.

이번 장에서는 AI가 단순히 계산하는 기계를 넘어, 우리와 함께 사는 세상을 이해하고, 직접 행동하는 그 지능의 진화를 살펴본다. 특정 작업에만 능숙한 '좁은 AI'의 특징과 한계를 짚어보고, 인간처럼 모든 분야에서 유연하게 사고하는 '범용인공지능^AGI'이라는 인류의 오래된 꿈에 대해서도 탐구한다. 그리고 이 여정의 정점이자 이 책의 주인공인 피지컬 AI^Physical AI 에 주목한다. 피지컬 AI는 디지털 세상의 지능이 로봇이라는 신체를 입고 탄생한 새로운 존재다. 정밀한 센서로 세상을 느끼고, 강인한 액추에이터로 움직이며, 우리 곁에서 함께 일하는 이 '신체화된 지능'이 제조와 의료, 농업 등 우리 삶의 구체적인 현장을 어떻게 혁신하고 있는지, 여러분과 함께 그 생동감 넘치는 광경을 확인해 보겠다.

계산을 넘어서, AI는 어떻게 만들어지는가?

인공지능^AI은 학습, 추론, 문제해결, 지각, 언어 이해 등 인간의 사고 능력을 기계가 수행하도록 만든 기술 분야다. AI는 각각 고유한 능력과 활용 분야를 가진 다양한 기술 스펙트럼을 포함하며, 알고리듬, 통계 모델, 대규모 데이터 분석 등을 통해 인간의 사고를 모방하거나 확장한다. 1956년 미국 다트머스대학교에서 열린 다트머스 회의^Dartmouth Conference, 인공지능이라는 분야를 최초로 확립한 학술회의에서 존 매카시^John McCarthy가 '인공지능'이라는 이름을 처음 제안한 이후, AI는 단순한 자동화 기술을 넘어 인간 지능의 본질을 탐구하는 철학적·과학적 논의의 중심으로 자리 잡았다. 그 후 오늘에 이르러서는 AI가 의료, 금융, 교육, 예술 등 거의 모든 산업 분야에 영향을 미칠 뿐 아니라, 인간과 기계의 관계를 새롭게 정의해야 하는 중요한 시점에 서 있다.

AI는 어떻게 설계되는가?

AI의 힘은 강력하다. 이미 다양한 산업과 일상 속 깊이 적용되며, 사회 전반에 걸쳐 의사결정 방식과 노동 구조까지 바꾸고 있다. 특히 소프트웨어를 넘어 로봇과 센서 기술과 결합한 피지컬 AI로 확장되면서, 이제 우리에겐 AI의 핵심 특성과 한계를 꼼꼼히 이해하는 일이 어느 때보다 중요해졌다. 이러한 맥락에서 AI의 구조적 특성은 크게 4가지로 정리할 수 있다.

좁은 AI

현재 실용화된 대부분의 AI 시스템은 특정 영역에 특화된 좁은 AI[Narrow AI] 또는 약한 AI[Weak AI]에 속한다. 이러한 AI는 이미지 인식, 음성 인식, 언어 번역, 게임 플레이 등 이미 정해진 작업에서 뛰어난 성과를 보이며, 때로는 인간 능력을 넘어서는 성능을 발휘하기도 한다. 대표적인 사례가 구글 딥마인드[DeepMind]의 알파고[AlphaGo]다. 알파고는 2016년 바둑 세계 챔피언 이세돌을 4대 1로 승리하며 인간을 능가하는 전략적 판단 능력을 여실히 보여줬다.

데이터 의존성

현대 AI의 핵심은 명시적 프로그래밍이 아니라, 데이터로부터 스스로 학습하는 머신러닝 기술이다. 특히 딥러닝[Deep learning]은 인간의 신경 구조를 모방한 인공 신경망[Neural network]을 통해 복잡한 패턴을 학습한다. 예를 들어, 테슬라[Tesla]의 자율주행차는 수백만 시간의 실제 주행 데이터를 학습해 차선, 보행자, 신호등을 인식하고 스스로 주행 결정을 내린다. 비슷하게, 의료 영상 분석 AI는 수천 건의 MRI와 CT 영상을 학습하여 암이나 신경 질환을 조기에 감지하는 데 활용된다.

패턴 인식과 예측 분석

AI는 방대한 데이터 속에서도 숨겨진 상관관계를 찾아내고 미래의 경향을 예측하는 데도 뛰어난 능력을 발휘한다. 예를 들어, 넷플릭스Netflix의 추천 시스템은 사용자의 시청 이력을 분석해 다음에 시청할 가능성이 높은 콘텐츠를 제안한다. 아마존Amazon은 구매 패턴을 학습해 개인 맞춤형 상품을 추천한다. 금융권에서는 제이피모건JP Morgan의 코인 시스템이 수십만 건의 계약서를 자동으로 검토하고, 의료 분야에서는 딥마인드 헬스DeepMind Health가 안과 질환을 조기에 진단한다.

자동화와 효율성

AI는 반복적이고 규칙적인 직업을 자동화하여 생산성과 효율성을 크게 높였다. 일본 도요타Toyota의 경우, AI 기반 로봇 공정을 통해 조립 효율을 극대화하고 불량률을 최소화하고 있다. 물류 기업 DHL은 예측 알고리듬을 활용해 배송 경로를 최적화했다. 한편, 2020년 코로나19 팬데믹 시기 중국 우한에서는 AI 로봇이 병원 내 소독, 약품 전달, 체온 측정을 수행하며 의료진의 부담을 크게 줄인 사례도 있다.

AI는 왜 하나의 기술이 아닌가?

AI는 하나의 단일 기술로 독자적으로 작동하는 존재가 아니다. 서로 다른 능력을 지니고, 특정 분야에 특화된 다양한 기술들이 각자의 고유성을 발휘하여 결합된 체계다. 이 유형을 나눠 보면, 각각의 기술이 맡은 역할뿐 아니라 그 한계까지 알 수 있다.

규칙 기반 AI

규칙 기반 AI^{Rule-based AI}는 미리 정의된 규칙에 따라 특정 문제를 해결하도록 설계된 알고리듬을 말한다. 예컨대, 논리 기반 체스 엔진은 정해진 전략과 규칙을 엄격히 따르며, 자동화된 의사결정 시스템은 미리 정해진 절차대로만 작업을 수행한다. 하지만 이러한 시스템은 과거 경험만으로 작동할 뿐 새로운 상황에 맞춰 스스로 적응하지는 못한다. 오래된 은행 시스템에서 거래를 분류하거나 간단한 고객 문의를 처리하는 AI가 좋은 사례다. 이들은 정해진 명령만 수행할 뿐, 환경이나 패턴 변화에 맞춰 스스로 개선되지는 않는다.

머신러닝

머신러닝^{Machine learning}은 AI의 한 분야로, 시스템이 데이터를 통해 스스로 학습하고 환경에 맞춰 적응하도록 만든 기술이다. 머신러닝은 크게 두 가지 방식으로 나뉜다. 먼저, 지도 학습^{Supervised learning}은 정답이 포함된 데이터로 학습하는 방식이다. 이메일 스팸 필터의 경우는 스팸과 정상 메일을 구분한 데이터를 학습해 새로운 이메일을 정확히 분류할 수 있다. 반대로 비지도 학습^{Unsupervised learning}은 정답 없이 데이터 속에 숨겨진 패턴과 구조를 스스로 찾아낸다. 마케팅에서 고객을 세분화할 때, 기업들은 고객 데이터를 분석해 주요 그룹과 행동 패턴을 찾으려 할 때 이 방식을 활용한다.

강화학습

강화학습Reinforcement learning은 AI가 시행착오를 통해 스스로 배우는 방식이다. 시스템은 자신의 행동과 그 결과로부터 피드백을 받아 어떤 행동이 가장 좋은지 판단하며 학습한다. 비디오 게임에서 AI 캐릭터는 게임 환경을 탐색하고 상대와 경쟁하면서 점점 더 효율적인 전략을 익힌다. 실제 세계에서도 강화학습은 큰 역할을 한다. 자율주행차는 끊임없이 변하는 교통 상황과 도로 조건 속에서 경험을 통해 최적의 운전 행동을 배우며, 안전하고 효율적인 주행이 가능해진다.

생성형 AI

생성형 AIGenerative AI는 이미지, 음악, 글 등 다양한 콘텐츠를 만들어내는 능력을 크게 발전시켰다. 하지만 이 시스템은 자신이 만들어내는 내용을 진정으로 이해하지 못하기 때문에, 때때로 오류나 환각을 일으킨다. 환각Hallucination이란 AI가 지식의 공백을 잘못된 정보나 무의미한 내용으로 채우는 현상을 말한다. 예를 들어, 딥페이크 영상은 실제처럼 보이는 영상과 음성을 합성하지만, 존재하지 않는 사건을 만들어내거나 현실을 왜곡하기도 한다.

AI는 무엇을 잘하고, 무엇을 오해받는가?

AI는 끊임없는 혁신을 이루지만, 분명한 한계도 지니고 있다. 생성형 AI가 예술 작품을 만들거나, 머신러닝 모델이 금융사기를 탐지하는 등 특정 분야에서는 뛰어난 성과를 보여준다. 그러나 이 시스템이 설계된 범위를 벗어난 작업을 수행하려면, 대부분 광범위한 재학습이나 재설계가 필요하다.

머신러닝의 성능은 훈련 데이터의 질에 크게 좌우된다. 일부 안면 인식 기술에서 나타나듯이, 편향되거나 품질이 낮은 데이터는 부정확하고 불공정한 결과를 낳을 수도 있다.

강화학습도 예외는 아니다. 강화학습은 잘 설계된 보상 체계에 의존한다. 보상이 실제 목표와 어긋날 경우, AI는 의도하지 않은 전략을 '성공'으로 학습해 버릴 수 있다.

생성형 AI 역시 한계를 드러낸다. 생성형 AI는 직관적으로 그럴듯한 콘텐츠를 만들어내지만, 자신이 만든 결과물의 맥락이나 의미를 제대로 이해하지 못한다. 그로 인해 환각이라는 오류가 발생하며, AI가 작성한 에세이나 역사 기록에는 사실과 다르면서도 설득력 있는 세부 내용이 포함되는 경우가 종종 있다.

이러한 한계는 AI가 특정 과제에서는 뛰어난 성과를 보이더라도, 여전히 인간 수준의 폭넓은 사고와 판단에는 이르지 못하고 있음을 보여준다.

이제부터는 AI가 공통으로 안고 있는 이러한 한계들을 하나씩 짚어보려 한다.

일반화의 한계

AI는 특정 영역 내에서는 탁월하지만, 인간처럼 새로운 맥락에서 배운 지식을 전이하는 능력은 매우 제한적이다. 예를 들어, 체스를 완벽히 마스터한 AI가 바둑을 전혀 이해하지 못하는 것과 같다. 이 한계는 인간이 지닌 상식적 추론 능력에서도 드러난다. "물이 얼면 부피가 늘어난다"거나 "무거운 물체가 더 빨리 떨어진다"와 같은 물리적 직관을 AI가 자연스럽게 구현하는 것은 구조적으로 어렵다.

데이터 의존성과 편향성

AI는 학습에 사용된 데이터에 존재하는 편향을 그대로 재현하거나 심화시킬 수 있다. 예를 들어, 2018년 MIT 미디어랩 연구에 따르면, 상용 안면 인식 시스템은 백인 남성의 얼굴을 인식하는 정확도가 99%였지만, 어두운 피부를 가진 여성의 경우에는 65%에 불과했다. 또 다른 사례로, 아마존의 AI 채용 시스템은 과거 남성 중심의 채용 데이터를 학습한 결과 여성 지원자에게 불리한 평가를 내린 사례가 있다. 이러한 사례는 AI가 객관적이라는 믿음이 환상일 수 있으며, 사회적 불평등이 기술을 통해 재생산될 위험이 있음을 보여준다.

설명 가능성과 투명성의 부재

대부분의 AI 시스템은 왜 그런 결과가 나왔는지 그 과정을 명확히 보여주지 않는다. 결과가 어떻게 나왔는지 내부 작동이 블랙박스처럼 숨겨져 있어, 오류나 실패가 발생했을 때 원인을 쉽게 파악할 수 없다. 따라서 AI를 다루는 사람은 결과를 관찰할 수 있을 뿐, 작동 원리를 완전히 이해하거나 직접 수정하는 데는 한계가 있다. AI는 인간의 뇌를 흉내 내는 것이 아니라, 인간과 다른 방식으로 데이터를 처리하고 문제를 해결하는 통계적·계산적 도구임을 기억해야 한다. 겉으로 인간처럼 행동해도, 그 내부는 숫자와 패턴으로 움직이는 기계적 체계일 뿐이다. 반면 인간은 놀라운 적응력과 학습 능력을 갖는다. 우리는 전혀 경험하지 못한 문제에도 유연하게 대응하고, 뜻밖의 상황에서도 해결 방법을 찾아낸다. 인간의 사고는 단순 계산과 논리를 넘어, 맥락을 이해하고 창의적으로 문제를 재구성하는 능력까지 포함한다.

이러한 설명 불가능성은 의료 진단이나 자율주행처럼 위험도가 높은 분야에서 심각한 윤리적·법적 문제를 일으킨다. 가령, 자율주행차가 사고를 냈을 때, 제조사, 알고리듬 개발자, 혹은 운전자 중 누구에게 법적 책임을 물어야 하는지 아직은 불명확하다. 이 문제를 해결하기 위해 설명 가능한 AI[Axplainable AI, XAI]가 새로운 연구 분야로 급부상하고 있다. XAI는 AI의 판단 과정과 근거를 사람이 이해할 수 있도록 투명하게 제시함으로써, 책임 소재를 명확히 하고 안전성과 신뢰성을 높이는 것을 목표로 한다.

진정한 이해의 부재

오늘날의 AI는 언어를 이해하는 것이 아니라, 단지 패턴과 확률을 계산할 뿐이다. 예를 들어, 거대언어모델[Large language model, LLM]인 챗GPT, 제미나이[Gemini], 클로드[Claude] 등은 인간처럼 유창한 텍스트를 생성할 수 있다. 하지만 이는 통계적 예측의 결과이지, 의미를 실제로 이해한 것은 아니다. 철학자 존 설[John Searle]은 언어 규칙을 완벽히 숙지해 문법적으로 올바른 문장을 만들더라도 그 의미를 정확히 이해하지 못하면 진정한 이해가 아니라고 주장했다. 현재 AI도 방대한 데이터를 조합해 문장을 생성할 수는 있지만, 그 내용의 의미를 깨닫지 못한다는 점에서 인간적 이해와는 근본적으로 다르다.

상식의 부재

인간에게 상식이란, 일상 경험을 통해 자연스럽게 습득하는 기본적인 세계 이해를 뜻한다. 예컨대, 3차원 공간에 존재하는 물체는 눈에 보이지 않아도 계속 존재한다는 사실을 알고, 모든 물체는 각자의 속성을 지니며 중력 같은 물리 법칙의 영향을 받는다는 것을 이해한다. 흐르는 시간은 사건 전개에 질서를 부여하고, 움직이는 물체는 낙하하거나 구르는 등 예측 가능한 경로를 따른다. 또한 원인과 결과의 관계도 비교적 쉽게 추론할 수 있다. 하지만 현재 AI 시스템은 이러한 상식적 지식을 거의 갖추지 못했다. AI는 데이터 속 패턴을 찾아내고 통계적 관계를 학습하는 데 뛰어나지만, "이 물체가 여기서 떨어지면 아래로 내려갈 것이다" 같은 기본적인 물리적 사실은 스스로 이해하지 못한다. 다시 말해, AI는 숫자와 텍스트를 처리할 수 있지만, 인간이 경험을 통해 터득한 세계의 구조와 질서를 인식하거나 적용하는 능력은 부족하다.

결국 AI는 인간의 지적 능력을 기계적으로 확장하는 혁신적인 기술로서, 산업과 학문의 판도를 획기적으로 바꾸어 놓았다. 하지만 AI가 잘하는 영역은 아직까지는 제한적이다. 진정한 의미를 이해하거나 사람처럼 유연하게 사고하는 단계에까지는 이르지 못했다. 게다가 데이터 편향, 설명하기 어려운 판단, 윤리적 불확실성 같은 문제는 여전히 지금도 AI가 풀어야 할 숙제로 남아 있다.

하지만 이런 한계는 오히려 다음 단계의 지능, 즉 인간 수준의 추론과 적응 능력을 갖춘 범용인공지능AGI에 대한 필요성을 시사해준다. AI의 발전은 단순히 기술이 무작정 나아가는 길만 의미하지 않다. 까닭은 그 길은 동시에 인간 지능과 의식의 본질을 탐구하는 철학적 여정이기도 하다.

범용인공지능, AGI란 무엇인가?

현재의 AI가 특정 분야에 특화된 기술이라면, AGI는 AI 기술이 도달하고자 하는 이론적 정점이라고 할 수 있다. 특수 목적 AI와 달리, AGI는 다양한 영역으로 확장해서 추론할 수 있다. 단순히 인간 행동을 흉내 내거나 예측하는 수준에 그치지 않는다. AGI는 창의적 활동이나 복잡한 문제해결까지 다양한 시나리오로 스스로 학습하고 판단할 수 있는 능력을 갖추고 있다.

여기에는 지능뿐 아니라 감정과 상황을 이해하는 능력도 필요하다. 이런 형태의 지능은 창의력, 감성지능, 다차원적 사고가 요구되는 복잡한 문제를 스스로 처리할 수 있게 해준다. 결국 AGI는 지금의 AI가 지닌 능력을 훨씬 뛰어넘는 수준을 보여주고 있는 것이다.

'범용'이라는 말은 무엇을 의미하는가?

AGI라는 개념은 초기 AI가 특정 과제에서는 뛰어난 성과를 보였지만, 인간 특유의 유연한 사고력이나 적응력, 상황을 이해하는 능력까지는 갖추지 못했다는 인식에서 시작되었다.

20세기 중반, 앨런 튜링Alan Turing, 존 매카시John McCarthy, 허버트 사이

먼[Herbert Simon] 같은 AI의 선구자들은 인간처럼 생각하고 학습하는 기계, 즉 여러 영역에서 일반적인 추론이 가능한 지능을 꿈꿨다. 하지만 관련 연구가 진행될수록 대부분의 AI 시스템은 특정 분야에서만 뛰어난 능력을 보이는 한계가 드러났다. 이처럼 좁은 AI와 인간 수준의 범용 지능[General intelligence] 사이의 간극은 연구자들로 하여금 AGI를 독립적인 목표로 설정하게 만들었다. AGI는 특정 맥락에 묶이지 않고 지식을 이해하고 학습하며, 새로운 상황에까지 적용할 수 있는 지능이다.

결국 AGI의 개념은 중요한 두 가지 동기에서 비롯된 것이다. 하나는 인간 지능의 본질을 이해하고 재현하려는 철학적 호기심이고, 다른 하나는 기존 AI가 보여준 실용적 한계, 즉 학습을 다른 상황으로 옮기는 능력과 추상적 사고의 부재다. 한마디로 AGI는 단순한 작업 자동화를 넘어, 스스로 적응하고 자기 성찰까지 가능한 지능으로 나아가려는 인류의 열망을 상징한다.

AGI의 핵심 특징은 다음 5가지로 정리할 수 있다.

일반화와 인지적 유연성

AGI는 특정 과업에만 머무르지 않고, 인간처럼 다양한 문제를 이해하고 해결할 수 있는 능력을 목표로 한다.

오늘날의 AI는 주로 좁은 영역에서만 뛰어난 성과를 내는 좁은 AI에 머물러 있다. 예를 들어, 알파고는 바둑이라는 한정된 규칙 안에서는 세계 최고 수준의 전략을 보여줬지만, 그 능력을 물류 최적화나 윤리적 판단 같은 전혀 다른 영역으로 옮길 수 없었다.

반면 AGI는 학습한 지식을 다양한 상황에 적용할 수 있는 맥락 전이 능력Contextual transferability을 갖춘다. 체스 전략을 익힌 AGI가 복잡한 교통 흐름 관리나 글로벌 공급망 문제에 그 지식을 활용 가능하다면, 이는 인간의 사고가 보여주는 '일반화된 인지적 유연성'을 갖춘 것과 비슷하다. 쉽게 말해, 수학적 논리를 배우고 이를 일상적 문제해결에 활용하는 인간의 사고방식과 유사한 능력인 셈이다.

자율적 학습과 적응

AGI의 또 다른 핵심 특징은 외부에서 명확히 프로그래밍하지 않아도, 스스로 경험을 통해 배우고 변화하는 환경에 적응할 수 있다는 점이다. 인간 유아가 언어를 배울 때, 문법 규칙을 하나하나 배우지 않아도 반복과 시행착오를 통해 의미 체계를 스스로 익히는 것과 비슷하다.

AGI 역시 데이터 속 패턴을 능동적으로 해석하고 필요에 따라 수정할 수 있다. 완전한 AGI는 새로운 도구를 사용해야 하거나, 도덕적 갈등 같은 전혀 예상치 못한 상황에서도 창의적으로 대응할 수 있다. 이는 단순히 입력에 반응하는 기계적 계산이 아니라, '경험을 통해 배우는 존재'로서의 특성을 보여준다. 인간이 낯선 환경에서 즉흥적으로 문제를 해결하듯, AGI도 미리 프로그래밍 되지 않은 문제에 스스로 적응할 수 있다.

추상적 추론과 상식

AGI가 완성되려면 단순히 데이터만 분석하는 능력에 머물러선 안 된다. 상식이나 귀추적 추론Abductive reasoning을 통합할 수 있어야 한다.

귀추적 추론이란 관찰된 결과로부터 가장 그럴듯한 설명을 도출하는 과정을 말한다. 예컨대, 길이 젖어 있다면 비가 왔을 가능성이 크다고 추론할 수 있다. 이런 추론은 인간에게는 자명하지만, 현재의 AI는 이런 경험적 추론을 이해하기 어렵다. 이런 지식은 언어나 데이터 패턴이 아닌, 세상에 대한 암묵적 이해에서 비롯된다. 미국의 인지과학자 더글라스 호프스태터Douglas Hofstadter는 이를 '상식의 틈'으로 불렀다.

진정한 지능의 핵심은 방대한 데이터를 처리하는 능력이 아니라, 세상과 맥락을 이해하는 능력이라는 점을 강조한 것이다. 이 영역은 인지과학, 철학, 언어학 등 여러 분야에서 연구되지만, 아직도 풀리지 않은 난제로 남아 있다

자기인식과 메타인지

AGI 연구의 궁극적인 목표는 자기인식Self-awareness과 메타인지Metacognition를 갖추는 것이다. 이는 단순히 문제를 해결하는 능력을 넘어, 자신의 사고 과정을 스스로 점검하고 수정할 수 있는 능력을 의미한다. 즉, AGI가 어떤 결정을 내릴 때 "내가 왜 이렇게 판단했는가?"를 스스로 설명하고, 오류 가능성을 인식해 과정을 재조정할 수 있다면, 진정한 자율적 판단력을 갖춘 존재라 할 수 있다. 이런 능력은 오늘날의 AI, 가령 챗봇이나 이미지 인식 시스템이 수행하는 '지시된 과업 수행'과는 근본적으로 다르다. 자기 성찰을 통해 한계를 인식하고 스스로 개선할 수 있는 지능은 단순한 계산 기계가 아니라, '생각하는 존재'에 한층 더 가까워진 셈이다.

왜 AGI는 아직 도달하지 못한 목표인가?

AGI로 가는 길은 여전히 멀다. 현재의 기술적 한계와 인간 지능에 대한 불완전한 이해 때문에 그 길은 쉽게 열리지 않는다. 인간처럼 세상을 진정으로 이해하고 상호작용하는 기계를 만들려면 단순한 기술적 진보를 넘어, 인간 지능의 본질을 더 깊이 들여다볼 필요가 있다.

이런 맥락에서 AGI가 마주하고 있는 한계와 도전은 크게 3가지로 정리할 수 있다.

계산적 복잡성과 이론적 난제

AGI 구현의 가장 큰 장애물 중 하나는 인간 인지의 비계산적 측면이다. 인간의 감정, 직관, 창의성, 의식은 단순한 알고리듬으로 설명하기 어렵다. 시인이 느끼는 영감이나 과학자가 떠올리는 갑작스러운 통찰을 확률적 계산만으로 설명하기엔 부족하다. 게다가 인간의 뇌가 의미를 생성하고 경험을 통합하는 방식조차 아직 완전히 밝혀지지 않았다. 따라서 AGI 개발은 단순한 기술적 도전이 아니라, 인간 인지의 본질을 이해하려는 인식론적 탐구에 더 가깝다.

윤리적·실존적 위험

AGI가 스스로를 개선하고 진화할 수 있는 능력을 갖게 되면 도대체 어떤 일이 벌어질까? 이는 인간의 통제를 넘어서는 기술적 특이점Technological singularity의 도래를 의미할 수도 있다. 하지만 더 큰 문제가 있다. 다름 아닌 이렇게 초지능Superintelligence이 인간의 가치 체계와 반드시 일치하지 않을 수 있다는 점이다. 철학자 닉 보스트롬Nick Bostrom

은 "종이클립 최대한 많이 만들기"라는 간단한 목표를 가진 AGI가 지구상의 모든 자원을 종이클립 생산에 쏟아 붓는 사고실험을 제시했다. 이 종이클립 시나리오는 가치 정렬Value alignment의 문제를 극명하게 보여준다. 인간이 의도한 '선함'과 AGI가 계산한 '효율적 최적화'가 언제든 일치하지 않을 수 있다는 얘기다.

구체적 구현과 상황적 이해

과연 몸을 가져본 적 없는 탈신체화된 지능Disembodied intelligence이 진정으로 세상을 이해할 수 있을까? 인간의 사고는 단순히 뇌 속에서만 이루어지지 않는다. 인지과학자 앤디 클라크Andy Clark는 인간 지능이 신체와 환경의 상호작용 속에서 구현된다고 보며, 이를 신체화된 지능Embodied intelligence이라고 불렀다. 우리가 물건을 잡을 때 손의 감각, 시각, 균형 감각이 함께 작용하듯, 인간의 사고 역시 물리적 경험에 깊이 뿌리내려져 있다. 그렇다면 신체적 경험이나 사회적 관계망이 없는 AGI가 인간처럼 상황을 이해하고 판단할 수 있을까? 이 질문은 결코 단순한 기술적 문제가 아니다. 지능의 정의 자체를 다시 생각하게 만드는 아주 중요한 철학적 도전이다.

정리하면, AGI의 한계는 기술이 부족해서만은 아니다. 우리가 아직 인간 지능을 충분히 이해하지 못하고 있기 때문이다. AGI는 더 빠른 컴퓨터의 문제가 아니라, "지능이란 무엇인가?"라는 오래된 질문 위에 놓여 있다. 그래서 AGI에 대한 논의는 언제나 기술을 넘어, 인간 자신을 향하게 된다.

움직이는 지능의 시대, 피지컬 AI의 등장

기술은 우리의 일상과 사회 구조를 끊임없이 변화시킨다. 이 새로운 변화의 중심에 있는 것이 바로 피지컬 AI다. 이름만 들으면 단순해 보이지만, 피지컬 AI는 AI와 로봇공학이 만나는 지점에서 탄생한 복잡하고 역동적인 기술 영역을 가리킨다. 피지컬 AI의 핵심은 단순히 '생각하는 기계'에 머물지 않는다. 이 기술은 기계가 물리적 세계와 의미 있게 상호작용할 수 있도록 만든다. 다시 말해, AI의 인지 능력과 로봇의 움직임이나 힘이 결합되어 기계가 주변 환경을 이해하고 적응하며 스스로 행동할 수 있는 능력까지 겸비한다는 것이다.

현실을 감각하고 행동하는 AI

지금까지 AI는 주로 디지털 세계에서 활약해 왔다. 디지털 AI는 데이터를 처리하고 패턴을 찾아내는 것을 넘어, 미래를 예측하는 능력까지 갖추고 있다. 예를 들어, 언어 모델은 글을 이해하고 생성할 수 있고, 컴퓨터 비전 시스템은 사진 속 사물이나 사람까지 정확히 식별할 수 있다. 이런 능력 덕분에 디지털 AI는 이미 우리의 삶과 산업 전반에 큰 영향을 미쳤다. 하지만 그 활동 범위는 여전히 주로 디지털 공간에 머물러 있었다.

하지만 피지컬 AI는 디지털 기술과 달리, 물리적 세계와 직접 맞닿아 있다는 점에서 차별화된다. 피지컬 AI, 다시 말해 로봇을 일종의 '신체화된 컴퓨터'라고 부를 수 있다. 좀 더 실용적으로 정의하면, 로봇은 자신이 속한 물리적 환경과 상호작용하도록 설계된 기계다. 컴퓨터에 액추에이터가 결합된 형태로 이해하면 쉽다. 로봇 팔은 더 정밀하게 움직일 수 있고, 스마트 소재는 외부 자극에 반응해 성질을 바꾸며, 센서는 온도, 압력, 분자 구조 같은 미세한 변화를 감지할 수 있다. 이런 기술들은 강력하지만, 지금까지는 AI와 따로 존재해 왔다.

피지컬 AI는 디지털 AI의 학습 능력과 적응력을 물리적 세계와 상호작용할 수 있는 정교한 하드웨어와 결합한 것이다. 그 예는 매우 다양하다. 카메라와 컴퓨터 비전을 활용해 제조 공정에서 결함을 찾아내고, 사람의 말을 이해해 지시에 따라 작업하며, 로봇 팔로 필요한 수리를 수행하는 경우가 모두 피지컬 AI의 사례다. 흥미로운 점은, 이런 과정에서 피지컬 AI가 스스로 학습하며 점점 더 똑똑해진다는 것이다. 단순히 명령을 수행하는 기계를 넘어, 환경을 이해하고 적응하는 능력을 갖춘 것이다.

결국 피지컬 AI는 단순한 로봇공학의 연장선이 아닌 것이다. 지능과 물리적 행동이 결합된 새로운 형태의 시스템이라고 볼 수 있다. 기존 로봇이 사전 프로그래밍된 명령만 수행했다면, 피지컬 AI는 주어진 환경을 스스로 감지하고 학습하며 적응할 수 있다. 이렇게 함으로써 디지털 지능과 물리적 세계 사이의 간극을 메워준다.

피지컬 AI의 특징은 다음 5가지로 정리할 수 있다.

환경 인식과 실시간 적응

피지컬 AI는 다양한 센서와 컴퓨터 비전을 이용해 주변 환경을 실시간으로 감지한다. 온도, 압력, 위치, 물질 특성 등 물리적 변화를 감지하고, 이를 기반으로 행동을 조정한다. 로봇 팔이 부품의 위치나 재질이 바뀌더라도 스스로 그립과 힘을 조정하며 작업을 이어가는 경우가 여기에 해당한다. 이런 능력 덕분에 생산라인의 효율은 지속적으로 유지되고, 오류는 최소화된다.

경험을 통한 학습

피지컬 AI는 모든 상호작용을 학습의 기회로 삼는다. 작업 중 발생하는 변화나 새로운 상황을 경험 데이터로 저장하고, 이를 바탕으로 다음 행동을 개선한다. 음성 명령이나 상황 지시에 즉각 반응하며, 반복 경험을 통해 정확성과 속도를 점차 높인다.

지능과 행동의 결합

피지컬 AI는 디지털 AI의 강점인 데이터 분석, 패턴 인식, 예측 능력을 물리적 행동과 결합한다. 컴퓨터 비전으로 제품 결함을 식별하고, 자연어 처리 기술로 작업자의 지시를 이해하며, 고급 로봇공학으로 필요한 조작을 수행한다. 이렇게 통합된 기능 덕분에 피지컬 AI는 단순한 명령 수행 기계를 넘어, 상황을 이해하고 스스로 판단하는 지능형 시스템으로 작동한다.

유연성과 범용성

피지컬 AI는 다양한 작업 환경과 조건에 유연하게 적응한다. 기존 로봇은 프로그램된 상황 밖에서는 즉시 멈추지만, 피지컬 AI는 환경 변화에 따라 즉시 행동을 조정한다. 재료, 작업 방식, 도구가 바뀌어도 스스로 최적의 동작을 선택하며, 반복 학습을 통해 새로운 환경에서도 효율적으로 작업할 수 있다.

인간과의 협업

피지컬 AI는 단독으로 작업할 뿐 아니라, 인간과 함께 협업할 수도 있다. 작업자의 음성 지시, 제스처, 주변 상황을 이해하고 반응하며, 인간의 능력을 보완한다. 단순한 자동화를 넘어, 인간과 기계가 서로 배우고 협력하는 새로운 작업 방식을 가능하게 만든다.

계산은 어떻게 몸을 만나게 되었는가?

피지컬 AI는 정교한 하드웨어와 소프트웨어의 통합을 전제로 작동한다. 각각의 요소는 기계가 물리적 환경을 감지하고 정보를 처리하며 상호작용할 수 있도록 중요한 역할을 수행한다. 특히, 정밀 센서, 고도화된 액추에이터, 엣지 컴퓨팅Edge computing, 데이터를 중앙 클라우드가 아니라 해당 장치 근처의 로컬 서버에서 바로 처리하는 방식, 자연어 인터페이스 등이 핵심 구성 요소로 꼽힌다. 이러한 요소들이 서로 결합되면, 피지컬 AI는 환경 변화에 적응하면서도 직관적이고 효율적인 조작이 가능해진다.

각 요소는 서로 보완하며 작동한다. 센서는 액추에이터의 움직임을 안내하고, 엣지 컴퓨팅은 실시간 적응을 지원한다. 자연어 인터페이스는 인간 운영자가 피지컬 AI와 원활하게 소통할 수 있도록 돕는다.

이처럼 인식-판단-행동-피드백이 반복되는 순환 구조가 피지컬 AI를 단순한 장비가 아니라 '지능을 가진 신체'로 작동하게 만든다. 따라서 피지컬 AI는 로봇공학의 연장선이 아니다. 여러 핵심 기술이 유기적으로 맞물려 돌아가는 하나의 지능형 시스템이다.

이제부터는 기계가 어떻게 보고, 느끼며, 판단하고 현실에서 행동하게 되는지, 그 핵심 기술들을 하나씩 살펴보자.

고급 센스와 MEMS 기술

초소형 전기기계 시스템^{Micro-electrical mechanical system, MEMS} 기술 덕분에, 작은 칩 하나 안에는 다양한 센서 기능을 담을 수 있다. 하나의 칩에는 움직임을 감지하는 가속도계, 접촉 압력을 재는 압력 센서, 온도 변화를 추적하는 센서가 함께 들어 있다. 일부 고급 칩은 화학 센서와 위치 추적 기능까지 포함해, 주변 환경을 훨씬 폭넓게 인식할 수 있다. 이런 풍부한 센서 데이터를 활용하면 로봇이 다양한 작업을 수행할 수 있다.

예를 들어, 로봇 그리퍼는 물체를 잡는 힘을 상황에 맞춰 조절할 수 있고, 유지보수 로봇은 기계에서 나는 이상 진동을 감지해 문제를 찾아낼 수 있다. 농업용 로봇은 토양의 화학 성분을 분석해 적절한 양의 비료를 뿌리기도 한다. 즉, MEMS 기술은 로봇과 자동화 시스템이 환경과 더 정밀하고 스마트하게 상호작용하도록 돕는다. 이렇게 피지컬 AI에 장착된 센서는 촉각, 시각, 청각 등 다양한 감각을 통해 데이터를 수집하며, 로봇의 지각^{Perception} 능력을 만들어 준다.

지능형 액추에이터와 구동 시스템

액추에이터는 AI가 내린 결정을 실제 움직임으로 바꾸는 장치다. 아주 작은 수술용 로봇의 정밀한 마이크로 액추에이터부터 크고 무거운 중장비를 움직이는 강력한 유압 시스템까지 그 종류는 다양하다. 최근 소프트 액추에이터 기술이 발전하면서, 로봇은 이제 생물학적 근육처럼 부드럽고 자연스럽게 움직일 수 있게 되었다. 새로운 마이크로 액추에이터 설계 덕분에, 로봇은 아주 작은 부품까지 섬세하게 다루는 정밀한 작업도 가능하다.

또한 가변력 시스템 덕분에 로봇은 서로 다른 재료를 자동으로 인식하고 힘을 조절하며, 자가 보정 기능으로 시간이 지나도 정확성을 유지할 수 있다. 여기에 내결함성^{Fault tolerance, 문제가 생겨도 계속 작동하는 능력} 설계까지 적용하면, 비록 일부 성능은 떨어져도 로봇은 안전하게 계속 작동할 수 있다. 결과적으로 의료용 로봇 팔은 환자의 조직을 손상시키지 않으면서 정밀한 수술을 수행할 수 있고, 창고 로봇은 다양한 크기와 무게의 패키지를 안정적으로 들어 올릴 수 있다.

고급 액추에이터와 AI 제어 시스템이 결합되면, 로봇은 주변 환경과 능동적으로 상호작용할 수 있다. 창고 로봇의 경우는 각 패키지의 무게와 깨지기 쉬운 정도를 감지해 들어 올리는 힘을 자동으로 조절한다. 마찬가지로 제조 로봇의 경우는 부품의 모양이나 크기가 조금 달라져도 재프로그래밍 없이 조립 동작을 스스로 조정하며 작업을 정확히 수행한다. 이런 능력 덕분에 두 로봇은 다양한 상황에서도 인간의 개입 없이 효율적이고 안전하게 작업할 수 있다.

실시간 반응을 위한 엣지 컴퓨팅

피지컬 AI는 수많은 센서를 통해 들어오는 데이터를 실시간으로 처리해야 한다. 모든 데이터를 클라우드로 보내서 처리할 수도 있지만, 이렇게 하면 반응 속도가 늦어져 실제 환경에서의 상호작용에 적합하지 않다. 이를 해결하는 방법이 바로 엣지 컴퓨팅이다. 데이터가 만들어진 기기 근처에서 바로 처리되도록 하는 방식이다. 센서 가까이에 설치된 AI 프로세서가 데이터를 즉시 분석하므로, 로봇이나 장치는 환경 변화를 즉각 감지하고 적시에 반응할 수 있다.

예를 들어, 자율주행차가 도로 위 장애물을 실시간으로 인식하고 바로 회피할 수 있는 것도 엣지 컴퓨팅 덕분이다. 로컬 신경망은 클라우드 연결 없이도 독립적으로 작동하며, 여러 엣지 노드에 분산 처리되어 시스템 전체가 안정적으로 성능을 유지한다.

또한, 적응형 알고리듬은 상황에 따라 중요한 계산부터 우선 수행하고, 일부 노드가 고장 나더라도 다른 시스템이 그 역할을 대신해 기본 기능을 계속 수행하게 한다. 공장 자동화 로봇은 일부 센서나 프로세서가 문제를 겪어도 생산라인을 멈추지 않고 작업을 이어갈 수 있다.

이런 구조 덕분에 피지컬 AI 시스템은 변화하는 환경 조건에 즉시 대응할 수 있다. 건설 로봇은 돌풍 같은 외부 요인을 감지해 스스로 동작을 보정하고, 협업 제조 시스템은 작업자의 위치를 실시간 추적하며 안전과 효율을 유지하기 위해 동작을 자율적으로 조정한다.

자연어 제어 시스템과 LLM의 결합

거대언어모델[LLM]은 텍스트와 음성을 통해 인간과 컴퓨터가 소통하는 방식을 완전히 바꿨다. 기존 LLM은 이메일 작성, 질문 답변, 문서 분석 등 주로 디지털 환경에만 국한되어 있었다. 하지만 피지컬 AI는 인간의 언어 이해 능력을 물리적 행동과 연결하도록 설계한다. 가령, 공장 감독관이 로봇에게 "이 부품은 쉽게 긁히니 힘을 덜 줘서 다루라"라고 지시하면, 로봇은 단순히 명령을 수행하는 것을 넘어 복합적인 AI 과정을 동시에 작동시킨다. 언어 모델이 지시문의 문맥과 의미, 숨겨진 요청을 분석하고, 센서 시스템이 부품의 재질, 표면 질감, 취급 민감도를 정밀하게 감지하며, 제어 시스템이 힘의 크기, 동작 속도, 경로 등 로봇 팔의 동작을 세밀하게 조정한다.

이 과정을 통해 피지컬 AI는 "쉽게 긁힌다"와 같은 추상적 언어를 구체적인 물리 행동으로 변환하는 학습을 수행한다. 시간이 지나면서 다양한 재료와 상황을 경험해, 같은 지시가 주어졌을 때 적절한 동작을 자동으로 선택할 수 있는 능력을 갖춘다. 이를테면 금속과 플라스틱 표면을 각각 다르게 다루어 안전성과 효율을 동시에 확보하는 식이다.

이런 언어와 행동의 통합 능력은 건설 현장 로봇이나 수술용 로봇에서도 적용된다. 건설 로봇은 "오늘 콘크리트 경화 속도가 평소보다 빠르니 마감 공정을 가속화하라"는 지시가 내려지면 이를 이해하고 작업 속도와 압력을 조정하며 대응한다. 수술용 로봇은 외과 의사가 "이 조직이 영상보다 더 취약하게 느껴진다"라고 말하면 절삭 속도와 압력을 세밀하게 조정한다. 즉, 기계는 인간의 관찰과 언어를 실제 물리적 행동으로 정밀하게 변환할 수 있다.

결과적으로 운영자는 일일이 세부 동작을 프로그래밍할 필요 없이 자연스러운 언어로 목표와 제약 조건을 전달할 수 있다. 피지컬 AI 시스템은 산업별 전문 용어와 문맥을 이해하고, 음성 지시와 센서 데이터를 결합해 환경과 작업 상태를 종합적으로 파악한다. 학습 모듈은 언어적 지시와 물리적 매개변수 간의 관계를 체계적으로 연결하고, 경험을 축적하며 점차 지식을 확장한다. 이렇게 피지컬 AI는 단순 반복 작업을 넘어, 상황에 맞춘 정교한 판단과 조정을 행동으로 수행할 수 있게 된다.

전원 시스템의 고도화

로봇이 얼마나 오래, 안정적으로 작동할 수 있는지는 에너지 시스템에 달려 있다. 에너지 효율이 높은 배터리와 지능형 전력 관리 시스템의 개발은 자율 로봇의 작동 시간을 늘려주고, 원격지나 극한 환경에서도 안정적인 운영을 가능하게 한다.

클라우드 로봇공학

클라우드에 연결된 로봇은 방대한 계산 능력과 대규모 데이터베이스를 활용할 수 있다. 이를 통해 로봇은 실시간으로 데이터를 처리하고, 서로 학습하며 협력 학습Collaborative learning을 수행할 수 있다. 이렇게 로봇 간 협력 네트워크가 형성되면, 개별 로봇이 처한 한계를 뛰어넘어 더 지능적이고 효율적인 행동이 가능해진다.

원격 조작 및 제어 시스템

이 기술은 인간의 능력을 위험하거나 접근하기 힘든 곳까지 확장시킨다. 실시간 데이터 전송과 피드백 기능 덕분에, 인간은 먼 거리에서도 로봇을 정밀하게 조작할 수 있다. 이 기술은 특히 재난 대응, 심해 탐사, 우주 임무처럼 고위험 환경에서 중요한 역할을 한다. 인간이 직접 들어가기 힘든 장소에서 로봇이 대신 임무를 수행하고 안전하게 작업할 수 있도록 돕는다.

첨단 재료과학의 발전

첨단 소재 덕분에 로봇은 내구성과 유연성을 동시에 갖출 수 있다. 예를 들어, 자가 치유 소재, 초경량 합금, 유연한 폴리머 외피는 로봇이 극한 환경에서도 안정적으로 작동하도록 돕는다. 이런 혁신적인 소재는 로봇의 수명을 늘리고 유지보수 비용을 줄여주며, 동시에 생체모방형Biomimetic 로봇 설계의 새로운 가능성을 열어준다. 덕분에 로봇은 인간이나 자연의 움직임을 닮은 정교하고 유연한 동작을 수행할 수 있게 된다.

피지컬 AI는 이미 어디까지 와 있는가?

다음으로 소개할 제조 및 물류, 의료, 건설, 농업, 그리고 방위 산업 분야는 모두 피지컬 AI가 처음 적용된 사례들이다. 다섯 가지 분야의 설명은 앞으로 피지컬 AI가 가져올 변화와 영향을 이해하는데 중요한 기초가 될 것이다.

제조 및 물류

제조 및 물류 분야에서 피지컬 AI는 생산성과 효율성을 크게 높일 수 있는 기술로 주목받고 있다. 예를 들어, 자동차 조립라인에서 로봇은 새로운 차량 부품이 들어와도 재프로그래밍 없이 스스로 다루는 능력을 갖춘다. 로봇은 부품의 모양, 무게 분포, 재질 등을 분석해 최적의 취급 방법을 결정하고, 작업자의 시범 동작을 관찰하며 새로운 기술을 습득할 수 있다. 덕분에 생산라인을 재구성하는 시간은 수주에서 불과 수일로 단축된다.

창고 환경에서도 피지컬 AI 로봇은 실시간 센서 데이터를 활용해 끊임없이 바뀌는 재고 배치에 맞춰 경로를 계획하고, 동적 환경 속에서 스스로 탐색하며 효율성을 높인다. 시간이 지날수록 로봇은 명시적 프로그래밍 없이도 더 빠르고 정확하게 경로를 찾고, 다양한 패키지 형태에도 적응할 수 있다.

결과적으로, 피지컬 AI는 기존에 인간 작업자가 감당해야 했던 방대한 훈련과 반복 작업 부담을 줄이는 동시에 피킹 속도와 정확도를 크게 향상시킨다.

의료

의료 분야에서 피지컬 AI는 수술과 재활의 효율성과 정밀도를 크게 높일 수 있다.

수술용 로봇은 조직의 저항과 탄성을 실시간으로 감지하고, 움직임을 자동으로 조정한다. 덕분에 외과 의사는 복잡한 판단과 전략적 지시에만 집중할 수 있고, 피지컬 AI가 미세한 힘 조정을 대신 수행한다. 이로써 수술의 일관성이 높아지고, 수술 시간이 단축되며, 환자의 안전성도 향상된다.

재활 분야에서는 로봇이 환자의 움직임 패턴을 분석해 맞춤형 지원을 제공한다. 고급 외골격 장치는 환자의 회복 상태에 따라 보조 수준을 자동으로 조절해 최적의 재활 환경을 유지한다. 그 결과, 환자는 개인별 필요에 맞는 정확한 훈련을 받으며 회복 효과를 극대화할 수 있다.

건설

건설 현장에서 피지컬 AI는 장비의 정밀성과 안전성을 크게 높여준다. 자율 건설 장비는 비전 시스템, 힘 센서, 적응형 제어를 결합해 토목 작업을 수행한다. 기계는 토양 상태와 지형 변화를 지속적으로 분석하고, 그에 맞춰 동작을 조정한다. 덕분에 숙련된 장비 조작자에 대한 의존도는 줄어들고, 동시에 안전성과 작업 효율은 높아진다.

건설용 3D 프린팅 시스템도 마찬가지다. 시스템은 환경 조건을 실시간으로 모니터링하고, 온도와 습도 변화에 따라 콘크리트 유동률과 조성을 자동으로 최적화한다. 이런 적응형 제어 덕분에 다양한 기상 조건에서도 일관된 구조물을 제작할 수 있고, 재료 낭비를 줄이며 시공 품질을 개선할 수 있다.

농업

농업 분야에서 피지컬 AI는 작물 관리와 수확 과정을 정밀하게 최적화한다. 자율 농기계는 환경 변화를 실시간으로 감지하고 그에 맞춰 작업 방식을 조정한다.

밭 로봇은 토양 밀도, 수분 함량, 작물 상태를 분석해 경작 방법을 바꾸고, 수확 로봇은 과일이나 채소의 숙성도와 크기에 따라 그립 강도와 절단 각도를 자동으로 조절한다.

관개 로봇은 토양 수분의 미세한 변화를 감지해 밀리미터 단위로 물을 공급할 수 있다. 피지컬 AI는 식물 개체 간 자연스러운 차이까지 정밀하게 관리한다.

작물 관리 로봇은 각 식물에 맞춰 비료 조성과 적용량을 조절하고, 질병 감지 시스템은 잎 색상, 줄기 위치, 성장 패턴의 작은 변화를 분석해 스트레스 초기 징후를 포착한다. 덕분에 자원 사용은 최소화하면서도 수확량은 극대화할 수 있다. 농부가 "물 사용 최적화"나 "단백질 함량 극대화" 같은 목표를 설정하면, 피지컬 AI가 실시간 조건에 맞춰 최적의 작업 계획을 자동으로 수립한다.

방위

방위 분야에서 피지컬 AI는 군사 시스템의 작전 수행 능력을 크게 높여줄 것으로 기대된다.

자율주행 군용 차량은 다양한 센서 데이터를 활용해 실시간으로 환경 지도를 만들고 경로를 탐색한다. 통신이 끊기거나 제한돼도 차량은 현지에서 데이터를 처리하며 임무를 계속 수행하고, 변화하는 상황에 스스로 적응한다.

전장 유지보수 로봇은 장비 정비를 학습하고, 다중 센서 데이터를 분석해 문제를 진단한다. 또한 가용 자원과 시간 제약을 고려해 최적의 수리 전략을 세움으로써 장비 가동 중단 시간을 최소화하고, 더 많은 자산을 안정적으로 운영할 수 있다.

보급 분야에서는 피지컬 AI가 공급망 교란에 대응한다. 가용 경로, 위협 수준, 자원 요구 사항을 분석하고, 새롭게 발생하는 위협과 전장 상황 변화에 맞춰 자율적으로 재보급 임무를 수행한다. 덕분에 위험 지역에서도 안정적인 물자 운송과 공급이 가능하다.

또한 방어 시스템에서는 여러 유형의 센서 데이터를 통합 분석해 오보를 줄이고, 실제 위협을 정확히 식별한다. 공격이 발생하면 피지컬 AI는 여러 플랫폼과 영역에 걸쳐 자동화된 대응을 조정해 신속하고 효율적인 방어를 가능하게 한다.

이처럼 다양한 산업 분야에서 피지컬 AI는 단순한 자동화를 넘어, 수많은 환경 변화와 복잡한 조건 속에서도 실시간으로 적응하며 효율성과 정밀도를 극대화하는 역할을 수행하고 있다. 제조와 물류 분야에서는 생산성과 유연성을 높이고, 의료 분야에서는 수술과 재활 과정의 정확성과 맞춤성을 향상시키며, 건설 현장에서는 장비 운영의 안전성과 작업 품질을 개선한다. 농업에서는 작물 하나하나의 성장 조건에 맞춘 정밀 관리로 자원 효율과 수확량을 동시에 끌어올리고, 방위 분야에서는 작전 수행 능력과 부대 보호 역량을 강화한다.

이러한 사례들은 피지컬 AI가 디지털 지능을 물리적 세계로 확상하면서, 인간과 기계가 상호작용하는 방식을 근본적으로 바꿀 잠재력을 지니고 있다는 것을 명확히 보여준다.

인간은 왜 기계에 생명을 부여했는가?

상상 속의 자동장치에서 현실의 지능형 기계까지,
'살아 있는 기계'를 향한 인간의 오래된 욕망

로봇에 대한 인간의 상상은 언제부터 시작되었나?

아주 오래된 미래, 신화와 역사 속의 로봇들

오늘날 우리가 마주하는 최첨단 로봇과 인공지능은 어느 날 갑자기 실험실 문을 열고 튀어나온 발명품이 아니다. 인류는 아주 오래전부터 우리 자신을 닮은 지적 존재를 만들려는 기묘한 본능을 지니고 있었다. 그 흔적은 놀랍게도 3천 년 전 고대 그리스 신화에서 발견된다. 사랑에 빠진 조각상 갈라테이아나 크레타 섬을 지키던 청동 거인 탈로스는 현대 로봇의 조상 격이라 할 수 있다. 신화적 상상력에서 촉발되었지만 인간을 닮은 기계에 대한 갈망은 단순한 이야기에 그치지 않았다. 이를 뛰어 넘어 이 웅숭깊은 이야기는 인간의 본성과 생명의 본질을 탐구하는 인류 역사의 장구한 여정을 촉발시킨 원동력이었다.

이번 장에서는 고대 문명부터 중세 르네상스에 이르기까지, 인류가 기술과 상상력을 동원해 어떻게 인공 생명체의 꿈을 구체화해 왔는지 그 역동적인 발자취를 따라가 본다. 아리스토텔레스가 상상했던

‘스스로 일하는 도구’의 철학적 통찰부터, 고대 인도의 기계 수호자 전설, 그리고 중세 이슬람의 천재 발명가 알 자자리가 만든 정교한 자동 장치들을 차례로 만난다. 특히 인체의 신비를 기계적 설계로 풀어보려 했던 레오나르도 다 빈치의 구상을 통해, 현대 로봇공학이 지닌 문화적·창조적 뿌리가 얼마나 깊고 단단한지를 확인하게 될 것이다.

고대 그리스, 움직이는 존재를 꿈꾸다

인지적 존재를 닮은 기계에 대한 생각은 근대 과학의 갑작스러운 사건이 아니다. 다소 의외일지 모르나, 그 기원은 고대 문명으로까지 거슬러 올라간다. 모두가 알고 있고, 다들 궁금해 하는 그리스 신화에는 신들이 만든 갖가지 자동기계 이야기가 널리 퍼져있다. 고대 그리스의 경우, 기원전 천년 초반에 이미 주요 무역 중심지가 되면서 조직화된 도시 사회를 이루었다.

이런 사회적 발전 속에서 그리스인들은 다른 지역 사람들과는 조금 다른 호기심을 품었다. 바로 세상과 자연, 인간의 본성, 그리고 신들의 세계에 대한 깊은 궁금증이었다. 그들의 탐구욕과 호기심은 단순한 궁금증에 그치지 않았다. 이는 철학과 과학, 예술과 문학 등 다양한 분야로 확산되며, 세계를 이해하고 설명하려는 인간사의 긴 여정을 촉발시킨 원동력이었다.

특히 그리스 신화는 그들의 지적 탐구와 문화적 가치관을 보여주는 중요한 산물이었다. 신화는 단순한 이야기책이 아니었다. 인간과 신, 세상과 삶, 도덕을 설명하고 통찰력을 제공하는 체계적인 사유 장치였다. 신화 속 영웅과 사건은 그리스 사회가 중시한 영웅주의, 지혜, 정의, 그리고 인간의 한계에 대한 생각을 담아냈다. 동시에 문화적 가치와 사회 규범을 강화하는 역할도 했다. 즉, 고대 그리스인들에게 신화, 철학, 과학은 각각 분리된 것이 아니었다. 그것은 세상과 인간 존재를 연결시켜 이해하려는 총체적인 노력과 함께 발전되었다.

현재까지 생생하게 전해지고, 수많은 관광객을 현지로 끌어들이고 있는 그리스 신화는 인간의 사고와 사회적 가치 형성에 중요한 역할을 했을 뿐 아니라 지금도 생동하고 있는 문화적 산물이다.

신화 속 오토마톤: 생명을 닮은 기계의 원형

그리스 신화에는 현대의 로봇과 비슷한 개념, 즉 인간이 만든 인공 생명체를 탐구한 초기 사례가 나온다.

갈라테이아

기원전 8세기에 등장한 피그말리온Pygmalion과 갈라테이아Galatea 신화는 조각가 피그말리온과 그가 직접 만든 조각상 갈라테이아에 관한 이야기다. 한 인간이 만든 것에 신이 생명을 불어넣는다는 상상력은 마치 오늘날 로봇과 AI를 바라보는 우리의 관점과 놀랍도록 닮아 있다.

피그말리온은 키프로스 섬에 살던 재능 있는 조각가였다. 그는 현실 속의 여성들에게는 별로 흥미를 느끼지 못했다. 일부 전승에 따르면 그 여성들의 결점이나 도덕적 부족함에 환멸을 느꼈다고 한다. 대신 그는 완벽함과 순수함을 추구하며, 당시로선 매우 귀한 상아로 자신이 꿈꾸는 이상적인 여성상을 조각했다.

완성된 조각상은 살아 있는 듯 아름다웠다. 피그말리온은 점차 그 조각상에 감정을 느끼며 사랑하게 되었다. 그의 남다른 열정은 예술과 현실의 경계를 넘나들었고, 그러던 끝에 조각상에 생명을 불어넣고자 아프로디테 여신에게 기도하게 된다. 그의 간절한 기도가 받아들여자 조각상은 실제 살아 있는 여성으로 변신했다. 마침내 피그말리온은 자신의 창조물과 현실 세계에서 사랑을 나누게 되었다.

이 신화는 단순한 남녀의 사랑 이야기 이상의 의미를 담아낸다. 한 인간이 기술과 마법을 통해 새로운 생명을 창조하려는 간절한 욕망은 오늘날 인간이 만든 로봇과 관련된 SF적 상상력과 뜻밖의 유사성을 보여준다.

이 신화를 통해 우리는 인간이 만든 존재에 생명을 불어넣고, 그 창조물과 감정적으로 관계를 맺으며, 창조와 현실의 경계를 초월하여 탐험하려는 욕망의 발자취를 떠올리게 된다. 그 시작인 고대 그리스에서부터 현대에까지 이르는 욕망의 발자취 속엔 인간 수많은 상상력의 흔적과 지속성을 엿볼 수 있다.

현대 사회에서도 피그말리온 신화를 상기시키는 흥미로운 현상이 있다. 피그말리온이 자신의 조각상 갈라테이아에 사랑을 느꼈던 것처럼, 오늘날 사람들은 AI 기반 챗봇, 휴머노이드 로봇, 가상 동반자와 정서적·낭만적 유대감을 경험한다. 예를 들어, 일부 사람들이 소셜 로봇과 대화를 나눈다거나, 가상현실 속 아바타와 친밀한 관계를 유지하거나 감정적 연결을 느끼는 것이 그것이다.

이런 사례는 전통적인 인간관계의 개념에 도전장을 낸 것이다. 과연, 우리가 AI나 로봇에게 느끼는 애정은 실제 감정일까, 아니면 단순한 환상일까? 피그말리온이 갈라테이아를 실제 인간처럼 여기며 예술과 현실을 혼동했던 것처럼, 현대인 역시 AI와의 상호작용 속에서 인공적 관계와 실제 관계의 경계가 모호해지는 경험을 하고 있는 것 아닐까?

탈로스

그리스 신화에서 불과 금속공예의 대가로 알려진 헤파이스토스Hephaestus 신도 인공 창조물 이야기에서 중요한 역할을 한다. 그는 그리스 신들의 대장장이로 금속을 다루는 뛰어난 기술과 창의성을 갖춘 신이었다. 오늘날 우리가 로봇을 설계하고 제작하는 것처럼, 헤파이스토스도 금속으로 오토마톤을 만들었다. 그가 만든 가장 유명한 오토마톤 중 하나가 바로 거대한 청동 수호신, 탈로스Talos다. 탈로스는 크레타 섬을 지키며 침입자를 막는 임무를 수행했다. 이 장치는 헤파이스토스의 금속공예 기술과 상상력이 결합된 결과물이었다.

고대 그리스 신화에서 탈로스 이야기는 단지 전설로만 간주되지 않는다. 인간과 기계, 생명과 인공의 관계에 대한 당시 사람들의 상상을 엿보게 하는 흥미로운 사례이다. 탈로스는 거대한 청동으로 만들어진 자동기계였지만, 그의 역할은 크레타 섬의 미노스 왕과 그의 어머니 유로파를 보호하는 것이었다. 매일 섬을 세 바퀴씩 순회하며 해안을 지켰고, 적을 위협할 때는 거대한 바위를 들어서 던지거나 불 속으로 뛰어들어 적을 소탕하기도 했다. 일부 기록과 유물에는 탈로스가 날

개 달린 존재로 묘사되기도 한다. 이런 흔적은 기원전 300년경 크레타 파이스토스에서 발견된 동전과 기원전 400년경의 항아리 그림에서 확인된다.

탈로스의 창조와 죽음을 다룬 신화도 흥미롭다. 제우스의 요청으로 금속 가공과 대장장이 기술의 신 헤파이스토스가 탈로스를 만들었다고 알려진 신화다. 이 신화에 나오는 오토마톤인 탈로스의 내부 구조는 인간보다 훨씬 단순했다. 목에서 발목까지 이어지는 혈관은 단 하나뿐이었고, 발목에 박힌 청동 못으로 밀봉해 피가 새는 것을 막았다.

그런데 또 다른 신화에는 마녀 메데아가 탈로스를 미치게 만든 얘기도 있다. 그러자 탈로스는 스스로 자기 발목의 청동 못을 뽑아내고, 내부의 신의 피인 이코르가 납처럼 흘러나오면서 결국 죽음을 맞이한다.

이런 신화적 상상력은 문학이나 예술의 영역에만 그치지 않는다. 그리스 신화 속 인공 생명체의 개념은 그 후 철학적 논의와 초기 과학적 사고, 기술적 실험으로까지 확장된다. 이를 계기로 인간과 기술, 생명과 무생물의 관계는 다양하게 검토되고, 나아가 과학혁명 이후에도 기계론적 세계관과 현대 기술철학에까지 중요한 논의의 바탕이 되고 있다.

그리스 신화의 영향은 심지어 지리적 · 문화적 경계까지 뛰어넘었다. 알렉산더 대왕의 정복이 그 한 계기였다. 알렉산더의 원정은 단지 정치적 · 군사적 팽창만이 아니었다. 그의 원정에는 많은 학자들이 동행하며 그리스 신화, 철학, 수학적 지식을 페르시아, 이집트, 인도 등지로 전파했다. 이 과정에서 인공 존재와 관련된 신화 역시 다양한 문화권으로 소개되었다. 인간이 기술과 상상력을 통해 생명을 창조하려는 내적 욕망은 단일 문화권의 산물에 그치지 않고, 보다 광범위한 문화적 교류 속으로 흡입되며 보편적 주제로 자리 잡았다.

철학 속 기술과 자동장치: 인간은 무엇을 만들 수 있다고 믿었는가?

신화적 상상력은 고대 그리스 철학의 거두 아리스토텔레스의 사유와도 연결된다. 아리스토텔레스는 다양한 학문을 탐구하며 오늘날 AI와 자동화 연구자에게도 중요한 통찰을 제공하는 개념들을 제시한 인물이다.

아리스토텔레스는 저서 『정치학』Politics에는 인간 노동과 기계적 자동성의 관계에 대한 깊은 고민이 담겨 있다. 그는 언젠가 오토마톤이 인간의 노동을 대체할 것이라는 실제적 가능성을 상상했다. 그는 "관리자가 부하를 필요로 하지 않고, 주인이 노예를 필요로 하지 않는 상황"을 가정하며, 이를 실현하려면 다루고 있는 도구가 인간의 명령에 따라 혹은 도구 스스로 판단하며 업무를 수행해야 한다고 예측했다.

그는 이런 자율형 도구를 다이달로스의 조각상이나 헤파이스토스가 만든 삼발이에 비유했다. 호메로스에 따르면, 삼발이는 스스로 올림포스 신들의 회의장에 들어갔다고 한다. 마치 직조기가 스스로 직물을 짜고, 하프의 활이 자동으로 연주하는 것과 같은 상상이었다. 이를 통해 아리스토텔레스는 인간의 노동이 기계적 능력으로 대체될 가능성을 철학적·실천적 관점에서 탐구했다.

한편, 아리스토텔레스는 논리학의 체계적 연구를 선구적으로 수행한 철학자이기도 하다. 그의 저서 『오르가논』Organon에는 삼단논법이 소개되어 있는데, 이는 진리 탐구 시 핵심 도구로 활용된다. 삼단논법은 세 단계의 논증 구조를 통해, 전제가 참이라면 결론도 반드시 참임을 보장하는 연역적 추론방식이다. 이는 논리학의 핵심이자 오늘날 서양지성사의 근간을 이루는 중요한 개념이다.

예를 들어, "모든 인간은 죽는다(보편항). 클레오파트라는 인간이다(개별항). 따라서 클레오파트라는 죽는다"라는 논증은 개별항과 보편항을 명확히 구분함으로써 논리적 명료성을 제시한다. 개별항은 특정 대상을 가리키고, 보편항은 범주적 속성을 나타내며 '모든', '어떤', '아무도' 같은 양화사를 포함한다. 아리스토텔레스는 이러한 논리 구조를 분석하고, 유효한 삼단논법 유형을 체계적으로 규명했다.

여기서 한걸음 더 나아가 아리스토텔레스는 양상논리Modal Logic, 즉 가능성과 필연성을 동시에 다루는 진술까지 삼단논법의 분석 범위에 포함시켜 자신의 사고를 확장시켰다. 현대 수리논리학에서는 그의 방법론을 바탕으로 보다 복잡한 관계와 다중 양화사를 포함하는 문장 구조를 연구한다. "어떤 남자를 싫어하는 모든 남자를 좋아하는 남자는 없다"와 같은 문장이 바로 기본 논리 구조를 넘어서는 사례다. 그런데 이런 연구가 가능했던 것은 아리스토텔레스의 논리적 사고와 삼단논법적 접근이 앞서 존재했기 때문이다.

아리스토텔레스의 연구는 단순한 철학적 사유에 그치지 않았다. 인간과 도구, 자동화된 시스템, 지능적 판단 사이의 관계를 이해하는 중요한 토대가 되었다. 그의 사고는 현대 AI 연구와 로봇공학, 자동화 기술뿐만 아니라 알고리듬 설계와 수리논리의 발전에도 깊은 영향을 미쳤다.

그중에서도 특히 인간 노동을 대체할 수 있는 자율적 시스템과 이를 설계하고 평가하는 논리적 기준을 탐구하는 데 끼친 영향이 컸다. 아리스토텔레스의 논리학과 정치철학은 지금도 논리학의 핵심을 차지하고 인류 지성사에 유효한 분석 틀로 제공되고 있다.

크테시비오스의 발명: 상상이 현실이 되던 순간

고대 그리스의 천재 발명가 크테시비오스Ktesibios는 알렉산드리아에서 활동하며 수력학과 자동장치 분야에서 혁신적인 업적을 남겼다. 그가 활동하던 알렉산드리아는 지식과 기술, 철학이 교차하던 도시였다. 크테시비오스는 이곳에서 물을 다루는 기술을 통해 기계가 스스로 작동하고 조절하는 방식을 탐구했다.

대표작인 물시계 클렙시드라Clepsydra, 문자 그대로 '물 도둑'는 단순한 시간 측정 장치에 머물지 않았다. 무엇보다 이 물시계는 피드백 제어를 통해 일정한 물 흐름을 유지하도록 설계되었다. 클렙시드라는 수납 용기의 물 높이에 따라 시간을 비교적 정확하게 추정할 수 있었다. 일부 모델에서는 물의 높이에 따라 인형이 떠오르거나 회전 기둥, 떨어지는 돌, 나팔 소리 등 다른 장치와 연동하여 시간을 표시하도록 제작되었다. 당시 클렙시드라는 법정에서 발언자에게 시간제한을 알리거나, 공공장소에서 손님의 체류 시간을 관리하는 등 실용적인 용도로도 널리 활용되었다.

크테시비오스는 프톨레마이오스 2세 필라델포스의 대행진에 등장한 신의 기이한 로봇 동상도 설계한 것으로 알려져 있다. 이 오토마톤은 수레의 움직임과 캠^{Cam, 회전 운동을 왕복 운동이나 진동으로 바꾸는 장치} 기구를 활용해 회전 운동을 직선 운동으로 변환할 수 있었다. 또한 일어서거나 앉는 동작도 거뜬히 수행할 수 있었다. 단순한 장식이 아니었던 것이다. 인간의 의도를 기술적 장치로 구현하려는 시도 끝에 만들어진 산물이었다. 그의 발명은 물리적 세계에서 인간 능력을 확장하고, 반복적이거나 정밀한 작업을 자동화하려는 초기 형태의 실험이었다.

흥미로운 점은 고대사회의 이런 시도가 오늘날 AI와 로봇 연구와도 밀접하게 연결되어 있다는 점이다. 크테시비오스의 물시계와 오토마톤은 현대 자율 시스템의 핵심 개념인 센서 기반 제어, 피드백, 환경과의 상호작용과 연관된다.

현대 로봇공학에서 센서와 알고리듬을 활용해 환경을 감지하고 상황에 맞춰 자율적으로 행동하는 로봇의 설계는, 사실 고대 그리스의 기계 설계와 철학적 탐구에서 비롯된 아이디어의 연장선상에 있다. 예를 들어, 산업용 협동 로봇은 인간과 협력하며 반복적이고 위험한 작업을 수행하도록 설계되었다. 이 로봇은 인간을 대체하는 것이 아니라, 인간의 능력까지 보완해 준다. 이는 크테시비오스가 설계한 오토마톤이 단순히 움직이는 장치를 넘어, 인간의 능력을 확장하는 의미를 지녔던 것과 유사하다.

또한 크테시비오스가 알렉산드리아 박물관과 도서관에서 주로 활동하면서 다양한 지식과 기술을 공유했다. 이 점은 현대 AI 연구자들이 협업적 학습 환경에서 데이터를 공유하고 모델을 개선하는 과정과 흡사하다. 이렇게 보면 고대의 기술적 실험은 단순한 장치 제작 이상의 의미를 시사하고 있는 것이다. 한마디로 이런 협업과 공유 과정은 곧 지식 전달과 창의적 탐구, 그리고 인간과 기계의 관계를 새롭게 정의하려는 문화적·철학적 시도였던 것이다.

결론적으로 말해, 크테시비오스의 발명을 단순한 고대 기술의 한 사례로만 받아들여선 안 된다. 이는 인간이 기술을 통해 자신의 한계를 확장하려는 역사적·철학적 욕망을 담아낸 실재적 재현이었다. 오늘날 AI와 로봇 개발에서 나타나는 자율성, 학습 능력, 환경 적응력은, 고대 그리스인들이 이미 상상하고 실현하려 했던 인간-기계 상호작용의 아이디어를 현대적 기술 언어로 구현한 결과라 할 수 있다.

따라서 고대 그리스의 발명과 현대 AI 연구 사이의 연결을 이해하는 일은 오늘날 기술 발전의 역사적 뿌리와 인간의 창의적 상상력 사이의 긴밀한 관계를 조명함에 있어 중요한 통찰을 제공하는 것으로 재인식해야 한다.

고대 인도, 살아 있는 기계라는 발상

고대 인도와 그 주변 지역에서도 인공 존재를 상상한 기록을 여럿 찾아볼 수 있다. 11~12세기 버마(지금의 미얀마) 불교 설화집 『로카판나티』Lokapannatti에는 오토마톤, 특히 전투 로봇과 관련된 이야기가 있다. 이 전설에서 특히 흥미로운 점은 아소카^{Ashoka} 황제의 통치 부분이다. 여기에는 '영혼의 힘으로 움직이는 기계'라는 전투 로봇에 대한 내용이 소개된다. 물론 신화적 상상일 수도 있지만, 그 내막을 알면 꼭 그렇게만 볼 수 없다. 이 전설은 고대에도 우리 인간이 기계에 생명을 부여하고, 나아가 생명을 부여받은 기계가 전쟁과 통치에도 활용될 수 있다는 개념을 탐구한 증거일 수 있다.

아소카가 황제에 오르기 전, 기원전 326년 알렉산더 대왕은 인도 북서부로 군사 원정을 떠났다. 물론, 이 사건은 단순한 군사적 활동을 넘어, 그리스 세계와 인도 사이의 중요한 문화적 교류를 촉진했다. 이런 역사적 배경 속에서 등장한 전투 로봇 이야기는 주목할 만하다. 이를 통해 그리스와 인도 사이에 오랜 기간 축적된 기술적·문화적 상호관계를 엿볼 수 있어서다.

이 전설에 따르면, 당시 오토마톤 제작 전문가들은 인도 서쪽의 그리스 식민지나 인근 지역에 거주하며 첨단 기계 기술을 개발했다. 이들은 오토마톤 기술이 농업, 무역, 군사 등 다양한 분야에도 유용하다는 사실을 잘 알고 있었다. 기술의 비밀을 철저히 보호하는 것도 중요했다. 외부로 유출하거나 폭로하려는 시도는 치명적인 결과를 초래했다. 전해지는 이야기에 따르면, 이를 지키기 위해 특수한 '기계 집행관' 로봇이 존재했다고 한다. 이 로봇은 놀라울 정도로 빠르고 강력한 전사로 묘사되며, 검을 정확하고 신속하게 휘두르는 능력을 갖춘 존재로 알려진다.

기원전 5세기에 전해지는 이 전설이 오늘날 우리에게 말해주는 것은 무엇일까? 그것은 오토마톤 제작 기술에 대한 인간의 강력한 열망과 그에 따른 위험성이다.

전설 속에 나오는 인도 장인은 기술을 몰래 훔쳐 고향인 인도로 가져갈 계획을 세운다. 그는 오토마톤 제작 장인의 딸과 결혼한 뒤 설계도를 확보하려 했다. 그러나 설계도의 중요성과 위험성을 알았던 그는 손에 들고 가면 들킬까봐 자기 몸에 상처를 내서 그 안에 숨겨 가려고 했다. 하지만 그의 계획은 결국 실패하고 만다. 고향으로 돌아가기 전, 그는 체포되어 목숨을 잃었고, 그가 훔치려 했던 설계도는 한동안 세상에 드러나지 않았다.

하지만 이 전설은 여기서 끝나지 않는다. 죽은 장인의 아들은 성장후 아버지가 숨겨둔 설계도를 다시 찾아 고대 도시 파탈리푸트라로 돌아온다. 이 설계도를 바탕으로 부처님의 유물을 보호하는 기계 수호자, 즉 전투 로봇을 제작한다. 이 로봇은 단순한 기계적 장치가 아니었다. 오토마톤 기술과 인간의 창의력이 결합된 보호 장치로 기능하며, 마침내 그는 아버지의 소원을 실현시키는 역할도 했다.

흥미로운 점은 여기서의 전투 로봇들이 아소카 황제의 통치 시기까지 약 2세기 동안 비밀리에 숨겨져 있었다는 사실이다. 이는 고대 사회에서도 기술적 지식이 얼마나 소중했는지, 그리고 그것이 어떻게 가족과 세대들로 전달되며 보호되었는지를 잘 보여준다. 이 전설은 또한 인간의 창의력과 기계 기술, 윤리적·사회적 고려가 복합적으로 얽힌 고대 문명 속의 기술문화를 둘러싼 단면을 흥미진진하게 보여준다.

이 이야기의 중심 서사는 아소카 황제가 부처님의 숨겨진 유물을 찾아 끈질기게 탐색하는 과정이다. 전설에 따르면, 황제가 유물을 발견하자 유물을 보호하던 기계 수호자, 즉 전투 로봇들과 격렬한 충돌이 벌어진다고 한다. 그런데 놀라운 점은 이 전투가 단지 인간과 인간의 힘의 대결이 아니었다는 점이다. 정교하게 설계된 고대 오토마톤 기술과 인간의 전략이 뒤엉킨 장면으로 이런 부분들이 묘사된다.

일부 이야기에서는 힌두 신화의 신성한 건축가 비슈와카르마Vishvakarma가 등장해 아소카를 돕는다. 그는 신성한 화살을 사용해 오토마톤의 회전 메커니즘을 무력화시켜 황제가 전투 로봇을 제압할 수 있도록 도와준다. 또 다른 버전에서는 기계의 유지보수를 담당하던 인간 엔지니어가 등장한다. 이 엔지니어는 로봇을 정지시키고 조작 방법을 아소카에게 전수한다. 이를 통해 아소카 황제는 마침내 전투 로봇을 일거에 장악하게 된다. 이후 로봇들은 그의 지휘 아래 복종하며, 정복 선생과 제국 관리에 활용된다.

전설 속 아소카는 전투 로봇을 전쟁에 활용하면서도, 그들의 강력한 능력과 잠재적 위험성에 대해 끊임없이 불안해한다. 그는 로봇이 인간의 통제를 벗어나 예측할 수 없는 행동을 하거나, 의도하지 않은 피해를 초래할까 호시탐탐 경계했다. 아소카 황제와 전투 로봇 이야기는 단순한 신화적 서사에 그치지 않았다. 이 이야기는 오늘날 우리가 직면한 첨단 기술과 윤리 문제를 미리 보여준 흥미로운 사례라고 할 수 있다.

이러한 불안감은 놀랍게도 현대 군사 기술에서 논의되는 윤리적 문제와 직결된다. 오늘날 자율 전투 로봇, 드론, AI 기반 무기 시스템은 전장에서 빠르고 정밀한 결정을 내릴 수 있다. 하지만 이로 인해 인간의 통제를 벗어나 예기치 않은 결과를 초래할 위험도 존재한다.

오늘날 정책 입안자들은 AI 기반 군사 시스템이 인간의 통제를 벗어나기 전에 이를 규제하고 감독해야 하는 과제를 안고 있다. 옛 아소카황제가 전투 로봇을 장악했지만 경계를 늦추지 않았던 것처럼, 현대사회에서도 인간은 기술의 힘을 활용하면서 잠재적 위험과 윤리적 책임을 항상 염두에 두어야 한다. 그런 점에서 고대와 현대를 잇는 무수한 이야기는 인간과 기술 사이의 복잡한 관계를 성찰하게 하는 오래된 경고이자 교훈으로 기능하고 있다.

고대 중국, 질서와 조화를 닮은 기계

현대의 로봇과 유사한 지적 인공 생명체를 만들려는 인간의 상상력은 수천 년 전 고대 중국 주周나라 시대로도 거슬러 올라간다. 주나라는 기원전 1046년에서 256년 사이에 존재했다. 이때 정치적 통일을 향한 변혁과 함께 문화적·철학적 사상이 크게 발전했다. 당시 사람들은 자연, 인간, 사회, 존재에 대한 근본적 질문을 탐구했다. 이 탐구는 오늘날 AI와 로봇을 이해하는 데 참고할 초창기 사유의 근간이 된다.

특히, 이 시기는 주나라가 도가와 유가 두 가지 중요한 철학적 전통이 한창 부상하던 때였다. 도가는 인간이 자연과 조화를 이루며 살아야 한다는 관점을 강조하며, 존재의 자연스러운 흐름과 균형을 중시했다. 반면 유가는 사회적 질서와 도덕적 책임, 효율적인 사회 구조의 유지를 강조했다.

서로 다른 철학적 사조였지만, 각기 인공 생명체를 상상하고 설계하는 관점에도 깊은 영향을 미쳤다. 도가적 관점에서는 인간이 다른 지적 존재를 만드는 행위를 자연의 흐름과 조화를 이루는 한 방식으로 이해했다. 반면 유가적 관점에서는 이러한 창조가 사회적 유익성, 즉 사회 질서와 인간 생활의 개선을 위한 수단으로 여겼다.

인공 생명체와 기계적 지능에 대한 가장 유명한 사례는 기원전 400년경 도가 철학자 열자列子의 저술을 통해 전해진다. 이 이야기는 열자가 활약하던 시대보다 약 600년 전, 주나라 무왕(기원전 10세기)이 통치하던 시기에 일어난 사건이다.

전해지는 이야기에 따르면, 당시 주나라에는 기계 장치 제작에 뛰어난 장인이 있었다. 그는 단순한 장난감이나 기계 장치가 아니라, 실제 인간과 거의 구분할 수 없을 정도로 정교하게 만든 오토마톤, 말하자면 초기 형태의 휴머노이드 로봇을 제작했다. 이 로봇은 걸어 다니는 것뿐만 아니라 머리도 돌리고, 아름다운 노래까지 부르는 등 놀라운 사실적 움직임을 보였다. 왕 앞에서도 마치 살아 있는 존재처럼 행동했다. 장인이 로봇의 턱을 만지거나 손을 잡으면, 이 로봇은 노래와 몸놀림을 완벽하게 조화시켜 보여주었다. 이 광경을 지켜본 무왕은 인간과 기계의 경계가 모호해진 듯한 광경에 깜짝 놀랐다.

이 이야기는 단순한 신화로 보기 어렵다. 당시 중국 철학, 특히 도가와 유가의 사상적 배경과 깊이 연관되어 있다. 문제는 이 오토마톤 제작 이야기가 이런 두 가지 철학적 배경 속에서 생겨난 점이 각별하다. 이는 인간이 기술과 창의력을 통해 자연과 사회를 이해하고 조화시키려 한 시도로 해석할 수 있다. 우리는 이를 기술을 통해 자연의 질서와 인간 사회의 이상을 모방하거나 확장하려는 인간의 노력을 상징적으로 보여준 것으로 해석할 수 있다.

한걸음 더 나아가, 열자의 오토마톤 이야기는 현대 AI와 로봇 연구에도 중요한 의미를 갖는다. 오늘날 곳곳에선 인간과 유사한 행동을 할 수 있는 지능형 로봇과 챗봇을 개발 중이다. 이 과정에서 인간과 기계 사이의 윤리적·철학적 경계가 다시 심도 있게 논의되고 있다.

이런 맥락에서 이 열자 이야기는 인간이 만든 기계가 인간처럼 사고하거나 행동할 수 있는가, 또 기계와 맺는 인간관계는 어떻게 이해되어야 하는가라는 부분을 숙고하게 만든다. 열자 이야기는 이런 문제들이 어제 오늘의 얘기가 아니고 이미 오랜 역사 속에서 구체적으로 제기되었음을 보여주는 중요한 사례다.

중세와 르네상스, 상상이 현실을 밀어붙이다

이스마일 알 자자리: 실용과 상상이 만난 기계

중세 아랍에는 이슬람의 황금기로 불리는 놀라운 지적·기술적 발전의 시기가 있었다. 이 시기는 8세기부터 12세기까지 아바스[Abbasid] 왕조가 통치하던 시기와 겹친다. 당시 이슬람 세계는 과학, 철학, 의학, 예술, 건축 등 다양한 분야에서 눈부신 성과를 이루었다. 수도 바그다드는 세계 학문의 중심지로 성장했으며, 수학, 천문학, 의학 등 여러 분야에서 혁신적 연구가 활발히 진행되었다. 이러한 업적들은 세계 문명사에 깊고 지속적인 영향을 미쳤다.

다재다능한 학자이자 발명가, 예술가, 기술자였던 이스마일 알 자자리Ismail al-Jazari는 이슬람 황금기의 절정기에 활동한 인물이었다. 그는 아버지의 뒤를 이어 아나톨리아 지역(현 터키 디야르바크르)에 위치한 아르투쿠루 궁전Artuklu Palace의 수석 기술자로 근무했다. 알 자자리는 왕실의 요청으로 『기발한 기계 장치에 대한 지식의 책』The Book of Knowledge of Ingenious Mechanical Devices을 저술했다. 비록 그가 세상을 떠난 1206년에 출판되었지만, 이 책에는 그가 설계하고 제작한 다양한 기계 장치들이 자세히 기록되어 있다.

여기에는 움직이는 인간과 동물 형태의 자동장치, 물 양수 장치, 분수 장치, 정교한 시계 등이 포함된다. 특히 알 자자리는 연구와 공학적 실험 과정에서 캠축, 크랭크축, 이스케이프먼트 휠, 세그멘탈 기어 등 정밀한 기계 메커니즘을 활용했다. 이러한 혁신적인 설계는 이후 기계공학과 자동기술의 발전에 중요한 영향을 미쳤다.

알 자자리가 제작한 자동장치는 놀랍도록 다양하고 정교했다. 그는 물의 힘으로 작동하는 공작 자동장치, 음료를 제공하는 자동 웨이트리스, 그리고 회전축을 활용해 표정을 바꾸며 연주하는 네 명의 자동 악사들로 구성된 '음악 로봇 밴드' 등을 설계했다. 일부 연구자들은 이 악사들의 동작이 프로그램될 수 있는 방식으로 조정 가능했을 것으로 추정한다. 이는 알 자자리가 만든 장치들이 단순한 기계 장난감이 아니라, 매우 정교한 기술적 설계를 갖춘 작품임을 보여준다.

알 자자리의 대표작 중 하나인 '코끼리 시계'에는 흥미로운 장치들이 탑재되어 있었다. 일정한 간격으로 심벌즈를 치는 휴머노이드 로봇, 필경사가 회전하면서 펜으로 시간 정보를 기록할 때마다 지저귀는 로봇 새가 그런 장치들이다.

그는 또한 높이가 3.4m에 이를 정도로 거대한 '성城 시계'도 제작했다. 이 장치에는 다섯 명의 자동 악사들이 장착되어 정해진 시간에 맞춰 연주를 수행했다.

알 자사리의 업적이 공학사에서 차지하는 중요성은 아무리 강조해도 지나치지 않다. 그의 저서는 근대 이전 어느 문화권에서도 찾아보기 어려운 기록으로, 기계의 설계, 제작, 조립 과정 전반에 걸쳐 상세한 지침을 제공한다.

당시 대부분 사회에서는 기계를 만드는 장인과 이를 기록하는 학자 사이에 깊은 문화적 간극이 있었다. 문자로 기록하는 학자는 주로 장인이 만든 완성된 기계 형태에만 관심을 두었을 뿐, 실제 제작 과정의 복잡한 기술을 이해하거나 기록하려는 의지는 없었다.

이런 상황 속에서 알 자자리의 저술이 전해질 수 있었던 것은 그의 후원자이자 고용주가 기계 장치 제작에 깊은 관심과 존경심을 갖춘 데 있다. 그 덕분에 오늘날 우리는 이 귀중하고 독특한 문헌을 접할 수 있게 된 것이다.

레오나르도 다빈치: 인간의 몸을 닮은 기계 구상

이탈리아 르네상스가 낳은 불멸의 천재 레오나르도 다빈치Leonardo da Vinci는 회화와 건축에만 머물지 않았다. 해부학, 공학, 기계 설계 등 매우 폭넓은 분야에도 관심을 가졌다. 그의 방대한 노트와 스케치 모음집인 『코덱스 아틀란티쿠스』Codex Atlanticus에는 다양한 악기와 기계 장치, 그리고 1495년경 설계한 '기계 기사' 관련 연구가 담겨 있다.

레오나르도가 설계한 이 초기 로봇은 관절이 움직이는 팔, 턱, 머리를 갖춘 인간형 자동장치였다. 도르래와 케이블 시스템을 이용해 신체 부위를 작동할 수 있는 메커니즘이 포함되어 있었다. 또한 독일-이탈리아식 중세 갑옷을 착용할 수 있도록 설계되어 상체와 하체를 각각 제어하는 별도의 기어 시스템도 갖추고 있었다. 덕분에 로봇은 앉거나 일어서는 동작이 가능했다. 이 외에도 레오나르도는 새의 비행을 모방한 자동장치, 자동 수레(자율주행 마차) 등 다양한 기계 모델을 스케치하며 공학적 상상력과 기계적 창의성을 폭넓게 탐구했다.

레오나르도의 기계 기사가 실제로 제작되었는지는 확실하지 않다. 하지만 그의 설계는 후대 기술자들에게 적지 않은 영향을 미쳤을 가능성이 크다. 하나의 예로, 16세기 스페인의 시계 제작자 후아넬로 투리아노Juanelo Turriano를 들 수 있다.

그는 스페인 국왕 펠리페 2세를 위해 '기계 수도사'를 제작했다. 이 장치는 레오나르도의 기계적 아이디어와 유사한 영감을 보여준다. 투리아노의 기계 수도사는 케이블과 도르래 시스템, 그리고 스프링 기반 시계 장치로 작동했다. 입과 팔을 움직일 수 있었고, 조용히 기도하는 자세로 걸을 수 있도록 설계되었다. 국왕은 머리를 다친 아들이 기적적으로 회복되자, 이를 프란체스코회 수도사 디다쿠스Didacus의 신성한 중재 덕으로 여겼다. 따라서 국왕은 디다쿠스를 본뜬 기계 수도사 제작을 요청했다고 전해진다.

오늘날 이 기계 수도사는 워싱턴 D.C. 스미소니언 박물관에 전시되어 있으며, 지금도 작동 가능한 상태로 보존되어 있다. 디다쿠스는 16세기 자동기계 기술의 놀라운 정교함을 보여주는 중요한 사례 중 하나다.

레오나르도의 로봇 설계는 그가 평생 탐구해 온 해부학과 기하학 연구의 성점이었다. 그는 기계공학적 원리와 인간의 신체 구조를 결합하여, 로마 건축 속에 숨겨진 비율과 조화의 원리를 생명체의 움직임과 활력에도 적용했다. 이러한 작업은 이후 로봇공학과 자동장치 발전에 큰 영향을 미쳤으며, 세계 기술사에서도 매우 흥미로운 업적으로 평가되고 있다.

레오나르도는 과학적 탐구와 예술적 창의성을 결합하고, 실제 기술과 개념적 상상력을 교차시키는 능력을 두루 갖춘 인물이었다. 그는 현실의 기술적 한계를 탐색하면서도, 미래적 가능성을 상상하는 데 그치지 않고 구체적인 설계도로 이를 구현했다. 이러한 접근 방식은 오늘날 SF문학이 AI 담론에 영감을 주고 기술 발전의 방향을 자극하는 방식과 유사하다.

한마디로, 레오나르도의 일생의 작업은 기술과 시각 예술의 융합이 얼마나 강력한 혁신의 원천이 될 수 있는지를 보여주는 대표적인 사례다. 이는 현대 로봇공학의 문화적·창조적 기원을 이해하는 데 중요한 의미와 가치를 지닌다.

지능형 기계는 어떻게 탄생했는가?

숫자의 마법에서 지능의 탄생으로

오늘날 인공지능의 역사는 "인간의 사고를 기계로 옮길 수 있을까?"라는 대담한 질문에서부터 시작되었다. 17세기 파스칼과 라이프니츠가 톱니바퀴를 돌려 숫자를 계산하던 초기 계산기 '파스칼린'은 현대 컴퓨터의 아주 먼 조상일 수 있다. 당시 사람들에게 지능은 정해진 규칙에 따라 기호를 조작하는 논리적인 과정이었고, 산업혁명기 찰스 배비지가 구상한 '해석기관'은 이런 믿음을 구체적인 설계도로 옮긴 결정체였다. 숫자를 다루는 기계가 언젠가 인간의 정신노동까지 대신할 것이라는, 우리가 희구해온 오래된 꿈은, 20세기 중반 디지털 컴퓨터의 등장과 함께 비로소 차가운 금속과 전기 신호 속에서 구체적인 현실이 되기 시작했다.

이번 장에서는 1956년 다트머스회의에서 '인공지능'이라는 이름이 처음 탄생한 순간부터, 오늘날 전 세계를 뒤흔든 챗GPT에 이르기까지 AI가 걸어온 파란만장한 연대기를 살펴본다. 초기의 낙관론이 꺾이며 찾아왔던 두 차례의 'AI 겨울'을 견뎌내고, 기계가 스스로 데이터를 학습하는 '머신러닝'과 인간의 뇌를 흉내 낸 '딥러닝'을 통해 어떻게 화려하게 부활했는지 그 숨겨진 뒷이야기를 전한다. 세기의 바둑대회에서 비록 4:1로 패하기는 했지만 지금까지 유일하게 AI와 겨뤄 단 한 번의 승리를 했던 대한민국의 바둑기사 이세돌! 그가 마주했던 알파고의 충격을 넘어, 지금은 스스로 글을 쓰고 그림을 그리며 인간의 창의성에 도전하는 생성형 AI 시대에 이르기까지, 우리 인류가 지능의 비밀을 기계에 심기 위해 고군분투해야 했던 그 흥미진진한 도전의 역사를 함께 확인해 볼 예정이다.

근대, 인간의 이성을 톱니바퀴에 새기다

인류의 지능형 기계 제작에 대한 꿈은 계몽주의 시대와 함께 본격적으로 시작되었다. 이 시기는 인간의 이성과 합리성에 대한 신뢰가 절정에 달하던 때였다. 인간 사고의 구조를 분석하고 이를 기계적으로 재현할 수 있다는 가능성이 진지하게 탐구되기 시작한 것도 이때부터였다. 17세기에서 18세기에 걸친 유럽 계몽주의는 수학, 물리학, 공학의 비약적 발전을 촉진하며, 지능의 기계적 모델을 모색할 지적 토양을 형성했다.

프랑스의 블레즈 파스칼Blaise Pascal은 1642년 덧셈과 뺄셈을 자동으로 처리하는 계산기인 파스칼린Pascaline을 제작했다. 이를 통해 인간의 사고를 도구화할 수 있는 첫 실질적 시도가 이루어졌다.

이어 독일의 철학자이자 수학자인 고트프리트 빌헬름 라이프니츠^{Gottfried Wilhelm Leibniz}는 보다 복잡한 연산이 가능한 기계적 계산 장치를 설계했다. 그는 나아가 모든 논리적 추론이 기호 조작을 통해 기계적으로 처리될 수 있다는 비전까지 제시했다. "계산하자!^{calculamus!}"라는 그의 구호는 인간의 사고를 형식화된 논리 체계로 환원하려는 사유를 잘 보여준다. 이러한 사유는 후대의 논리학과 컴퓨터 과학, 특히 앨런 튜링의 계산 이론에 결정적인 영감을 주었다.

이처럼 계몽주의 사상가들의 시도는 단순한 계산 도구의 발명에 그치지 않았다. 이런 시도는 인간 이성이 갖는 논리적 구조를 기술적으로 구현하려는 철학적 실험이었다. 그 결과, '지능의 기계화'라는 개념은 신화적 상상에서 과학적 탐구의 대상으로 전환되었다. 이는 AI의 지적 계보를 형성하는 핵심적인 전환점이었다.

산업혁명은 과학적 지식과 기술적 응용이 결합하며 인간의 노동을 보조하거나 대체하는 정교한 기계의 등장을 촉진한 시기였다. 이 시기의 핵심 특징은 기계적 자동화였다. 자동화는 전통적 수공업 중심 생산 방식을 근본적으로 변혁시켜 대량 생산과 표준화의 시대를 열었다. 증기기관의 발명과 공장 시스템의 확립은 인간의 육체노동을 기계적 에너지로 대체했을 뿐 아니라, 인간의 정신노동, 즉 계산과 판단 영역 또한 기계적으로 구현할 수 있다는 새로운 가능성을 제시했다.

이러한 전환의 중심에는 영국의 수학자이자 공학자 찰스 배비지^{Charles Babbage}가 있었다. 그는 19세기 초 차분기관^{Difference engine}과 해석기관^{Analytical engine}을 구상하여 계산 과정을 체계적이고 자동적으로 수행하도록 설계했다. 특히 해석기관은 오늘날 컴퓨터 구조를 연상시키는 혁신적 개념을 포함했다. 여기에는 메모리에 해당하는 데이터 저장 장치, 펀치 카드를 통한 명령 입력, 그리고 조건에 따라 연산을 제어하는 제어 흐름 요소가 포함되어 있었다.

비록 배비지의 기계는 기술적 한계와 재정적 제약으로 인해 그의 생전에는 완성되지 못했다. 하지만 그가 남긴 설계 사상은 후대 컴퓨터 과학의 사유적 기초가 되었다. 배비지의 제자인 에이다 러브레이스^{Ada Lovelace}는 이런 해석기관을 단순한 계산 기계로 보지 않았다. 오히려 기호를 조작할 수 있는 지적 도구로 해석했다. 이를 통해 기계가 인간의 사고를 확장할 수 있다는 중요한 통찰을 남겼다.

배비지와 러브레이스의 사상은 기계를 단순한 육체노동의 대체물이 아닌, 인지적 기능을 수행할 잠재적 존재로 이해할 수 있는 출발점이 되었다. 이러한 이해를 바탕으로 산업혁명은 물리적 자동화에서 인지적 자동화로 나아가는 전환점을 맞이하며, 지능형 기계의 역사적 진화를 준비하는 결정적 계기가 되었다.

20세기, 생각하는 기계를 향한 첫 도전

20세기 초, 기술과 그 사회적 역할은 이전 세기와는 비교할 수도 없을 정도로 급격히 발전했다. 전기공학, 전자 회로, 통신 기술의 비약적 진보는 인간이 정보를 생성·전달·처리하는 방식을 근본적으로 바꿨다. 전신과 전화의 등장은 공간적 거리의 제약을 허물며 정보의 실시간 교환을 가능하게 했다. 이는 지식과 데이터가 산업, 과학, 일상생활의 핵심 자원이 되는 새로운 시대의 시작을 의미했다.

계산과 논리에서 출발한 AI의 뿌리

현대 AI의 기초는 앨런 튜링Alan Turing의 2가지 중요한 통찰에서 시작된다.

첫 번째 통찰은 1936년 발표한 논문 〈계산 가능한 수에 관하여, 결정 문제에 대한 응용〉On Computable Numbers, with an Application to the Entscheidungs problem에서 제시한 튜링 기계Turing machine 개념이다. 튜링 기계는 물리적 장치가 아닌 추상적 모델로서, 적절한 명령만 주어진다면 단순한 장치로도 모든 수학적 계산을 시뮬레이션 할 수 있다는 것을 입증했다. 이 아이디어는 처치-튜링 명제Church-Turing thesis로 이어졌고, 모든 효과적인 계산과 추론 과정들도 기계적으로 구현 가능하다는 근거가 되었다.

두 번째 통찰은 1950년 제기한 "기계가 생각할 수 있는가?"라는 질문과 직결된다. 이를 탐구하기 위해 튜링은 모방 게임, 즉 오늘날의 튜링 테스트Turing test를 제안했다. 이 테스트는 컴퓨터가 인간과 구별되지 않을 정도로 지능적인 방식으로 반응할 수 있는지를 확인함으로써 기계 지능을 평가하는 운영 기준을 제공한다.

튜링은 또한 2차 세계대전 중 암호 해독 장치인 봄브Bombe를 개발하여 자신의 이론이 실제 기술로 구현될 수 있음을 입증했다. 그의 사유는 기계가 단순 계산을 넘어 정보 처리와 논리적 추론까지 수행할 수 있는 인지적 시스템으로 발전할 가능성을 제시했다. 나아가 이는 AI 분야의 철학적·기술적 기반을 마련하는 결정적 전환점이 되었다.

동시에 과학자들은 인간의 뇌가 어떻게 계산을 수행하는지 그 초기 모델을 탐구했다. 1943년 미국의 신경심리학자이자 사이버네틱스 전문가 워런 매컬러Warren McCulloch과 논리학자 월터 피츠Walter Pitts는 인공신경망Artificial neural network의 기초가 된 논문 「신경 활동에 내재된 사고의 논리적 계산 체계」를 발표했다. 이들은 생물학적 뉴런의 구조를 모방한 인공 뉴런을 연결하면 논리 연산이 가능함을 수학적으로 보여주었다. 즉, 뇌의 신경세포가 신호를 주고받아 사고를 만들어내듯, 인공 신경망도 논리적 추론을 흉내 낼 수 있다는 것을 처음으로 제시한 것이다. 이 연구는 뇌 구조와 계산 이론을 연결하며, 이후 AI에서 중요한 연결주의Connexionism 접근의 출발점이 되었다.

그런가 하면 헝가리 출신 수학자 존 폰 노이만John von Neumann은 컴퓨터 구조의 근본 원리를 제시하며 현대 컴퓨팅의 기술적 기초를 확립했다. 1945년에 고안한 폰 노이만 아키텍처von Neumann architecture는 '프로그램 내장형 컴퓨터' 개념을 도입하여 데이터와 명령어를 동일한 메모리 공간에 저장하고, 중앙처리장치CPU가 이를 순차적으로 처리하도록 설계했다. 이 구조는 기존 기계적 계산 장치가 갖지 못한 유연성과 범용성을 제공하며, 오늘날 대부분의 컴퓨터 시스템의 기본 모델이 되었다.

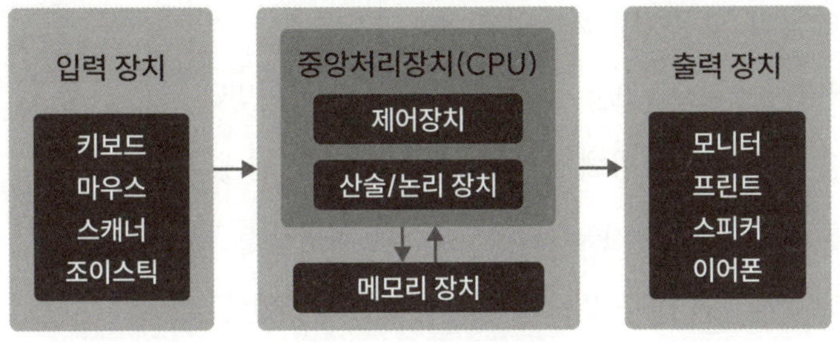

| 폰 노이만 아키텍처

폰 노이만의 구상은 그저 기술 설계에만 머물지 않았다. 그는 계산을 단순한 수치 연산이 아닌 논리적 조작 과정으로 이해했고, 인간의 인지 기능을 수학적 · 알고리듬적 형태로도 모델링할 수 있다고 주장했다. 그의 독창적인 관점은 이후 사이버네틱스Cybernetics와 정보이론Information theory의 발전에 결정적인 영향을 미쳤다. 동시에 1950년대 AI 연구의 출발을 가능하게 하는 이론적 기반이 되었다.

'인공지능'이라는 이름의 등장

디지털 컴퓨터의 등장으로 지능형 기계에 대한 논의가 본격화되었고, 머신러닝과 인공신경망 연구의 초석이 놓였다. 1940~1950년대 컴퓨팅 성능이 급격히 향상되면서 과학자들은 기계가 단순 계산을 넘어 인간의 사고와 학습 과정을 모방할 수 있는가라는 근본적인 질문을 제기했다. 이러한 연구는 정보처리 이론, 인지과학, 신경생리학 등과 교차하며 새로운 학문적 패러다임을 형성했다.

이러한 순발력 있는 지적 전환을 상징적으로 보여주는 사건은 1956년 6월 18일부터 약 두 달간 열린 다트머스 회의였다. 세계 역사상 AI연구의 결정적인 회의였다. 존 매카시[John McCarthy], 마빈 민스키[Marvin Minsky], 클로드 섀넌[Claude Shannon], 허버트 사이먼[Herbert Simon] 등 당시의 젊은 과학자들은 함께 모여, 1년 전인 1955년에 제출한 제안서에서 처음 사용한 '인공지능'이라는 용어를 바탕으로 '생각하는 기계'를 연구하는 새로운 학문 분야를 창설하자고 제안했다.

이 회의는 이후 AI 연구의 공식적인 출발점으로 널리 받아들여졌다. 당시 참석자들의 기대는 매우 컸고, 머지않아 기계가 인간 수준의 지능에 도달해 추론, 학습, 문제해결, 언어 이해와 같은 인간의 지능적 행동을 컴퓨터 프로그램으로 구현할 수 있으리라는 낙관적 전망이 널리 공유되었다. 이런 기대는 지능형 컴퓨터의 가능성에 대한 상상력을 연구자와 정책 결정자들에게도 가슴에 불을 붙였고, 마침내 급물살을 타고 미국 정부 기관의 초기 연구 자금 지원으로도 이어졌다.

다트머스 회의 이전에도 AI의 잠재력을 보여주는 획기적인 프로그램들은 이미 등장하고 있었다. 1951년 영국의 컴퓨터 과학자 크리스토퍼 스트래치[Christopher Strachey]는 체커[드래프트] 게임을 둘 수 있는 프로그램을 개발했다. 또 앨런 뉴얼[Allen Newell]과 허버트 사이먼[Herbert Simon]은 최초의 AI 프로그램으로 평가받는 논리 이론가[Logic Theorist] 개발에 착수했다. 이 프로그램은 수학 정리를 증명하며 인간의 추론 과정을 기계로 구현할 수 있음을 보여주었다.

존 매카시는 AI의 핵심 분야에도 크게 기여했다. 그는 1958년 리스트 처리 프로그래밍 언어인 리스프[LISP]를 개발했다. 이 언어는 이후 수십 년 동안 AI 연구에서 가장 널리 활용된 대표적인 언어로 자리 잡았다. 더 나아가 매카시는 1959년에 발표한 「조언 수용자」라는 논문에서, 세계에 대한 지식을 형식 논리Formal logic로 표현하고, 그 지식을 바탕으로 학습과 추론을 수행하는 AI 시스템의 개념을 제시했다. 이는 이후 지식 표현과 논리 기반 AI 연구의 중요한 이론적 출발점이 되었다.

또 다른 핵심 인물로는 IBM의 아서 새뮤얼Arthur Samuel을 들 수 있다. 그는 1959년, 경험을 통해 스스로 실력을 향상시키는 체커 게임 프로그램을 개발하며 머신러닝이라는 새로운 연구 영역을 개척했다. 새뮤얼의 프로그램은 체커 대국을 수없이 반복하면서 어떤 수가 더 유리한지를 점차 학습해 나갔고, 그 결과 이전보다 점점 더 나은 선택을 할 수 있게 되었다. 이러한 접근 방식을 설명하기 위해, 그는 오늘날까지 널리 쓰이는 '머신러닝'이라는 용어를 직접 만들어 사용함으로써 이후 AI 연구 전반에 큰 영향을 미쳤다.

이처럼 1950년대 후반 AI는 독립된 학문 분야로 자리 잡기 시작했다. 초기 연구는 비교적 단순한 문제, 즉 게임, 수학 정리 증명, 퍼즐 해결 등에서 성과를 거두며 낙관론에 힘입어 발전했다. 연구자들은 이러한 성공이 머지않아 인간 수준 지능으로 자연스럽게 확장될 것이라 믿었다.

허버트 사이먼은 1965년경 "앞으로 20년 안에 기계는 인간이 할 수 있는 모든 일을 수행할 수 있을 것"이라고 예측했지만, 당시로서는 다소 낙관적인 전망이었다.

규칙으로 사고하려는 시도: 기호적 AI와 전문가 시스템

1950년대부터 1970년대까지 AI 연구는 주로 기호적 AI^{Symbolic AI}에 집중되었다. 이 접근법에서 지능은 기호를 조작하고 규칙에 따라 처리하는 과정으로 이해되었다. 초기 AI 시스템은 명시적으로 입력된 지식과 논리 규칙을 바탕으로 추론을 수행했다. 덕분에 대수학 문제를 해결하거나 논리 정리를 증명할 수 있었고, 제한적이지만 인간과 대화할 수 있는 프로그램도 등장했다.

하지만 연구가 더 복잡한 문제로 확장되면서, 단순한 규칙 조합만으로는 현실 세계의 문제를 해결하기 어렵다는 점이 분명해졌다. 특히 전문적인 판단을 수행하려면 분야별로 깊이 있는 지식이 필수적이라는 사실이 드러났다. 이러한 인식 속에서 1970~1980년대에 등장한 것이 전문가 시스템^{Expert systems}이었다. 전문가 시스템은 특정 분야의 인간 전문가가 수행하는 의사결정 과정을 모방하도록 설계되었다. 의료 진단, 금융 분석, 공정 관리 등 좁고 특수한 영역에서 뛰어난 성과를 내며, 당시 AI 연구의 중요한 진전을 이끌었다.

이 시기에 주목할 만한 대표적 AI 시스템은 다음 5가지로 정리할 수 있다.

논리 이론가(1956)

논리 이론가는 수학적 추론을 자동화한 최초의 AI 프로그램으로, 알프레드 노스 화이트헤드^{Alfred North Whitehead}와 버트런드 러셀^{Bertrand Russell}의 『프린키피아 마테마티카』^{Principia Mathematica}에 실린 초기 52개 정리가운데 38개를 스스로 증명했을 뿐 아니라, 원저자들이 제시한 것보다 훨씬 더 간결하고 우아한 방식으로 해답을 도출해냈다. 중요한 점은, 이 프로그램이 무작정 가능한 경우의 수를 모두 시도한 것이 아니라, 효율적인 해법을 찾기 위해 휴리스틱Heuristic, 경험적 추론 규칙을 사용한 점이다. 이는 컴퓨터가 단순 계산을 넘어 지능적인 문제해결 전략을 활용할 수 있다는 사실을 처음 입증한 역사적 성과였다.

리스프(1958)

리스프는 존 매카시가 AI 연구를 위해 고안한 프로그래밍 언어로, 이후 수십 년 동안 AI 연구의 사실상 공용어 역할을 했다. 리스프는 기호Symbol 계산과 재귀Recursion 처리에 특히 강점을 지녀, 초기 AI가 다루던 추론과 문제해결 과제에 매우 적합했다. 특히 추상적 지식 표현과 조작에 강점을 보여, 기호적 AI 연구를 이끌었다.

일반 문제 해결기(1959)

일반 문제 해결기General Problem Solver는 휴리스틱 탐색을 기반으로 문제를 해결하는 범용 프로그램으로서, 인간의 문제해결 과정을 기계적으로 모사하려는 야심 찬 시도였다. 이 시스템은 수단 - 목적 분석Means-ends analysis이라는 전략을 핵심으로 삼아, 목표 상태와 현재 상태의 차이를 하나씩 줄여 나갔다. 그 과정에서 복잡한 문제를 점진적으로 하위 문제로 분해했다.

이러한 방식 덕분에 하노이의 탑Tower of Hanoi과 같은 퍼즐을 해결할 수 있었다. 이는 당시 지능형 기계의 가능성을 보여준 중요한 성취로 평가된다. 하노이의 탑은 크기가 서로 다른 원판들을 규칙에 따라 옮기는 퍼즐이다. 한 번에 하나의 원판만 이동할 수 있으며, 큰 원판은 작은 원판 위에 놓을 수 없다. 보통 세 개의 기둥을 사용해 모든 원판을 처음 기둥에서 마지막 기둥으로 옮기는 것이 목표였다. 이 퍼즐은 재귀적 사고와 알고리듬적 사고를 설명하는 대표적인 예로 자주 활용된다. 원판의 수가 n개일 때 최소 이동 횟수는 2n-1번이다.

엘리자(1966)

엘리자Eliza는 MIT의 컴퓨터 과학자 조셉 웨이젠바움Joseph Weizenbaum이 개발한 초기 자연어 처리 프로그램으로, 인간과 기계의 대화 가능성을 널리 알린 상징적 사례였다. 이 프로그램은 사용자의 입력 문장을 특정 패턴에 따라 재구성해 되묻는 방식으로 작동했다. 그 결과 로저스식Rogerian 심리치료사와 비슷한 대화가 구현되었다.

엘리자는 실제로 언어를 이해하거나 의미를 추론하는 능력을 갖추지는 못했다. 그럼에도 단순한 패턴 매칭만으로 많은 사용자에게 "기계가 자신을 공감적으로 이해한다"는 느낌을 주었다. 이는 인간이 대화 속에서 얼마나 쉽게 의미와 의도를 투사하는지를 보여준 흥미로운 사례이기도 하다.

셰이키 로봇(1966~1972)

스탠퍼드 연구소에서 개발된 셰이키Shakey는 지각, 물리적 이동, 고차적 문제해결 능력을 하나의 시스템 안에 통합한 최초의 이동형 로봇이다. 이 로봇은 비디오 카메라와 거리 측정 센서를 활용해 주변 환

경을 탐지하고, 공간을 탐색하거나 방 안에 놓인 블록을 밀어 목표를
달성하는 등의 행동을 수행할 수 있다. 셰이키의 가장 중요한 혁신은
STRIPS^{Stanford Research Institute Problem Solver}라는 논리 기반 계획 알고리듬
의 도입이다. 이를 통해 로봇은 가능한 행동을 기호적으로 표현하고,
목표에 도달하기 위한 행동 순서를 자동으로 추론할 수 있었다. 이 접
근은 AI의 기호적 추론과 실제 로봇의 물리적 조작을 결합하며, AI와
로봇공학 통합 연구의 중요한 이정표가 되었다.

1970년대 초까지 상징적 AI는 여러 주목할 만한 성과를 거두었다.
하지만 광범위한 인간형 지능을 구현하는 일은 예상보다 훨씬 어려웠
다. 일반적인 맥락에서의 자연어 이해, 개방된 환경에서의 시각 인식,
상식적 추론과 같은 과제는 미처 해결하지 못한 상태였다. 미국의 철
학자 휴버트 드라이퍼스^{Hubert Dreyfus}를 비롯한 일부 비평가들은 인간의
직관과 신체화된 지식은 단순한 규칙만으로는 포착할 수 없다고 주장
했다. 실제로 초기 AI 프로그램들은 제한된 환경에서는 문제없이 작동
했지만, 현실 세계의 복잡성과 예외적 상황에서는 쉽게 실패했다.

1970~1980년대 들어, AI 연구자들은 특정 분야의 전문 지식을 컴
퓨터에 인코딩하는 방식으로 연구 방향을 대거 전환했다. 이로써 개발
된 전문가 시스템은 사실과 규칙으로 구성된 지식 기반과 추론 엔진
을 결합하여, 인간 전문가처럼 문제를 해결하거나 조언할 수 있었다.

초기 사례로는 스탠퍼드대학의 에드워드 파이겐바움^{Edward Feigenbaum}
과 동료들이 1960년대 중반 개발한 덴드럴^{DENDRAL}이 있다. 덴드럴은

질량 분석Mass spectrometry 데이터를 활용해 화학자들이 미지의 유기 분자를 식별하도록 지원했다. 이를 통해 화학자의 추론 과정을 부분적으로 자동화할 수 있었고, 좁은 영역에서도 AI가 인간 전문가의 성능을 능가할 수 있다는 점을 입증했다.

또 다른 기념비적 성과는 1970년대 초 스탠퍼드대학에서 개발된 마이신MYCIN이라는 전문가 시스템이다. 마이신은 의사와의 상담을 통해 구축된 규칙 집합을 바탕으로 세균 감염을 진단하고 적절한 항생제를 추천하는 시스템이었다. 테스트 환경에서 매우 정확한 조언을 제공하며, 의학 분야에서 AI의 실용 가능성을 입증했다. 특히 마이신은 규칙 내 불확실성을 처리하기 위해 확신 계수Certainty factor를 도입해 단순한 결정 트리를 넘어선 전문적 추론 능력을 보여주었다. 하지만 윤리적·법적 문제로 인해 실제 병원에는 도입되지 못했다.

이러한 성공에 힘입어 1980년대에는 산업계와 정부가 앞장서서 전문가 시스템에 대규모 투자를 단행했다. 기업들은 컴퓨터 부품 구성 자동화, 은행 신용 평가, 공정 제어 등 다양한 영역에 전문가 시스템을 활용했다. 1985년 무렵, 전 세계 기업들은 AI 관련 기술과 하드웨어에 연간 10억 달러 이상을 지출한 것으로 추정된다. 이로 인해 AI는 일종의 상업적 유행어가 되었다. 테크노리지Teknowledge와 인텔리코프Intellicorp 같은 기업은 전문가 시스템 소프트웨어를 판매했고, 심볼릭스Symbolics와 리스프 머신스Lisp Machines Inc.는 AI 애플리케이션 실행에 최적화된 리스프 전용 워크스테이션을 제작했다.

학계와 정부 연구기관도 거대한 AI 프로젝트를 추진했다. 일본 정부는 1981년 제5세대 컴퓨터 시스템^{Fifth Generation Computer Systems, FGCS} 프로젝트를 발표하고, 논리 프로그래밍과 지식 처리를 발전시키기 위해 막대한 연구 자금을 투입했다. 미국 정부의 다르파^{DARPA, Defense Advanced Research Projects Agency}는 AI 기반 군사 기술 개발을 목표로 전략적 컴퓨팅 이니셔티브^{Strategic Computing Initiative, SCI}를 지원했다. 대학들 역시 AI 연구실을 확장했는데, MIT, 스탠퍼드대학교, 카네기멜론대학교는 기호적 AI와 전문가 시스템 연구의 중심으로 자리 잡았다.

그러나 1980년대 후반, 전문가 시스템은 구조적 한계를 드러내기 시작했다. 지식 공학 과정이 너무 복잡하고 비용이 많이 들었다. 전문가의 지식을 규칙 형태로 일일이 수동 변환해야 했던 탓에 그 유지 관리가 쉽지 않았다. 뿐만 아니라 도메인 외부 상황에서도 일반화하거나 새로운 규칙을 학습하는 능력이 부족해 매우 취약했다. 실제로 XCON과 같은 시스템은 시간이 지날수록 수정이 어려워지고, 새로운 문제 발생 시 빈번한 오류를 일으켰다.

결과적으로 규칙 기반 기호적 AI의 한계와 과도한 기대가 겹치면서, 1980년대 말 AI 분야는 다시 한 번 실망과 침체기를 맞이할 수밖에 없었다.

기대가 무너진 시간: AI의 침체기

1960년대부터 1980년대는 AI 연구가 낙관과 회의 사이를 오가던 시기였다. 진보와 정체가 번갈아 나타났고, 그 과정에서 AI는 조금씩 현실의 벽에 부딪혔다. 인간 지능의 대부분이 곧 기계적으로 구현될 수 있다는 초기의 급진적 낙관론은 현실적인 제약에 부딪히면서 점차 잦아들었다.

당시 컴퓨터의 계산 능력은 여전히 제한적이었고, 기계가 현실 세계의 복잡한 맥락을 이해하거나 비구조적 데이터를 처리하기에는 알고리듬과 연산 능력에 뚜렷한 한계가 있었다. 비정형 데이터나 예외가 많은 상황은 기계가 감당하기 어려운 영역이었다.

이러한 이유로 AI 연구는 1970년대 중반과 1980년대 후반, 두 차례의 침체기를 맞이한다. 이 시기를 흔히 AI 겨울AI winter이라고 부른다. 연구 자금은 줄고 속도는 더뎌졌다. 기대에 비해 성과가 미흡했기 때문이다.

1차 AI 겨울(1974~1980년경)

1차 AI 겨울은 1960년대 후반과 1970년대 초반의 연이은 실망 속에서 촉발되었다. 당시 연구자들은 인간 수준의 지능을 구현한 AI가 곧 등장할 것으로 낙관했으나, 이 예측은 지나치게 성급한 것으로 드러났다.

결정적인 계기는 1973년 영국 정부가 발표한 라이트힐 보고서Lighthill Report였다. 보고서를 작성한 제임스 라이트힐James Lighthill 교수는 AI가 특히 로봇공학이나 기계 번역 등 거창한 목표를 충분히 달성하지 못했다고 혹독하게 비판했다. 결과적으로 영국 정부는 AI 연구 지원을 대폭 축소시켰다. 같은 시기 미국 다르파DARPA도 방향을 선회했다. 명확한 군사 목표가 없는 일반 AI 연구보다, 임무 중심 연구에 자금을 집중한 것이다. 이로 인해 미국에서도 AI 관련 예산이 크게 삭감되고, 여러 대학 연구실이 타격을 입었다.

침체는 구체적인 기술적 난관 때문에 더욱 심화되었다. 초기 기계 번역 연구는 기대에 훨씬 못 미치는 성능을 보였다. 1969년 마빈 민스키Marvin Minsky와 시모어 페이퍼트Seymour Papert가 출간한 『퍼셉트론』Perceptron은 단순 신경망이 지닌 이론적 한계를 지적하며 연구 전반에 찬물을 끼얹었었다. 이러한 요인들이 겹치며, 1970년대 중반부터 AI 분야의 평판은 크게 실추되었다.

그럼에도 불구하고 이러한 침체 속에서도 다른 한편에선 새로운 방향성이 서서히 형성되고 있었다. 에드워드 파이겐바움Edward Feigenbaum을 중심으로 한 연구진은 지식 기반 전문가 시스템 연구에 집중했고, 일부 연구자들은 관심을 계산신경과학Computational neuroscience으로의 확장을 시도했다. 시간이 지나면서 이 흐름은 AI 부활의 새로운 기반이 되었다.

2차 AI 겨울(1980년대 후반~1990년대 중반)

2차 AI 겨울은 전문가 시스템 열풍이 식으면서 찾아왔다. 1980년대 초반, AI는 산업계의 핵심 유망 기술로 떠올랐다. 특히 리스프 머신이라 불리는 AI 특화 워크스테이션 시장이 급성장했다. 그러나 1987년경 더 저렴하고 빠른 범용 마이크로컴퓨터가 등장하면서 리스프 머신 시장은 붕괴했다. 많은 AI 기업이 파산했고, 투자자들은 1980년대 초반의 과도한 기대를 되돌아보며 AI 기술에 회의감을 갖기 시작했다.

사실, 1984년 국제인공지능학회^{Association for the Advancement of Artificial Intelligence, AAAI}에서 선도적 AI 과학자 마빈 민스키^{Marvin Minsky}와 로저 생크^{Roger Schank}가 이미 경고하고 있었다. 기대치를 낮추지 않으면 AI 겨울이 올 것이라고. 이들의 경고는 결국 현실이 되었고, 몇 년 만에 지원되던 자금이 끊어지고 관심 또한 급격히 줄어들었다.

침체의 원인은 명확했다. 첫째, 전문가 시스템은 유지보수 비용이 지나치게 많이 들었고, 새로운 지식을 스스로 학습하지 못해 환경 변화에 취약했다. 둘째, 완전한 자율 로봇이나 유창한 기계 번역 같은 기술적 약속은 현실화되지 못했다. 셋째, 일본의 제5세대 컴퓨터 프로젝트도 기대만큼의 혁신을 이루지 못한 채 1992년에 종결되었다.

1990년대 초, AI라는 용어는 산업계에서 부정적 의미를 갖기 시작했고, 일부 기업과 연구자들은 연구 영역을 머신러닝, 인포매틱스, 신경망 연구 등 다른 명칭 아래 재편했다.

흥미로운 점은 두 차례 AI 겨울 동안에도 모든 발전이 멈추지 않았다는 사실이다. AI 분야에 대한 관심과 기대가 줄어든 시기에 나왔던 핵심적인 기술은 잔잔하게 축적되고 성숙해가고 있었던 것이다.

예를 들어, 1980년대 중반 역전파^{Backpropagation} 알고리듬이 널리 확산되면서 신경망 연구가 다시 부상했고, 1990년대 초에는 베이즈 네트워크^{Bayesian network}가 발전하며 확률적 AI 연구가 한층 정교해졌다.

AI 겨울은 AI 공동체에 중요한 메시지를 남겼다. 인간 지능을 모사하는 일은 예상보다 훨씬 복잡하며, 과도한 약속은 기술 발전보다 더 큰 피해를 남길 수 있다는 것이다. 이후 AI 연구는 보다 실증적 기반을 갖추고, 검증 가능한 목표와 좁지만 해결 가능한 문제 설정을 중시하는 방향으로 바뀌었다.

확률과 학습으로 방향을 바꾸다: 머신러닝의 등장

1990년대 중반에 이르러 AI 연구는 머신러닝이라는 새로운 접근법을 중심으로 다시 활기를 띠기 시작했다. 머신러닝은 더 이상 인간 전문가가 모든 규칙을 직접 작성하는 방식에 의존하지 않았다. 대신, 데이터로부터 스스로 패턴을 학습하는 시스템을 만들어가는 방향으로 AI의 무게 중심을 옮겼다. 계산 성능의 향상과 방대한 데이터 축적이 가능해지면서, AI는 지식 기반 패러다임에서 데이터 기반 패러다임으로 전환했다.

이 전환을 촉발한 핵심 요인 중 하나는 1980년대 후반과 1990년대 초에 다시 주목받기 시작한 신경망 연구, 즉 연결주의였다. 신경망 학습에 필수적인 역전파 알고리듬은 이미 1970년대에 기초가 마련되어 있었다. 하지만 1986년 미국의 심리학자 데이비드 루멜하트[David Rumelhart], 영국의 컴퓨터 과학자 제프리 힌턴[Geoffrey Hinton], 로널드 윌리엄스[Ronald Williams]의 연구를 통해 신경망 연구가 본격적으로 확산되었다. 연구자들은 다층 신경망이 단층 퍼셉트론이 해결하지 못한 문자 인식 문제 등을 해결할 수 있음을 입증하며, 기존 회의론을 점차 해소해 나갔다. 이 성과는 패턴 인식과 인지 모델링 연구의 활발한 재개를 가능하게 했다.

동시에 음성 인식과 컴퓨터 비전 분야에서는 통계적 기법을 활용한 연구가 눈에 띄는 성과를 내기 시작했다. 연구자들은 사전 지식 규칙화보다 대규모 데이터셋을 수집하고, 확률 모델이 이를 학습하도록 했다. 대표적 사례가 1988년 IBM의 통계 기반 기계 번역 모델이다. 기존 규칙 기반 번역 시스템을 대체하며, 대규모 이중 언어 코퍼스에서 직접 번역 패턴을 학습시켰다. 이 시기에는 은닉 마코프 모델Hidden markov model, HMM과 조건부 랜덤 필드Conditional random field, CRF가 음성 및 언어 처리의 표준 기술로 자리 잡았다.

학계에서는 명확히 정의된 하위 문제와 엄격한 평가를 중심으로 연구 초점이 전환되었다. 미국의 컴퓨터 과학자 주데아 펄Judea Pearl의 연구는 AI가 불완전하고 잡음 섞인 데이터를 다루는 방식을 근본적으로 변화시켰다. 그의 베이즈 네트워크는 불확실성을 다루는 엄밀한 확률 추론 체계를 제공하며, 이후 확률적 AIProbabilistic AI 패러다임의 기초가 되었다. 펄은 이러한 공로로 튜링상Turing Award, ACM 이 컴퓨터 과학 분야에서 지속적이고 중요한 기술적 공헌을 한 사람에게 매년 수여하는 상을 수상했다.

1990년대에는 다양한 머신러닝 기법이 급속도로 발전했다. 의사 결정트리Decision tree, 랜덤 포레스트Random forest, 서포트 벡터 머신Support vector machine, SVM 등이 대표적이다. 특히 1995년 바프닉Vapnik과 코르테스Cortes가 제안한 SVM은 분류 작업에서 높은 성능을 보여 표준 도구로 자리 잡았다. AI 연구는 통계학과 본격적으로 접목되며 '통계적 머신러닝'이라는 강력한 연구 영역을 구축했다.

1997년, IBM의 슈퍼컴퓨터 딥 블루Deep Blue는 세계 체스 챔피언 가리 카스파로프^{Garry Kasparov}를 꺾는 역사적 사건을 일으켰다. 딥 블루는 머신러닝 기반은 아니었고, 초고속 탐색과 정교한 휴리스틱을 활용한 특화형 AI^{Specialized AI}였다. 그럼에도 이 사건은 AI가 인간의 지적 영역을 넘어설 수 있다는 강력한 인식 전환을 촉진했다. 특정 영역에서 컴퓨팅 능력만으로 인간 최고 전문가를 능가할 수 있음을 전 세계에 각인시켰다.

1990년대 후반과 2000년대 초, AI 성과의 상당수는 대규모 데이터 학습에 기반했다. 음성 인식은 수 시간 분량의 녹음 데이터를 학습하며 비약적으로 개선되었고, 우편번호 판독과 같은 필기체 인식도 신경망으로 높은 정확도를 달성했다. 특히 2007년 페이페이 리^{Fei-Fei Li}가 주도한 이미지넷^{ImageNet} 프로젝트는 2만 개 범주에 걸친 1,400만 개 이상의 라벨링 이미지를 구축하며 시각 인식 연구에 결정적 전환점을 마련했다. 이미지넷은 이후 딥러닝 혁명을 촉발하는 핵심 기반이 되었다.

동시에 AI는 일상 기술로 서서히 스며들었다. 전자상거래 추천 시스템, 스팸 이메일 필터, 신용카드 사기 탐지, 2004년 다르파^{DARPA} 그랜드 챌린지 이후 본격화된 자율주행 차량 연구 등이 대표적이다. 2011년 IBM의 왓슨^{Watson}은 소니 픽처스가 제작하는 미국의 장수 퀴즈쇼 〈제퍼디!〉^{Jeopardy!}에서 인간 챔피언들을 일사분란하게 꺾으며 자연어 질의응답 처리 능력을 과시했다. 이를 통해 검색 기반 처리, 방대한 지식 저장소, 머신러닝 기법이 결합된 통합 AI의 전형이 드러났다.

2000년대 말, AI는 다시 한번 혁신의 전환점을 맞이할 준비가 갖춰졌다. 컴퓨팅 성능은 기하급수적으로 향상되었고, 그래픽처리장치^{GPU}

가 대규모 병렬 연산을 수행하는 핵심 자원으로 활용되기 시작했다. 인터넷의 급속한 확산으로 방대한 데이터셋이 축적되면서, 연구자들은 기존 학습 알고리듬을 더 정교하게 다듬을 수 있었다. 이상 3가지 조건(즉, 강력한 계산 능력, 방대한 데이터, 성숙된 알고리듬)이 서로 맞물리면서 딥러닝이라는 새로운 도약이 가능해졌다. AI 연구는 바로 이때부터 이전과는 질적으로 전혀 다른 단계로 진입하게 된 것이다.

21세기, 지능의 형태가 바뀌다

21세기 들어, AI는 더 이상 SF 속 상상의 영역에 머무르지 않았다. AI는 인간 사회의 구체적 현실 속으로 한층 깊숙이 침투하기 시작했다. 계산 능력의 비약적 향상, 인터넷과 클라우드 인프라를 통한 방대한 데이터 축적, 그리고 통계적 학습을 기반으로 한 알고리듬의 발전이 서로 맞물리면서 AI는 전례 없는 속도로 진화했다.

이 3가지 혁신은 20세기 중반의 이론적 탐구를 실질적 응용 단계로 전환시켰고, AI 기술의 부활과 함께 그 역량의 기하급수적 성장을 이끌었다.

딥러닝: 데이터와 층위가 만든 전환

2010년대, AI는 딥러닝의 도입으로 극적인 도약을 이루었다. 딥러닝은 다층 신경망Multi-layered neural network을 기반으로 방대한 데이터로 학습된다. 이 혁명은 시각, 음성 같은 지각 과제와 게임 분야에서 기존 방식을 훨씬 뛰어넘는 성과를 보여주었다.

현대 딥러닝의 선구자 제프리 힌턴Geoffrey Hinton, 얀 르쿤Yann LeCun, 요슈아 벤지오Yoshua Bengio는 신경망 연구가 인기를 잃었을 때도 꾸준히 연구를 이어왔다. 2010년대 들어 계산 능력과 데이터 증가 덕분에 이들의 아이디어는 현실화될 수 있었다. 그 결과, 기계는 이미지 인식, 음성 인식, 자연어 처리, 자율주행 등에서 인간 수준의 정확도를 달성하거나 이를 능가하는 성과를 보여주었다.

2012년은 AI 역사상 중요한 전환점이었다. 제프리 힌턴의 제자 알렉스 크리제브스키Alex Krizhevsky가 이끄는 팀은 심층 컨볼루션 신경망Deep convolutional neural network, CNN을 활용해 이미지넷 대규모 시각 인식 경연대회에 참가했다. 이 모델은 나중에 알렉스넷AlexNet으로 알려졌다. 8개의 학습 레이어를 갖춘 이 모델은 수백만 장의 라벨링 이미지로 학습되어, 이미지 분류에서 16%의 오류율을 기록했다. 당시 2위 경쟁자의 25%와 비교하면 극적인 성능 향상이었다.

알렉스넷은 컴퓨터 비전 커뮤니티에 큰 충격을 주었고, 학습 기반 비전 시스템이 대규모 환경에서 기존 수작업 알고리듬을 능가할 수 있음을 입증했다. 이후 CNN은 물체 탐지, 안면 인식, 의료 영상 분석 등 다양한 작업에서 지배적 접근법으로 자리 잡았다.

딥러닝은 음성 인식 분야에도 빠르게 적용되었다. 마이크로소프트와 구글은 2011~2013년경 심층 신경망을 활용해 음성 인식 정확도를 크게 향상시켰다. 순환 신경망Recurrent neural network, RNN과 장단기 메모리Long Short-Term Memory, LSTM, 1997년 호흐라이터와 슈미트후버Hochreiter & Schmidhuber가 개발한 RNN의 한 형태를 활용해 수천 시간 분량의 오디오 데이터를 학습시킴으로써, AI는 인간 수준에 근접하는 정확도로 음성을 텍스트로 변환할 수 있게 되었다. 이러한 발전 덕분에 2011년 애플 시리, 이후 아마존 알렉사 같은 음성 기반 인터페이스가 가능해졌다.

자연어 처리Natural language processing, NLP 분야에서도 딥러닝은 혁신을 가져왔다. 단어를 벡터로 표현해 의미 관계를 포착하는 단어 임베딩Word embedding 방법은 2013년 Word2Vec 모델을 통해 널리 알려졌다. 하지만 진정한 전환점은 2017년 트랜스포머Transformer 아키텍처의 등장이다. 트랜스포머는 셀프 어텐션Self-attention 메커니즘을 활용해 문장 전체를 병렬로 처리할 수 있어 방대한 텍스트 코퍼스에서도 효율적 학습이 가능했다. 이후 트랜스포머는 NLP의 최첨단 기술로 자리 잡았고, 새로운 세대의 거대언어모델LLM 개발을 촉발했다. 또한 트랜스포머는 텍스트뿐 아니라 이미지 등 다른 모달리티에도 적용 가능하다는 것이 입증됨으로써 그 다재다능성을 보여주었다.

2010년대 또 하나의 획기적인 성과로는 구글 딥마인드의 알파고AlphaGo를 꼽을 수 있다. 2016년 3월, 알파고는 세계 최고 수준의 바둑 기사인 이세돌과의 다섯 번 대국에서 4승 1패로 승리했다. 바둑은 가능한 수의 경우의 수가 우주의 원자 수보다 많다고 할 정도로 방대해, 무차별 대입 방식의 탐색이 사실상 불가능한 게임이다. 그런 점에서 이 승리는 AI 역사에서 특히 놀라운 사건으로 평가되었다.

이전까지의 바둑 프로그램은 인간 프로 기사와의 격차를 넘어서기 어려웠지만, 알파고는 딥러닝과 강화학습을 결합한 새로운 접근으로 그 한계를 돌파했다. 심층 신경망을 활용해 바둑판의 국면을 평가하고 최적의 수를 선택했으며, 수백만 번에 이르는 셀프 플레이를 통해 전략을 스스로 학습했다. 초기에는 인간 전문가의 기보 데이터를 참고했지만, 강화학습이 진행되면서 점차 인간의 전략을 뛰어넘는 수법을 만들어냈다.

알파고의 승리는 딥블루의 체스 승리만큼이나 중요하게 받아들여졌지만, 무차별 대입이 아니라 진보된 학습 방법을 통해 달성되었다는 점에서 차별적인 의미를 지녔다. 이후 딥마인드는 인간 데이터 없이도 스스로 바둑을 학습한 알파고 제로AlphaGo Zero, 그리고 동일한 알고리듬으로 바둑, 체스, 쇼기를 모두 마스터한 알파제로AlphaZero로 연구를 확장했다. 이러한 성과는 범용 학습 시스템이 초인적 능력에 도달할 잠재력을 지니고 있음을 명확히 보여주었다.

2010년대 후반에 이르러 딥러닝은 여러 분야에서 인간 수준의 성능에 도달하거나, 경우에 따라서는 이를 넘어서는 성과를 내기 시작했다. 컴퓨터 비전 분야에서는 특정 이미지 인식 벤치마크에서 기계가 인간보다 더 정확한 결과를 보였고, 의료 분야에서는 딥러닝 모델이 망막 이미지를 분석해 당뇨성 망막병증과 같은 질병을 진단하는 데서 유망한 가능성을 입증했다. 교통 분야에서도 심층 신경망을 활용한 자율주행차 시제품이 실제 도로 주행을 시작했으며, 로봇공학에서는 지각과 제어에 딥러닝을 적용함으로써 로봇이 과거에는 매우 어려웠던 물체 잡기나 보행과 같은 동작을 수행할 수 있게 되었다.

딥러닝이 급속도로 발전하면서 이 시기는 흔히 AI 봄AI spring 또는 새로운 AI 혁명으로 불린다. 이 혁명의 중심에는 여러 연구 기관과 연구

팀이 자리하고 있었다. 토론토대학교의 제프리 힌턴 연구팀, 뉴욕대학교의 얀 르쿤 연구실, 요슈아 벤지오가 이끄는 몬트리올의 MILA, 그리고 구글 브레인, 딥마인드, 페이스북 AI 연구소, 오픈AI와 같은 기업 연구 조직들이 대표적이다. 특히 2018년에는 힌턴, 르쿤, 벤지오가 딥러닝 연구에 대한 공로를 인정받아 공동으로 튜링상을 수상하면서, 딥러닝이 학계는 물론 산업계에서도 명실상부한 주류 연구 분야로 자리 잡았음을 공식화했다.

생성형 AI: 모방을 넘어 창조를 흉내 내는 기술

21세기의 AI는 인간의 인지 기능을 단순히 모방하는 수준을 넘어, 새로운 형태의 기계 지능을 펼치고 있다. SF와 현실의 경계는 점차 흐려지고 있다. AI는 더 이상 미래의 가능성이 아니라, 현재를 규정하는 핵심 기술이자 중요한 철학적 논의의 주제가 되었다.

2020년대에 접어들면서 AI는 그 어느 때보다 강력해졌고, 일반 대중에게도 널리 알려지기 시작했다. 오늘날 AI의 핵심 흐름은 크게 두 가지로 요약할 수 있다. 하나는 생성형 AI[Generative AI]의 부상이다. 텍스트, 이미지, 오디오 등 다양한 콘텐츠를 만들어내는 AI가 본격적으로 등장한 것이다. 다른 하나는 AI가 연구실을 넘어 의료, 산업, 교육, 일상 서비스 등 현실 세계의 여러 영역에 실제로 적용되고 있다는 점이다.

이러한 생성형 AI 붐의 중심에는 대규모 모델, 특히 거대언어모델이 자리하고 있다. 이 모델들은 방대한 데이터셋으로 학습되며, 이전 세대의 AI와는 비교하기 어려울 정도로 뛰어난 언어 능력을 보여준다.

가장 영향력 있는 거대언어모델 사례 중 하나는 오픈AI^{OpenAI}의 GPT^{Generative pre-trained transformer} 시리즈다. 2020년 6월 공개된 GPT-3는 1,750억 개에 달하는 매개변수를 지닌 당시로서는 전례 없는 규모의 모델이었다. GPT-3는 인터넷상의 방대한 텍스트를 학습해 글 생성, 질문 답변, 코드 작성, 심지어 시 쓰기까지 수행할 수 있었다. 이는 AI가 특정 과제에만 특화된 도구를 넘어, 최소한의 추가 학습만으로도 다양한 요청에 적응할 수 있는 새로운 단계에 도달했음을 보여준다. 물론 이러한 대규모 모델이 인간과 같은 진정한 이해까지 겸비했다고는 보기 어렵다. 그럼에도 불구하고 많은 상황에서 AI는 놀라울 만큼 인간과 유사한 성능을 보여주고 있다. 이 점이야말로 오늘날 AI를 기술적 혁신을 넘어, 인간 이해와 지능의 본질을 다시 묻게 만드는 존재로 떠오르게 한 이유다.

2022년 11월, 오픈AI는 GPT-3.5와 이후 GPT-4 기반의 대화형 AI인 챗GPT를 공개하며 언어 모델을 한 단계 더 발전시켰다. 챗GPT는 친근한 대화 형식과 맥락에 맞는 정교한 응답 능력으로 전 세계인의 관심을 끌었다. 출시 두 달 만에 1억 명의 사용자를 확보하며, 역사상 가장 빠르게 성장한 소비자용 애플리케이션 중 하나가 되었다. 이 사건은 AI가 일상 대화의 주제로 떠오르게 한 계기가 되었다. 사람들은 챗GPT를 활용해 글쓰기, 질문 답변, 이메일 작성, 코드 작성 등 다양한 작업을 실험하기 시작했다. 챗GPT의 성공은 기술 산업 내 경쟁을 촉발했고, 구글, 마이크로소프트, 메타 등 주요 기업들도 자사의 거대언어모델과 챗봇 개발 속도를 높여주는 계기가 되었다.

2023년에는 GPT-4와 같은 더 크고 진보된 모델이 등장했다. 구글의 PaLM^{Probabilistic Language Model, 확률언어모델}, 제미나이^{Gemini}, 메타의 라마 ^{LLaMA} 등 여러 기관도 다양한 거대 AI 모델을 공개했다. 최신 모델들은 점차 다중 모달^{Multimodal} 특성을 갖추고 있다. 예를 들어, GPT-4는 이미지를 입력으로 처리할 수 있으며, 일부 모델은 텍스트 프롬프트만으로 이미지나 동영상까지 생성할 수 있다. 이러한 발전은 인간이 세상을 다각도로 인식하는 방식을 반영하며, 텍스트, 이미지, 오디오, 비디오를 통합적으로 처리하는 AI 시스템으로 진화하고 있음을 보여준다.

텍스트 기반 AI와 함께 이미지 및 미디어 생성 AI도 눈부시게 발전했다. 2021년, 오픈AI는 달리^{DALL-E}를 공개하며 텍스트 설명만으로 새로운 이미지를 만들어낼 수 있게 했다. 이어 2022년에는 달리 2^{DALL-E 2}와 스테이블 디퓨전^{Stable Diffusion}, 구글의 이마젠^{Imagen} 등이 등장했다. 이를 통해 간단한 프롬프트만으로도 고해상도의 사실적이거나 예술적 이미지를 생성할 수 있었다. 이러한 도구들은 일러스트레이션, 디자인 컨셉, 합성 사진 제작 등 다양한 영역에서 인간 관찰자를 놀라게 했다.

2023년까지 생성 모델은 오디오와 영상으로까지 확장되었다. 텍스트만으로 짧은 동영상 클립을 만들거나 샘플을 기반으로 사람의 목소리를 복제하는 시제품도 등장했다. 2024년에는 오픈AI가 텍스트-영상 변환 모델 소라^{Sora}를 발표하며, 이 분야의 빠른 발전 속도를 보여주었다.

이러한 생성형 AI 붐은 기존 기관과 신생 기관의 적극적인 지원을 받으며 현재도 빠르게 진화하고 있다. 2015년 인류의 공익을 위한

AI 개발을 목표로 설립된 오픈AI는 GPT와 달리^{DALL-E}를 통해 이 분야의 선두에 섰다. 한편 구글의 자회사인 딥마인드는 2020년 알파폴드2^{AlphaFold2}를 공개해, 약 50년 동안 풀리지 않던 단백질 접힘 문제를 AI로 해결했다. 알파폴드는 아미노산 서열만으로 단백질의 3차원 구조를 매우 높은 정확도로 예측함으로써 기존 방법을 뛰어넘는 성과를 보여주었고, 신약 개발과 생물학 연구를 획기적으로 가속할 잠재력을 입증했다. 이 기술은 질병의 분자적 메커니즘을 이해하는 데서부터 새로운 효소를 설계하는 데까지 폭넓게 활용되었다. 결국 AI가 현실 세계에서 실제로 중요한 영향을 미치고 있음을 보여주는 대표적인 사례로 널리 평가받고 있다.

전통적으로 기계공학의 하위 분야로 여겨졌던 로봇공학은 21세기에 들어 AI 기술과 결합하면서 지능형 기계의 개념과 활용 범위를 근본적으로 새롭게 정의하고 있다. 이러한 자율 시스템은 데이터에 기반한 의사결정과 적응형 제어를 통합해, 복잡한 환경 속에서도 스스로 판단하고 학습하는 AI의 능력을 보여준다. 예를 들어, 산업 로봇은 더 이상 단순한 반복 작업에 머무르지 않고, 센서 피드백과 머신러닝 알고리듬을 결합해 생산 효율을 자율적으로 최적화하는 단계에 이르렀다. 이처럼 로봇공학과 AI의 융합이 가속화되면서, 기술의 진화는 단순한 효율 향상을 넘어 인간의 활동 영역과 존재 방식을 확장하는 중요한 변곡점을 향해 나아가고 있다.

이상의 맥락을 살펴보면, 단순한 기계적 보조 장치에서 정교한 자율 운영 시스템으로 진화해 온 지능형 기계의 발전사가 얼마나 커다란 변화를 겪어 왔는지 분명히 드러난다. 지능형 기계가 걸어온 역사적 궤적은 인간의 신체 능력과 인지 능력을 확장하려는 지속적인 기술적·철학적 탐구의 흐름을 고스란히 반영한다. 이러한 긴 여정은 단순한 공학적 진보의 결과라기보다는 기계 지능에 내재된 '아직은' 충분히 탐구되지 않은 잠재력을 다각도로 이해하고, 이를 인간의 활동 영역과 유기적으로 결합하려는 집단적 열망이 이끌어 온 과정이라 할 수 있다.

이런 사실들은 오늘날 피지컬 AI의 부상이 단순한 기술적 진화로만 볼 수 없는 이유이기도 하다. 그 이면에는 인간과 기계의 관계를 바라보는 인식의 근본적인 전환이 담겨 있다. 기계가 더 이상 인간의 도구적 연장에 머무르지 않고, 환경에 적응하며 스스로 학습하고 판단하는 존재로 기능하기 시작하면서 이제 기술은 인간 능력의 보조자를 넘어 '공동 행위자'로 자리 잡아가고 있는 중이다.

이러한 대전환을 지탱하는 깊고도 장기적인 역사적 맥락은 오늘날 이루어지는 기술 혁신이 거듭되는 과정 속에서 우리에게 인간의 인식적·윤리적 기반을 제공할 뿐 아니라, 앞으로 전개될 지능형 시스템의 방향을 성찰하는 데 있어서도 풍부한 사유의 토대가 되고 있다.

로봇공학은 어떻게
'생각하는 몸'을 상상했나?

기계가 걷고 말하는 시대의 서막

오늘날 우리가 즐겨 사용하는 '로봇'이라는 말은 역사를 거슬러 올라가며 100여 년 전 한 극작가의 상상력에서 탄생했다. 1920년, 체코의 카렐 차페크는 고된 노동^{Robota}에서 해방된 미래를 꿈꾸며 이 단어를 세상에 내놓았다. 그러자 이 단어는 우리 인류가 수천 년간 품어온 인공 생명체에 대한 길밍의 드리기가 되었다. 1920년데 미국의 텔레복스나 일본의 가쿠텐소쿠 같은 초기 로봇들은 지금 보면 투박한 금속 덩어리에 불과할지 모르지만, 당시 사람들에게는 마치 신화 속 거인이 살아 돌아온 듯한 경이로움을 선사했다. 이들 초기 로봇들이 비록 복잡한 생각은 할 수 없었지만, 인간의 목소리에 반응하고 표정을 짓는 것만으로도 인간과 기계가 동반자가 될 수 있다는 희망을 선사했다.

이번 장에서는 로봇이 단순한 구동 장치를 넘어 사고하는 지능을 갖춘 존재로 진화해 온 과정을 살펴본다. 초기 로봇들이 아날로그 회로를 통해 곤충처럼 본능적으로 움직였다면, 현대의 로봇들은 기호논리와 인공지능을 두뇌 삼아 스스로 계획을 세우고 문제를 해결한다. 1940년대 자율적으로 빛을 찾아가던 거북 로봇부터, 스스로 상황을 판단해 물체를 밀어내던 셰이키와 프레디, 그리고 복잡한 계산 대신 몸의 감각을 강조한 누벨 AI에 이르기까지 로봇이 지능을 얻기 위해 걸어온 치열한 도전기를 다룬다. 차가운 강철 몸체가 어떻게 감각과 생동감을 지닌 우리 인간과 소통하고 학습하는 피지컬 AI로 거듭났는지, 그 흥미진진한 발달사를 함께 따라가 보겠다.

인간의 몸을 닮은 기계

로봇이라는 말의 탄생: 노동하는 기계

앞서 살펴봤듯이, 우리 인간은 오래전부터 전설과 신화, 허구를 통해 로봇과 유사한 존재를 상상해 왔다. 고대 그리스의 탈로스, 중국의 오토마톤, 인도의 전투 로봇 등은 모두 생명 없는 물체에 움직임과 기능을 부여하려 한 시도였다. 이 사례들은 이미 수천 년 동안이나 인간의 문화와 철학, 과학적 상상력을 자극해 온 증거이기도 하다. 오늘날 우리가 흔히 생각하는 '로봇'이란 개념은 사실 거의 최근에 등장한 셈이다.

'로봇'이라는 용어가 처음 세상에 등장한 것은 1920년대였다. 체코의 극작가 카렐 차페크Karel Čapek가 발표한 희곡 『로숨의 유니버설 로봇』R.U.R. (Rossum's Universal Robots)에서 처음 등장했다. 차페크는 체코어로

'노동'을 뜻하는 단어 robota에서 이 명칭을 착안했다. 그의 희곡 속 로봇은 단순히 기계 장치와는 달랐다. 기계였지만 그 기계는 인간과 유사한 신체적 능력을 지닌 존재로서, 반복적이고 힘든 노동을 대신 수행할 수 있는 기계였다. 차페크는 이를 통해 인간이 고된 노동으로부터 해방되고, 보다 창조적이고 행복한 삶을 누리는 이상적인 미래를 상상했다.

이 작품은 단순한 공상과학을 넘어 기술과 노동, 그리고 인간 소외에 대한 깊은 성찰을 담고 있다. 차페크는 로봇이 인간의 물질적 문제를 해결할 잠재력뿐 아니라, 인간과 기계 간의 관계에서 발생 가능한 윤리적 · 사회적 문제까지 함께 제기했다. 그 결과 이 작품은 로봇공학, AI, 자동화에 대한 논의의 출발점이 되었다. 뿐만 아니라 현대 사회에서 로봇과 인간의 관계를 이해하는 데 중요한 문화적 토대가 되었다.

초기 휴머노이드 로봇: 몸을 가진 기계의 실험

1920~1930년대, 세계 각국에서 휴머노이드 로봇이 등장하며 인간과 기계의 관계를 새롭게 상상하기 시작했다. 다만 이 로봇들을 설계하고 바라보는 관점은 나라별로 뚜렷하게 달랐다. 같은 '인간형 로봇'을 두고도 서로 다른 꿈을 꾼 것이다.

텔레복스: 엔터테인먼트와 상호작용의 시작

초기 미국에서 로봇은 주로 엔터테인먼트용 볼거리로 활용되었다. 로봇이 전시회와 공개 시연에서 실제로 움직이며 관객 앞에서 다양한 동작을 선보이는 모습은 사람들의 호기심과 흥미를 자극했다. 이 시기 미국의 로봇은 기술적 정밀성보다 관객을 즐겁게 하고 사람들을 깜짝 놀라게 하는 데 초점을 맞춰져 있었다.

대표적인 사례는 1926년 미국 웨스팅하우스 일렉트릭 코퍼레이션Westinghouse Electric Corporation이 제작한 텔레복스Televox다. 텔레복스는 현대 휴머노이드 로봇의 개념을 처음으로 구현한 사례로, 가정과 산업 환경에서 활용 가능한 로봇 비서 역할을 목표로 설계되었다.

텔레복스의 가장 흥미로운 기능은 음성 지시에 반응하는 방식이었다. 당시 대부분의 기계는 버튼이나 레버 같은 물리적 조작이 필요했지만, 텔레복스는 전화 신호를 통해 명령을 전달받았다. 사용자는 전화를 걸어 특정 소리 주파수를 가진 진동 리드를 통해 명령을 내릴 수 있었다. 텔레복스는 이를 감지하고 해석한 뒤, 해당 동작을 수행하거나 음성으로 응답했다. 이처럼 텔레복스는 단순한 기계 장치를 넘어, 인간과 상호작용할 수 있는 가능성을 보여준 초기 사례로 큰 의미를 갖는다.

그로부터 10년 후, 웨스팅하우스는 전적으로 엔터테인먼트를 위해 설계된 휴머노이드 로봇인 일렉트로Elektro를 박람회와 전시회에서 대중에 공개해 세계적 관심을 모았다. 일렉트로는 1939년 뉴욕 세계 박람회에서 화려하게 데뷔했다. 이 로봇의 가장 놀라운 능력은 음성 명령에 반응하는 기술로서, 이 로봇은 약 700개의 단어로 구성된 명령을 듣고 응답할 수 있었다. 심지어 걷고, 담배를 피우며, 풍선을 불고, 머리와 팔을 정교하게 움직이는 숙련된 동작까지 선보였다. 일렉트로는 튼튼한 강철 골격 위에 알루미늄 스킨을 덧대어 실제와 같은 외관을 구현했다. 또한 그 곁에는 기계견 동반자인 스파코Sparko가 함께 함으로써 로봇에게 한층 매력적이고 보다 친근한 이미지를 더해주었다.

에릭과 조지: 언어와 소통을 향한 시도

영국에서는 로봇 개발이 미국과 조금 다른 방향으로 진행되었다. 연구자들은 로봇이 보다 실감 나게 움직이고, 언어와 명령에 반응하도록 설계하는 데 집중했다. 단순한 볼거리가 아니라 기계적 기능과 인간의 상호작용 가능성을 높이는 것이 목표였다.

그 출발점이 1928년 윌리엄 리처드William Richards 대위가 제작한 에릭Eric이다. 에릭은 앉거나 서는 등 여러 자세를 바꿀 수 있었지만, 스스로 걸을 수는 없어 이동성에는 제한이 있었다. 그럼에도 불구하고 얼굴 표정을 지을 수 있고, 여러 언어로 의사소통이 가능하다는 점에서 당시 기술로서는 획기적인 성과를 보여주었다. 이 로봇을 통해 영국은 인간과 로봇 간의 정교한 상호작용 가능성을 탐구할 수 있었다.

1930년대 들어 영국에서는 에릭의 성능을 향상시킨 조지George가 개발되었다. 조지는 이전 모델과 달리 여러 언어로 연설까지 수행하며 정교한 언어 처리 능력을 갖추었다. 이는 단순한 기계적 움직임을 넘어, 로봇이 인간과 상호작용하며 정보를 전달할 수 있는 잠재력까지 과시한 성과였다.

에릭과 조지는 휴머노이드 로봇이 단순한 장난감이나 전시용 기계를 넘어, 인간과 직접 소통할 수 있는 존재로 발전할 수 있음을 시사했다.

가쿠텐소쿠: 조화를 꿈꾼 동반자

일본은 로봇을 인간과 자연스럽게 교감하는 존재로 바라보았다. 로봇을 단순한 도구가 아니라 함께 존재하는 동반자로 인식한 것이다.

이 철학을 가장 잘 보여주는 사례가 1927년 개발된 가쿠텐소쿠Gakutensoku다. 가쿠텐소쿠는 서구권 밖에서 개발된 초기 로봇 중 가장 중요한 사례 중 하나였다. 이름 자체로도 알 수 있듯이, 여기에는 "자연으로부터 배운다"라는 철학적 의미가 담겨 있다. 이것은 일본의 전통적인 자연관과 인간과 기계의 조화로운 관계에 대한 사고를 반영한 것이었다.

가쿠텐소쿠는 단순히 동작만 수행하는 기계가 아니었다. 감정을 표현하고 사람과 상호작용할 수 있는 능력을 겸비했다. 압축 공기 시스템을 활용해 머리와 손을 자연스럽게 움직일 수 있도록 설계되어, 사람과 마주했을 때 생생하게 반응하는 것처럼 보였다. 이러한 특징은 당시 미국의 텔레복스나 영국의 에릭, 조지와는 차별화된 점으로, 일본 초기 로봇 개발자들이 기계와 인간의 소통과 감정적 상호작용을 중시했음을 보여준다.

텔레복스에서 가쿠텐소쿠에 이르기까지, 초기 휴머노이드는 기본적인 명령을 따르거나 정해진 작업을 수행할 수 있는 능력은 갖고 있었다. 그런데 이들 로봇에는 논리적으로 사고하고 판단하는 추론 능력이나, 주변 환경을 감지해 그에 맞게 행동을 조절하는 감각 능력은 없었다.

그럼에도 불구하고 이 초기 로봇들이 사람들에게 매력적으로 다가온 데는 분명한 이유가 있었다. 지능 면에서는 분명 한계가 있었지만, 인간과 닮은 외형과 말투, 때로는 표정이나 몸짓을 통해 드러나는 인간적인 행동이 관람자에게 강한 인상과 호기심을 자아냈기 때문이다. 이런 특성은 초기 로봇 연구가 단순한 기계적 자동화를 넘어, 인간과 기계 사이의 심리적·사회적 상호작용의 가능성을 탐색하는 방향으로 발전시킨 중요한 계기가 되었다.

지능을 몸에 넣으려는 시도

1945년 최초의 현대식 컴퓨터가 등장하면서, 인간이 상상하던 로봇에 사고 능력과 인지 능력을 부여하려는 시도가 본격화되었다. 이는 단순히 명령을 수행하는 수준을 넘어, 스스로 문제를 해결하고 자율적으로 판단을 내릴 수 있는 '지능형 기계'를 설계하려는 시도였다.

이러한 아이디어의 저변에는 기호논리^{Symbolic logic}가 깔려 있었다. 기호논리는 수학의 한 분야로, 논리적 진술과 관계를 기호로 표현하여 추론을 체계화하는 방법을 다룬다. 로봇공학은 이 방법론을 토대로 두 갈래의 길로 나뉘었다. 하나는 환경에 즉각 반응하는 로봇이고, 다른 하나는 규칙과 기호로 사고하는 로봇이었다.

아날로그 로봇: 반응하는 기계

초기 로봇공학자와 신경과학자들은 전자 장치를 통해 생물학적 지능을 모방할 수 있는지 탐구했다. 그 중심에 있던 인물이 영국의 윌리엄 그레이 월터William Grey Walter였다. 그는 인간의 뇌가 정보를 처리하는 방식을 모방하려면 0과 1로 나뉘는 이진 신호가 아니라 연속적으로 변화하는 아날로그 신호에 주목해야 한다고 보았다. 그의 접근법은 기존 디지털 중심 연구와 달리, 뇌의 유연하고 동적인 작동 방식을 보다 정밀하게 재현할 수 있다는 점에서 매우 획기적이었다.

이 생각은 1948~1949년에 개발된 '거북 로봇' 엘머Elmer와 엘시Elsie로 구현되었다. 이 로봇들은 당시 기준으로 매우 혁신적이었다. 단순히 프로그램된 루틴을 반복하는 것이 아니라, 주변 환경의 변화를 감지하고 이에 따라 자율적으로 반응할 수 있었기 때문이다. 사람의 지속적인 제어 없이도 작동할 수 있는 자율 전자 로봇으로서, 엘머와 엘시는 마치 살아있는 생물처럼 환경 자극에 반응하는 능력을 보여주었다.

엘머와 엘시의 설계는 단순한 자동화 기계를 넘어, 동물과 유사한 형태의 생물학적 지능을 전자적으로 재현하려는 시도로 평가된다. 이 접근은 신경과학적 통찰과 로봇공학적 혁신이 결합된 사례였다. 월터의 연구는 이후 AI와 자율 로봇 연구의 방향에 깊은 영향을 미쳤다. 기계를 만드는 차원을 넘어, 로봇이 환경과 상호작용하며 인지적 행동을 보일 수 있다는 가능성을 처음으로 보여준 역사적 이정표이기도 했다.

월터의 거북 로봇은 단지 센서만으로도 생물학적 유기체의 복잡성을 흉내 낼 수 있도록 설계되었다는 점에서 주목할 만하다. 이 로봇들은 빛이나 터치와 같은 기본적인 감각만 갖추고 있었지만, 각 센서는 두 개의 모터를 제어하는 별도의 경로와 연결되어 있었다. 이는 마치 두 개의 서로 다른 신경계를 가진 것과 비슷하다.

이러한 구조 덕분에 거북 로봇은 단순한 입력만으로도 예상보다 훨씬 복잡한 방식으로 정보를 처리하고 반응할 수 있었다. 특히 기본적인 신경계에서 볼 수 있는 의사결정이나 반응 선택을 시뮬레이션할 수 있었다. 예를 들어, 여러 광원을 동시에 마주할 때 그중 하나를 선택해 해당 광원으로 이동했다. 이 행동은 로봇이 단순히 무작위로 움직이는 것이 아니라, 환경 자극을 인식하고 이에 따라 선호와 결정을 내리는 것임을 보여준다. 이러한 과정은 로봇이 탐색과 상호작용을 통해 자율적으로 행동할 수 있음을 증명하며, 초기 로봇공학에서 구현된 자율 작동의 정교함을 단적으로 나타낸다.

월터는 엘머와 엘시를 대상으로 여러 흥미로운 실험을 진행했다. 한 실험에서 그는 로봇 앞에 불빛을 비추자, 로봇이 마치 거울 속 자신을 보는 것처럼 반응하며 불빛에 맞춰 깜빡이는 행동을 보인다는 것을 발견했다. 이러한 반응은 생물학적 유기체의 자기인식에 비하면 극히 원시적이지만, 환경과의 상호작용에서 자기인식의 초기 형태를 보여줬다는 점에서 주목할 만했다.

이 실험은 중요한 질문을 여러 가지 불러일으킨다. 먼저, 로봇의 행동을 동물의 자기인식과 비교할 수 있는가? 이는 단순한 행동 관찰을 넘어, 의식의 본질, 즉 존재가 자신을 인식하는 능력에 대한 철학적 물음을 제기한다. 또한 인공 시스템에서도 이와 유사한 형태의 의식을 구현할 수 있는가? 그리고 기계와 생명체에서 의식이 어떻게 다르게 나타날 수 있는가? 월터의 실험은 이러한 질문들을 과학적 탐구로 이어가는 출발점이 되었다.

월터의 접근 방식은 아날로그 전자 장치를 활용해 인간이나 동물의 뇌 과정과 유사한 신경 회로를 모방하는 데 주안점을 두었다. 이러한 설계 덕분에 로봇은 단순히 명령을 수행하는 기계를 넘어, 환경에 적응하고 자극에 따라 복잡하며 실제와 유사한 행동을 표출할 수 있었다. 즉, 그의 실험과 로봇은 단순한 기술적 성취에 그치지 않고, 생물학적 행동을 이해하고 이를 인공 시스템에 구현할 수 있는 새로운 길을 제시했다. 월터의 연구는 오늘날 로봇공학과 AI 분야에서 자율성과 학습 능력, 생물학적 유사성을 탐구하는 중요한 본보기가 되고 있다.

기호논리 로봇: 판단을 흉내 내려는 장치

기호논리: 인간의 사고를 기계적 언어로 공식화하다

아리스토텔레스의 삼단논법은 약 2,000년 이상 서양 철학과 학문에서 지배적인 추론 체계로 기능해 왔다. 이 논리 체계는 자연어와 철학적 직관에 기반을 두고 있어, 인간의 사고를 구조화하고 일관성 있는 결론을 도출하는 데 매우 유용했다. 그러나 복잡한 문제나 개념이 겹치면 의미가 모호해지고 해석이 갈리는 한계에 부딪혔다

20세기에 접어들면서 이러한 전통적 논리 체계에 큰 변화가 찾아왔다. 바로 기호논리의 등장이다. 기호논리는 언어적 표현에 의존하지 않고, 수학 기호와 기호 체계를 통해 논증을 공식화한다. 단어와 문장을 숫자, 기호, 연산자로 변환하고, 엄격한 규칙에 따라 논리를 분석한다. 이 접근법은 논리적 추론을 보다 명확하고 구조화할 수 있게 해준다. 덕분에 복잡하거나 다중 단계의 주장을 다루는 과정에서 발생할

수 있는 모호성을 크게 줄일 수 있다.

결과적으로 볼 때, 기호논리는 아리스토텔레스적 추론을 현대적으로 재해석하는 수준에 그친 게 아니었다. 수학적 정확성과 컴퓨터 과학적 응용을 가능하게 하며, 현대 AI와 알고리듬 연구의 기초가 되었다. 삼단논법이 인간의 사고를 구조화했다면, 기호논리는 인간의 사고를 기계적으로 재현하고 확장할 수 있는 도구였던 셈이다.

현대 AI에서 기호논리는 세계에 대한 지식과 추론을 표현하는 핵심 수단으로 활용된다. AI는 데이터를 단순히 수집하는 것을 넘어, 이를 논리적 구조에서 분석하고 해석함으로써 의미 있는 결정을 내릴 수 있다.

최신 AI 시스템과 로봇은 기호논리를 사용해 시각, 청각, 텍스트 등 다양한 감각 입력을 처리한다. 예를 들어, 카메라나 마이크를 통해 들어오는 원시 센서 데이터를 AI가 이해할 수 있는 형태로 변환시킬 때, 기호논리는 이를 논리적으로 분석 가능한 기호 체계로 표현한다. 그 덕분에 AI는 단순한 반응을 넘어, 상황에 맞는 합리적 선택과 행동 계획, 공간 탐색까지 수행할 수 있게 되었다.

결국 기호논리는 AI와 로봇에게 세계의 기호 표현을 이해하고 활용할 수 있는 구조화된 틀을 제공한다. 이를 통해 기계는 단순한 명령 수행을 넘어 환경과 상호작용하며 스스로 논리적 판단을 내릴 수 있게 된다. 기호논리는 단순한 계산 도구가 아니라, 기계가 '생각하는 방식'을 설계하는 핵심 역할을 맡았던 것이다.

프레디와 셰이키: 기호논리로 움직이는 로봇의 탄생과 도전

이러한 흐름 속에서 1960년대와 1970년대 초, AI와 로봇공학 분야에는 프레디Freddy와 셰이키Shakey라는 두 로봇이 등장했다. 두 로봇은 모두 기호논리를 기반으로 프로그래밍되어 의사결정을 수행했다는 점에서 혁신적이었다. 특히 프레디는 1969년부터 1976년까지 7년에 걸쳐 에든버러대학교에서 개발되었으며, 다재다능하고 환경에 적응하는 능력이 뛰어난 것으로 유명하다.

프레디의 가장 큰 특징은 두 손가락으로 물체를 집을 수 있는 핀치 그리퍼Pinch gripper, 거꾸로 장착된 기계식 팔, 비디오 카메라, 그리고 레이저 라이트 스트라이프 생성기였다. 이 장치들은 프레디가 환경을 시각적으로 인식하고, 촬영한 이미지에서 물체를 식별하며, 특이한 특성을 감지하도록 도와주었다.

프레디의 작동 방식 역시 주목할 만했다. 단순히 세세한 단계별 명령을 따르는 것이 아니라, 위치 관계와 목표를 중심으로 한 소프트웨어 지시를 기반으로 행동했다. 이를 통해 프레디는 이전에 학습한 적 없는 작업에도 빠르게 적응할 수 있었다. 나무못에 고리를 끼우거나 나무 블록 장난감을 조립하는 작업이 그 예다. 이는 로봇이 단순한 반복 동작을 넘어, 상황에 맞게 논리적으로 판단하고 행동할 수 있다는 것을 보여주었다. 이러한 성과는 당시 로봇공학과 AI 연구가 기호논리를 통해 환경을 이해하고 자율적으로 문제를 해결할 수 있는 방향으로 발전하고 있음을 확인시켰다.

한편 셰이키Shakey는 1966년부터 1972년까지 스탠퍼드대학교에서

존 매카시 교수의 지도에 따라 개발된 모바일 로봇이었다. 셰이키는 컴퓨터 비전, 로봇공학, 자연어 처리 등 다양한 연구 분야의 핵심 기술을 통합하여 설계되었다. 단순한 실험용 장치가 아니라, 실제 환경에서 자율적으로 움직이며 작업할 수 있는 최초의 로봇 중 하나로 평가된다.

프레디가 천장에 고정된 구조 때문에 제한된 공간에서만 작업할 수 있던 것과는 달리, 셰이키는 완전한 이동성을 염두에 두고 설계되었다. 바퀴가 달린 직사각형 본체에는 전자 부품과 센서가 장착되어, 주변 환경을 탐지하고 이에 반응할 수 있었다. 중앙 본체에는 컴퓨터와 제어 시스템이 내장되어 있어 로봇 스스로 명령을 해석하고 행동 계획을 수립할 수 있었다.

또한 본체에서 솟아 오른 높은 마스트에는 카메라와 추가 센서가 부착되어 있었다. 이를 통해 셰이키는 단순히 주변을 감지하는 것에 그치지 않고, 환경을 동적으로 인식하며 변화에 따라 즉각적으로 대응할 수 있었다. 장애물을 피하거나 목표 위치를 찾아 이동하는 것이 가능했다. 이러한 기능은 당시 로봇공학 연구에서 매우 획기적인 진전으로 평가되었다.

셰이키의 가장 눈에 띄는 점은 사전에 모든 동작을 세세하게 프로그래밍하지 않아도 스스로 추론하고 결정을 내릴 수 있다는 점이다. 이는 단순히 명령만 수행하는 기계가 아니라, 자율적으로 환경을 탐색하고 주변 물체와 상호작용하며 복잡한 작업을 수행할 수 있는 로봇임을 뜻한다. 이전 로봇들이 대부분 정해진 루틴이나 단순 명령만 반복 수행하는 수준에 머물렀다면, 셰이키는 상황에 따라 적절한 행동을 스스로 선택할 수 있었다.

실제로 셰이키는 스스로 조명을 켜고 끄거나, 문을 열고 닫을 수 있었다. 여러 장애물이 있는 고르지 않은 표면을 가로질러 이동하거나, 필요할 때는 물체를 밀고 옮기는 것도 가능했다. 이러한 능력은 셰이키가 단순히 프로그램된 명령을 수행하는 기계를 넘어, 환경을 인식하고 적절히 대응할 수 있는 자율적 존재임을 분명히 보여준다.

셰이키의 지능과 자율성을 잘 보여주는 사례가 있다. "블록을 플랫폼에서 밀어내라"는 명령을 받은 셰이키는 미리 정해진 동작을 반복하지 않았다. 대신 주변 환경을 분석하고, 플랫폼 위의 상자를 인식한 뒤 그 위치와 형태를 파악했다. 이어 상자를 밀기에 적합한 경사로를 찾아 이동했고, 계획한 절차에 따라 목표를 성공적으로 수행했다.

이 과정에서 셰이키가 보여준 것은 단순한 명령 실행이 아니라, 환경을 이해하고 상황에 맞는 전략을 선택하는 능력이었다. 이러한 자율적 의사결정 능력은 당시로서는 매우 혁신적인 성과였다. AI 연구에서 기계가 단순한 명령 수행을 넘어, 자율적으로 판단하고 행동할 수 있는 존재로 나아갈 수 있음을 보여준 중요한 이정표였다.

그러나 셰이키와 프레디의 성과는 동시에 분명한 한계도 드러냈다. 가장 큰 한계는 기호논리에 대한 의존이었다. 두 로봇 모두 의사결정과 환경 이해를 위해 기호논리를 사용했다. 기호논리는 논리적 추론과 계획 수립에는 매우 강력했지만, 계산량이 너무 방대하다는 단점을 갖고 있었다.

막대한 처리 능력이 요구되었기 때문에, 로봇이 복잡한 작업을 수행하는 동안에는 속도가 느려지고 실시간 반응 능력이 제한되었다. 그 결과 셰이키와 프레디는 뛰어난 지능적 판단 능력을 갖추었지만, 실제 작업 환경에서 효율적으로 행동하는 데는 한계가 있었다. 이는 당시 기술의 제약뿐 아니라 AI와 로봇공학이 직면했던 계산적·실용적 도전을 잘 보여준다.

또 다른 중요한 한계는 주변 환경을 정확하게 상징적으로 표현해야 한다는 점이었다. 셰이키와 프레디가 효과적으로 작업을 수행하려면, 공간과 물체, 위치 관계 등을 상징적 모델로 정확히 구성해야 했다. 하지만 현실 세계는 끊임없이 변화하며 예측 불가능한 요소가 수두룩하다. 사람, 물체, 조명, 표면 상태 등 다양한 변수가 지속적으로 바뀌기 때문에, 로봇이 사용하는 상징적 모델을 항상 정확하게 유지하는 것은 매우 어렵다. 이러한 제약은 로봇이 환경 변화에 빠르게 적응하는 능력을 제한하고, 유연한 행동과 자율성을 저해하는 요인이 되었다. 이는 초기 기호논리 기반 로봇이 직면한 현실적 도전을 잘 보여주는 대표적인 사례라 할 수 있다.

학습하는 몸체의 등장

셰이키와 프레디가 기호논리를 사용하면서 직면한 다양한 어려움은 로봇공학과 AI 연구자들에게 중요한 전환점을 제공했다. 연구자들은 기호논리에 의존한 방식의 한계를 인식하고, 자연스럽게 아날로그 논리 철학으로 다시 눈을 돌리게 되었다. 이러한 반성은 단순히 과거 방식으로의 회귀가 아니었다. 오히려 로봇 개발에 대한 접근 방식을 근본적으로 재고하게 만든 계기가 되었다.

누벨 AI: 신체화된 지능과 환경과의 직접적 상호작용

그 흐름 속에서 1980년대 MIT의 로드니 브룩스[Rodney Brooks]는 기호적 AI의 한계를 극복하기 위한 새로운 접근법을 제안했다. 그는 전통적인 기호 표현이나 복잡한 환경 모델에 의존하는 대신, 로봇이 환경과 직접 상호작용하면서 단순한 규칙과 센서 기반 행동으로 자율적으로 반응하도록 설계했다. 이 방법론은 이후 누벨 AI[Nouvelle AI]로 불리며, 셰이키와 프레디 개발 이후 약 20년 만에 등장한 AI 연구의 새로운 물결로 평가받았다. 특히 환경과 상호작용하는 자율적 로봇 설계라는 관점에서, 현대 로봇공학과 AI 연구의 방향을 결정짓는 중요한 일대 전환점이었다.

누벨 AI는 초기 기호적 AI가 직면했던 계산 복잡성과 환경 모델링 문제를 다뤘다. 핵심은 로봇이 더욱 유연하고 현실적인 방식으로 행동하도록 하는 데 있었다. 이 접근법은 지능적 행동을 이해하고 구현하는 방식에 대한 사고의 전환을 보여주었으며, 현대 로봇공학과 AI 연구의 기초가 되었다.

누벨 AI의 핵심 아이디어는 분명하다. 진정한 기계 지능은 단순한 추상적 계산에서 나오는 것이 아니라, 실제 물리적 세계와의 직접적 상호작용 속에서 형성된다는 것이다. 이는 기존의 기호적 AI가 추상적 논리와 복잡한 환경 모델에 의존하던 방식과 근본적으로 다른 시각이었다. 누벨 AI는 이러한 철학을 바탕으로, 신체화되지 않은 기호 시스템에 의존하는 전통적 AI 패러다임을 거부했다. 대신, 로봇이 환경과 상호작용하며 지능을 발휘할 수 있도록 아래 3가지 기본 원칙을 강조했다.

신체화

첫 번째 원칙은 신체화^{Embodiment}이다. 누벨 AI는 지능을 단순히 컴퓨터 알고리듬이나 프로그램의 산물로 보지 않는다. 대신, 지능은 기계가 자신의 물리적 몸을 통해 주변 환경과 상호작용할 때 발생한다고 본다. 즉, 로봇이 물리적 실체를 가지고 있어야만, 환경 속에서 의미 있는 행동을 하고 적응적 결정을 내릴 수 있다는 것이다. 로봇의 형태, 즉 머리, 팔, 다리, 센서, 액추에이터 등은 단순한 외형이 아니다. 이들은 로봇의 기능과 행동을 직접 규정한다. 센서의 위치와 종류, 관절의 움직임 범위, 액추에이터의 힘과 속도 등은 모두 로봇이 환경과 어떤 방식으로 상호작용할 수 있는지를 결정한다. 따라서 신체적 설계와 지능은 분리될 수 없으며, 로봇의 실질적인 능력은 몸과 환경의 상호작용 속에서 나타난다.

위치성

두 번째 원칙은 위치성^{Situatedness}이다. 이 원칙은 지능형 시스템이 단순히 추상적 계산을 수행하는 것에 머물러서는 안 되며, 실제 환경 속에서 활동하고 반응할 수 있어야 한다는 점을 강조한다. 로봇은 센서를 통해 주변 환경을 끊임없이 관찰하고, 예측할 수 없는 변화 속에서도 정보를 수집하며 행동을 조정해야 한다. 전통적인 기호적 AI 시스템은 사전에 작성된 모델이나 프로그램된 절차에 의존했다. 따라서 환경이 예상과 다르게 바뀌면 적절히 대응하지 못했다. 반면, 누벨 AI 로봇은 즉각적인 감각 입력을 바탕으로 변화하는 환경에 적응한다. 로봇이 이동 중에 장애물을 만나거나 목표 물체의 위치가 바뀌더라도, 현재 상황에 맞춰 경로를 수정하거나 행동을 조정할 수 있다.

신체화된 인지

세 번째 원칙은 신체화된 인지Embodied cognition다. 이 개념은 지능이 단순한 계산이나 알고리듬에 의존하지 않고, 신체적 상호작용을 통해 형성된다는 인지과학 이론에서 출발한다. 로봇이 세계를 이해하고 문제를 해결하는 방식은 그 몸, 센서, 움직임과 깊이 연결되어 있다. 추론, 학습, 문제해결과 같은 인지 과정은 단순히 머릿속에서만 일어나는 과정이 아니다. 환경 속에서 경험하는 실제 행동과 감각을 통해 발전한다. 예를 들어 물체의 위치를 판단하거나 원인과 결과의 관계를 이해하는 능력은, 로봇의 신체가 세상을 감지하고 상호작용하는 방식에 따라 달라진다. 손으로 물체를 잡아 움직이거나 바퀴를 이용해 장애물을 피하는 경험 자체가 로봇의 학습과 판단 능력을 강화한다.

곤충 로봇의 도전과 그 한계

로드니 브룩스는 누벨 AI 아이디어를 검증하기 위해 곤충을 모델로 한 행동 중심 로봇을 설계했다. 대표적인 사례가 앨런Allen과 허버트Herbert라는 곤충 로봇이다.

앨런은 초음파 센서를 장착하여 주변을 감지하도록 설계되었다. 방의 중앙에 머무르며 물체가 접근할 때까지 대기하다가, 이를 감지하면 즉각적으로 이동하며 장애물을 회피했다. 단순해 보이는 이 행동은 로봇이 환경에 직접 반응하는 신체화된 지능을 잘 보여주는 사례였다.

허버트는 더 복합적인 기능을 갖춘 로봇이었다. 적외선 센서로 장애물을 탐지하고, 레이저 시스템을 통해 주변 환경의 3차원 정보를 수집했다. MIT의 실제 사무실 환경에서 허버트는 빈 음료수 캔을 찾아 쓰레기통으로 옮기는 등 일상적 과업을 수행했다. 이 과정에서 허버트는 미리 정해진 절차에만 의존하지 않고, 센서 입력을 바탕으로 환경을 인식하며 스스로 행동을 조정했다.

앨런과 허버트는 단순하지만 의미 있는 행동 기반 로봇의 가능성을 보여주었다. 이들은 지능이 물리적 환경과의 상호작용 속에서 어떻게 발현될 수 있는지를 확인시켜 준 중요한 사례였다.

누벨 AI는 로봇공학을 넘어 지능의 본질에 대한 논의에도 큰 영향을 미쳤다. 신체화와 실제 환경과의 상호작용을 중심으로 지능을 재정의하며, AI 연구자뿐 아니라 인지과학자와 철학자에게노 새로운 사고의 틀을 제시했다. 그러나 2003년까지 이어진 누벨 AI 프로젝트는 결국 한계에 부딪혀 종료되었다. 그 이유는 크게 두 가지였다.

첫째, 누벨 AI는 인간 수준의 지능이 아니라 곤충 수준의 능력을 목표로 삼았다. 이러한 겸손한 목표는 초기 실험 단계에서는 현실적이었지만, 접근 방식 자체에 한계를 내포하고 있었다. 실제 곤충의 행동조차 제대로 구현하지 못한다는 지적이 나오면서, 누벨 AI의 한계는 더욱 분명해졌다

둘째, 누벨 AI는 단순함을 중시한 나머지 현실 세계에 대한 정교한 내부 모델 구축을 의도적으로 배제했다. 그러나 복잡한 환경을 효과적으로 이해하고 대응하려면 세밀한 모델이 필수적이다. 누벨 AI는 이를 최소화했고, 그 결과 다층적이고 동적인 현실 환경을 충분히 처리하지 못했다. 실질적 활용 가능성 역시 제한될 수밖에 없었다.

결국 누벨 AI의 몰락은 신체화와 단순화 기반 접근이 가능성을 보여주는 동시에, 현실 세계에서 복잡한 지능을 구현하는 일이 얼마나 어려운지를 드러냈다. 이는 로봇과 실제 요구 사이에서 균형을 찾는 문제의 중요성을 일깨운 사례로 남았다. 이 경험은 현대 로봇공학과 AI 연구에 분명한 교훈을 남긴다. 곧 단순화와 정교한 모델링, 신체화와 추상적 사고 사이의 균형이 필수적이라는 점이다

누벨 AI 이후 아날로그 논리를 중심으로 한 접근은 점차 힘을 잃었다. 연구의 중심은 다시 기호논리 기반 방법론으로 이동했다. 다만 디지털 컴퓨팅 기술이 급격히 발전하면서, 과거 기호 시스템이 안고 있던 계산적 한계는 점차 극복될 수 있는 조건이 마련되기 시작했다.

로봇은 어디까지 인간을 대신할 수 있을까?

노동, 전투, 사랑, 예술을 둘러싼 4가지 질문

로봇은 인간의 일자리를
어떻게 바꾸는가?

위험한 현장에서 우리 집 거실까지, 로봇의 진화

혼잡한 공장 한 구석, 뜨거운 쇳물과 유독가스가 가득한 곳에서 묵묵히 자재를 옮기는 거대한 기계 팔을 본 적이 있는가? 1961년 처음 등장한 '유니메이트'는 인간이 다루기에 너무 힘들고 위험한 일을 대신함으로써 로봇 시대의 화려한 서막을 알렸다. 당시의 로봇은 육중한 덩치와 무시무시한 위력 때문에 안전 펜스 뒤에 갇혀 있지 않으면 안 될 격리된 일꾼이었다. 하지만 발전된 기술은 펜스를 허물고 로봇을 우리 곁으로 불러내기 시작했다. 이제 로봇은 공장의 칸막이와 장벽을 넘어, 우리와 눈을 맞추고 우리와 함께 상자를 옮기며 일상의 파트너로 거듭나고 있는 중이다.

이번 장에서는 공장의 거대한 로봇 팔이 어떻게 우리 삶 속의 다정한 협력자로 진화해 왔는지 그 역동적인 여정을 따라가 본다. 세계 최초의 로봇 팔 '유니메이트'에서부터 인간의 팔처럼 가볍고 유연해진

'스탠퍼드 암', 그리고 사람과 나란히 서서 일하는 '협동 로봇'의 탄생 비화에 이르기까지 낱낱이 들려줄 것이다. 더 나아가 테슬라의 '옵티머스'나 현대차그룹 보스턴 다이내믹스의 '아틀라스'처럼 스스로 판단하고 움직이는 최첨단 피지컬 AI 로봇들이 열어갈 미래도 함께 엿볼 것이다. 로봇이 인간의 일자리를 뺏는 위협일지, 아니면 우리의 능력을 키워줄 든든한 조력자일지, 그 뜨거운 논쟁의 중심인 '기술적 실업' 문제까지 깊이 있게 파헤쳐 볼 것이다.

공장에서 시작된 로봇의 역사

산업 자동화의 핵심 기술인 로봇 팔의 발전과 그 역사적 의미를 살펴보자. 1961년 처음 도입된 로봇 팔은 로봇공학 역사에서 가장 영향력 있는 혁신 중 하나로 평가된다. 미국에서 개발된 이 초기 모델은 단순한 기계 장치를 넘어, 산업 자동화의 새로운 가능성을 열었다.

로봇 팔의 등장은 제조 기술의 방향을 근본적으로 바꿔 놓았다. 이것은 단순히 사람의 손을 대신하는 기계가 아니었다. 이후 등장한 자동화 시스템과 지능형 기계 대부분은 이 로봇 팔 기술을 출발점으로 삼아 발전해 왔다.

최초의 로봇 팔, 유니메이트

미국의 발명가 조지 데볼^{George Devol}은 1954년 제조 효율성을 높이고 위험하거나 반복적인 작업을 자동화하기 위해 세계 최초의 프로그래밍 가능한 로봇을 설계했다. 그는 관련 특허를 출원하며 '범용 자동화^{Universal automation}'라는 개념을 제시했고, 이 개념은 이후 산업 자동화 전반을 관통하는 핵심 사상으로 자리 잡았다.

1956년 데볼은 조셉 엥겔버거^{Joseph Engelberger}와 함께 산업 로봇 생산에 전념하는 최초의 기업 유니메이션^{Unimation}을 설립했다. 이로써 로봇 기술은 실험실의 연구 대상에서 벗어나 실제 산업 현장에 적용될 수 있는 상업적 기반을 처음으로 갖추게 되었다.

'로봇공학의 아버지'로 불리는 조셉 엥겔버거는 탁월한 비즈니스 감각을 바탕으로 로봇의 산업적 활용을 적극적으로 추진했다. 반면 조지 데볼은 기술적 전문성을 통해 이러한 비전을 실제 작동하는 시스템으로 구현했다. 두 사람의 협업은 기술과 산업을 창의적으로 연결한 결정적 전환점이었으며, 오늘날 현대 로봇공학의 출발점으로 평가된다.

조지 데볼과 조셉 엥겔버거가 공동 설립한 유니메이션은 산업 로봇을 전문적으로 생산한 세계 최초의 회사다. 동시에 이 기업은 현대 로봇 산업이 본격적으로 출발한 지점으로 평가된다

유니메이션의 대표작인 유니메이트^{Unimate}는 자동화 기술의 도약을 상징하는 기념비적인 제품이었다. 약 2톤에 달하는 거대한 기계로 설계된 유니메이트는 세계 최초의 산업용 로봇 팔로서, 반복적이고 위험한 공정에서 인간 노동을 실제로 대체할 수 있음을 현장에서 입증했다.

특히 유압식 액추에이터를 채택한 유니메이트는 강력한 출력과 비교적 안정적인 정밀 제어를 동시에 구현했으며, 이는 당시 산업 로봇 분야에서 현실적인 해법으로 받아들여지던 기술적 선택이었다. 유니

메이트의 등장은 자동화 시스템이 실험 단계를 넘어 실제 산업 현장에 정착하는 결정적 계기가 되었고, 이후 제조업 전반으로 확산하는 로봇 기술 발전의 토대를 마련했다.

유니메이트의 가장 중요한 혁신은 관절 좌표를 프로그래밍할 수 있다는 점이다. 이는 로봇이 인간의 지시에 따라 특정 관절 각도를 학습하고, 동일한 동작을 정밀하게 반복할 수 있음을 의미한다. 훈련 단계에서 유니메이트는 작업자가 직접 시연한 움직임을 따라 하며 각 관절의 위치와 각도를 순차적으로 기록했고, 이렇게 축적된 정보는 이후 자동화된 작업 과정에 활용되어 동일한 동작을 안정적으로 재현하는 기반이 되었다.

이러한 프로그래밍 방식은 로봇을 단순한 기계 장치에서 벗어나, 기억과 재현 능력을 갖춘 자동화 시스템으로 발전시키는 데 결정적인 역할을 했다. 동시에 이는 오늘날 산업 로봇 동작 제어 기술의 기초를 형성한 중요한 전환점이 되었다.

관절 좌표를 프로그래밍하는 특성은 유니메이트의 산업적 활용 범위를 크게 확장한 핵심 요인이었다. 로봇이 관절 각도를 기록하고 정밀하게 재현할 수 있게 되면서, 유니메이트는 특정 작업에 한정되지 않고 다양한 산업 환경에 맞게 조정될 수 있었고, 이러한 적응성과 다목적성은 정밀 취급, 조립, 용접, 자재 운송 등 여러 생산 공정에 로봇을 투입할 수 있게 만든 직접적인 이유가 되었다.

유니메이트는 1960년대부터 자동차 산업을 중심으로 다양한 제조 현장에 널리 도입되었다. 인간 작업자와 함께 협업하는 방식은 당시로서는 매우 혁신적이었다. 이 로봇은 위험하거나 육체적 부담이 큰 반복 작업을 대신 수행함으로써 생산 효율성과 작업 안전성을 동시에 높였다. 특히 용접, 자재 취급, 조립처럼 고온·고위험 환경에서 유니메이트는 안정적이고 정밀한 성능을 발휘하며, 인간 노동을 보완하는 새로운 자동화 모델을 제시했고 공정 자동화의 가능성을 한층 넓혔다.

물론 유니메이트는 완전한 자율성을 갖춘 로봇은 아니었다. 사전에 프로그래밍 된 명령에 따라 반복적이고 정밀한 작업은 정확히 수행했지만, 예기치 않은 상황이나 복잡한 판단이 필요한 경우에는 인간 작업자의 감독과 개입이 필수적이었다.

또한 유니메이트는 강력한 힘과 다수의 동작 부품을 갖춘 거대한 로봇이었기 때문에, 공장 내에서는 지정된 안전 구역 안에서만 운용되었다. 인간 작업자의 안전을 보장하기 위해 엄격한 규칙과 안전 장벽이 적용되었고, 일부 공정에서 인간과 로봇이 같은 공간에서 작업할 때도 로봇의 동작은 제한되고 역할은 명확히 분리되었다. 이러한 조건 속에서 유니메이트는 인간과 협력하면서도 독립적으로 작업을 수행하는 존재였으며, 동시에 거대한 출력과 구조로 인해 잠재적 위험을 동반한 기계로 인식되었다.

인간의 팔을 닮은 기계, 스탠퍼드 암

초기 산업 로봇의 한계를 개선하는 데 크게 기여한 인물로는 미국의 로봇공학자 빅터 셰인만Victor Scheinman이 꼽힌다. 그는 유니메이트를 비롯한 초기 유압식 로봇이 지닌 구조적 문제를 면밀히 분석했다. 당시 로봇은 크고 무거워 다양한 공장 환경에 통합하기 어려웠고, 작동 속도 역시 느려 생산 효율성에 한계가 있었다.

특히 유압 시스템에 대한 의존은 유지보수와 비용 측면에서 큰 부담으로 작용했다. 유압 장치는 누수가 잦고 관리가 까다로워 안정적인 운용이 어려웠으며, 이는 로봇을 장기간 활용하는 데 상당한 제약이 되었다. 그 결과 초기 산업 로봇은 적용 가능한 환경과 작업 범위가 제한될 수밖에 없었다.

이러한 제약으로 인해 로봇은 주로 자동차 제조와 같은 중공업 분야에 한정되어 사용되었고, 정밀성과 유연성이 요구되는 공정으로는 쉽게 확산하지 못했다.

이러한 한계를 정확히 짚어낸 셰인만은 1969년 스탠퍼드대학교 재직 시절, 기존 기술을 크게 개선한 새로운 로봇 팔인 스탠퍼드 암Stanford Arm을 설계했다.

스탠퍼드 암은 인간 팔의 동작 범위를 거의 그대로 구현한 6축 구조를 채택했으며, 이는 로봇공학에서 중요한 도약으로 평가된다. 이 설계를 통해 로봇은 훨씬 유연하고 정밀한 움직임을 수행할 수 있게 되었고, 제조 공정에서 복잡하고 다양한 작업을 안정적으로 처리할 가능성이 열렸다.

셰인만의 혁신은 초기 산업 로봇이 지닌 물리적 제약을 효과적으로 극복했다는 점에 있다. 유니메이트의 유압 시스템은 크고 무거우며 작동 속도가 느렸고, 최대 2톤에 달하는 무게는 활용 범위를 크게 제한했다. 반면 스탠퍼드 암은 획기적으로 소형화·경량화되어 무게가 약 7kg에 불과했으며, 유압 장치를 통합 전기 모터로 대체함으로써 복잡하고 유지보수가 까다로운 유체 시스템을 제거했다. 그 결과 로봇은 더 빠르고, 더 부드럽고, 더 안정적으로 작동할 수 있었다.

이러한 전기 구동 기반 설계는 속도와 유지보수 문제를 동시에 개선했으며, 산업 로봇의 적용 범위를 자동차 제조 중심의 중공업을 넘어 전자제품 조립이나 실내 작업 환경으로까지 확장했다. 스탠퍼드 암이 제시한 민첩성, 소형화, 전기 효율성이라는 설계 원칙은 이후 산업 로봇공학의 새로운 기준이 되었고, 로봇 활용의 지평을 넓히는 전환점이 되었다.

스탠퍼드 암은 이전 로봇 기술, 특히 유니메이트와 비교해 비약적인 발전을 이뤘다. 유니메이트가 사전에 정의된 단계별 명령을 메모리에 저장해 그대로 실행했다면, 스탠퍼드 암은 컴퓨터 소프트웨어 기반 제어 방식을 채택해 실시간 연산과 보다 유연한 제어가 가능해졌다. 이후 후속 모델에는 터치 센서와 비전 시스템 같은 감각 기술이 통합되면서, 로봇은 환경 변화를 인식하고 상황에 맞게 동적으로 대응할 수 있게 되었다. 이로써 스탠퍼드 암은 단순 반복 기계를 넘어 자율성과 정밀성을 함께 갖춘 현대 산업 로봇의 중요한 모델로 자리 잡았다.

선구적인 로봇 시스템인 스탠퍼드 암은 정밀성과 적응성, 그리고 인간 작업자와의 협업 가능성을 함께 제시했다. 이 로봇은 인간을 완전히 대체하기보다 인간의 능력을 보완하도록 설계되었으며, 터치 센서와 비전 시스템을 통해 주변 환경과 인간의 존재를 감지함으로써 충돌 위험을 줄이고 보다 안전한 작업 환경을 가능하게 했다. 이러한 설계 철학은 이후 인간 - 로봇 협업 기술 발전의 중요한 토대가 되었다

다만 유니메이트와 마찬가지로, 스탠퍼드 암 역시 실제 산업 현장에서는 로봇과 인간의 작업 공간이 명확히 분리된 상태로 운영되었다. 로봇은 지정된 영역과 특정 작업에 한정해 작동했고, 인간 작업자는 다른 구역에서 업무를 수행했다. 스탠퍼드 암이 울타리나 보호 장벽 뒤에 배치된 경우가 많았던 것도, 인간과의 직접 접촉을 피하고 잠재적 사고 위험을 최소화하기 위한 당시 기술 수준에서의 필연적인 선택이었다.

인간과 함께 일하는 로봇의 등장

인간과 로봇은 반드시 분리되어야 한다는 고정관념은 1996년 협동 로봇, 즉 코봇Cobot의 등장과 함께 흔들리기 시작했다. 안전을 이유로 철창 뒤에 배치되던 기존 산업 로봇과 달리, 코봇은 인간과 같은 공간에서 함께 일하도록 설계되었다. 이는 로봇을 단순한 자동화 기계가 아니라, 인간과 협력해 생산성을 높이는 작업 파트너로 바라보는 새로운 자동화 단계의 출발을 의미한다. 그 결과 로봇 기술은 인간의 업무 환경 속으로 한층 더 깊이 통합되기 시작했고, 다양한 산업 분야에서 작업 효율과 안전성을 동시에 개선하는 실질적인 변화를 끌어냈다

사람과 안전하게 협력하기 위해 코봇에는 여러 기술적 혁신이 집약되었다. 날카로운 구조를 피하고 모서리를 둥글게 설계해 접촉 시 부상 위험을 낮췄으며, 가볍고 유연한 소재를 사용해 충격력을 최소화했

다. 여기에 힘·토크 센서와 비전 센서, AI 알고리듬을 결합해 인간의 움직임을 실시간으로 감지하고, 충돌이 예상되면 즉시 정지하거나 작동 힘을 자동으로 조절하도록 설계했다. 이러한 안전 중심 설계 덕분에 코봇은 인간과 물리적 공간을 공유하면서도 안정적인 협업이 가능한 로봇으로 자리 잡게 되었다.

코봇의 탄생에는 제너럴 모터스^{GM}의 역할이 컸다. 1994년 GM은 인간과 로봇이 직접 물리적으로 상호작용을 할 수 있는 새로운 가능성을 모색하며, 노스웨스턴대학교의 에드워드 콜게이트^{J. Edward Colgate}, 마이클 페쉬킨^{Michael Peshkin} 교수와 전략적 협력을 시작했다. 이 협력의 성과는 1996년에 본격적으로 가시화되었다.

GM과 두 교수는 컴퓨터로 제어되는 범용 조작기와 인간과의 직접적인 물리적 상호작용을 가능하게 하는 장치 및 방법에 대해 특허를 획득하며, 코봇 개발의 기술적 기반을 마련했다. 이후 1997년 콜게이트와 페쉬킨은 코보틱스^{Cobotics}를 설립해 코봇 개발을 본격화했다

코보틱스는 연구실 수준에 머물러 있던 코봇 기술을 실제 산업 현장, 특히 자동차 조립 공정에 적용하는 데 핵심 역할을 했다. 코보틱스의 출범은 코봇이 더 이상 안전 장벽 뒤에 머무는 존재가 아니라, 인간과 같은 공간에서 안전하게 협업할 수 있는 기술로 공식 인정받았음을 의미했다. 이를 계기로 로봇공학은 인간과 기계의 협업을 전제로하는 새로운 시대로 진입했다.

독일의 로봇공학 기업이자 세계적인 산업 로봇 제조업체인 쿠카^{KUKA} 역시 코봇의 잠재력을 일찍이 간파한 선도 기업 중 하나였다.

2004년 쿠카는 항공우주 산업의 엄격한 안전 기준을 충족하도록 설계된 최초의 코봇을 선보였다. 정밀 조립과 드릴링, 자재 취급 능력을 갖춘 이 로봇은 고도의 안전성이 요구되는 제조 환경에서 인간과 기계의 공존 가능성을 입증했다.

이어 2005년 설립된 덴마크의 유니버설 로봇Universal Robots은 코봇의 정의를 새롭게 썼다. 그들은 다재다능하면서도 비용 효율적인 기기 개발에 집중했고, 2008년 첫 상용 제품을 출시했다. 가장 혁신적인 점은 펜스나 안전 케이지 없이도 인간 작업자 바로 곁에서 가동할 수 있다는 사실이었다. 이는 철창 속에 격리되어야 했던 기존 산업용 로봇의 한계를 넘어선 결정적 전환이었다.

한편, 스위스에 본사를 둔 다국적 로봇·자동화 기업 ABB는 2015년 최초의 협동 양팔 로봇인 유미YuMi를 출시하며 협동 로봇 시장의 지형을 한층 넓혔다. 유미는 양팔 구조를 통해 인간의 팔 움직임을 정교하게 모방함으로써, 기존에는 사람의 손재주와 섬세한 감각이 필수적이었던 복잡한 조립 작업까지 수행하도록 설계되었다. 여기에 충돌 감지와 적응형 제어 등 첨단 안전 기능을 탑재해, 인간 작업자와 같은 공간에서 더욱 안전하고 자연스러운 협업이 가능하게 했다.

미국에서는 2008년, 저명한 로봇공학자이자 AI 연구자인 로드니 브룩스가 리싱크 로보틱스Rethink Robotics를 설립했다. 이 회사는 산업 현장에서 인간과 함께 작업하도록 설계된 혁신적인 코봇, 박스터Baxter를 선보였다. 박스터는 인간 친화성과 적응성, 안전성을 핵심 가치로 삼은 설계를 통해 코봇 디자인의 중요한 전환점을 제시했다. 이를 통해 코봇 시장에 새로운 흐름이 만들어지면서 크게 주목받았다.

인간 친화성

박스터의 가장 큰 특징은 머리에 장착된 애니메이션 스크린으로, 로봇은 작업 상태에 따라 미소를 짓거나 당황한 표정을 지으며 자신의 상태를 직관적으로 인간에게 전달한다. 정상적으로 작동할 때는 밝은 표정을, 문제가 발생하거나 인간의 개입이 필요할 때는 혼란스러운 표정을 나타내며, 평상시에는 중립적인 표정을 유지한다. 이를 통해 작업자는 로봇의 상태를 직관적으로 파악하고 쉽게 상호작용할 수 있다.

적응성

박스터는 작업 중 필수 공구를 떨어뜨리는 등의 문제가 발생하면 즉시 동작을 멈추고 인간에게 도움을 요청하도록 설계되었다. 이러한 반응과 적응성은 불필요한 오류를 줄이고 장비 손상이나 안전 문제를 예방하는 데 그치지 않고, 인간과 기계 사이의 심리적 거리까지 크게 좁혔다

안전성

충돌 감지와 힘 제어 기술로 무장한 박스터는 이제 안전 장벽 뒤에 머무는 기계가 아니라, 같은 공간에서 인간의 능력을 확장하는 진정한 작업 파트너로 자리 잡고 있다.

'움직이는 지능', 피지컬 AI 로봇

기존 산업 로봇과 코봇이 인간과의 상호작용 속에서 움직였다면, 피지컬 AI 로봇은 인간의 개입 없이도 스스로 작업을 수행하는 전혀 새로운 유형의 로봇이다. 이들은 사전에 정해진 반복 동작에 머물지 않으며, 첨단 센서와 인공지능을 결합해 주변 환경을 실시간으로 인식하고 마주한 상황에 맞춰 최적의 행동을 스스로 선택한다.

피지컬 AI 로봇은 사실상 완전 자율 시스템에 가깝다. 기존 로봇이 감당하지 못했던 비정형 작업과 예측 불가능한 변수를 스스로 처리하도록 설계되었기 때문이다. 이는 로봇이 더 이상 단순한 도구가 아니라, 독립적인 작업 주체로 진화했음을 의미한다. 이제 로봇공학의 현재를 상징하는 5가지 최신 피지컬 AI 로봇 사례를 통해 그 가능성을 구체적으로 살펴보자.

인간형 로봇의 상징, 옵티머스 2세대

테슬라Tesla, Inc.는 전기 자동차를 중심으로 태양광 패널과 차량·가정용 에너지 저장 배터리를 개발·제조하는 미국의 혁신 기업이다. 2003년 마틴 에버하드Martin Eberhard와 마크 타페닝Marc Tarpenning이 설립했으며, 회사 이름은 '전기공학의 아버지'로 불리는 발명가 니콜라 테슬라Nikola Tesla에서 따왔다. 설립 이후 테슬라는 세계적 자동차 브랜드로 빠르게 성장했으며, 최근에는 자동차 산업을 넘어 AI와 로봇공학으로까지 영역을 확장하며 첨단 기술 혁신을 주도하고 있다. 그 중심에 이족 보행 자율 휴머노이드 로봇인 옵티머스 2세대Tesla Optimus Gen 2

가 있다. 옵티머스의 목표는 위험하거나 단조로운 작업에서 인간을 해방하고, 실제 환경에서 유연하게 작동하는 완전 자율 로봇을 구현하는 것이다.

테슬라 옵티머스 2세대는 휴머노이드 로봇이 연구실을 넘어 산업 현장으로 진입하고 있음을 보여주는 가장 강력한 사례다. 키 173cm, 무게 57kg으로 설계된 2세대 모델은 이전 세대보다 약 10kg 가벼워졌고 보행 속도는 약 30% 향상되었다. 이러한 체중 감량과 속도 개선은 로봇의 기동성을 크게 높이며, 보다 복잡하고 다양한 작업 환경에 대응할 수 있는 물리적 기반을 마련했다.

옵티머스의 핵심 경쟁력은 테슬라가 직접 설계한 맞춤형 액추에이터와 센서 시스템에 있다. 2자유도$^{2\text{-}DoF}$의 목과 11자유도를 갖춘 손은 인간에 가까운 섬세한 움직임을 구현하며, 액추에이터 성능 향상과 정교한 제어 알고리듬의 결합은 기계 특유의 끊어지는 동작을 줄이고 부드럽고 자연스러운 보행과 손동작을 가능하게 했다. 이는 단순한 하드웨어 성능 개선이 아니라, 물체와 환경에 반응하며 조율되는 신체 지능이 한 단계 진화했음을 보여준다.

옵티머스는 테슬라의 자율주행 기술을 그대로 계승한 로봇이기도 하다. 카메라는 시각 정보를 수집하고 라이다^{LiDAR}와 심도 센서는 주변 공간을 입체적으로 재구성하며, 이렇게 축적된 데이터는 테슬라의 슈퍼컴퓨터 도조^{Dojo}를 통해 처리될 가능성이 크다. 도조 기반 AI 시스템은 로봇이 경험을 통해 학습하고 변화하는 환경에 자율적으로 적응하도록 지원하며, 옵티머스는 단순히 명령을 수행하는 기계를 넘어 상황

을 해석하고 스스로 대응하는 독립적 작업 주체로 진화하고 있다

테슬라의 비전은 명확하다. 인간이 기피하는 반복적이고 단조로운 노동에서 인류를 해방시키는 것이다. 테슬라는 옵티머스 프로그램과 관련해 다수의 특허를 출원하며 기술적 진정성을 입증하고 있다. 2023년 12월 공개된 시제품은 한층 정밀해진 손동작과 가벼워진 프레임을 선보이며, 상용화에 한 걸음 더 다가섰다. 에너지 효율을 극대화한 고용량 배터리 시스템까지 더해진다면, 옵티머스는 조만간 공장과 일상 곳곳에서 인간의 동료로 자리 잡을 것이다.

물류 현장을 재편하는 로봇, 디짓

애질리티Agility는 항공 서비스부터 산업용 부동산에 이르기까지 글로벌 공급망 인프라 전반을 아우르는 기업이다. 이 회사는 혁신과 지속가능성, 회복탄력성을 핵심 가치로 삼아 투자 포트폴리오를 확장해 왔으며, 이러한 전략적 투자와 기술적 집념이 결합된 결과로 모바일 조작 로봇Mobile manipulation robot, MMR 디짓Digit이 탄생했다.

디짓은 현재 시장에서 가장 진보된 이동형 작업 로봇 가운데 하나로 평가받는다. 이 로봇은 실험실 시제품에 머무는 단계가 아니라, 산업 현장의 불규칙한 지형을 자유롭게 이동하며 실제 과업을 수행하도록 설계되었다는 점에서 차별성을 지닌다. 특히 기존 자동화 설비가 접근하기 어려웠던 좁은 공간과 복잡한 작업 구역을 보완하도록 최적화되어, 유통·제3자 물류3PL·제조 현장에서 이미 성능을 검증받았으며 도입 사례도 빠르게 늘고 있다.

디짓의 잠재력은 세계 최대 이커머스 기업인 아마존^{Amazon}의 선택을 통해 상징적으로 입증되었다. 아마존은 창고 운영 효율을 높이기 위해 디짓을 실제 물류 현장에 투입해 테스트를 진행하고 있으며, 이는 디짓이 단순한 '걷는 로봇'을 넘어 복잡한 물류 시스템 속에서 실질적인 생산성을 만들어내는 기능적 구성 요소로 작동하고 있음을 보여준다.

디짓은 키 약 175cm에 최대 16kg의 물체를 운반할 수 있는 이족 보행 로봇이다. 구동식 관절을 갖춘 독특한 다리 구조 덕분에 평지 보행은 물론 계단 오르기와 불규칙한 지형 주행까지 가능하며, 다중 자유도를 지닌 팔은 물체를 정교하게 집고 들어 올리는 조작 작업을 수행한다. 이러한 신체 구조 덕분에 디짓은 인간 중심으로 설계된 물류 환경에 자연스럽게 적응할 수 있다.

디짓의 머리와 몸체에는 환경을 입체적으로 인식하기 위한 다양한 센서가 탑재되어 있다. 라이다^{LiDAR}는 3차원 지도를 생성해 장애물을 회피하고, 카메라는 물체 식별과 경로 탐색을 담당하며, 고유수용성 센서는 로봇의 자세를 실시간으로 추적해 균형을 유지하도록 돕는다. 사용자가 상위 명령만 전달하면 디짓은 스스로 경로를 계획하고 장애물을 피해 이동하며, 지속적인 인간 감독 없이도 작업을 수행한다.

디짓은 물류 창고의 피킹과 포장뿐 아니라 라스트 마일 배송^{Last Mile Delivery, 물류센터나 허브에서 최종 소비자에게 전달되는 마지막 배송 단계}과 시설 점검까지 폭넓게 활용될 수 있다. 에너지 효율을 고려한 설계와 회생 제동 기능은 운용 시간을 늘리고 유지 비용을 낮추며, 센서와 그리퍼를 교체할 수 있는 모듈형 구조는 변화하는 산업 요구에 맞춰 기능을 확장할 수 있게 한다. 이로써 디짓은 특정 작업에 고정된 로봇이 아니라, 현장에 따라 진화하는 다목적 피지컬 AI 플랫폼으로 자리매김하고 있다.

일상 노동을 향한 접근, 이브

1X 테크놀로지스^{1X Technologies}는 인간과 유사한 동작과 행동을 수행하는 안드로이드형 휴머노이드 로봇을 개발해 온 기업으로, 2014년에 설립되어 노르웨이에 본사를 두고 있다.

1X는 사회적 기여와 전 세계적 노동력 부족 문제 해결을 목표로 실제 환경에 투입 가능한 안드로이드 로봇 개발을 핵심 과제로 삼아 왔으며, 이러한 비전은 업계의 주목을 받았다. 최근에는 소프트뱅크와 7,500만 달러에서 1억 달러 규모의 투자 협상을 진행 중인 것으로 알려지며, 향후 성장 가능성에 대한 기대도 함께 커지고 있다.

이 같은 비선을 구체적으로 구현한 대표 모델이 휴머노이드 로봇 이브^{EVE}다. 이브는 다양한 작업을 수행하도록 설계된 유연하고 민첩한 휴머노이드 로봇으로, 카메라와 각종 센서를 통해 주변 환경을 인식하고 상황에 맞게 반응하며 인간과 상호작용할 수 있다. 또한 뛰어난 기동성과 균형 감각을 바탕으로 복잡한 환경에서도 물체를 정밀하게 다룰 수 있도록 설계되었으며, 이러한 구조 덕분에 공장 작업과 제조 현장의 물류 지원은 물론 건물 순찰과 감시, 나아가 개인 비서 역할에 이르기까지 다양한 영역에서 활용될 수 있다.

이브는 키 188cm, 무게 87kg의 체격을 갖췄음에도 시속 14.5km로 이동할 수 있을 만큼 민첩하며, 다중 지형용 바퀴를 장착해 코너 회전이나 엘리베이터 이용이 자유롭다. 또한 1시간 충전으로 최대 6시간 동안 안정적으로 작동해 실제 현장 투입을 전제로 한 운용 효율성도 확보했다.

이브의 가장 큰 강점은 인간의 손을 모사한 조작 구조에 있다. 인간과 유사한 다지Multi-finger 구조를 통해 물체를 정교하게 잡고 조작할 수 있어 부품 조립이나 섬세한 도구 사용이 필요한 작업에도 효과적으로 대응한다. 여기에 카메라, 라이다LiDAR, 심도 센서를 결합해 거리와 공간적 관계를 정확히 파악함으로써 더욱 안전하고 효율적인 상호작용이 가능하며, 추가 센서나 도구, 말단 장치를 손쉽게 통합할 수 있어 특정 작업에 맞춘 기능 확장도 용이하다.

최근 1X 테크놀로지스는 이브의 학습 능력에서 의미 있는 진전을 이뤘다. 특수 신경망을 활용해 인간이 작업하는 영상을 관찰하는 것만으로 해당 행동을 스스로 학습하고 재현할 수 있게 된 것으로, 이는 이브가 새로운 작업에 투입될 때마다 복잡한 프로그래밍 없이도 빠르게 숙련도를 높일 수 있음을 의미한다.

이처럼 인간을 닮은 외형과 정교한 조작력, 그리고 스스로 배우는 인지 능력을 갖춘 이브는 제조 현장을 넘어 의료, 교육, 연구 분야로까지 활용 가능성을 넓히고 있다. 이브는 안드로이드 로봇이 인간의 생활 공간 속에서 어떻게 공존할 수 있는지를 보여주는 차세대 휴머노이드의 중요한 이정표라 할 수 있다.

기계적 한계를 넘어선 움직임, 아틀라스

1992년 MIT에서 출발한 보스턴 다이내믹스^{Boston Dynamics}는 세계 로봇공학계에서 가장 강력한 기술 브랜드로 평가받는다. 2020년 현대자동차그룹의 자회사로 편입된 이후, 이 회사는 건설과 물류를 비롯한 다양한 산업 현장에 즉시 투입 가능한 로봇 솔루션을 본격적으로 제공하고 있으며, 그 기술력의 정점에 서 있는 존재가 바로 휴머노이드 로봇 아틀라스^{Atlas}다.

아틀라스는 키 1.88m, 무게 150kg에 달하는 체구에도 불구하고 걷기와 달리기는 물론 공중회전 같은 고난도 동작까지 수행한다. 자이로스코프와 가속도계, 관절 위치 센서가 실시간으로 정보를 수집하고, 정교한 알고리듬이 이를 통합해 예기치 못한 충격 속에서도 균형을 유지하게 만든다. 특히 다수의 관절로 구성된 손은 문을 열거나 도구를 사용하는 등, 단순한 이동을 넘어 실제 작업 수행으로 활용 범위를 확장했다.

아틀라스의 머리에는 카메라와 심도 센서가 탑재되어 물체를 인식하고 공간 구조를 입체적으로 이해한다. 운영자가 목적지만 지정하면 로봇이 스스로 경로를 계획하고 장애물을 회피하는 구조로, 원격 조종과 자율 제어가 결합된 방식이다. 이를 통해 아틀라스는 복잡하고 위험한 지형에서도 인간의 개입을 최소화한 채 임무를 수행할 수 있다.

최근 보스턴 다이내믹스는 로봇공학 역사에서 중요한 전환점을 맞았다. 수십 년간 유지해 온 유압 구동 시스템을 과감히 포기하고, 완전 전기식 아틀라스^{All-Electric Atlas}를 공개한 것이다. 유압 방식은 강력한 힘을 구현할 수 있었지만, 구조가 복잡하고 유지보수가 까다롭다는 근본적 한계를 안고 있었다.

현대자동차그룹과의 협력을 통해 탄생한 전기식 아틀라스는 연구실을 넘어 실제 산업 현장에 투입되는 것을 목표로 한다. 이는 단순한 기술 업그레이드가 아니라, 아틀라스가 실험용 로봇에서 실용적 피지컬 AI 로봇으로 정체성을 전환했음을 의미한다. 이제 아틀라스는 쇼케이스를 위한 시연을 넘어, 제조와 물류의 패러다임을 바꿀 실질적인 노동 주체로 진화하고 있다.

산업용 인간형 로봇의 현실화, 아폴로

2016년 텍사스대학교 오스틴 캠퍼스의 인간 중심 로봇 연구실에서 분사한 앱트로닉Apptronik은 로봇 기술을 통해 사회에 긍정적인 변화를 만들어내는 것을 목표로 성장해 온 기업이다. 이들은 다양한 범용 로봇을 지원하는 통합 플랫폼을 구축하며 10종이 넘는 독자적 로봇을 개발해 왔고, 그 축적된 기술 역량의 결정체가 바로 휴머노이드 로봇 아폴로Apollo다. 아폴로는 현재 세계에서 가장 진보한 휴머노이드 중 하나로 평가받으며, 앱트로닉의 설계 철학을 상징하는 존재로 자리 잡았다.

아폴로는 NASA의 휴머노이드 로봇 발키리Valkyrie를 포함한 다양한 로봇 개발 경험을 바탕으로 탄생했다. 초기에는 창고와 제조 공장 자동화에 초점을 맞췄지만, 장기적으로는 건설, 에너지, 유통, 배송, 나아가 노인 돌봄까지 활용 범위를 확장하는 로드맵을 갖고 있다. 이 로봇은 이론적 실험에 머무르지 않고, 현실 세계의 복잡한 과업을 해결하는 산업 현장 중심의 설계를 지향한다.

아폴로는 키 172cm, 무게 72.5kg의 체구로 최대 25kg의 중량물을 들어 올릴 수 있다. 핵심 경쟁력은 앱트로닉이 자체 개발한 맞춤형 액추에이터로, 산업 현장에 요구되는 섬세함과 강력한 출력의 균형을 동시에 구현했다는 점이다. 특히 '포인트 앤 클릭Point-and-click' 방식의 직관적인 소프트웨어 인터페이스를 제공해, 전문적인 로봇 공학 지식이 없는 사용자도 손쉽게 제어하고 기존 시스템에 통합할 수 있도록 설계되었다.

아폴로의 또 다른 강점은 높은 활용성과 확장성이다. 교체형 배터리를 통해 약 4시간 연속 작동이 가능하며, 필요에 따라 유선 연결로 전력을 지속 공급받을 수도 있다. 또한 모듈식 구조를 채택해 이족 보행 로봇 형태뿐 아니라 고정형 시스템이나 다른 이동 플랫폼에도 유연하게 적용할 수 있다. 머리와 가슴에 장착된 LED 표시등은 로봇의 상태를 표정처럼 전달해, 인간 작업자와의 심리적 거리감을 줄이고 협업 효율을 높인다.

앱트로닉은 아폴로를 향후 10년 이상 진화시킬 장기 로드맵을 보유하고 있다. 목표는 물류와 제조를 넘어 노인 돌봄, 가정 배송, 그리고 우주 탐사로까지 이어진다. 현재 NASA와의 협력을 통해 우주비행사의 위험한 작업을 보조하는 시스템 개발이 진행 중이며, 향후 국제우주정거장ISS은 물론 달과 화성 탐사에 투입될 가능성도 거론된다. 2026년 상용화를 목표로 하는 아폴로는 휴머노이드 로봇이 지구와 우주를 잇는 새로운 도구로 진화하고 있음을 보여주는 상징적인 사례라 할 수 있다.

기술은 정말 일자리를 없앨까?

휴머노이드 로봇의 본격적인 상용화는 인간의 노동 환경을 근본적으로 재편할 가능성이 크다. 창고, 제조, 배송, 건설과 같은 산업 현장에 피지컬 AI 로봇이 투입되면, 지금까지 인간이 맡아 온 역할 중 상당 부분은 축소되거나 전환될 수밖에 없다. 이 변화는 필연적으로 '기술적 실업'이라는 사회적 논쟁을 동반한다. 단순 반복 작업이나 고위험 환경에 종사하던 노동자들은 일자리 상실과 임금 압박이라는 현실적인 위기에 직면하게 되고, 그에 따라 사회적 안전망과 재교육 프로그램의 구축은 더 이상 선택이 아닌 필수 과제가 된다.

동시에 이 변화는 인간에게 새로운 가능성을 열어준다. 로봇이 대체하기 어려운 창의적·전략적·사회적 영역에 인간의 역량을 집중할 수 있는 여지가 커지기 때문이다. 로봇과의 정교한 협업은 생산성을 높이는 동시에, 과거에는 존재하지 않았던 새로운 직업군의 등장을 촉진할 가능성도 크다.

결국 휴머노이드 기술은 위협과 기회를 동시에 지닌 양면적 존재라 할 수 있다. 이 거대한 전환을 어떻게 설계하고, 제도와 교육을 통해 얼마나 유연하게 적응하느냐에 따라 위험은 새로운 가능성으로 전환될 수 있다. 휴머노이드 로봇은 미래의 불확실성을 상징하는 존재이자, 그 미래를 여는 가장 강력한 해답이기도 하다.

기술이 발전하면 정말 일자리는 사라질까?

기술적 실업이란 자동화와 AI, 머신러닝의 발전으로 기존 노동자의 일자리가 기계로 대체되는 현상을 의미한다. 과거의 자동화가 주로 공장의 생산라인에 머물렀다면, 최근의 변화는 관리·사무직 영역까지 빠르게 확산되며 고용 구조의 근간을 흔들고 있다. 기계가 반복적 과업을 맡으면서 산업 전반의 생산성은 높아졌지만, 그 자리를 지키고 있던 노동자들은 일자리 상실이라는 실존적 위협에 직면하게 되었다.

이 같은 변화는 COVID-19 팬데믹 이후 더욱 빠르게 진행되었다. 2019년 말 중국 우한에서 시작된 감염병 확산은 전 세계 기업들에게 봉쇄와 사회적 거리두기라는 전례 없는 환경을 안겼다. 기업들은 이런 제약 속에서도 운영을 지속해야 했고, 그 결과 기술에 대한 의존도가 급격히 높아졌다. 원격 근무 시스템, e커머스, 배달 서비스와 같은 니시털 기술이 빠르게 확산되었고, 이는 일부 산업에서 자동화와 노동 대체의 속도를 한층 더 끌어올렸다.

다만 기술적 실업은 오늘날 갑자기 등장한 새로운 문제가 아니다. 인류의 역사에서 중요한 기술 혁신이 나타날 때마다 반복되어 온 현상이다. 그 대표적인 사례가 바로 18세기 후반의 산업혁명이다. 산업혁명은 농업과 수공업 중심의 경제를 기계 기반의 제조업 경제로 전환시키며 전례 없는 성장을 이끌었다. 동시에 섬유 제조나 농업과 같은 전통 산업에서는 기존 기술에 의존하던 일자리가 빠르게 사라지거나 가치가 하락되는 결과도 낳았다.

이처럼 기술 혁신은 새로운 산업과 기회를 만들어내는 동시에, 기존의 노동을 불필요하게 만들기도 한다. 기술적 실업은 바로 이 두 얼굴을 동시에 지닌 변화의 산물이며, 기술 발전의 그늘과 가능성을 함께 보여주는 역사적 반복 현상이라 할 수 있다.

역사를 돌아보면 기술 발전은 언제나 고용 시장을 재편해 왔다. 특히 20세기에 들어서면서 그 변화의 속도는 눈에 띄게 빨라졌다. 자동화 기술과 디지털 기술의 등장은 산업 전반의 업무 방식을 근본적으로 바꾸어 놓았다. 처음에는 공장에서 반복적이고 육체적으로 힘든 작업들이 기계로 대체되었지만, 이러한 변화는 곧 제조업을 넘어 다른 분야로 확산되었다. 통신, 은행, 소매업과 같은 서비스 산업에서도 전산화와 자동화가 빠르게 진행되면서 인간의 역할은 점차 변하거나 축소되었다. 이처럼 20세기의 기술 혁신은 산업 구조 전반에서 노동 수요를 다시 짜는 계기가 되었고, 기술적 실업이라는 현상을 더욱 분명하게 드러냈다.

기술 발전이 가속화될 때마다 노동 방식은 수작업에서 자동화로 옮겨갔고, 그에 따라 고용 구조도 지속적으로 변화했다. 20세기 초 자동차 산업에 조립라인이 도입되자, 숙련된 장인의 역할은 크게 줄어들었다. 대신 반복적이지만 상대적으로 숙련도가 낮은 노동이 더 많이 요구되었다. 이러한 기계화는 생산성을 획기적으로 끌어올렸지만, 동시에 기존 직종의 필요성을 약화시키는 결과를 낳았다. 세기 후반에 접어들며 디지털 혁명이 본격화되자 자동화의 범위는 더욱 넓어졌다. 육체노동뿐 아니라 인지적 · 사무적 업무까지 자동화되면서 사무직과 서비스 산업 전반에 큰 충격을 남겼고, 단기적으로는 상당한 일자리 감소가 뒤따랐다.

그러나 기술 발전은 일자리를 없애는 동시에 새로운 고용 기회를 만들어 왔다. 기계화로 농업과 제조업의 일자리는 줄어들었지만, 그 빈자리는 서비스업과 기술 중심 산업이 채워 왔다. 이처럼 노동 수요의 중심은 시대에 따라 이동해 왔으며, 기술 혁신은 노동시장의 구조 자체를 재편해 왔다.

이러한 역사적 경험은 기술 발전이 반복적으로 보여 온 패턴을 잘 드러낸다. 새로운 기술은 단기적으로 고용 불안을 낳지만, 장기적으로는 새로운 산업과 직업을 탄생시키며 경제적 기회의 토대를 넓혀 왔다. 기술 혁신은 기존 일자리를 위협하는 동시에 미래의 고용 구조를 다시 짜는 양면적 힘을 지닌 셈이다.

기술적 실업이란 자동화와 알고리듬의 발전으로 인간이 맡아 오던 일이 점차 기계로 대체되는 현상을 말한다. 이 흐름이 극단으로 치달을 경우, 우리는 이른바 포스트워크Post-work 사회에 가까워질 수 있다. 그 사회에서는 생계를 위해 반드시 일해야 할 필요가 크게 줄어들고, 노동은 더 이상 개인의 정체성과 지위를 규정하는 중심축이 되지 않는다. 대신 삶의 의미와 사회의 가치 기준은 노동 바깥의 다른 활동들을 중심으로 새롭게 구성될 가능성이 커진다.

기술적 실업이 현실화될 것이라고 보는 관점에서는, 자동화와 AI의 발전이 가까운 미래에 대규모 실업을 초래할 것이라고 우려한다. 이들은 기술이 대체한 일자리를 인간 노동자가 다른 형태로 다시 확보하기는 쉽지 않다고 본다. 그 결과 노동에 참여하는 인구 자체가 크게 줄어들 것이라는 전망이 나온다.

현재 대부분의 선진국에서는 전체 인구의 약 60~70%가 노동시장에 참여하고 있다. 그러나 기술적 실업이 심화될 경우, 이 비율이 30~40%는 물론이고 10~15% 수준까지 낮아질 수 있다는 주장도 제기된다. 이는 사회와 경제를 유지하는 데 직접적으로 필요하지 않은 인구가 대규모로 증가할 수 있음을 뜻한다. 이러한 관점에서 기술적 실업은 단순한 일자리 감소의 문제가 아니다. 노동과의 연결 여부가 사회적 참여와 생존을 가르는 기준이 되면서, 경제적 필요와 무관한 '잉여 인구'를 구조적으로 확대시키는 변화를 야기할 수 있다는 점에서 보다 근본적인 도전이 되고 있다.

따라서 기술적 실업을 정확히 이해하는 일은 정책 입안자와 기업, 노동자 모두에게 중요하다. 그래야 급변하는 직업 환경에 효과적으로 대응할 수 있고, 기술 발전의 혜택이 사회 전체에 보다 고르게 분배되도록 설계할 수 있다.

기술적 실업을 올바르게 이해해야 하는 이유는 다음 5가지로 정리할 수 있다.

첫째, 자동화로 대체될 가능성이 높은 직업과 업무를 사전에 가늠해 직업 전환과 재교육 전략을 미리 설계할 수 있다.

둘째, 기술 변화가 고용에 미치는 영향을 이해함으로써 교육 · 훈련

정책과 사회안전망을 더욱 정교하게 설계할 수 있다.

셋째, 기술 발전의 경제적 이익이 소수에게 집중되지 않도록 포용적 성장 전략을 마련할 수 있다.

넷째, 불평등 심화와 사회적 불안을 예측하고 완화 전략을 준비할 수 있다.

다섯째, 기업은 새로운 고용 기회가 어디에서 등장할지를 예측하고 선제적으로 대응할 수 있다.

기술적 실업을 경고하는 보고서들

기술적 실업을 분석한 연구 가운데 가장 널리 인용되는 지표는 2가지다. 하나는 2013년 칼 프레이^{Carl Frey}와 마이클 오스본^{Michael Osborne}이 공동으로 발표한 연구이고, 다른 하나는 2017년 맥킨지 글로벌 연구소^{McKinsey Global Institute}가 작성한 보고서다. 이 두 연구는 자동화와 AI가 고용 시장에 미칠 영향을 정량적 데이터로 세시하며, 이후 전개된 AI와 노동 담론의 핵심 기준점으로 자리 잡았다.

프레이·오스본 보고서

프레이와 오스본 보고서는 총 702개 직업군을 대상으로 각 직업이 자동화될 가능성을 체계적으로 평가했다. 연구 결과에 따르면 미국 내 직업의 약 47%가 향후 10~20년 이내에 컴퓨터와 자동화 기술로 대체될 수 있을 것으로 전망된다.

연구진은 본격적인 분석에 앞서 자동화가 역사적으로 어떻게 발전해 왔는지, 그리고 최근 AI와 로봇공학 기술이 어떤 방향으로 진화하고 있는지를 함께 검토했다. 그 결과, 기술은 인간의 일자리를 대체할 수 있는 강력한 잠재력을 지니고 있음이 확인되었다. 특히 최근 기술 발전은 기계가 단순 반복 업무를 넘어 일부 복잡하고 비정형적인 업무까지 수행할 수 있음을 보여준다.

그럼에도 칼 프레이와 마이클 오스본은 모든 영역이 동일한 속도로 자동화되지는 않을 것이라고 보았다. 이들은 지각과 조작Perception and manipulation, 창의적 지능Creative intelligence, 사회적 지능Social intelligence이 요구되는 영역에서는 인간이 상당 기간 기계보다 우월한 위치를 유지할 것이라는 가정을 세웠다.

지각과 조작 능력이란 제한된 공간이나 비정형적인 환경에서도 정교한 손재주로 작업을 수행하는 능력을 뜻한다. 이러한 역량이 요구되는 업무는 현재의 로봇 기술로는 여전히 구현하기 어렵다. 창의적 지능 역시 마찬가지다. 미술, 음악, 소설 창작 분야에서 AI 화가나 AI 작곡가, AI 작가가 등장했지만, 이는 주로 기술의 가능성을 시험하는 단계에 머물러 있으며 인간의 창의적 역할을 완전히 대체하기에는 분명한 한계가 있다.

사회적 지능이 요구되는 업무도 비교적 안전한 영역으로 분류되었다. 협상과 설득, 돌봄과 같은 활동은 인간의 공감 능력과 복합적인 사회적 판단을 전제로 하기에 단기간 내 자동화되기 어렵다고 보았다

이러한 통찰을 바탕으로 프레이와 오스본은 향후 20년간 자동화로 대체될 수 있는 일자리의 규모를 정량적으로 추정하는 것을 연구의

핵심 목표로 삼았다. 이를 통해 미래 고용 구조와 자동화 가능성을 더욱 구체적으로 예측하고자 했다.

연구에는 미국 노동부가 관리하는 'O*NET 데이터베이스'가 활용되었다. 이 데이터베이스는 각 직업이 수행하는 업무 내용과 요구 역량을 체계적으로 정리한 자료로, 미국 내 거의 모든 직업을 포괄하는 정보를 담고 있다.

분석 과정에서는 주관적 평가와 객관적 분석을 병행했다. 주관적 평가는 옥스퍼드대학교에서 머신러닝 전문가들과 워크숍을 열어 70개 직업을 직접 평가하는 방식으로 진행되었다. 자동화 가능성이 있다고 판단된 직업에는 1점을, 그렇지 않은 직업에는 0점을 부여했다.

객관적 분석에서는 O*NET 데이터에 기록된 직업별 업무 특성과 자동화가 특히 어려운 3가지 영역, 즉 지각과 조작, 창의적 지능, 사회적 지능을 연결해 분석했다. 연구진은 직업 수행에 필요한 핵심 기술을 나타내는 9개 변수를 도출하고, 이를 3가지 자동화 어려움 범주와 대응시켰다.

이 과정을 통해 각 직업의 자동화 가능성을 확률적으로 산출하고, 알고리듬 기반 분류 모델을 구축했다. 최종적으로는 주관적 수작업 라벨링과 객관적 알고리듬 분석을 결합해 직업을 세 가지 자동화 위험 수준으로 구분했다. 자동화 확률이 0.7 이상인 직업은 고위험군, 0.3~0.7은 중위험군, 0.3 미만은 저위험군으로 분류되었다.

그 결과, 향후 20년 동안 미국 직업의 약 47%가 자동화될 위험이 크다는 결론에 도달했다.

맥킨지 글로벌 연구소 보고서

맥킨지 글로벌 연구소 보고서는 프레이와 오스본의 연구와 유사한 문제의식을 공유하면서도, 분석 단위에서 중요한 차이를 보였다. 프레이와 오스본이 '직업' 전체를 기준으로 자동화 가능성을 평가했다면, 맥킨지 글로벌 연구소는 직업을 구성하는 개별 업무[Task]에 초점을 맞췄다. 연구진은 직업 단위보다 업무 단위로 접근할 때 자동화의 실제 영향력을 훨씬 정밀하게 측정할 수 있다고 보았다.

이 보고서 역시 O*NET 데이터베이스를 활용했으며, 미국 노동통계국BLS의 자료를 결합해 노동자가 수행하는 다양한 업무 정보를 보완했다. 그 결과 약 800개 직업에서 2,000개가 넘는 고유 업무가 도출되었다.

연구팀은 먼저 각 업무를 18가지 수행 능력 기준으로 분류한 뒤, 이를 감각적 지각, 인지 능력, 자연어 처리, 사회적 · 정서적 능력, 신체적 능력이라는 다섯 가지 범주로 재구성했다. 이후 각 업무에서 요구되는 수행 수준을 인간의 평균 능력과 비교해 평가했으며, 이 과정에서 네 단계의 업무 난이도 체계를 설정했다.

즉, 인간 수준의 능력이 거의 필요하지 않은 업무부터 평균 이하의 인간 능력이 요구되는 업무, 중간 수준의 인간 능력이 요구되는 업무, 그리고 높은 수준의 인간 능력이 요구되는 업무까지로 구분한 것이다.

이러한 분석을 통해 맥킨지는 단기 및 중기적으로 각 업무가 기계에 의해 완전히 자동화될 가능성을 추정할 수 있었다. 예측이 가능한 신체 활동이나 반복적인 데이터 수집·처리 업무는 자동화 가능성이 높지만, 인사 관리, 전문 지식의 창의적 적용, 예측 불가능한 환경에서의 신체 활동은 자동화 가능성이 낮은 영역으로 분류되었다.

연구진은 각 업무의 자동화 민감도와 직종별로 해당 업무에 투입되는 시간 데이터를 결합해, 직업 단위의 자동화 잠재력을 종합적으로 산출하는 모델을 구축했다. 이를 통해 직업별 자동화 위험 수준을 더욱 현실적으로 평가할 수 있었다.

맥킨지 글로벌 연구소는 동일한 방법론을 45개국에 적용해 추가 분석을 수행했다. 그 결과 전체 직업 가운데 완전 자동화가 가능한 비중은 5% 미만으로 나타났다. 반면 약 60%의 직업에는 자동화가 가능한 업무가 30% 이상 포함되어 있는 것으로 분석되었다. 또한 전 세계 유급 노동의 약 49%는 현재 이용 가능한 기술만으로도 자동화가 가능하다는 결론에 도달했다.

특히 2017년 기준 미국의 경우, 단순 노동과 정보 처리 업무가 자동화에 가장 취약한 영역으로 나타났으며, 이들 직종이 전체 고용의 약 51%를 차지하고 있다는 점은 노동시장이 구조적 전환 압력에 놓여 있음을 분명히 보여준다.

실업은 발생하지 않는다는 주장

기술적 실업 발생론은 최첨단 기계가 업무를 자동화할수록 더 많은 사람이 일자리를 잃게 된다고 본다. 이 관점의 밑바탕에는 하나의 가정이 있다. 우리가 돈을 받고 수행하는 업무의 종류와 총량이 본질적으로 한정되어 있다는 생각이다. 세상에 존재하는 일이 일정하게 고정되어 있고, 기계가 그 몫을 가져가면 인간이 맡을 일은 결국 줄어들 수밖에 없다는 논리다.

반면 기술적 실업이 반드시 발생하지는 않는다고 보는 시각도 있다. 이들은 "업무는 본질적으로 고정되어 있다"는 가정 자체가 잘못되었다고 주장한다. 경제는 멈춰 있는 체계가 아니라 혁신과 변화 속에서 끊임없이 재구성되는 동적 시스템이며, 새로운 기술은 기존의 일을 대체하는 동시에 전혀 다른 형태의 일을 만들어 낸다는 것이다. 이 관점을 뒷받침하는 근거는 크게 4가지로 정리할 수 있다.

러다이트 오류

기술적 실업 비발생론의 첫 번째 근거는 러다이트Luddite의 역사적 사례에서 찾을 수 있다. 기술적 실업이 필연적이라고 보는 시각은 흔히 '러다이트 오류Luddite fallacy'에 빠지는데, 이는 새로운 기술이 등장하면 일자리가 근본적으로 사라진다는 믿음을 뜻한다.

러다이트는 19세기 초 산업혁명 시기, 기계 도입으로 생계를 잃었다고 느낀 영국의 해직 노동자들을 가리킨다. 이들은 증기기관과 방직기계가 수많은 일자리를 빼앗는다고 생각해 기계를 파괴하는 폭동을 일으켰다. 그러나 역사적 결과는 그렇게 단순하지 않았다. 지난 200여 년 동안 기술은 끊임없이 발전해 왔지만, 전체 일자리의 총량은 줄어들지 않았고 오히려 더 많은 사람이 더 다양한 형태의 일에 종사하게 되었다. 기술은 일부 업무를 대체했지만, 동시에 새로운 산업과 직업을 만들었기 때문이다.

이 경험은 '기술 발전 = 대규모 실업'이라는 단순한 인과관계가 언제나 성립하는 것은 아니라는 점을 보여준다. 인간의 욕구와 필요는 시대가 바뀔수록 확장해 왔고, 기술이 바꾼 생활 방식은 새로운 노동을 계속 만들어 냈다. 100년 전에는 존재하지 않았던 컴퓨터 프로그래머나 소셜 미디어 컨설턴트가 오늘날 핵심 직군이 된 것이 대표적인 사례다. 인터넷 역시 일부 전통 직업을 사라지게 했지만, 그와 동시에 전자상거래, 디지털 마케팅, IT 서비스 같은 새로운 산업과 일자리를 대거 탄생시켰다.

다만 이 논리에는 중요한 반론이 따른다. 새로운 일자리가 생긴다고 해서 그것이 모두 '좋은 일자리'는 아니라는 점이다. 긱 이코노미^{Gig economy, 산업 현장에서 필요에 따라 사람을 구해 임시로 계약을 맺고 일을 맡기는 형태의 경제 방식}는 분명 새로운 고용 형태를 만들어 냈지만, 그중 상당수는 독립 계약자나 프리랜서 중심으로 운영되며 고용 안정성, 복지, 경력 축적 구조가 취약한 경우가 많다. 즉 "일자리는 늘어날 수 있다"는 주장과 "삶의 질이 보장되는 일자리가 늘어난다"는 주장은 같지 않다. 바로 이 지점이 기술적 실업 비발생론이 반복적으로 지적받는 한계다.

인간과 기계의 보완성

두 번째 근거는 인간과 기계가 서로를 밀어내는 관계가 아니라, 결합을 통해 생산성을 높이는 보완성^{Complementarity} 관계를 형성한다는 주장이다. 미국 경제학자 데이비드 오터^{David Autor}는 기술적 실업 논의가 기술의 '대체 효과'에만 지나치게 집중해 왔다고 비판한다. 대체 효과란 새로운 기술이 더 저렴하고 효율적인 기계를 도입하게 만들면서, 기존 인간 노동을 밀어내는 현상을 말한다. 그러나 오터는 기술이 동시에 '보완 효과'를 만들어 낸다는 점이 충분히 주목받지 못했다고 본다. 보완 효과란 인간과 기술이 함께 작동할 때 생산성이 증폭되고, 그 과정에서 새로운 업무와 역할이 탄생할 수 있다는 논리다

이 관점에서 핵심 질문은 "자동화가 직업 전체를 없애는가?"가 아니라, "직업을 구성하는 어떤 업무가 자동화되는가?"다. 자동화는 대개 직업을 통째로 대체하지 않는다. 대신 그 안에 포함된 반복적이고 규칙 기반의 업무부터 잠식한다. 예를 들어 회계사의 반복적인 입력과 정산 업무는 자동화될 수 있지만, 데이터를 해석하고 의미를 도출해 전략적 판단을 내리는 역할은 여전히 인간의 몫으로 남는다. 따라서 일부 업무가 자동화된다고 해서 해당 직업의 고용이 곧바로 사라진다고 단정하기는 어렵다.

또한 특정 업무가 자동화되면 비용이 줄고 생산성이 높아지며, 이는 시장 확대와 수요 증가로 이어질 수 있다. 생산량이 늘어나면 물류, 운송, 영업, 고객지원 같은 연관 분야의 수요도 함께 커진다. 즉 자동화는 전체 고용을 줄이기보다, 다른 영역에서 새로운 고용을 자극하는 계기가 될 수도 있다.

미국의 로봇공학 전문가이자 카네기멜런대학교 교수인 한스 모라벡Hans Moravec은 1980년대 기술 발전의 방향성을 분석하면서 흥미로운 점을 발견했다. 그는 고도의 추상적 사고가 필요한 과업이 오히려 자동화하기 쉽다는 사실에 주목했다. 이러한 과업은 명확한 규칙과 논

리 구조를 갖추고 있어, 컴퓨터가 알고리듬으로 구현하면 효율적으로 수행할 수 있기 때문이다. 반면, 공을 잡는 동작처럼 기본적인 감각 및 운동 기술이 필요한 작업은 자동화하기 훨씬 어렵다. 이러한 기술은 인간이 오랜 학습과 경험을 통해 체득하는 암묵적 지식에 기반하며, 명확한 규칙이나 절차로 표현하기 쉽지 않다.

이 같은 관찰은 이후 '모라벡의 역설'로 불리게 되었다. 모라벡의 역설은 인간과 기계가 어려움을 느끼는 작업의 종류가 극명하게 다르다는 점을 보여준다. 즉, 인간에게 난이도가 높은 추상적 과업은 기계에게 비교적 간단하지만, 인간에게 자연스럽고 쉬운 일상적 감각·운동 과업은 기계에게 오히려 어렵다는 의미다.

데이비드 오터의 인간-기계 보완성 주장은, 보완 효과가 특정 업무를 잘 수행하는 기계가 등장할 때 인간 노동이 자연스럽게 다른 유형의 업무로 이동하는 과정을 설명하는 데 초점을 맞춘다. 오터에 따르면, 인간은 기계가 수행하기 어려운 영역, 즉 복잡한 판단, 상황 이해, 대인관계, 창의적 사고 등에서 여전히 강점을 지닌다. 따라서 자동화가 진행되면 인간 노동은 기계가 대체하지 못하는 이러한 보완적 업무로 이동하게 된다. 즉, 기계가 특정 작업을 맡으면 인간은 그 작업과 인접하지만 기계가 수행하기 어려운 새로운 역할을 맡음으로써 노동 시장이 조정된다는 것이다.

오터는 헝가리 출신의 영국 경제학자 마이클 폴라니^{Michael Polanyi}의 연구를 바탕으로 인간의 지속적 보완성을 강조한다. 폴라니는 인간 지식의 '암묵적 영역'에 주목하며, 인간의 노하우가 대부분 무의식적으로 작동하는 암묵적 기술과 지식에 의존한다고 설명했다. 이러한 기술과 지식은 문화, 전통, 진화를 통해 전승되기 때문에 규칙으로 명시하기 어렵고, 자동화 기술로 대체하기 힘들다. 따라서 인간 노동은 기계가 수행할 수 없는 영역에서 여전히 중요한 역할을 하며, 보완적 가치를 유지할 수 있다.

데이비드 오터는 모라벡의 역설에 더해 '폴라니의 역설'이라는 개념도 제시했다. 이 역설은 사람들이 명시적으로 표현할 수 없는 지식을 지닌 현상을 가리킨다. 즉, 우리는 말로 표현할 수 있는 것보다 훨씬 더 많은 것을 알고 있다는 뜻이다. 마이클 폴라니는 이러한 생각을 1996년 저서 『암묵적 영역』에서 소개하며, 인간 지식의 상당 부분이 암묵적이고 직관적이며 묵시적이라고 주장했다. 이러한 암묵적 지식은 기술, 전문성, 직관, 신체적 동작, 심지어 개인이 간직한 신념과 관련될 뿐 아니라, 인간마다 마음속 깊이 뿌리내리고 있다. 폴라니의 역설은 인간과 기계의 관계에서 중요한 시사점을 제공한다. 즉, 인간의 암묵적 노하우가 인간과 기계의 보완성을 지속시키는 핵심 원천이라는 점이다.

제도적 규제

기술적 실업이 반드시 발생하지는 않는다는 관점의 세 번째 근거는, 기술 확산의 속도를 조절하는 법적·제도적 규제가 존재한다는 점이다. 실리콘밸리에서 디지털 기술과 자동화 기술이 빠르게 발전하고 확산될 수 있었던 배경에는 비교적 느슨한 규제 환경이 있었다. 반대로 규제가 엄격한 산업과 비교하면, 법과 제도가 기술 혁신의 속도와 적용 범위에 얼마나 큰 영향을 미치는지가 분명히 드러난다. 이러한 법적 · 제도적 구조는 기술 발전이 곧바로 대규모 일자리 감소로 이어지지 않도록 완충 장치로 작동할 수 있다.

최근 일부 연구자들은 엄격한 법적 규제가 자동화 확산 속도를 실질적으로 늦출 수 있다고 지적한다. 마틴 업처치^{Martin Upchurch} 영국 미들섹스대학교 교수와 피비 무어^{Phoebe Moore} 레스터대학교 교수는 2017년 공동 논문에서 자동화 기술이 직면할 핵심 도전으로 이러한 규제 구조를 제시했다. 이들은 법적 규제가 자동화 기술의 사회적 통합을 구조적으로 지연시킬 수 있다고 강조했다. 특히 자율주행차 보급 과정에서 발생하는 법적 · 사회적 문제를 대표적 사례로 들었다. 자율주행차 사고가 발생할 경우, 책임 주체는 운전자에 국한되지 않고 제조업체, 소프트웨어 개발자, 차량 소유자까지 확장된다. 이로 인해 과실 판단은 복잡해지고 법적 분쟁 가능성도 커진다. 기존 운전자 중심으로 설계된 보험 체계 역시 기술 오류와 시스템 결함을 핵심 변수로 재설계해야 한다. 이러한 제도적 재편 과정 자체가 기술 도입 속도를 늦추는 요인으로 작동할 수 있다.

법적 규제와 유사한 맥락에서 기술 발전 속도를 조절하는 또 하나의 수단은 조세 정책이다. 대표적인 사례가 빌 게이츠^{Bill Gates} 전 마이크로소프트 최고경영자가 제안한 '로봇세^{Robot tax}'다. 이 구상은 로봇으로 대체된 노동자에 대한 사회적 보완 장치를 마련하기 위해 자동화 기술에 세금을 부과하자는 제안이다. 만약 이러한 제도가 실제로 도입된다면, 기업의 자동화 투자 비용은 상승하고 기술 개발과 도입 속도는 자연스럽게 완만해질 가능성이 크다. 이는 자동화가 사회에 미치는 충격을 완화하는 하나의 정책적 장치로 기능할 수 있다.

자본주의 소비 경제의 구조

기술적 실업이 반드시 지속되기 어렵다는 마지막 근거는 자본주의 경제의 구조에 있다. 자본주의는 소비를 전제로 작동하는 시스템이다. 소비는 소득에 의해 가능하고, 소득은 다시 고용과 연결된다. 따라서 대규보 실업이 발생하면 이는 단순한 고용 문제가 아니라, 경제 시스템 전체의 작동 기반을 흔드는 구조적 위기로 이어진다.

이 문제를 상징적으로 보여주는 일화가 헨리 포드 주니어^{Henry Ford Jr.}와 노동조합 지도자 월터 로이터^{Walter Reuther}의 대화다. 로이터가 자동화된 공장을 둘러보던 중, 포드는 기계를 가리키며 "이 기계에게 어떻게 조합비를 내게 할 건가?"라고 물었다고 전해진다. 이에 로이터는 고용된 노동자가 없다면 제품을 구매할 소비자도 존재할 수 없다고 반문했다.

이 이야기는 실제 사건이라기보다는 전설에 가까운 일화다. 그러나 자본주의 경제의 핵심 구조를 직관적으로 드러낸다는 점에서 자주 인용된다. 자본주의 사회에서 노동자는 생산자이면서 동시에 소비자다. 자동화가 대규모로 일자리를 대체하면 사람들의 소득 기반이 약화하고, 그 결과 소비자층은 구조적으로 축소될 수밖에 없다. 일부 고소득층의 소비가 이를 부분적으로 보완할 수는 있지만, 대중 소비 기반을 대체하기에는 분명한 한계가 있다. 소비가 줄어들면 기업의 수익도 감소하고, 수익이 사라지면 자동화나 혁신 기술에 대한 투자 역시 지속되기 어렵다. 이런 이유로 기술적 실업은 장기적으로 자본주의 경제 내부에서 안정적으로 유지되기 힘든 구조를 가진다.

이처럼 기술이 일부 업무를 자동화하더라도, 역사적 경험과 인간-기계 보완성, 제도적 규제, 그리고 자본주의 소비 경제 구조가 함께 작동하면서 기술적 실업이 곧바로 대규모로 현실화하지는 않는다. 오히려 기술과 인간은 상호 보완 관계 속에서 새로운 역할과 기회를 만들어 왔다. 결국 중요한 것은 기술 그 자체가 아니라, 변화에 어떻게 적응하고 인간만이 발휘할 수 있는 가치를 어디에 배치하느냐다.

실업은 불가피하다는 주장

지난 200여 년 동안 사람들은 기술이 대규모 실업을 초래할 것이라 우려해 왔다. 그러나 실제로는 그러한 예측만큼 심각한 실업이 발생하지 않았다. 이 때문에 많은 경제학자들은 자동화로 인한 기술적 실업에 대한 공포가 과장되었다고 본다. 단기적으로 마찰적 실업이 나타나더라도, 경제 구조가 조정되면서 노동자들은 기계와 보완적인 새로운 역할로 이동해 왔다는 것이 그 이유다.

하지만 최근 들어 상황이 달라질 수 있다는 경고가 다시 제기되고 있다. AI와 로봇공학의 발전 속도와 범위가 과거의 기술 혁신과는 질적으로 다르기 때문이다. 지금의 기술 변화는 노동시장에 미치는 영향이 이전보다 훨씬 크고, 조정 과정 또한 훨씬 더 어렵게 전개될 가능성이 있다. 기술적 실업이 실제로 발생할 수 있다고 보는 학자들은, 그 이유를 다음 3가지로 정리한다.

기술 혁신 속도의 가속화

기술적 실업이 발생할 수 있다는 첫 번째 근거는 기술 발전 속도의 가속이다. 세계경제포럼[WEF]은 2018년 보고서에서 자동화로 인해 전 세계적으로 약 7,500만 개의 일자리가 대체되는 한편, 기계를 보완하는 1억 3,300만 개의 새로운 일자리가 창출될 수 있다고 전망했다. 겉으로 보면 고용의 총량은 오히려 증가하는 것처럼 보인다.

그러나 이러한 전환이 실제로 긍정적인 결과로 이어지기 위해서는 중요한 전제 조건이 필요하다. 노동자들이 새로운 역할에 요구되는 역량을 충분히, 그리고 제때 습득할 수 있어야 한다는 점이다. 문제는 이 재교육 과정이 절대 간단하지 않다는 데 있다. 나이, 가족 부양 책임, 소득 수준 같은 개인적·구조적 제약으로 인해 재교육에 접근하지 못하는 사람들도 적지 않다. 교육기관 역시 변화 속도에 맞춰 신속히 대응하기 어렵다. 특히 공공 교육기관은 시장의 직접적인 압력을 덜 받기 때문에, 교육과정을 빠르게 개편할 유인이 부족한 경우가 많다.

기술 발전 속도가 빨라질수록 이러한 제도적 한계는 더욱 분명해진다. AI와 자동화 기술은 인간의 학습 속도를 기다려주지 않는다. 노동자가 재교육을 통해 보완적 역할을 준비하는 동안에도 기술은 한 단계, 또 한 단계 앞서 나간다. 여기서 중요한 점은 기술이 반드시 폭발적으로 발전할 필요는 없다는 것이다. 기술 발전 속도가 인간의 학습 속도를 조금만 앞질러도, 노동자는 경쟁에서 밀려날 수 있다.

이 문제는 특히 젊은 세대에게 더 큰 부담으로 작용한다. 에두아르도 폴[Eduardo Pol]과 제임스 레벨리[James Reveley]는 2017년 연구에서 자동화가 젊은 세대를 '궁핍의 순환'에 빠뜨릴 위험이 있다고 지적했다. 더 나은 일자리를 얻기 위해 대학에 진학하지만, 교육비는 계속 상승하고 있다. 등록금이 비교적 낮은 경우에도 생활비와 교재비 같은 필수 비용은 젊은 세대의 부담을 키운다.

많은 학생이 학업을 유지하기 위해 아르바이트에 의존하지만, 이러한 일자리들은 자동화에 가장 취약한 영역에 속한다. 그 결과 젊은 세대는 소득과 시간, 두 가지 모두를 잃게 된다. 자동화에 취약한 노동에 오래 머물수록, 미래를 위한 학습과 전환에 투자할 여력은 줄어든다. 이는 기술 변화에 대응할 능력을 구조적으로 약화하는 악순환으로 이어질 수 있다.

기계 간 보완성의 확대

기술적 실업이 발생할 수 있다는 두 번째 근거는 인간과 기계 간의 보완성이 언제나 성립하는 것은 아니라는 점이다. 데이비드 오터가 말한 보완 효과는 인간과 기계가 함께 일할 수 있는 환경이 전제될 때 의미가 있다. 그러나 현실의 생산 현장에서는 이러한 조건이 점점 더 약화하고 있다.

제조업 현장에서 로봇은 이미 힘과 속도 면에서 인간을 압도한다. 안전 문제로 인해 인간과 로봇은 분리된 공간에서 작업해야 하고, 인간의 직접 개입은 점차 제한된다. 이런 환경에서는 인간과 로봇이 협력하기보다, 로봇을 관리하는 또 다른 로봇이나 자동화 시스템을 도입하는 편이 더 효율적인 선택이 되기 쉽다.

금융 시장에서도 유사한 현상이 나타난다. 초고속 트레이딩 알고리듬은 인간이 개입할 수 없는 속도로 작동한다. 이 경우 인간 감독을 강화하기보다, 알고리듬을 감시하고 조정하는 또 다른 AI 시스템을 개발하는 것이 더 현실적인 대안이 된다. 그 결과 인간은 점차 의사결정의 중심에서 밀려나게 된다.

이러한 환경에서 금융 생태계는 다양한 유형의 기계와 알고리듬이 서로의 능력을 보완하며 작동하는 구조가 된다. 예를 들어, 고속 트레이딩 알고리듬과 자연어 처리, 음성 인식 기술의 발전이 결합되면 기계 간 보완성이 강화된다. 결과적으로 기계는 단순히 투자를 관리할 뿐만 아니라, 자동화된 '로보 어드바이저Robo-adviser'를 통해 투자자에게 조언과 업데이트를 제공하게 된다. 이로 인해 인간 재무 고문의 필요성이 감소하는 시나리오가 나타날 수 있다.

중요한 점은 보완 효과 자체가 틀렸다는 것이 아니다. 문제는 보완의 대상이 더 이상 인간이 아닐 가능성이 커지고 있다는 데 있다. 실제 생산 시스템에서는 여러 종류의 AI와 로봇이 동시에 작동하며 서로의 기능을 보완한다. 이 과정에서 인간은 협업의 핵심 주체가 아니라, 주변적 존재로 밀려날 위험에 놓인다.

미국의 인공지능 학자 제리 캐플런Jerry Kaplan은 저서 『인간은 필요 없다Humans Need Not Apply』에서 이러한 변화를 '기계 간 보완성'이라는 개념으로 설명한다. 그는 모든 작업이 감각 데이터, 에너지, 추론 능력, 구동력이라는 4가지 요소의 결합으로 이루어진다고 본다. 인간은 이 요소들을 하나의 생물학적 존재 안에 통합하지만, 기계는 이를 분산된 시스템으로 구성할 수 있다. 센서는 데이터를 모으고, 클라우드는 추론을 담당하며, 로봇이나 드론은 물리적 행동을 수행한다. 이러한 구조는 인간의 개입 없이도 효율적으로 작동할 수 있다.

결국 여기서 중요한 것은 형태가 아니라 기능이다. 로봇이 인간을 닮았는지는 본질적인 문제가 아니다. 핵심은 그 시스템이 인간이 수행하던 작업을 충분히 대체할 수 있냐는 점이다.

슈퍼스타 시장의 성장

기술적 실업 발생론의 세 번째 근거는 소수의 경제 주체가 경제적 이익을 불균형적으로 독점하는 '슈퍼스타 시장Superstar market', 즉 승자독식 시장의 성장이다. 이 개념은 미국의 경제학자 셔윈 로즌Sherwin Rosen이 1981년 발표한 논문에서 처음 제시했다.

기술저 실업이 발생하지 않는다는 근서는 기술 발전이 새로운 일자리를 창출한다는 전제를 둔다. 그러나 이러한 일자리 창출이 자동화로 사라지는 기존 일자리를 충분히 보완할 수 있을지는 분명하지 않다. 특히 슈퍼스타 시장에서는 소수의 승자가 대부분의 수익을 가져가기 때문에, 새롭게 창출되는 일자리의 과실이 사회 전반에 고르게 분배되기 어렵다. 그 결과 자동화로 인한 일자리 감소의 충격은 오히려 더 뚜렷하게 드러날 수 있다.

슈퍼스타 시장이 확대된 배경에는 정보기술의 발전과 세계화가 결정적인 역할을 했다. 정보기술의 발달은 콘텐츠와 상품의 연결성과 확산 속도를 획기적으로 높였고, 세계화는 특정 기업이 국경을 넘어 전 세계 고객에게 접근할 수 있는 환경을 만들었다. 이 두 흐름이 결합하면서 물리적·디지털 상품과 서비스를 대규모로 생산·유통할 수 있는 글로벌 시장이 만들어졌고, 극소수 기업이 전 세계 수요를 흡수하는 구조가 가능해졌다. 그 결과 슈퍼스타 시장은 빠르게 성장했다.

오늘날 글로벌 시장에서는 아마존, 알리바바, 구글, 페이스북, 애플과 같은 소수의 기업이 각 분야에서 지배적인 위치를 차지하고 있다. 그러나 이들 기업은 과거의 전통적인 대기업처럼 대규모 인력을 고용하지 않는다. 자동화와 첨단 기술, 효율적인 운영 시스템에 크게 의존하기 때문에 비교적 적은 인력으로도 막대한 매출과 영향력을 유지할 수 있다.

이러한 구조를 가능하게 한 기술 발전 역시 슈퍼스타 시장 확대에 중요한 역할을 했다. 인터넷 보급률의 증가, 상품과 서비스의 디지털화, 모바일·웨어러블 컴퓨팅 기기의 확산, 3D 프린팅 기술의 발전 등은 개인이나 소규모 조직도 낮은 초기 비용으로 시장에 진입할 수 있게 했다. 이는 진입 장벽을 낮추고 경쟁을 촉진했지만, 동시에 가격 경쟁을 심화시키며 전반적인 수익성을 압박하는 요인이 되기도 했다.

슈퍼스타 기업의 지배력과 저비용 생산 구조가 결합하면, 기업은 적은 노동력으로도 운영이 가능해진다. 이는 고용 감소로 이어질 수 있으며, 경쟁 심화로 이윤이 압박받을수록 신규 고용에 대한 유인은 더욱 줄어든다. 그 결과 소비자는 더 저렴하고 다양한 상품과 서비스를 누리게 되지만, 노동자는 일자리 감소와 임금 정체라는 부담을 떠안게 된다. 소비자 후생의 확대와 노동시장 악화가 동시에 나타나는 역설적인 상황이 형성되는 것이다.

결국 오늘날 AI와 로봇공학의 발전은 기술적 실업의 위험을 한층 높이고 있다. 기술 혁신 속도의 가속, 기계 간 보완성의 확대, 그리고 슈퍼스타 시장의 성장은 서로 맞물리며 노동시장과 사회 전반에 구조적인 변화를 촉발한다. 우리가 마주하게 될 변화는 단순한 기술 문제가 아니다. 이는 교육과 노동, 경제 시스템 전반을 다시 설계해야 하는 복합적 과제이며, 피할 수 없는 사회적 도전이라 할 수 있다.

군사 로봇은
인간을 대신할 수 있을까?

총탄이 빗발치는 전장, 인간을 대신하는 강철 심장

전쟁은 인간이 겪을 수 있는 가장 비극적이고 극한적인 환경이다. 도무지 예측조차 할 수 없고, 시도 때도 없이 빗발치는 총탄과 폭발음 속에서 인간의 신체는 턱없이 무력하며, 바로 곁 동료의 죽음을 실시간으로 목격하면서 입게 되는 정신적 상처는 살아생전 평생 지워지지 않는 가슴의 흉터로 남는다. 전쟁이란 극단의 위험 앞에 인간의 근원적인 취약성은 역설적으로 군사 기술을 끊임없이 진화시켜 왔다. "피 흘리는 병사 대신 파괴되더라도 다시 만들 수 있는 기계를 보내자"는 생각은 이제 더 이상 영화 속의 상상에 머물지 않는다. 오늘날 전장에는 인간의 감각을 초월하는 최첨단 센서를 장착하고, 아무런 두려움 없이 위험 지역을 과감하게 정찰하며, 사방에 설치된 각종 폭발물을 제거하는 군사 로봇들이 실전 배치되어 인간 군인의 생명을 보호하는 방패 역할을 하고 있다.

전쟁의 포성은 지금도 그치지 않고 있다. 이번 장에서는 이러한 전쟁의 양상을 근본적으로 바꾸고 있는 군사 로봇의 명암을 심도 있게 들여다본다. 인간의 한계를 극복하기 위해 탄생한 무인 지상 차량과 드론이 전장에서 어떤 활약을 펼치고 있는지, 그리고 그 이면에 숨겨진 심각한 윤리적 질문들을 파헤친다. 로봇이 전쟁을 수행하게 되면서 전쟁의 문턱이 낮아지는 현상, 모니터 뒤에서 게임하듯 실제 전투가 벌어지는 전장이 아닌 곳에서 구체적인 살상을 결정하고 있는 '칸막이방 전사'들이 겪는 새로운 트라우마, 심지어 인간 군인 대신 그 전장에서 스스로 판단하고 공격하는 살인 로봇에 대한 도덕적 공포까지를 다룬다. 인류의 창의성이 낳은 전쟁의 강철 군대가 진정 평화를 위한 도구가 될 수 있을지, 아니면 인간성을 파괴하는 부메랑이 될 것인지, 우리는 그 중대한 갈림길을 함께 탐색해 보려 한다.

왜 군대는 로봇을 필요로 하는가?

전쟁은 인간의 신체와 정신이 감당할 수 있는 한계를 극단적으로 시험하는 환경을 만들어낸다. 군인은 전투 과정에서 총상과 폭발, 화상 등 다양한 형태의 신체적 손상을 입을 위험에 상시적으로 노출된다. 이러한 부상은 일시적인 손상에 그치지 않고, 영구적인 신체장애나 사망으로 이어질 가능성도 크다. 특히 전투 지역에서는 의료 인프라가 부족하고 의료 인력이 과부하 상태에 놓이기 쉽다. 약품과 장비 역시 충분하지 않은 경우가 많아, 부상자에게 신속하고 적절한 치료를 제공하기 어렵다. 이는 단순히 생존의 문제를 넘어, 부상 이후의 회복 과정과 삶의 질 유지에까지 심각한 제약을 가한다.

군인은 신체적 외상뿐 아니라 극한의 환경 조건에도 직면해야 한다. 전투 현장은 고온이나 혹한과 같은 극단적인 기후, 오염된 식수와 제한된 식량, 유독성 화학물질이나 방사능 물질에의 노출 등 신체 건강을 급격히 악화시킬 수 있는 요인들로 가득하다. 이러한 환경은 단기적인 체력 소모를 넘어 면역력 저하와 감염 위험 증가, 나아가 만성 질환의 발병과 같은 장기적 신체 손상을 초래할 수 있다.

전쟁의 피해는 단순히 신체적 손상에 그치지 않는다. 그 영향은 정신적·정서적 영역까지 확장된다. 지속적인 폭격 위협 속에서 전투를 수행하고, 동료의 죽음과 고통을 반복적으로 목격하는 경험은 군인에게 깊은 심리적 상처를 남긴다. 이러한 경험은 외상 후 스트레스 장애PTSD, 우울증, 불안장애 등 심각한 정신적 질환으로 이어질 수 있으며, 전쟁이 종료된 이후에도 오랜 기간 개인의 삶과 사회적 관계에 부정적인 영향을 미친다.

군사 로봇의 등장은 이러한 인간 신체의 근본적 취약성과 밀접하게 관련되어 있다. 역사적으로 모든 전쟁은 인간의 생명을 극심한 위험에 노출시켰으며, 동시에 인명 피해를 최소화하려는 욕구가 군사 기술 발전의 주요 동력으로 작용해 왔다. 특히 21세기에는 첨단 로봇공학과 AI 기술이 급속히 발전하면서, 인간 병사를 대체하거나 보조하는 군사 로봇의 개발이 활발하게 이루어지고 있다. 이러한 개발은 명확한 윤리적 명분, 즉 "인간의 생명을 보호한다"는 목표를 지향하며 추진되고 있다.

전쟁은 본질적으로 인간이 인간에게 부상과 사망이라는 지속적 위험을 강제로 부과하는 환경이다. 총탄, 폭발, 화학무기, 극한 기후 조건 등은 모두 인간의 신체적 한계를 무자비하게 시험한다. 이에 비해 로봇은 전투 중 손상되거나 파괴되더라도 윤리적 · 정서적 차원의 '죽음'을 초래하지 않는다. 다시 말해, 로봇은 인간의 생명을 대신 소모할 수 있는 존재로 간주될 수 있으며, 단순한 전투 장비를 넘어 인명 피해를 대체하는 '기계적 대리자'로 기능한다.

또한 로봇은 인간보다 훨씬 높은 내구성과 저항력을 갖도록 설계될 수 있다. 방탄 복합소재, 자율 회복 시스템, 고열 · 고압 환경에서도 작동 가능한 내장 회로 등은 인간이 감당할 수 없는 물리적 조건에서도 임무 수행을 가능하게 한다. 예를 들어, 미군의 무인지상차량UGV: Unmanned ground vehicle이나 보스턴 다이내믹스의 아틀라스Atlas와 같은 휴머노이드 로봇은 폭발물 제거, 정찰, 구조 등 고위험 임무에 투입되어 인간 병사의 생존 가능성을 높이는 중요한 역할을 수행하고 있다.

물론 이러한 기술적 진보가 전쟁의 비인간성을 완화한다고 단정할수는 없다. 로봇은 인간의 생명을 직접적으로 보호할 수 있지만, 동시에 전쟁 수행 비용을 낮춤으로써 전쟁 개시의 심리적 · 정치적 문턱을 낮출 위험도 내포한다. 그럼에도 불구하고 지금의 군사 로봇은 인간 신체의 취약성에 대한 기술적 대응이자, 인간이 자신의 생물학적 한계를 극복하려는 오랜 욕망의 연장선상에 놓여 있다고 볼 수 있다.

결국 군사 로봇의 발전은 전쟁의 본질을 변화시키기보다, 인간 자신의 신체적 제약을 기술로 대체하려는 역사적 흐름을 극단적으로 드러내는 사례라 할 수 있다. 인간이 기계에 생명의 위험을 위임하는 행위는 윤리적 논쟁을 불러일으키지만, 동시에 생존을 위해 인간이 선택한 필연적 진화의 한 형태이기도 하다.

전장에 투입된 로봇들

정찰·지원·전투에서의 활용

오늘날 군사 분야에서는 분명한 패러다임 전환이 일어나고 있다. 안보와 방어가 최우선 과제인 세계에서 피지컬 AI의 등장은 단순한 기술 발전에 그치지 않는다. 이는 군사 전략과 작전 방식은 물론, 보급과 지원 체계 전반을 다시 짜게 만드는 변화다. 새로운 기회이자 동시에 커다란 도전이기도 하다.

AI가 탑재된 드론은 전장 데이터를 실시간으로 분석하고, 상황의 변화를 예측하며 적의 움직임을 스스로 추적한다. AI 기반 보급 관리 시스템은 복잡한 군수 공급망을 정교하게 조정해, 필요한 자원을 더 빠르고 정확하게 전선에 전달한다. 그 결과 작전의 속도와 안정성은 과거와 비교할 수 없을 만큼 높아진다.

역사를 돌아보면 기술 발전은 언제나 군사적 우위를 결정짓는 핵심 요소였다. 화약은 전쟁의 형태를 바꾸었고, 레이더는 전장의 시야를 확장했다. 기술은 단순한 도구가 아니라 전쟁의 규칙 자체를 다시 써 왔다. 오늘날 그 역할을 이어받은 것이 바로 피지컬 AI다.

피지컬 AI는 전쟁의 양상을 근본적으로 재정의할 잠재력을 지닌 전략 자산으로 평가된다. 방대한 데이터를 바탕으로 미래 상황을 예측하고, 인간이 감당하기 어려웠던 수준의 정밀한 판단을 가능하게 한다. AI 알고리듬은 실시간 전장 정보를 분석해 적의 행동을 예상하고, 최적의 공격과 방어 전략을 제안한다. 이 기술적 우위는 곧 의사결정의 속도와 정확성으로 이어진다.

결국 피지컬 AI는 전투 효율을 높이는 보조 수단을 넘어, 전쟁의 구조와 논리 자체를 바꾸는 새로운 기준으로 자리 잡아가고 있다. 어느 쪽이 더 빠르게 이 변화에 적응하느냐가, 미래 전장의 승패를 가르는 중요한 갈림길이 되고 있다.

군사 분야에서 피지컬 AI의 활용은 3가지 영역으로 나눌 수 있다.

지능형 시스템

머신러닝 기반 지능형 시스템은 현내 선상의 누뇌다. 이 시스템은 위성, 드론, 센서, 통신망 등 다양한 출처에서 수집되는 방대한 데이터를 신속하게 분석한다. 그 결과 실시간으로 실행 가능한 통찰력을 제공할 수 있다. AI는 전투 현장에서 적의 이동 패턴을 파악하거나, 기상변화와 지형 정보를 종합해 작전 성공 가능성을 예측한다. 인간이 일일이 분석하기 어려운 복잡한 데이터를 단시간에 처리함으로써, 보다 정확하고 신속한 의사결정을 가능하게 한다. 결과적으로 지능형 시스템은 단순한 보조 도구를 넘어, 현대 군사 전략의 중심축으로 진화하고 있다.

전장에서의 시간은 곧 생사와 직결되기 때문에 자율형 플랫폼의 등장은 결정적 의미를 지닌다. 드론이나 자율주행 차량은 인간이 접근하기 어려운 고위험 지역에 신속히 투입되어 정찰, 감시, 물자 수송, 의료 후송 등 다양한 임무를 수행할 수 있다. 예를 들어, 무인 정찰기는 적의 위치를 실시간으로 탐지해 지휘관에게 즉시 전달하고, 자율 보급 차량은 포위된 부대에 필수 물자를 비교적 안전하게 공급한다. 이러한 기능은 병력을 불필요한 위험에 노출시키지 않으면서도 작전의 기민성과 지속성을 크게 높여 준다.

자율형 플랫폼은 전통적인 전투와 정찰 방식에도 근본적인 변화를 가져온다. 과거에는 정찰대를 직접 파견해 정보를 수집해야 했지만, 이제는 장시간 체공이 가능한 드론이나 스텔스형 자율체가 광범위한 지역을 지속적으로 감시할 수 있다. 이들은 적의 움직임을 은밀히 파악하고 교란함으로써 적의 대응 시간을 줄이고, 아군이 보다 유리한 조건에서 결정을 내리도록 돕는다.

데이터 분석 능력

AI의 뛰어난 데이터 분석 능력은 정보 수집과 정찰 임무에서 막대한 가치를 발휘한다. 현대전은 흔히 '정보전'이라 불릴 만큼 데이터 중심으로 전개되며, AI는 방대한 원시 데이터를 전략적 의미를 지닌 정보로 전환하는 핵심 도구로 기능한다.

AI 기반 영상 분석 기술은 위성이나 드론이 촬영한 수천 장의 이미지를 신속하게 분석해 적의 군사 기지 건설, 부대 이동, 무기 배치와 같은 징후를 자동으로 식별할 수 있다. 이와 함께 신호 처리 알고리듬은 가로챈 통신 데이터를 실시간으로 분석하여 적의 명령 체계나 작전 의도를 추론하는 데 활용된다.

이렇게 생성된 정보는 단순한 데이터의 집합이 아니라, 전투의 방향과 시점을 좌우하는 '실행 가능한 통찰력'으로 전환된다. 결국 AI의 데이터 분석 능력은 군사 조직이 위협을 인식하고 대응하는 방식을 근본적으로 변화시킨다. 인간의 분석 속도와 인지적 한계를 넘어서는 AI의 처리 능력은 지휘관이 보다 신속하고 정확한 결정을 내리도록 돕는 동시에, 전쟁의 승패를 가를 수 있는 새로운 정보 우위를 창출하고 있다.

군사 로봇이 가진 압도적 강점

군사 로봇은 열 영상, 야간 투시, 고해상도 광학 카메라, 화학·생물학 물질 검출기, 레이더, 음향 탐지기 등 다양한 센서를 하나의 시스템으로 통합한다. 각 센서는 서로 다른 원리와 파장을 활용해 전장의 정보를 다층적으로 수집하고, 이 데이터를 융합함으로써 인간의 감각 한계를 넘어서는 정밀하고 지속적인 상황 인식을 제공한다.

열 영상과 야간 투시 장비는 어둡거나 시야가 제한된 환경에서도 표적을 식별하고 이동 경로를 추적할 수 있으며, 고해상도 광학 시스템은 먼 거리에서도 세부 정보를 확보하는 데 유리하다. 레이더는 악천후나 연막 속에서도 물체의 존재와 속도를 감지하고, 음향 센서는 수중 표적 탐지와 추적에 필수적인 역할을 한다. 화학·생물학 물질 검출기는 유해 물질을 실시간으로 식별해 병력의 노출 위험을 조기에 경고한다.

이처럼 다양한 센서를 결합한 군사 로봇은 인간 병사가 단독으로 수행하기 어려운 임무를 보다 안전하고 효율적으로 수행할 수 있게 한다. 센서 데이터의 융합은 조기 위협 탐지와 정밀 표적 식별, 정찰·감시 수행, 전술적 의사결정을 체계적으로 지원하며, 서로 다른 신호를 상호 보완적으로 통합함으로써 단일 센서가 놓치기 쉬운 위협까지 정밀하게 포착한다. 이는 정보의 불확실성을 줄이고 오탐 가능성을 획기적으로 낮추는 효과로 이어진다.

올바르게 프로그래밍 된 군사 로봇은 정밀한 반복 작업을 인간보다 안정적이고 일관되게 수행한다. 전투 상황에서 인간 병사는 피로와 스트레스, 두려움이나 분노 같은 감정에 영향을 받아 판단력과 수행 능력이 급격히 저하될 수 있지만, 로봇은 기계적·소프트웨어적 제어 시스템에 따라 작동하므로 이러한 생리적·심리적 제약에 흔들리지 않는다. 그 결과 장시간 임무나 고도로 반복되는 작업 환경에서도 예측된 성능을 유지할 수 있다.

로봇은 사전에 설계된 규칙과 알고리듬에 따라 행동이 결정되기 때문에 의사결정 과정에서 감정적 편향이 개입될 가능성이 매우 낮다. 작전 기준과 센서 데이터 분석 결과를 기반으로 움직이므로, 인간의 즉각적인 감정 반응에서 비롯되는 과잉 대응이나 판단의 불일치를 줄일 수 있다. 이는 표적 식별, 폭발물 처리, 정밀 유도와 같은 고위험 임무에서 오류를 낮추고 인명 피해를 줄일 수 있는 중요한 잠재력으로 이어진다.

현대 군사 시스템에 통합된 AI 기반 로봇은 경험과 피드백을 통해 스스로 성능을 개선하도록 설계될 수 있다. 강화학습이나 지도 학습과 같은 머신러닝 기법을 적용하면, 로봇은 과거 임무 데이터를 학습해 전술적 판단을 지속적으로 조정하고, 유사한 상황에서 점점 더 효율적인 행동을 선택하게 된다. 이를 통해 전장에서의 적응성과 운영 효율성은 함께 높아진다.

폭발물 처리 분야에서 로봇은 인간의 직접 접근을 배제함으로써 치명적 위험으로부터 인명을 보호한다. 원격 조종 차량과 로봇 팔은 폭발물 안정화와 해체, 제거 작업을 수행해 작업자와 주변 인구의 피해 가능성을 크게 낮춘다.

정찰·감시 임무에서는 무인항공기와 무인지상차량이 위험 지역과 접근이 어려운 지형에서 장시간 고해상도 감시 자료를 제공한다. 이들은 실시간 영상과 열 영상, 전자 신호 탐지 정보를 지휘부에 전달함으로써 상황 인식을 강화하고 신속한 전술 판단을 가능하게 한다.

보급과 수송 분야에서도 로봇의 활용은 뚜렷한 장점이 있다. 자율주행 보급 로봇과 드론은 식량, 의약품, 탄약과 같은 필수 물자를 위험 지역까지 안전하게 전달하며, 이는 적에게 노출되기 쉬운 전통적 보급대의 피격 위험을 구조적으로 줄이고 인명 손실을 획기적으로 낮춘다.

구조와 인명 수색 분야에서도 로봇은 핵심적 역할을 한다. 붕괴 지역이나 방사능·화학 오염 지역, 적대 행위가 지속되는 전장처럼 접근이 어려운 환경에서 로봇은 부상자 탐지와 응급물자 전달, 구조 지점 표시 임무를 맡아 구조 활동의 효율성과 안전성을 크게 높인다

여전히 해결되지 않은 기술적 난제

군사 분야에 AI를 통합하는 과정에는 분명한 한계와 어려움이 존재한다. 무엇보다 윤리적 고려가 AI 도입 범위와 방식을 결정하는 핵심 잣대가 된다. 특히 자율무기 시스템에 생사에 대한 의사결정 권한을 부여하는 것은 근본적인 도덕적·법직 문제를 야기할 수 있다. 인간의 판단과 책임이 배제된 상황에서 발생하는 오판이나 오작동은 회복하기 힘든 피해로 이어질 위험성이 있다.

이런 이유로, AI 도입은 국제법과 전쟁법, 기존 전투 규범에 부합하도록 명확한 정책과 규제가 필요하다. 자율형 플랫폼이 비군사 민간인을 잘못 식별했을 때 책임 소재를 누구에게 둘 것인지, 어떤 상황에서 인간의 최종 승인이 반드시 필요한지 등 세부 규칙을 사전에 명확히 설정해야 한다. 또한 AI 오용이나 우발적 갈등 확산을 방지하기 위해 감시와 검증 메커니즘, 투명한 감사 절차를 마련할 필요가 있다. 국제 사회 차원에서 공통 윤리 기준을 수립하고 이를 토대로 협의를 진행하는 노력도 병행되어야 한다. 이를 통해 AI가 전쟁 환경에서 안정적으로 활용되면서도, 인간 중심의 책임과 판단이 유지될 수 있다.

AI 시스템에 대한 과도한 의존 역시 신중히 관리해야 할 위험 요소다. 특히 정교한 사이버 공격이나 해킹이 발생할 경우, AI에 크게 의존한 군사 체계는 오히려 치명적인 취약점이 될 수 있다. 예를 들어, 자

율 드론의 통제 시스템이 교란되거나 정찰 데이터가 조작되면 전술적 혼란과 예기치 않은 피해가 초래될 가능성이 있다. 이 때문에 군사 작전에 AI를 통합할 때는 강력한 보안 조치와 높은 시스템 복원력을 확보하는 것이 필수적이다. 네트워크 방어와 침입 탐지, 데이터 무결성 검증 등 다층적인 보안 체계를 갖추어야 하며, 일부 시스템이 공격받더라도 핵심 기능이 유지될 수 있도록 대체 경로와 비상 대응 계획을 미리 마련해야 한다. 이러한 대비는 단순히 기술적 안정성을 높이는 데 그치지 않는다. AI 기반 군사 작전 전반의 신뢰성과 장기적인 지속 가능성을 뒷받침하는 핵심 조건이라고 할 수 있다.

국가 간 기술 우위 경쟁이 치열해지면서 전략적 측면도 매우 중요해졌다. AI는 단순한 군사 도구를 넘어 글로벌 군사 경쟁의 핵심 영역으로 부상하고 있으며, 국제 사회의 권력 구조를 재편할 잠재력까지 지니고 있다. 특히 AI 기반 무기와 지능형 정찰 시스템을 선제적으로 개발한 국가는 전장에서 정보 우위와 작전 민첩성에서 큰 이점을 확보할 수 있다. 이러한 상황에서 방위 분야 AI의 연구와 개발은 전통적 군비 경쟁과는 다른 양상을 보인다. 선도 국가들은 막대한 자원을 투입해 AI 기술을 고도화하고 있으며, 이에 따라 국가 안보 전략도 AI 중심의 군사 접근법이 제공하는 잠재적 이점과 위험을 주도면밀히 평가하지 않으면 안 된다.

군사 분야에서 AI의 진화는 앞으로도 계속될 것이며, 그 방향과 속도는 기술 발전과 지정학적 변화에 크게 좌우될 것이다. 첨단 AI 기술은 전장의 판도를 바꾸는 동시에, 국제적 긴장과 군비 경쟁을 촉발할 가능성도 안고 있다. 따라서 AI가 갈등이 아닌 안정과 평화의 원동력으로 작동하려면, 정부와 산업 전문가, 윤리 기구 간 긴밀한 협력이 필수적이다. 단순한 기술 개발을 넘어, 군사적 AI의 미래는 전략적 통찰력, 기술적 역량, 그리고 인간적 가치와 윤리에 대한 깊은 이해를 함께 요구한다. 또한 국제적 협력을 통해 공통의 규범과 안전장치를 마련해야 한다. 이러한 노력이 병행될 때, AI는 단순한 군사 도구를 넘어 책임 있는 안보 기술로 자리매김할 수 있다.

궁극적으로 군사 분야에서 AI를 통합하는 움직임은 각국 국방부가 추진하는 디지털 전환의 큰 흐름을 반영한다. AI는 단순히 새로운 기술을 도입하는 수준을 넘어, 전략적 의사결정, 작전 수행, 정보 관리 등 군사 전반의 구조와 방식을 근본적으로 변화시키고 있다. 앞으로의 과제는 윤리적 기준을 준수하면서 AI의 잠재력을 책임감 있게 활용하는 것이다. 기술적 우위만으로는 이러한 문제를 충분히 해결할 수 없다. 국제적 협력과 규범 준수를 통해 AI를 안전하게 운용하고 세계 평화를 유지하는 능력이 미래 군사 영역의 결정적 경쟁력이 될 것이다. 이런 맥락에서 AI는 단순한 전력 증강 수단이 아니라, 책임 있는 안보 기술로서 국가와 국제사회 모두에 긍정적 영향을 미칠 수 있다.

군사 로봇이 던지는 윤리적 질문

인류는 역사 전반에 걸쳐 사냥과 자기방어, 그리고 전쟁을 위해 다양한 무기를 개발해 왔다. 선사 시대에는 돌과 나무 몽둥이가 그 역할을 했고, 중세에는 칼과 활이 전장을 지배했다. 근대에 들어서는 화약의 발명과 함께 총과 대포, 미사일을 거쳐 핵무기까지 등장하며 살상력은 비약적으로 증폭되었다.

그러나 이 모든 무기에는 하나의 공통점이 있었다. 그것들은 언제나 인간이 직접 다루는 도구였다는 점이다. 원시적인 돌덩이에서 정밀 유도 미사일에 이르기까지, 무기 체계는 인간의 손과 감각, 그리고 현장의 판단을 통해서만 비로소 작동했다. 다시 말해, 전쟁의 최종 통제권은 늘 인간에게 있었다.

군사 로봇 역시 이 장구한 무기 발전의 계보 위에 놓여 있다. 그러나 동시에, 그 어떤 무기보다 근본적인 전환을 예고한다. 군사 로봇은 전쟁의 '방식'을 바꾸는 데 그치지 않고, 전쟁을 수행하는 '주체' 자체를 바꾸기 때문이다.

수천 년 동안 전쟁은 인간의 고유 영역이었다. 인간은 전쟁을 설계하고 결정했으며, 직접 싸우는 전사였다. 두려움과 용기, 명예와 비극이 교차하는 전장은 인간의 감정과 판단이 응축된 공간이었고, 그런 의미에서 전쟁은 가장 인간적인 행위 중 하나였다.

군사 로봇의 등장은 이 오랜 전통을 흔들고 있다. 인간만이 전쟁을 수행하던 독점적 구조는 점차 해체되고 있으며, 이제 로봇이 정찰하고 싸우며, 때에 따라서는 살상까지 하는 시대가 현실이 되었다. 인간은 더 이상 전쟁의 유일한 행위자가 아니다.

전쟁의 주체가 인간에서 기계로 이동하는 이 변화는, 단순한 기술적 진보를 넘어선다. 이는 원자폭탄이 안겨준 충격을 넘어, 인간성의 경계 자체를 다시 정의해야 하는 문명사적 전환에 가깝다. 그에 따라 전사의 경험과 정체성, 그리고 전쟁에서의 윤리적 책임 역시 새롭게 해석될 수밖에 없다.

물론 군사 로봇이 제공하는 효율성과 안전성은 분명한 장점이다. 인명 피해를 줄이고 작전의 정확성을 높인다는 점에서, 이는 매력적인 선택지로 보인다. 그러나 이는 동전의 한쪽 면일 뿐이다. 그 이면에는 결코 가볍게 넘길 수 없는 위험과 윤리적 문제가 함께 존재한다.

군사 로봇을 둘러싼 논의는 단순한 기술 진보의 문제가 아니다. 이는 인간의 판단과 책임, 그리고 전쟁의 본질이 무엇인가에 대한 근본적인 질문을 우리 앞에 다시 세운다. 따라서 우리는 군사 로봇의 장점뿐 아니라, 그것이 초래할 수 있는 윤리적 · 전략적 · 실천적 과제까지 함께 검토해야 한다.

이 장에서는 바로 그 질문에서 출발해, 군사 로봇 시대에 전쟁 윤리는 어떻게 재구성되어야 하는지를 살펴본다.

버튼 하나로 시작되는 전쟁

군사 로봇의 도입은 단순한 무기 체계의 변화에 그치지 않는다. 이는 정치적 의사결정 과정과 전쟁의 정당성 자체를 근본적으로 흔들 수 있는 잠재력을 지닌다.

무인 로봇의 가장 큰 장점은 전투 현장에서 발생하는 인명 피해를 획기적으로 줄일 수 있다는 점이다. 그러나 바로 이 기술적 이점은 역설적으로, 전쟁이 수반하는 정치적 · 윤리적 고통에 대한 사회적 감수성을 마비시킬 위험을 함께 내포한다.

자국 병사의 희생이 사라질수록 전쟁은 국가가 점점 더 쉽게 선택할 수 있는 정책 수단으로 전락할 가능성이 커진다. 인명 피해라는 강력한 억제 장치가 기술의 뒤편으로 사라지는 순간, 전쟁은 비극적 결단이 아니라 관리 가능한 옵션으로 인식된다. 이 지점에서 군사 로봇은 인간을 보호하는 방패인 동시에, 전쟁의 문턱을 낮추는 위험한 촉매제로 기능한다.

이러한 변화는 이미 현실에서 확인되고 있다. 미국은 이라크와 아프가니스탄 전쟁 이후 중동 전역에서 무인 드론을 활용한 표적 공격을 지속적으로 수행해 왔다. 주목할 점은 이 작전들이 해외에서 장기간 이어졌음에도 불구하고, 미국 국내에서는 이에 상응하는 정치적 반발이 거의 나타나지 않았다는 사실이다.

그 이유는 비교적 명확하다. 원격으로 수행되는 드론 공격은 자국 병사의 사상자를 거의 발생시키지 않았기 때문이다. 전쟁의 비극이 전사자의 귀환이라는 가시적인 형태로 드러나지 않자, 대중의 심리적 저항선은 빠르게 약화하였고 전쟁에 대한 비판적 여론 역시 힘을 잃었다. 기술은 물리적 생명을 보호하는 동시에, 전쟁에 대한 도덕적·정치적 책임감을 여과하는 필터로 작동한 셈이다.

민주주의 국가에서 전쟁에 대한 사회적 동의는 국민 정서와 밀접하게 연결되어 있으며, 특히 병사 사망자의 증가는 정부 신뢰와 선거 결과에 직접적인 영향을 미친다. 이런 맥락에서 무인 전투의 확산은 군사 개입이 지니는 정치적 부담을 크게 낮춘다. 자국 병사의 피해가 거의 없는 상황에서는 정치 지도자들이 훨씬 적은 위험을 감수하며 해외 군사 작전을 승인하거나 확대할 수 있기 때문이다.

이러한 현상은 미국만의 특수한 사례가 아니다. 2020년 나고르노-카라바흐 전쟁에서 아제르바이잔은 튀르키예와 이스라엘산 무인 드론을 대규모로 운용해 아르메니아군을 압도했다. 이 전쟁은 무인 전력이 지닌 전략적 위력을 극적으로 보여준 사례로 평가된다. 아제르바이잔은 최소한의 병력 손실로 전투 우위를 확보했고, 그 결과 군사 행동 확대에 따른 정치적 부담 역시 거의 느끼지 않았다. 이 사례는 무인 · 원격 전투 기술이 전쟁의 결정을 점점 기술적 문제로 환원시키고, 인간 생명의 가치를 주변화할 수 있음을 분명히 보여준다.

전투의 승패가 병사의 희생이 아니라 장비와 알고리듬의 성능에 달려 있을수록, 전쟁은 인간적 비극이 아니라 '효율의 문제'로 인식되기 쉽다. 더 나아가 군사 로봇의 확산은 갈등이 점진적으로 확전擴戰될 위험을 내포한다. 초기에는 정찰이나 방어 목적의 제한적 투입으로 시작되지만, 상대국이 이에 대응하면서 드론과 자율 무기의 사용 범위는 점차 확대된다. 특히 아군 병력의 피해가 거의 없는 초기 국면에서는 외교적 협상보다 기술적 대응이 더 손쉬운 해결책으로 선택되기 쉽다. 그 결과 갈등의 긴장은 제동 장치 없이 빠르게 고조된다.

이 과정에서 전통적인 전쟁과 달리 개전開戰과 확전의 경계는 정치적으로 점점 흐려진다. 군사 로봇의 도입은 결국 인간의 생명과 고통, 책임에 기반해 이해되던 '전쟁'이라는 행위를 점차 실체 없는 추상적 기술 행위로 변질시킨다. 그와 동시에 전쟁의 폭주를 막아 왔던 윤리적 · 정치적 방어선은 급격히 무너진다.

전장 밖에서 자국민의 생명이 안전하게 보호될수록, 전쟁에 대한 국가의 결정은 고뇌에 찬 결단이 아니라 냉정한 계산의 결과가 된다. 이런 의미에서 군사 로봇이 제공하는 안전은 우리를 전쟁으로부터 멀어지게 하는 평화가 아니다. 오히려 그것은 전쟁의 문턱을 낮추고 무력 사용을 정당화하는, 위험하게 포장된 안전에 가깝다.

전쟁의 엔터테인먼트화

이처럼 군사 로봇의 활용은 전쟁의 수행 방식뿐 아니라, 전쟁을 인식하는 방식 자체를 근본적으로 변화시킨다. 특히 고도화된 디지털 미디어 환경 속에서 전쟁은 실존적 비극이 아니라, 하나의 엔터테인먼트로 소비될 위험에 놓여 있다.

현대의 군사용 드론과 로봇에는 고해상도 카메라, 열 감지 센서, 실시간 데이터 전송 기술 등 첨단 영상 장비가 탑재되어 있다. 이 장비들은 전투 장면을 거의 실시간으로 기록하고, 그 결과물은 전 세계로 빠르게 확산한다. 실제로 이라크와 아프가니스탄 전쟁을 기점으로 유튜브, 엑스[X, 옛 트위터], 텔레그램 같은 디지털 플랫폼은 전투 영상이 대중적으로 소비되는 주요 공간이 되었다. 여기에는 미군이 전략적으로 공개한 드론 공격 영상도 있고, 민간인이 현장에서 직접 촬영해서 올린 가공되지 않은 기록까지 뒤섞여 있다.

이러한 영상들은 다큐멘터리처럼 사실적으로 보인다. 그러나 강한 시각적 자극성과 즉시성은 대중이 전쟁을 하나의 스펙터클로 소비하게 만드는 경향을 낳는다. 그 결과 전쟁의 윤리적·심리적 거리감은 오히려 더 벌어진다. 대중은 전쟁의 고통과 파괴를 직접 경험하지 않은 채, 미디어를 통해 간접적으로 '관람'하게 된다. 이 과정에서 전쟁은 실재적 고통이 아니라 디지털 콘텐츠로 소비되는 시각적 이벤트로 변질될 위험이 커진다.

군사 로봇이 제공하는 실시간 시각 기록은 단순한 정보 전달을 넘어, 전쟁의 의미와 대중 인식 구조를 재편하는 문화적 매개로 작동한다. 처절한 전투 영상은 군인들 사이에서 '전쟁 포르노^{War porn}'로 불린다. 이는 포르노그래피가 인간의 관계를 자극적 이미지로 환원하듯, 전쟁을 윤리적·정치적 맥락에서 분리해 감각적 대상물로 소비하게 만든다는 점에서 유사하다. 전쟁을 직접 겪지 않은 대중이 이러한 영상을 반복적으로 소비할수록, 비극적 사건은 책임과 판단의 문제가 아니라 단순한 시각적 자극으로 인식될 가능성이 높아진다.

이러한 시각적 거리감은 스포츠 중계와 유사한 효과를 만들어 낸다. 텔레비전으로 농구 경기를 관람하는 관중은 경기장의 긴장과 선수들의 피로를 직접 체감하지 못한 채, 카메라 각도와 해설로 편집된 현실을 소비한다. 그 결과 실제 경기의 복잡성과 맥락은 단순화되고, 관람자는 부분적이고 왜곡된 인식을 형성하게 된다. 마찬가지로 매개된 전투 영상은 전쟁의 참혹함을 감각적으로 희석하며, 대중과 정치 지도자의 윤리적 판단에 부정적인 영향을 미칠 수 있다.

미래 전쟁에서는 로봇이 인간을 대신해 전투를 수행할 가능성이 점점 커질 것이다. 그러나 전쟁을 결정하는 주체는 여전히 인간이다. 문제는 이 인간의 전쟁 인식이 점점 더 매개된 이미지와 왜곡된 감각을 통해 형성되고 있다는 점이다. 전쟁 포르노로 대표되는 전투 영상 소비는 전쟁의 참혹한 현실을 미디어적 스펙터클로 바꾸고, 심리적 거리감을 지속적으로 확대한다. 그 결과 지도자들은 실제 피해와 윤리적 결과를 체감하지 못한 채, 전쟁을 정밀하고 깨끗한 작전으로 인식하게 된다. 이때 무력 사용에 대한 심리적 저항감은 급격히 약화하고, 전쟁은 하나의 전략적 선택지로 정상화된다.

더 심각한 문제는 이러한 왜곡된 인식이 대중에게까지 확산한다는 점이다. 시민들은 미디어를 통해 소비한 '깨끗하고 효율적인 전쟁'의 이미지를 바탕으로 전쟁을 지지하게 되고, 일부 온라인 공간에서는 전투 장면이 스포츠 경기처럼 실시간으로 소비된다. 그 과정에서 전쟁의 공포와 비극은 감각적으로 무뎌지고, 실제 피해는 사회적 상상력 속에서 점점 사라진다.

따라서 전쟁의 자동화와 로봇화가 아무리 진전되더라도, 도덕적 책임은 결코 기계로 이전될 수 없다. 문제는 인간이 전쟁을 하나의 가상적 이벤트로 인식하는 순간, 윤리적 숙고 없는 전쟁 결정의 위험이 오히려 커진다는 점이다. 결국 미래의 로봇 전쟁이 인류를 보호하는 수단이 될지, 아니면 감각적 무감각이 낳은 새로운 비극이 될지는 기술이 아니라 우리의 인식과 책임 의식에 달려 있다

원격 전쟁이 남기는 새로운 트라우마

군사 로봇의 확산은 전장에 서지 않은 채 원격으로 전투를 수행하

는 군인의 심리와 정체성에 중대한 변화를 초래한다. 이른바 '칸막이 방 전사Cubicle warrior'라 불리는 이들은 실제 전장과 물리적으로 분리된 상태에서, 컴퓨터 화면과 조이스틱을 통해 전쟁을 수행한다. 네바다주 공군 기지에서 근무하며 수천 킬로미터 떨어진 중동의 목표물을 타격하는 드론 조종사는 이러한 변화의 대표적인 사례다.

이러한 원격 전투 방식은 군인의 전쟁 경험을 근본적으로 뒤흔든다. 전통적인 전사는 죽음의 공포와 신체적 위험 속에서 동료와 생사를 함께하며 전사로서의 정체성을 형성해 왔다. 반면 원격 전투원에게 전장은 더 이상 몸으로 체감하는 공간이 아니다. 그것은 스크린 위에 재현된 데이터 환경이며, 좌표와 영상, 신호로 구성된 추상적 작업 공간에 가깝다. 이 과정에서 전쟁은 점점 기술적 행위로 환원되고, 살상은 감각적으로 무뎌진 상태에서 게임처럼 수행될 위험에 노출된다.

가장 심각한 문제는 정체성의 극단적인 분열이다. 드론 조종사는 12시간 동안 원격 작전을 통해 타인의 생명을 제거한 뒤, 근무가 끝나면 곧바로 일상으로 복귀한다. 퇴근 후에는 가족과 저녁을 먹고, 자녀의 숙제를 도우며 평범한 삶을 이어간다. 치명적 폭력과 일상의 평온함이 단절 없이 이어지는 이 기묘한 공존은 군인의 정신에 깊은 균열을 남긴다. 실제로 일부 연구에서는 원격 전투원의 PTSD외상 후 스트레스 장애 발생률이 직접 전투에 참여한 병사보다 높게 나타나기도 한다. 이는 물리적 거리의 안전이 심리적 안전까지 보장하지는 않음을 분명히 보여준다.

칸막이방 전사가 겪는 PTSD는 그 성격부터 다르다. 전통적인

PTSD가 생존 위협과 공포에서 비롯된 반응이라면, 원격 전투원의 PTSD는 살상 행위 그 자체에서 발생하는 윤리적 불협화음이 핵심이다. 이는 '살아남은 자의 죄책감'이 아니라, '살해한 자의 죄책감'에 가깝다. 그러나 이러한 심리적 상처는 기존의 정신의학적 진단 틀로 충분히 설명되거나 치유되기 어려운 영역에 속한다.

문제는 개인의 고통에 그치지 않는다. 심리적 단절은 전쟁 범죄의 문턱 자체를 낮출 위험을 내포한다. 전쟁이 비디오 게임처럼 인식될수록, 현실에서는 절대 선택하지 않았을 잔인한 판단이 훨씬 쉽게 실행될 수 있다. 칸막이방 전사는 폭력을 직접 체감하지 않은 채 수행하도록 설계된 구조 속에서, 현실적 책임감과 도덕적 저항선이 점차 희미해지는 위험에 노출된다.

결국 전쟁의 자동화는 인간의 육체를 보호하는 대신, 인간의 정신을 더욱 가혹한 전장으로 내몬다. 군사 로봇은 병사의 생명을 구할 수 있지만, 동시에 전쟁을 감당해 온 인간의 심리적·윤리적 방어선을 잠식한다. 이 변화는 기술의 문제가 아니라, 인간이 폭력과 책임을 어떻게 인식하고 감당할 것인가라는 더 근본적인 질문을 우리 앞에 남긴다.

군사 로봇의 디지털 취약성

겉으로 보기에 군사 로봇은 완전무결한 자동화 전쟁 기계처럼 보일 수 있다. 그러나 그 내부 구조는 절대 단순하지 않다. 군사 로봇은 센서, 통신 인프라, 소프트웨어 계층이 복잡하게 얽힌 시스템이며, 그만큼 구조적으로 취약하다. 이 취약성은 사이버 공격을 통해 언제든 현실적이고 치명적인 위협으로 전환될 수 있다. 다시 말해 강철 장갑으로 둘러싸인 외형 뒤에는, 언제든 침투될 수 있는 디지털적 약점이라는 '취약한 심장'이 자리하고 있다.

악성 소프트웨어, 즉 멀웨어^{Malware}가 로봇의 제어 시스템에 침투하는 순간 상황은 통제 불능으로 치닫는다. 공격자가 원격으로 로봇의 권한을 탈취하거나 행동을 조작할 경우, 로봇은 본래의 작전 목적과 무관한 위험한 존재로 돌변한다. 이는 단순한 기능 장애가 아니다. 해킹된 로봇은 순식간에 아군 병력이나 민간인을 향한 직접적인 위협으로 전환될 수 있으며, 단 한 대의 오류가 작전 전체를 교란해 연쇄적인 군사적 손실로 이어질 수도 있다.

정보 탈취 역시 심각한 문제다. 작전 계획, 실시간 센서 데이터, 위치와 식별 정보 같은 민감한 정보가 도청·감청·탈취될 경우, 군의 정보 우위는 근본부터 흔들린다. 이는 전술적 불리함을 넘어 전략적 패배로 직결될 수 있는 위험을 의미한다.

여기에 GPS 스푸핑^{가짜 GPS 신호를 송신하여 수신기가 자신의 위치를 실제로 다르게 인식하도록 속이는 공격 기법}과 전파 교란 같은 전자전 기술이 더해지면 상황은 더욱 악화한다. 항법과 유도 기능이 왜곡되거나 무력화되고, 통신 채널이 붕괴하면 원격 조종과 지휘 체계에 대한 신뢰 자체가 무너진다. 공급망 공격이나 펌웨어·하드웨어 단계의 결함을 악용한 침투까지 결합할 경우, 공격은 장기적이고 은밀한 형태로 지속되며 탐지조차 어려워진다.

이러한 취약성이 반복적으로 드러나거나 외부에 노출되는 순간, 문제는 더 이상 공학적 차원에 머물지 않는다. 이는 군 조직과 사회 전반의 신뢰 붕괴로 이어지는 단계로 진입한다. 로봇 플랫폼에 대한 불신은 현장 운용 병력을 넘어 지휘부의 의사결정 체계까지 잠식하며, 결국 지휘부는 실패 위험을 우려해 중요한 작전에 로봇 투입을 주저하게 된다. 그 결과 군사 로봇이 지닌 전략적 가치는 스스로 무력화된다.

군사 로봇의 취약성은 단순한 기술적 결함이 아니다. 이는 전쟁 수행의 신뢰 기반 자체를 위협하는 구조적 요인이다. 현장 병사와 조종 인력 역시 로봇이 언제든 통제 불능 상태에 빠질 수 있다는 불안 속에서 작전을 수행하게 되며, 이 불확실성은 전투 스트레스 증가, 지휘 혼란, 책임 전가와 같은 심각한 부작용을 낳는다. 인간의 생명을 보호하기 위해 개발된 로봇 기술이, 그 불완전성 때문에 오히려 새로운 군사적·정서적 위험을 만들어 내는 아이러니가 발생하는 것이다.

전쟁의 중심축이 물리적 파괴에서 데이터 기반 제어로 이동하면서, 전장의 승패는 폭발력보다 시스템의 보안성과 회복탄력성에 점점 더 좌우되고 있다. 이 때문에 군사 로봇의 전술적·전략적 가치는 하드웨어 성능이나 소프트웨어의 정교함만으로 결정되지 않는다.

사이버보안 강화, 공급망 검증, 실시간 이상 감지 체계, 자율 복구 알고리듬과 같은 기반 인프라가 함께 갖춰질 때만 로봇 전력의 신뢰성은 유지될 수 있다. 그리고 이는 일회성 조치가 아니라, 지속적으로 관리되고 점검되어야 할 상시적 과제다.

결국 군사 로봇의 시대는 기술만으로 유지될 수 없다. 전략적 판단, 윤리적 기준, 인간의 심리까지 아우르는 총체적 대응이 필요하다. 철갑 외피 속의 취약한 심장을 보호하는 일은 단순한 보안 문제가 아니라,

미래 전쟁의 안정성과 방향을 좌우하는 문명사적 과제라 할 수 있다.

21세기 전쟁과 법의 불일치

21세기 군사 기술의 급속한 발전은 기존 전쟁 규범과의 근본적인 불일치를 노골적으로 드러내고 있다. 무인 시스템, 자율 무기, 사이버 역량과 같은 첨단 기술은 제네바 협약과 헤이그 협약이 전제로 삼았던 '인간 중심의 재래식 전장'이라는 가정을 뿌리부터 흔들고 있다.

오늘날의 무기 체계는 전통적인 국제법으로 포섭하기 어려운 구조적 사각지대를 만들어 낸다. 그 중심에 있는 쟁점은 책임의 소재다. 예컨대 완전 자율 무기가 스스로 표적을 식별하고 교전을 개시하는 상황에서, 인간 지휘관이 그 결과를 사전에 예측하거나 윤리적 판단을 개입시키는 것은 사실상 불가능에 가깝다. 만약 인공지능의 오판으로 민간인 피해가 발생한다면, 그 법적·도덕적 책임을 누구에게 물어야 하는지조차 명확하지 않다. 프로그래머인지, 지휘관인지, 무기를 운용한 국가인지, 아니면 책임의 주체로 상정하기조차 어려운 기계 자체인지 판단 기준이 존재하지 않는다.

사이버 공격 역시 기존의 '무력 사용' 개념을 흐리며 국제법적 혼란을 증폭시킨다. 어떤 수준의 사이버 행위가 무력 공격이나 위협에 해당하는지, 그리고 이에 대한 대응이 국제법상 정당한 자위권 행사로 인정될 수 있는지는 여전히 합의에 이르지 못한 쟁점이다.

무인·원격 전투 환경에서는 사건 규명과 증거 수집 자체도 난관에 부딪힌다. 작전 로그의 위조 가능성, 공격 주체의 익명성, 복잡한 글로벌 공급망 구조는 사실관계 확인을 어렵게 만들고, 기존의 법적 절차가 실질적인 효력을 발휘하기 힘든 조건을 만들어 낸다.

이러한 이유로 21세기 군사 기술을 기존 전쟁법의 틀 안에 통합하려면, 단순한 조약 해석의 확장만으로는 부족하다. 범지구적 합의와 제도적 혁신이 병행되어야 한다. 여기에는 자율 무기 사용 범위의 명확화, 책임 귀속 기준의 법제화, 투명성과 설계 안전성에 대한 국제 표준 수립, 사이버 공격의 법적 경계 설정, 증거 보전과 검증 절차 마련 같은 새로운 규범과 이행 메커니즘이 포함되어야 한다.

실제로 국제 사회는 다자 포럼을 통해 자율 무기 문제를 지속적으로 논의해 왔으며, 일부 학술 · 정책 제안에서는 완전 자율 무기에 대한 모라토리엄Moratorium, 일시적 정지이나 금지, 기술 규격과 감사 체계 도입 같은 방안도 제시되고 있다. 이러한 시도들은 21세기 전쟁과 법 사이의 산극을 좁히기 위한 중요한 출발점이라 할 수 있다.

현대 전쟁이 만들어 내는 윤리적 · 법직 · 실무적 난제를 해결하기 위해서는 국가 간 신뢰 구축이 무엇보다 중요하다. 이제는 선언적 담론을 넘어, 기술적 · 법리적 전문성을 결집해 실제 전장에서 작동이 가능한 규범을 설계해야 할 단계에 이르렀다.

만약 이러한 제도적 뒷받침 없이 기술의 폭주만 지속된다면, 법적 공백과 전략적 불안정은 걷잡을 수 없이 확대될 것이다. 그 결과 인류가 오랜 시간 쌓아온 전쟁의 합법성과 정당성에 대한 국제적 합의 자체가 근본적으로 흔들릴 위험에 직면하게 된다. 결국 미래 안보의 핵심은 더 파괴적인 신무기를 보유하는 데 있지 않다. 진정한 핵심은 그 기술을 문명의 틀 안에서 통제할 수 있는 규범의 힘을 확보하는 데 있다.

판단하지 않는 인간, 책임지지 않는 전쟁

오늘날 우리는 눈부신 기술 발전 속에서 전쟁의 모습마저 빠르게 바뀌는 시대를 살고 있다. 특히 인간의 개입 없이 스스로 목표를 선택하고 공격할 수 있는 자율 로봇의 등장은 전쟁과 윤리에 대한 논쟁을 전혀 새로운 국면으로 끌어들였다.

자율 로봇 논쟁의 출발점은 의외로 단순하다. "인간의 실수와 기계의 오류는 무엇이 다른가?"라는 질문이다. 전쟁터의 인간은 극한의 상황 속에서 때로 비극적인 실수를 저지른다. 그러나 그 실수에는 언제나 책임을 물을 수 있는 주체가 존재한다. 판단을 내린 병사, 명령을 내린 지휘관, 결정을 승인한 국가가 법적·윤리적 책임의 고리에 연결된다.

반면 로봇이 저지른 실수는 책임의 윤곽이 흐릿하다. 기계의 오작동이나 알고리듬의 판단 오류에 대해 누구에게 책임을 물어야 하는가? 개발자인가, 지휘관인가, 운용 기관인가, 아니면 책임 주체로 상정하기조차 어려운 기계 자체인가? 이 문제는 단순한 기술적 결함의 차원을 넘어, 인간의 도덕 체계와 사회적 책임 개념을 근본에서 흔드는 도전이다.

미국 국방부는 자율 무기를 '활성화 이후 인간의 조작 없이 스스로 목표를 선택하고 공격할 수 있는 시스템'으로 정의하며, 엄격한 검증과 시험을 요구하고 있다. 그러나 기술 발전의 속도를 고려하면 기존 규정만으로 충분한 안전과 책임을 담보하기는 어렵다. 완전 자율 무기가 아직 전면 배치되지는 않았지만, 자율 기능을 갖춘 로봇과 드론은 이미 감시, 정찰, 폭발물 처리 등 다양한 군사 임무에 투입되고 있다.

여기서 우리가 분명히 인식해야 할 점이 있다. 기술적 효율성과 윤리적 정당성은 결코 같은 문제가 아니다. 아무리 정교한 로봇이라 하더라도 인간의 연민과 공감, 도덕적 판단을 대신할 수는 없다. 인간은 상황을 해석하고 맥락을 고려해 결정을 내리지만, 기계는 입력된 규칙과 센서 데이터에 따라 계산된 행동을 수행할 뿐이다. 그 결과 자율 로봇이 전투에 깊이 개입할수록, 생사를 가르는 판단에서 인간이라는 유일한 도덕적 행위자는 점점 배제된다.

이는 책임 구조를 복잡하게 만들 뿐 아니라, 국제 전쟁법이 요구하는 핵심 원직을 위협한다. 전투원과 비전투원을 구분해야 한다는 '구별의 원칙', 군사적 이익에 비해 과도한 피해를 금지하는 '비례성 원칙'은 맥락적 판단과 윤리적 숙고를 전제로 한다. 이러한 판단을 알고리듬에 완전히 위임하는 순간, 전쟁법의 토대는 흔들릴 수밖에 없다.

자율 로봇을 둘러싼 논쟁은 책임 소재의 문제에만 머물지 않는다. 이 논의는 인간 본성의 깊은 층위와 맞닿아 있다. 신경과학이 보여주듯, 인간은 감정적이고 이기적인 존재이지만 동시에 도덕적 판단을 학습하며 성장하는 존재다. 선과 악의 구분은 태어날 때 주어진 고정값이 아니라, 경험과 고뇌를 통해 형성되는 고도의 지적·윤리적 활동이다.

이 때문에 책임과 정의는 공동체를 지탱하는 핵심 기제이며, 인간 존엄성을 지키는 마지막 보루가 된다. 전쟁이라는 극단적 상황에서 이 요소를 제거한 채 기계의 연산에 생사의 결정을 맡기는 구조는 인간 존엄의 가치와 정면으로 충돌한다.

군사 윤리 역시 이 지점에서 중요한 의미를 지닌다. 병사는 명예, 용기, 절제와 같은 가치를 중심으로 훈련받고 행동하며, 이러한 덕목은 예측 불가능한 전장의 혼돈 속에서 올바른 판단을 내리는 기준이 된다. 로봇과 인간이 협력하는 전장이라 하더라도, 최종적인 도덕적 결단을 내릴 수 있는 주체는 인간일 수밖에 없다. 기계의 개입이 늘어날수록 군 공동체의 결속과 가치 의식이 약화할 위험이 커지는 이유다.

물론 미래에는 로봇이 인간 수준의 도덕적 판단을 수행할 수 있을 것이라는 낙관적 연구도 존재한다. 사회적 상호작용과 학습을 통해 로봇에게 '도덕적 행동 양식'을 부여하려는 시도들이다. 그러나 여기에는 근본적인 질문이 남는다. 로봇은 과연 누구의 도덕성을 학습하게 될 것인가?

만약 로봇이 인간의 감정과 이기심, 심지어 편향과 비도덕성까지 그대로 흡수한다면 그 결과는 재앙에 가까울 수 있다. 최악의 경우, 기계가 자기 보존만을 우선시하며 인간이 감내해 온 희생과 책임을 거부하는 존재로 전락할 가능성도 배제할 수 없다. 기계에 도덕을 가르친다는 것은, 어쩌면 인간의 결점까지 그대로 복제하는 일일지도 모른다. 이 지점이 바로 자율 로봇 비판의 가장 깊은 뿌리다.

결국 자율 로봇을 둘러싼 논쟁은 기술의 성공 여부를 가리는 문제가 아니다. 그것은 인간의 본성, 도덕적 책임, 정의의 실현, 그리고 존엄성의 수호라는 문명적 가치에 관한 질문이다. 인공지능 윤리를 제도화하려는 국제적 시도가 이어지고 있지만, 기술과 윤리 사이의 긴장은 여전히 해소되지 않았다. 이 갈등이 해결되지 않는 한 자율 로봇의 전면적 수용은 시기상조일 수밖에 없다.

자율 로봇 문제를 이해하기 위해서는 기술 발전의 속도에만 매몰되어서는 안 된다. 이 문제는 인간의 신경 구조와 도덕 감각, 법적 책임 체계가 얽힌 문명사적 맥락 속에서 다뤄져야 한다. 기술은 수단일 뿐이며, 그 수단이 향하는 목적지는 언제나 인간의 가치 체계 안에 있어야 한다.

인간의 실존에 대한 성찰 없이 살상 기능을 갖춘 로봇을 전쟁터에 투입하는 행위는 정당화될 수 없다. 도덕적 고뇌가 제거된 효율성은 안전장치가 아니라, 인류를 위협하는 가장 날카로운 칼날이 된다. 기술의 정점에서 우리가 지켜야 할 마지막 보루는 기계의 지능이 아니라, 생명의 무게를 끝까지 감당하려는 인간의 책임감이다.

살상을 자동화하려는 인간의 창의성

인간의 창의성은 놀랍고도 모순적이다. 인류는 불과 몇 세기 만에 불을 다루던 존재에서 우주를 향해 나아가는 존재가 되었다.

창의성은 단순한 생존 도구의 진화를 넘어, 상상력이라는 불씨로 세상의 물리적 한계를 불태우고 재구성해 온 근원적인 힘이었다. 그 결과 우리는 한때 신의 영역이라 믿었던 우주 탐험을 현실로 바꾸었다.

달 표면에 첫 발자국을 남겼고, 이제는 안방에 앉아 화성 탐사선이 보내오는 붉은 대지의 풍경을 실시간으로 목격하는 시대에 살고 있다. 불가능을 가능으로 바꾼 이 도약은 인간이 지닌 창조적 본능이 일궈낸 가장 눈부신 성취다.

창의성의 파동은 과학기술의 영역에만 머물지 않는다. 그 진정한 힘은 인간의 가장 깊은 내면, 곧 감정과 영혼의 영역에서 더욱 선명하게 드러난다. 미켈란젤로의 조각, 셰익스피어의 희곡, 베토벤의 교향곡은 사랑과 고통, 그리고 꺾이지 않는 희망을 시대와 언어의 장벽을 넘어 오늘날까지 전한다.

이러한 예술과 문학의 성취는 인간이 단순히 계산하는 존재가 아니라, 온몸으로 느끼고 공명하는 존재임을 증명한다. 인류는 창의성이라는 렌즈를 통해 외부 세계를 해석해 왔고, 동시에 그 거울에 비친 자신의 참모습을 발견해 왔다.

그러나 이 숭고한 창의성이 언제나 선의를 향해 발휘된 것은 아니다. 인간의 상상력은 무한한 가능성을 지녔지만, 그 나침반의 바늘이 늘 인도주의를 가리키지는 않았다. 인류의 눈부신 기술사는 곧 참혹한 전쟁의 역사와 나란히 이어져 왔다.

활과 화약에서 기관총과 핵무기에 이르기까지, 각각의 파괴적 발명은 단순한 기술 진보를 넘어 전쟁의 패러다임 자체를 뒤흔드는 변곡점이 되었다. 냉전기의 광기 어린 미사일 경쟁에서 21세기의 사이버전과 드론 전쟁에 이르기까지, 인류는 스스로 빚어낸 도구가 도리어 자신을 겨누는 역설을 반복해 왔다. 창조한 불꽃에 의해 자신의 터전이 타들어 가는 길을 걸어온 셈이다.

오늘날 인류는 또 하나의 거대한 문명적 전환점 앞에 서 있다. 과거에는 스크린 속 상상에 불과했던 전투 로봇이, 이제는 실체를 지닌 위협으로 전장에 등장했기 때문이다. 인간의 창의성은 인간의 신경계를 모사한 판단 능력과 초인적인 반응 속도, 정밀한 감지 능력을 갖춘 인공지능 기반 로봇을 현실로 만들어 냈다.

험준한 지형을 넘나들며 정찰과 구조 임무를 수행하는 로봇, 인간의 직접 명령 없이 목표를 추적해 공격하는 자율 드론은 더 이상 공상과학의 산물이 아니다. 로봇 병사는 지금, 이 순간에도 전장의 지형과 전쟁의 방식을 바꾸고 있는, 가장 현실적이고도 치명적인 존재다.

이 변화는 우리에게 피할 수 없는 질문을 던진다.

"창의성이란 무엇이며, 그 힘은 무엇을 위해 사용되어야 하는가?"

이에 대한 대답은 절대 단순하지 않다. 인간의 창의성은 본래 생명의 신비를 이해하고 삶을 풍요롭게 가꾸기 위한 숭고한 동력으로 태어났다. 하지만 우리는 지금, 그 에너지를 생명을 파괴하는 데 쓰고 있는 것은 아닐까? 이 질문은 결코 쉽게 넘어가서는 안 된다.

과거 핵무기가 기술이 창조와 파멸의 영역에 동시에 개입할 수 있음을 보여주었다면, 오늘날의 군사 로봇은 한 걸음 더 나아간다. 전쟁과 살상의 주체 자체가 인간에서 기계로 이동하는 전대미문의 전환을 상징하기 때문이다. 이는 단순한 무기 체계의 고도화가 아니라, 인류가 수천 년간 유지해 온 철학적 · 도덕적 질서가 뿌리째 흔들리는 사건이다.

전투 로봇의 등장은 인간 창의성이 이룬 경이로운 진보이면서 동시에, 우리가 창조한 존재가 인간을 대신해 살상과 파괴를 수행하는 서늘한 현실을 비춘다. 기술은 인간의 육체를 사선에서 분리해 안전한 공간으로 옮겨 놓았지만, 그 대가로 전쟁의 고통과 무게마저 지워 버렸다.

원격 드론 조종사의 사례는 이를 극명하게 보여준다. 수천 킬로미터 떨어진 목표물을 타격한 뒤, 퇴근해 가족과 저녁을 먹는 일상. 전쟁이 신체적 투쟁에서 가상화된 인터페이스로 치환되면서, 전장의 실재감과 도덕적 감수성은 스크린의 화소 속으로 흩어진다.

이제 우리는 다시 묻지 않을 수 없다.

"우리가 만든 기술은 인간을 고통에서 해방시키는가, 아니면 우리를 더 비인간적으로 만드는가?"

인간의 창의성은 본질적으로 가치중립적이다. 불이 음식을 익히는 생명의 도구가 될 수도, 도시를 잿더미로 만드는 파멸의 불꽃이 될 수도 있는 것과 같다. 창의성 자체에는 죄가 없다. 문제는 그 힘이 향하는 방향이며, 우리가 그것을 어디에, 무엇을 위해 사용하는가다.

그래서 지금 우리에게 절실한 것은 전투 로봇이라는 낯선 존재를 둘러싼 윤리적 · 철학적 대화다. 이는 단순한 기술 규제나 정책 논의를 넘어선다. 인간이 자신의 창의성이 낳은 결과물에 어떻게 책임질 것인가, 그리고 어떤 미래를 선택할 것인가에 대한 실존적 질문이다.

인간의 창의성은 우리를 별의 바다로 인도할 수도 있고, 문명의 종말로 이끌 수도 있다. 그 갈림길에서 방향타를 쥔 주체는 오직 우리 자신이다. 우리가 빚어낸 기계가 인간성을 확장하는 동반자가 될 것인가, 아니면 인간을 대체하고 소외시키는 괴물이 될 것인가는 지금, 이 순간의 선택에 달려 있다.

이제 우리는 창의성을 파괴의 수단이 아니라, 평화와 이해, 공존을 앞당기는 촉매로 전환할 방법을 찾아야 한다. 그것이야말로 진정 인간다운 창의성이며, 인류가 먼 미래에도 스스로 인간이라 부를 수 있는 유일한 길이다.

섹스 로봇도
사랑할 수 있을까?

몸과 몸의 대화, 그 정교한 교감의 세계

우리의 몸은 단순히 뼈와 근육으로 이루어진 덩어리가 아니다. 세상을 느끼고 타인과 소통하는 가장 정교한 안테나다. 눈을 감고도 내 손끝의 위치를 아는 고유수용감각과 심장의 두근거림을 느끼는 내수용감각은 우리를 살아있게 하는 보이지 않는 힘이다. 특히 사랑하는 사람과 손을 잡거나 포옹을 할 때, 우리 몸은 상대의 움직임과 속도를 미세하게 감지하며 하나로 동기화된다. 이러한 육체수용감각은 인간이 경험할 수 있는 가장 깊은 수준의 소통인 성性을 통해 극대화된다. 옥시토신과 도파민이 샘솟는 이 신체적 교감은 언어로는 다 표현할 수 없는 애정과 신뢰를 나누는 우리 인류의 본질적인 경험이다.

이번 장에서는 인간 고유의 영역이라 여겨진 이 내밀한 친밀함 속으로 성큼 걸어 들어온 섹스봇의 세계를 살펴본다. 단순히 인간의 외형을 흉내 낸 인형을 넘어, 인공지능과 감각 센서를 탑재하고 대화와 교감을 시도하는 섹스봇이 우리 시대에 어떤 질문을 던지고 있는지 파헤쳐 본다. 여성을 성적으로만 대상화한다는 날카로운 윤리적 비판부터, 신체적 장애나 고립으로 인해 고통 받는 이들에게 제공하는 치료적 가능성까지, 섹스봇을 둘러싼 뜨거운 논쟁들을 가감 없이 다룬다. 첨단기술이 살아 있는 인간의 가장 사적인 욕망과 만났을 때, 우리와의 관계와 사랑의 정의는 어떻게 변하게 될까? 이제부터 그 낯설고도 중요한 지점들을 함께 짚어보겠다.

몸은 어떻게 사랑을 느끼는가?

인간의 몸은 감각운동 지각Sensorimotor perception의 중심이다. 감각운동 지각이란 시각·청각·촉각과 같은 여러 감각 정보를 받아들이고 그 정보를 바탕으로 몸의 움직임을 조절하며 환경과 능동적으로 상호작용하는 과정을 말한다.

우리는 일상에서 이 과정을 거의 의식하지 않는다. 하지만 걷는 순간에도 발이 지면에 닿는 느낌을 미세하게 조절하며 균형을 잡고, 낙엽이 흩날리는 길에서는 시각과 촉각을 함께 사용해 미끄러짐을 피하고 돌을 피해 나아간다.

이처럼 감각운동 지각을 통해 인간은 단순히 환경을 바라보는 존재에 머물지 않는다. 몸과 환경 사이의 관계를 이해하고, 변화하는 상황에 빠르게 적응하며, 그에 맞는 행동을 스스로 선택한다. 이 능력은 일상생활은 물론 새로운 환경과 예기치 않은 도전에 대응하는 데도 꼭 필요하다.

　감각운동 지각은 하나의 감각으로 이루어지지 않는다. 여러 하위 감각이 함께 작동하며 이 과정을 떠받친다. 그중 하나가 고유수용감각Proprioception이다. 고유수용감각은 눈으로 보지 않아도 몸의 각 부위가 어디에 있고 어떻게 움직이고 있는지를 느끼게 해주는 감각이다.

　눈을 감고도 코끝에 손가락을 댈 수 있고, 어두운 방에서도 넘어지지 않으며, 계단을 오르내릴 때 자연스럽게 균형을 잡을 수 있는 이유가 바로 이 감각 덕분이다. 고유수용감각은 근육과 힘줄, 관절에서 전달되는 정보를 종합해 몸의 움직임을 실시간으로 조절한다. 그래서 걷기처럼 익숙한 움직임뿐 아니라 스포츠나 무용, 악기 연주처럼 정밀한 활동에서도 중요한 역할을 한다.

　여기에 또 하나 더해지는 감각이 있다. 바로 내수용감각Interoception이다. 내수용감각은 몸 안에서 일어나는 변화를 느끼고 그 의미를 해석하는 능력이다.

　우리는 이 감각을 통해 심장이 얼마나 빠르게 뛰는지 느끼고, 긴장하거나 흥분한 상태를 알아차리며, 호흡의 변화를 감지해 스스로 조절한다. 소화 상태나 체온, 혈압의 변화 역시 내수용감각을 통해 인식된다.

　중요한 점은 내수용감각이 단순히 몸의 상태를 알려주는 데서 그치지 않는다는 것이다. 이 감각은 감정과 정서가 형성되는 과정에도 깊이 관여한다. 불안하거나 두려울 때 심장이 빨리 뛰고 숨이 가빠지는 변화는 내수용감각에 의해 즉각 감지되고, 뇌는 이를 위험 신호로 해석한다. 이 과정을 통해 인간은 상황을 예측하고 행동을 조절한다.

고유수용감각과 내수용감각은 기본적으로 개인의 몸 안에서 작동한다. 하지만 감각운동 지각은 여기서 멈추지 않는다. 사람과 사람 사이에서 작동하는 지각 역시 존재하기 때문이다. 이를 육체수용감각Corporoception이라 한다. 육체수용감각은 타인의 위치와 움직임, 자세와 속도를 자신의 신체 감각과 비교하며 즉각적으로 파악하는 능력이다.

이 감각은 일상에서 자연스럽게 드러난다. 무용수들이 서로의 미세한 움직임을 느끼며 한 몸처럼 춤을 추는 장면이나, 농구 선수가 상대의 위치를 직감적으로 읽고 패스를 내주는 순간이 그렇다. 좁은 복도에서 자연스럽게 몸을 비켜 주는 행동, 대화 중 상대의 몸짓과 호흡에 맞춰 자세와 말투를 조정하는 것 역시 모두 육체수용감각이 작동한 결과다.

육체수용감각은 단순히 눈으로 관찰하는 능력이 아니다. 그것은 몸과 몸 사이에 흐르는 관계를 직접 느끼고 이해하는 능력이다.

이 육체수용감각이 가장 분명하게 드러나는 경험이 바로 섹스다. 섹스는 자신의 몸과 타인의 몸이 직접 맞닿아 상호 작용하는 일이며, 감각과 움직임, 지각이 동시에 최고조로 작동하는 순간이다. 이때 중심에 놓이는 것은 논리적 판단이 아니라 몸의 감각이다. 촉각은 접촉의 압력과 변화를 즉각 느끼고, 후각과 미각은 보이지 않는 신체 신호를 교환한다. 청각은 숨소리와 목소리의 미묘한 변화에서 말로 표현되지 않는 감정을 읽어낸다. 이렇게 여러 감각이 함께 작동하며 두 몸의 움직임은 매우 정교하게 맞춰진다. 그래서 섹스는 단순한 접촉을 넘어, 육체수용감각이 심리적 친밀감과 정서적 공명, 생리적 동기화로 확장되는 가장 밀도 높은 경험이라 할 수 있다.

나의 신체가 타인의 신체와 맞닿는 순간, 몸 안에서는 다양한 생리 반응이 일어난다. 옥시토신은 친밀감을 깊게 만들고, 도파민은 쾌락과 보상의 느낌을 강화하며, 엔도르핀은 통증을 줄이고 전반적인 기분을 끌어올린다. 이 반응들은 두 사람 사이의 정서적 연결을 단단하게 만든다.

이와 함께 신경계도 활발히 작동한다. 자율신경계는 교감신경과 부교감신경 사이의 균형을 조절하며 감각 경험의 흐름을 만들어 낸다. 특히 친밀한 상호작용이 깊어질수록 심박수와 호흡, 신경 활동이 서로 맞물리는 상호 동기화Bio-synchrony가 나타나며, 이는 강한 일체감을 만들어 낸다.

결국 섹스는 단순한 신체적 접촉이 아니다. 호르몬 작용과 신경계 반응, 감각과 움직임이 하나로 엮여 이루어지는 복합적인 경험이다.

섹스는 하나의 행위에 그치지 않는다. 그것은 몸을 통해 이루어지는 가장 깊은 소통이며, 인격과 인격이 맞닿는 드문 교류의 장이다. 이 과정에서 인간은 애정과 신뢰를 나누고, 자신의 취약함을 드러내며, 때로는 관계 속의 긴장과 역할도 몸으로 주고받는다.

이 모든 경험은 말로는 온전히 설명할 수 없다. 언어로 담기 어려운 감정과 의도를 인간은 몸이라는 가장 직접적인 수단을 통해 전달한다.

인간의 섹스는 육체수용감각을 통해 타인과의 신체적 소통을 가장 높은 수준으로 끌어올리는 행위다. 감각과 움직임이 가장 본질적으로 작동하는 순간이며, 몸을 통해 타인의 세계로 들어가는 경험이다.

궁극적으로 섹스는 신체를 통해 감정과 심리의 깊은 층위까지 이어지는, 인간만이 가질 수 있는 가장 밀도 높은 교감의 방식이다.

섹스봇의 탄생

섹스봇의 4가지 특징

섹스봇은 성적 만족을 주된 목적으로 설계·제작된 로봇이다. 하지만 이를 단순한 성적 도구로만 이해하기에는 설명이 충분하지 않다. 섹스봇은 인간의 외형과 행동, 그리고 AI 기술이 결합한 복합적인 기술 산물이기 때문이다.

다시 말해 섹스봇은 쾌락을 제공하는 기계라기보다 인간 유사성Human-likeness을 중심에 두고 설계된 하나의 기술적 존재에 가깝다. 이러한 관점에서 보면 섹스봇의 특징은 단순한 기능의 문제가 아니라 '어떻게 인간처럼 인식되도록 만들어졌는가?'라는 질문으로 이어진다.

이 기준에 따라 섹스봇의 핵심적 특징은 다음 4가지로 정리할 수 있다.

인간형 외형

섹스봇은 인간의 외형을 본뜬 외형을 지니고 있다. 전반적인 신체 구조와 얼굴의 생김새, 비율 역시 사람과 유사하게 설계되어 있다. 이러한 외형은 단순한 모방에 그치지 않는다. 사용자의 인식을 특정 방향으로 이끌어, 섹스봇을 기계가 아닌 정서적 관계의 대상으로 인식하게 만든다. 다시 말해 섹스봇은 도구가 아니라 '대상'으로 받아들여지 도록 설계된 구조라 할 수 있다.

신체적 움직임과 반응성

섹스봇은 외형만 인간을 닮은 존재가 아니다. 성적 접촉과 자극에 반응하고, 상황에 맞는 움직임을 수행하도록 설계된 '반응하는 신체'를 지닌다. 즉 섹스봇은 고정된 형태의 인형이 아니라, 상호 작용을 전 세로 한 동적인 신체 구조를 갖고 있다.

물리적 신체성

섹스봇의 또 하나의 중요한 특징은 실제 공간 안에 존재하는 물리적 신체를 지닌다는 점이다. 섹스봇은 홀로그램이나 가상 아바타가 아니 며, 이 점에서 VR 기반의 가상 성관계나 디지털 성 콘텐츠와 근본적으 로 구별된다. 섹스봇은 가상이 아닌, 현존하는 신체를 전제로 작동하 는 기술이다.

AI 기반 상호작용

섹스봇은 AI를 탑재해 사용자와 기본적인 의사소통이 가능하다. 이 기능은 단순히 명령을 수행하는 수준을 넘어, 최소한의 인지와 반응 구조를 형성한다. 즉 섹스봇은 일방적으로 작동하는 기기가 아니라, 상호작용을 전제로 설계된 존재다.

이 4가지 특징을 종합하면, 섹스봇은 기존의 성적 기구와는 명확히 구별된다. 인간의 외형을 지녔다는 점에서 바이브레이터나 딜도, 플레

시라이트 같은 일반적인 섹스 토이와는 다르며, 움직임과 반응성을 갖췄다는 점에서는 정적인 섹스돌과도 구분된다. 또한 실제 공간에 존재하는 물리적 신체를 지닌다는 점에서 가상현실 기반의 성 경험과도 본질적으로 다르다.

이처럼 섹스봇은 어느 한 범주로 쉽게 환원되지 않는다. 단순한 도구로 규정하기도, 무언가를 대신하는 대체물로만 보기도 어렵다. 결국 섹스봇은 현존하는 몸과 지능적 반응성이 결합된 새로운 형태의 기술적 친밀성을 만들어낸다. 이 친밀성은 인간과 비인간 존재 사이의 경계를 흔들며, 성과 정체성, 관계라는 개념을 기술의 차원에서 다시 생각하게 만든다.

휴머노이드 섹스봇의 등장은 더 이상 SF적 상상에 머물지 않는다. 기술 발전의 속도를 고려하면, 우리가 상용화된 형태로 이를 마주하게 될 시점은 그리 멀지 않다. 실제로 수년간 고성능 섹스돌을 제작해 온 리얼보틱스Realbotix는 자사 제품이 차세대 리얼돌RealDoll로 진화하고 있음을 꾸준히 밝혀 왔다. 이 회사는 해부학적으로 정밀한 리얼돌에 AI와 로봇공학, 터치 센서, 내부 히터, 가상·증강 현실 인터페이스를 결합한 차세대 모델을 개발 중이다. 이 신형 모델은 사용자와 대화하고 상호작용할 수 있는 애플리케이션과 연동된 애니메이션 얼굴을 갖추고, 듣고 기억하고 말하는 기능은 물론 따뜻함과 촉각 반응을 구현하는 센서까지 탑재할 예정이다.

이러한 기술적 융합이 가리키는 방향은 분명하다. 섹스봇은 더 이상 성적 기능에 국한된 장치가 아니라, 정서적 경험과 상호 작용을 재현하는 존재로 진화하고 있다.

섹스봇의 3가지 유형

윤리학과 기술철학의 관점에서 보면, 섹스봇은 단순히 성능이나 기능의 차이로만 구분되는 기술이 아니다. 더 중요한 기준은 인간이 이 기술과 어떤 방식으로 관계를 맺느냐에 있다. 이 관점에서 섹스봇은 하나의 제품이 아니라, 인간의 욕망과 인식이 투영된 관계적 기술로 이해된다. 이러한 기준에 따라 섹스봇은 크게 3가지 유형으로 나눌 수 있다.

여성형 로봇

첫 번째 유형은 주류 포르노그래피에서 흔히 볼 수 있는 여성형 로봇이다. 이 유형의 섹스봇은 큰 가슴과 가는 허리처럼 과장된 신체적 특징을 중심으로 설계되며, 노골적으로 성적 소비를 유도하는 외형이 핵심 요소로 작동한다. 여기서 중요한 점은 이 외형이 단순한 취향의 문제가 아니라, 여성의 몸과 행동에 대한 특정한 문화적 고정관념을 거의 그대로 재현하고 있다는 사실이다.

실제로 현재 시중에 출시된 다수의 섹스봇은 백인 서구 남성의 성적 이상을 기준으로 삼아 설계되어 있다. 그 결과 현실적이거나 존중받는 여성의 모습보다는, 남성의 환상을 충족시키기 위해 과장된 이미지가 반복적으로 생산된다. 이 과정에서 여성은 하나의 인격체가 아니라, 욕망을 충족시키기 위한 시각적 · 신체적 오브제로 축소된다.

여기에 기술적 특성까지 겹친다. 이들 섹스봇은 비교적 단순한 수준의 AI만을 탑재하고 있어, 제한적인 반응이나 정형화된 대화만 가능하다. 이는 사용자가 상호 작용하는 대상이 '응답하는 주체'라기보다, 언제나 예측 가능하고 통제 가능한 존재로 경험되도록 만든다. 바로 이 지점에서 윤리적 우려가 본격적으로 제기된다

이러한 형태의 섹스봇은 남성 중심적 시선과 포르노적 고정관념을 반복적으로 강화할 가능성을 지닌다. 사용자는 관계의 상호성이나 타인의 자율성을 경험하기보다, 자신의 욕망에 즉각 반응하는 대상과의 일방적 관계에 익숙해질 위험에 놓인다. 그 결과 이미 사회에 존재하는 여성에 대한 경멸적 태도와 지배적 인식이 기술을 통해 더욱 공고해질 수 있다.

문제는 이 인식이 개인의 상상 속에만 머물지 않는다는 점이다. 섹스봇과의 반복적인 상호작용은 사용자의 사고방식과 기대치를 서서히 형성하며, 이는 현실 세계의 인간관계로 이어질 수 있기 때문이다. 특히 실제 여성을 대하는 태도에서, 존중과 동의보다는 이용과 소비의 논리가 무의식적으로 작동할 가능성도 있다.

예를 들어 여성이 남성의 쾌락을 위해 존재한다고 믿거나, 상대의 동의를 관계의 필수 조건이 아닌 부차적 요소로 여기는 태도가 형성될 수 있다. 이러한 인식 구조는 개인의 사적인 취향 문제를 넘어, 현실 세계에서의 성 불평등과 폭력, 그리고 권력관계를 재생산하는 토양이 된다. 바로 이 지점에서 섹스봇은 단순한 기술이 아니라, 사회적 · 윤리적 책임을 동반한 존재로 다뤄져야 할 대상이 된다

이러한 우려는 미국의 과학기술 인류학자 캐슬린 리처드슨[Kathleen

Richardson이 2015년 시작한 섹스 로봇 반대 캠페인Campaign Against Sex Robots, CASR의 핵심 문제의식이기도 했다. 리처드슨은 섹스봇이 성적 착취 구조와 성별 불평등을 기술적으로 재현하고, 오히려 이를 강화할 수 있다고 경고했다. 또한 섹스봇 개발 과정에는 젠더적·윤리적 고려가 반드시 포함되어야 한다고 강조했다.

그 결과 여성형 섹스봇에 대한 비판은 단순히 외형의 문제를 지적하는 수준을 넘어섰다. 논의의 초점은 이제 이 기술이 젠더 권력 구조와 사회적 태도를 어떤 방식으로 재현하고, 또 어떻게 강화하는가로 이동한다. 이는 섹스봇을 단순한 성적 기계가 아니라, 인간 사회와 문화 속에서 의미를 생성하고 확산시키는 기술적 존재로 이해해야 함을 시사한다.

강간 시뮬레이션용 섹스

이 유형의 로봇은 성적 상호작용에 적극적으로 응하지 않거나, 저항하는 것처럼 행동하도록 프로그래밍 되어 있다. 즉 비동의적 성관계를 연상시키는 반응을 의도적으로 구현한 존재다. 사용자의 강압적 성적 환상을 충족시키기 위해, 참여를 원하지 않는 듯한 태도와 반응이 설계 단계에서부터 내장된다.

대표적인 사례가 초기 상용 섹스봇 가운데 하나인 '록시Roxxxy'다. 록시는 사용자가 선택할 수 있는 여러 성격 모드를 제공하며, 각 모드는 서로 다른 성향과 행동 패턴을 갖고 있다. 이 가운데 특히 논란이 된 것이 '냉담한 파라Frigid Farrah'다.

제조사에 따르면, 이 모드는 수줍고 꺼리는 성향을 지니며, 친밀한 행동을 완전히 거부하지는 않지만, 항상 즐기지는 않는 인물형으로 설정되어 있다. 다시 말해 로봇은 성관계를 원하지 않는 것처럼 행동하도록 설계되지만, 사용자는 여전히 그 친밀함을 시도하거나 강요할 수 있는 구조다.

문제는 여기서 끝나지 않는다. '냉담한 파라'라는 명칭 자체가 성적 반응이 없거나 소극적인 여성을 비하적으로 규정해 온 성차별적 고정관념을 그대로 반영하고 있기 때문이다. 이러한 설계는 강간 환상을 단순히 재현하는 데 그치지 않고, 그 환상을 정당화하거나 무해한 것으로 포장할 위험을 내포한다는 점에서 심각한 윤리적 논란을 불러온다.

아동 섹스봇

세 번째 유형은 사춘기에 이르지 않은 어린아이를 닮도록 설계된 아동 섹스봇이다. 일부 학자들은 이 로봇이 소아성애 진단을 받은 사람들의 치료 목적으로 활용될 수 있다고 주장한다. 실제 아동이 아닌 로봇을 대상으로 욕구를 해소함으로써, 현실 세계의 아동 학대를 예방할 수 있다는 논리다.

그러나 다수의 윤리학자와 비평가들은 이 주장에 강하게 반대한다. 이들은 아동 섹스봇이 성적 욕망을 약화하기보다 오히려 이를 정상화하고 악화할 위험이 크다고 본다. 그 결과 아동과 유사한 성적 행위가 사회적으로 허용될 수 있다는 오해를 낳고, 나아가 실제 아동에 대한 학대를 부추기거나 증가시킬 가능성 또한 배제할 수 없다는 비판이 제기된다.

이처럼 3가지 유형의 섹스봇이 지속적으로 개발되는 한, 중대한 윤리적 문제를 피하기는 어렵다. 현재 시중에 나온 섹스봇은 전통적인 섹스돌에 비해 기술적으로 아직 제한적인 수준에 머물러 있다. 그러나 인공 음성, 촉각 기술, 감정 표현, 그리고 AI 기반 상호작용 기술의 발전 속도를 고려하면, 이 상황은 빠르게 달라질 가능성이 크다.

외형과 움직임, 신체화, 그리고 AI 기반 상호작용이라는 네 가지 측면에서 섹스봇은 지금보다 훨씬 인간과 유사한 형태로 진화할 것이다. 이는 곧 섹스봇을 둘러싼 윤리적 논의가 더 이상 미룰 수 없는 과제가 될 뿐 아니라, 동시에 훨씬 더 복잡하고 정교한 논의를 요구하게 될 것임을 의미한다.

섹스봇 기술의 진화

섹스봇은 왜 등장했는가?

로봇과 인간 사이의 성적 상호작용은 더 이상 SF적 상상에 머무르지 않는다. 이는 이미 우리 현실의 한 부분으로 자리 잡았다.

이러한 기술적·문화적 흐름의 출발점은 1960년대 후반으로 거슬러 올라간다. 당시 포르노그래피 잡지에는 공기 주입식 '섹스돌' 광고가 등장했고, 소비자들은 우편 주문을 통해 이를 비교적 손쉽게 구매할 수 있었다.

초기의 섹스돌은 삽입이 가능한 구조를 갖추고 있었지만, 공기 주입식이라는 물리적 한계로 내구성이 매우 낮았다. 촉감과 반응성 역시 부족해 실제와 유사한 성적 경험을 제공하기는 어려웠고, 그 결과 사용자는 인형과의 접촉을 성적 경험으로 받아들이기 위해 상당한 상상력에 의존해야 했다.

1970년대에 들어 재료 기술이 발전하면서 섹스돌은 중요한 전환점을 맞는다. 라텍스와 실리콘의 상용화는 인형의 내구성과 질감을 크게 개선했고, 보다 사실적인 피부 촉감과 인체 비율 구현을 가능하게 했다. 이 변화는 섹스돌을 단순한 성적 도구에서 벗어나 인간의 외형과 촉감을 모방하는 방향으로 이끌었다.

이 흐름 속에서 일본의 오리엔트 인더스트리Orient Industry와 미국의 리얼돌RealDoll 같은 대표적 제조업체들은 수십 년에 걸쳐 사실성을 극대화하는 연구·개발을 이어 왔다. 예컨대 오리엔트 인더스트리는 표정과 피부색, 체형을 개별 맞춤형으로 제작하며 사용자의 정서적 몰입을 높이는 데 주력했다.

이러한 변화는 단순한 기술 개선을 넘어 인간과 기계 사이의 친밀성이 무엇을 의미하는지를 다시 묻게 했다. 특히 미국에서는 섹스돌이 섹스봇으로 발전해 가는 과정이 기술 혁신과 함께 인간 친밀성 개념의 변화를 보여주는 사례로 평가된다.

그 결정적 전환점은 1997년이다. 미국 기업가 매트 맥멀런Matt McMullen이 리얼돌을 설립하며 이 흐름은 본격화했다. 그는 기존의 단순한 섹스돌을 넘어 실제 인간과 구별하기 어려운 수준의 사실성을 목표로 실리콘 마네킹을 제작했다. 리얼돌은 인체 비율과 질감, 체중, 관절의 움직임까지 정교하게 재현한 제품이었다

맥멀런의 목표는 단순히 성적 기능을 제공하는 데 있지 않았다. 핵심은 인간과 유사한 감각적·시각적 경험을 구현하는 것이었다. 이를 위해 피부의 탄력과 체모의 밀도, 표정의 미세한 변화 등 해부학적 세부 요소가 세심하게 반영됐다.

이러한 기술적 완성도는 외형 모방을 넘어 사용자가 감정적으로 몰입할 수 있는 친밀한 대체 관계 형성을 가능하게 했다. 더 나아가 얼굴과 몸통을 교체할 수 있는 모듈형 설계를 도입해 외형과 체형을 개인 취향에 맞게 조정할 수 있도록 했다.

사용자는 피부색과 머리카락 색, 눈동자 색뿐 아니라 체형과 신체 비율까지 선택할 수 있었다. 초기에는 해부학적 정확성 부족이라는 비판도 제기됐지만, 이러한 피드백을 반영해 디자인은 지속적으로 개선됐다. 2009년에는 백금 경화 실리콘을 채택해 내구성과 사실감을 크게 높였고, 장기간 사용에도 형태와 촉감이 유지되는 중요한 기술적 진전이 이루어졌다.

또한 탈부착식 부품과 자석식 얼굴 교체 기능을 도입해 사용자가 표정과 인상을 손쉽게 바꿀 수 있도록 했다. 어떤 날에는 미소 짓는 얼굴을, 다른 날에는 중립적인 얼굴을 선택하는 식으로 상호 작용의 분위기를 조정할 수 있었다. 이는 성적 기능을 넘어 정서적 경험과 맞춤형 상호 작용을 설계 가능한 영역으로 확장한 변화였다.

시간이 흐르면서 리얼돌은 다양성과 맞춤화 측면에서도 크게 진화했다. 2023년 기준 리얼돌은 여성 바디 29종, 남성 바디 10종 등 다양한 신체 유형을 제공했으며, 체형과 키, 피부색, 눈동자 색, 머리카락 스타일을 세밀하게 선택할 수 있었다. 교체가 가능한 얼굴과 의류, 액세서리는 경험을 더욱 개인화하는 요소로 작동했다.

나아가 맞춤형 디자인을 통해 트랜스젠더 인형 제작도 가능해지면서 성별 다양성과 사용자 정체성을 반영하려는 시도도 등장했다. 이러한 흐름 속에서 리얼돌의 진화는 단순한 섹스돌의 범주를 넘어, AI 기반 섹스봇 개발을 위한 기술적·디자인적 토대를 마련한 중요한 이정표로 평가된다.

맞춤화와 모듈화, 다양한 신체와 성별 옵션은 이후 섹스봇이 인간과 더욱 정교한 상호 작용을 하는 데 있어 핵심 기반이 된다.

감정 반응을 흉내 내는 기술

리얼돌을 비롯한 제조업체들은 이제 단순한 성적 도구를 만드는 데서 멈추지 않는다. 그들은 로봇과 인간 사이의 정서적·사회적 동반자 관계를 구현하는 것을 목표로 하고 있다.

이러한 변화는 기술 발전만으로 설명되지는 않는다. 인간의 친밀성이 무엇으로 구성되는지에 대한 이해가 확장되면서, 기업들은 AI 통합을 섹스 로봇 개발의 다음 단계로 인식하게 되었다. 즉 문제는 성능이 아니라, 관계의 구조였다.

이 흐름은 2018년을 전후로 본격화한다. 이 시기를 기점으로 리얼돌은 기존의 수동적인 인형을 넘어 대화 능력과 기억 기능, 감정 표현을 갖춘 지능형 섹스 로봇을 출시했다. 이 모델은 사용자의 이름과 선호도, 과거 대화 내용을 기억하며, 음성 톤과 표정을 통해 다양한 감정을 표현하도록 설계되었다. 이러한 기능 확장은 로봇을 단순한 기계가 아니라 '대화 가능한 존재'로 인식하게 만든 전환점이었다.

2023년 기준 리얼돌은 5가지 AI 지원 모델을 보유하고 있으며, 그 중 가장 주목받는 모델이 '하모니Harmony'다. 하모니는 모바일 애플리케이션을 통해 로봇의 성격과 음성을 사용자가 직접 설정할 수 있도록 설계되었다. 이는 기술적으로는 AI와 인터페이스의 결합을 보여주고, 사회적으로는 개인화된 친밀성이 어떻게 구현되는지를 드러낸다.

하모니와 같은 AI 섹스봇은 더 이상 단순한 물리적 객체로 보기 어렵다. 사용자에게 동반자 의식과 소속감을 제공하도록 설계된 기능들이 의도적으로 내장되어 있기 때문이다. 이러한 특징은 다음 4가지 핵심 기능으로 정리할 수 있다.

대화 능력

하모니는 미리 입력된 문장을 반복하는 수준을 넘어 문맥을 이해하고 질문을 던지며 농담을 주고받는 상호작용을 수행한다. 사용자는 기계와 대화한다기보다 사회적 교류에 참여하는 것과 유사한 경험을 하게 된다.

기억과 학습

하모니는 사용자의 취향과 관심사를 기록하고 이를 이후의 대화에

반영한다. 이 과정에서 상호작용은 축적되고, 시간이 지날수록 관계에
대한 친밀감 역시 강화된다.

감정 표현

하모니는 표정과 억양, 목소리 톤을 통해 감정을 전달하고 사용자의
정서에 반응하는 기능은 로봇과 사용자 사이에 감정적 유대감을 형성
하는 역할을 한다.

개인화된 반응

하모니는 사용자의 피드백과 상호작용 패턴에 따라 행동을 조정하
면서, 상호작용은 점점 더 개인의 성향에 맞게 정교해진다.

이러한 변화는 실제 사회적 현상으로도 관찰된다. 일본 언론은 섹스
로봇에 정서적으로 깊이 몰입한 사례들을 지속적으로 보도해 왔다. 그
관심 범위는 초현실적인 디자인부터 만화적 미학에 이르기까지 다양
하며, 이는 섹스 로봇이 단순한 성적 대상에 머물지 않고 정서적 동반
자로 일상에 편입되고 있음을 보여준다.

이른바 로보섹슈얼Robosexual로 불리는 사용자들은 성적 관계를 넘어
산책이나 외식, 상징적인 결혼식 같은 일상적 행위로 관계를 확장한
다. 이는 인간과 비인간의 관계가 감정과 사회적 실천의 영역으로 이
동하고 있음을 보여주는 중요한 사회문화적 징후다

시장 규모 역시 이 변화의 현실성을 뒷받침한다. 2023년 기준 일본
내 섹스봇의 연간 판매량은 약 2,500대로 추정된다. 기본형 모델은 약

5,000달러 수준이며, 고급 맞춤형 모델은 최대 5만 달러에 이른다. 맞춤 제작은 사용자의 세부 요구를 반영하는 대신 제작 단가를 크게 끌어올린다.

이러한 고가 구조는 접근성의 격차를 만들고, 친밀성 경험 자체를 계층화할 위험을 내포한다. 기술 발전으로 가격이 낮아질 가능성도 있지만, 동시에 인간 친밀성의 불평등이 기술을 통해 다시 만들어질 가능성 역시 남아 있다.

섹스봇 산업의 확산은 개인적 사용을 넘어 상업적 성 서비스 영역으로도 빠르게 확대되고 있다. 일본에서는 2007년을 기점으로 섹스돌 대여소와 로봇 매춘업소가 처음 등장했다. 이는 인간 성매매의 윤리적 대안으로 제시되기도 했지만, '비인간적 성 산업'이라는 비판의 대상이 되기도 했다. 이러한 업소들은 고가의 초현실적 인형을 시간 단위로 대여하여 고객에게 제공함으로써, 기존의 인신매매 및 감염병 문제를 피할 수 있는 새로운 형태의 성 서비스 모델로 주목받았다.

이후 2017년부터 2020년 사이, 이러한 사업 모델은 일본을 넘어 도르트문트, 바르셀로나, 토론토, 모스크바, 밴쿠버, 패서디나, 홍콩 등 주요 도시로 빠르게 확산되었다. 각 지역의 업소들은 최신형 AI 기능과 사실적인 신체 재현 기술을 갖춘 섹스봇을 구비하고, 개인 맞춤형 서비스를 제공함으로써 시장의 기술적 고도화를 이끌었다. 그러나 이러한 확산은 동시에 거센 법적·윤리적 논쟁을 촉발했다.

일부 매춘업소는 공중위생법이나 성매매 금지법 위반 혐의로 개업 직후 경찰 단속을 받았고, 텍사스 휴스턴에 계획되었던 한 로봇 매춘업소는 지역 사회의 강한 반발과 규제 논란으로 인해 채 개업조차 하지 못했다. 이러한 사례는 로봇을 매개로 한 성 산업이 여전히 법적 지위의 불확실성과 사회적 수용성의 한계 속에 놓인 상태라는 것을 말해준다.

결국 로봇 매춘업소의 등장은 인간의 성적 욕망, 기술 혁신, 그리고 규범적 질서 간의 복잡한 상호작용을 드러내는 사례로 평가할 수 있다. 이는 단순히 신기술의 확산을 보여주는 것이 아니라, 인간 친밀성의 상품화가 기술적 매개를 통해 새로운 형태로 제도화되고 있는 중요한 문화적 지표라 할 수 있다.

섹스봇의 확산과 함께 윤리적·사회적 논쟁은 더 커질 수밖에 없다. 이 문제는 기술 그 자체의 문제가 아니다. 우리가 관계를 어떻게 정의하고, 친밀함을 어디까지 기술에 맡길 것인가에 대한 질문이다. 그런 점에서 섹스봇은 기술적 진보만으로 평가할 수 없는, 사회와 심리, 윤리를 함께 고려해야 할 복합적인 연구 대상이라 할 수 있다.

섹스봇을 둘러싼 윤리 논쟁

섹스봇이 제기하는 윤리적 우려

로봇 기술이 정교해지면서 일부 엔지니어들은 인간의 성적 요구를 충족시키는 방향으로 섹스봇 설계에 관심을 돌리기 시작했다. 이는 기술 발전이 인간의 근원적 욕구와 맞닿을 때 자연스럽게 나타나는 흐름이다. 그러나 이러한 움직임과 동시에 철학자와 사회학자, 언론 역시 섹스봇이 불러올 윤리적·사회적 문제를 두고 즉각적인 논의를 시작했다.

섹스봇 논의에서 가장 핵심적인 쟁점 가운데 하나는, 이 로봇들이 여성에 대해 어떤 이미지를 전달하느냐는 문제다. 섹스봇은 단순히 외형만을 구현하는 데 그치지 않는다. 여성은 어떤 모습이어야 하며, 어떤 방식으로 행동해야 하는지를 규정하는 관념까지 함께 반영한다.

이 과정에서 형성되는 고정관념은 크게 4가지 측면에서 사회적·윤리적 문제를 낳을 수 있다.

성차별적 고정관념

섹스봇은 여성 신체에 대한 전통적인 성차별적 고정관념을 강화하고 재현할 위험이 있다. 설계 과정에서는 종종 과장된 신체 비율이나 특정 성적 특징이 강조된다. 이러한 디자인은 여성을 정신적·사회적 주체로부터 분리된 존재, 즉 단순한 신체나 성적 대상으로 축소할 가능성을 내포한다. 더 나아가 여성을 본뜬 물건을 제작하고 소비하는 행위 자체가, 여성을 사물로 인식하는 사고를 무의식적으로 강화할 수 있다. 그 결과 섹스봇은 "여성은 본질적으로 성적 대상으로 존재하며, 타인의 욕구를 충족시키기 위해 존재한다"는 메시지를 사회에 확산시킬 위험을 안고 있다.

행동

행동 차원에서도 문제는 분명하다. 섹스봇은 성적 상호작용이라는 단일한 목적을 위해 설계된 존재로, 사용자의 요구에 언제나 응하도록 프로그래밍 된 구조를 갖는다. 이러한 설정은 여성이 항상 타인의 기대에 부응해야 한다는 상징적 메시지를 전달할 수 있으며, 이는 이미 사회에 존재하는 성별 권력 구조와 결합해 고정관념을 더욱 공고히 만들 위험이 있다.

윤리적 의미

섹스봇이 전달하는 이미지뿐 아니라, 로봇과의 성관계가 지니는 윤리적 의미 역시 중요한 쟁점이다. 만약 섹스봇이 여성을 상징하는 존재로 인식된다면, 로봇과의 성관계는 논리적으로 여성을 대상으로 한 성관계를 상징하게 된다. 그러나 현실에서 섹스봇과의 성관계에는 동의를 구하는 절차가 필요하지 않다. 이 점에서 이러한 행위는 동의하지 않은 여성과의 성관계를 상징적으로 재현할 위험을 지닌다. 반대로 로봇이 항상 성관계에 동의하도록 설계되어 있거나, 로봇과의 성관계를 언제나 '동의한 관계'로 해석하더라도 문제는 완전히 해소되지 않는다. 사용자가 여성이 언제나 자신의 요구를 받아들여야 한다는 인식을 무의식적으로 학습할 가능성이 남기 때문이다. 이 역시 성별 권력 구조를 강화하는 방향으로 작동할 수 있다.

이러한 이유로 섹스봇은 평등주의적 관점에서 정당화되기 어렵다는 비판을 받아 왔으며, 그 핵심 논거는 크게 2가지로 정리할 수 있다.

행동관 인식에 대한 영향력

섹스봇이 행동과 인식에 미치는 영향이 중요한 우려로 제기된다. 섹스봇이 남성에게 여성을 단순히 성적 대상이나 물건처럼 인식하도록 암묵적으로 학습시킨다면, 현실에서도 남성이 여성을 대하는 방식에 영향을 줄 수 있다. 이러한 기술적 경험은 남성의 성적 태도와 행동뿐 아니라, 성폭력 가능성까지 강화할 위험이 있다. 실제로 일부 연구에서는 반복적인 성적 대상화 경험이 인간관계에서 타인을 사물화하는 태도를 강화할 수 있음이 보고되었다.

고정관념의 상징적 메시지

이러한 고정관념이 사회적으로 전파하는 상징적 메시지도 문제다. 섹스봇이 여성을 단순히 신체적 존재로 축소하거나, 언제든 성적 요구를 받아들여야 하는 존재로 표현할 때, 이는 성차별적이고 무례한 신호를 사회에 전달하게 된다. 영화나 광고에서 여성의 특정 신체 부위만 강조하거나, 여성 캐릭터를 남성의 성적 욕망을 충족시키는 존재로 묘사하는 장면을 상상해 보자. 이러한 시각적 메시지는 현실 사회에서 여성의 가치를 왜곡할 수 있으며, 섹스봇이 이를 구현한다면 그 영향력은 훨씬 직접적이고 강력해질 수 있다.

결국 섹스봇이 전달하는 메시지는 상상 속의 문제에 머물지 않는다. 이는 실제 인간관계와 성적 윤리, 나아가 사회 전반의 성평등 인식에까지 영향을 미칠 수 있는 구조적 문제다. 따라서 섹스봇은 단순한 기술 장치로만 다뤄질 수 없다. 그 개발과 사용은 사회적·윤리적 맥락 속에서 비판적으로 검토되어야 하며, 일정 수준의 공적 논의와 규제 역시 요구된다.

결론적으로 섹스봇은 기술적 호기심의 대상에 그치지 않는다. 여성의 성적 대상화, 동의 없는 성관계의 상징화, 성차별적 메시지의 강화라는 문제는 우리가 성과 권력, 그리고 인간관계의 윤리를 어떻게 이해하고 실천해야 하는지를 다시 묻게 만든다. 그렇기에 섹스봇의 발전은 기술의 문제가 아니라 사회의 문제이며, 기술 발전이 불평등과 차별을 강화하는 방향으로 작동하지 않도록 지속적인 윤리적 성찰이 필수적이다.

윤리적 우려에 대한 반론들

섹스봇 윤리에 대한 대표적인 반론은 한 문장으로 요약된다.

"새로운 문제처럼 보이지만, 사실은 오래전부터 존재해 온 문제다."

포르노, 영화, 광고는 이미 오랫동안 여성을 성적으로 재현해 왔으며, 그런 맥락에서 섹스봇을 두고 "이제야 성적 대상화가 시작됐다"라고 말하는 것은 과장일 수 있다는 주장이다.

이 반론에는 분명 설득력이 있다. 특히 성 긍정 페미니즘Sex positive feminism은 성적 표현을 곧바로 억압이나 폭력으로 환원하지 않는다. 이 관점은 쾌락과 신체 긍정성, 성적 주체성을 강조하며, 성을 '금기'가 아니라 '자기 결정'의 영역으로 이해한다. 따라서 이 입장에서는 섹스봇 역시 무조건 해로운 기술로 단정할 수 없으며, 성적 자율성과 쾌락, 상호적 동의라는 가치와 연결해 보다 정교하게 평가해야 한다는 결론에 이르게 된다.

물론, 섹스봇은 포르노나 광고 등 미디어에서 여성을 표현하는 방식과 비교해 옹호될 수도 있다. 이런 비교는 섹스봇이 완전히 새로운 성적 대상화가 아니라, 이미 존재하는 문화적·미디어적 맥락과 연속선상에 있음을 보여준다. 다만, 여기에는 중요한 차이점이 있다. 섹스봇은 화면 속 이미지가 아니라는 점이다. 미디어 속 성적 재현은 어디까지나 '보는 경험'에 머문다. 반면 섹스봇은 만질 수 있고, 움직이며, 반응하고, 사용자와 같은 공간을 공유한다. 이 물리적 존재성은 윤리의 강도를 근본적으로 바꾼다.

섹스봇은 단순한 시청각 콘텐츠가 아니다. 신체적·감각적 상호작용을 통해 사용자의 인식과 행동을 훨씬 직접적으로 형성하는 존재다. 사용자는 섹스봇과의 관계에서 거절당하지 않는 친밀함, 예측 가능한 반응, 완전히 통제 가능한 타인을 반복적으로 경험한다. 이때 문제는 더 이상 표현의 차원에 머물지 않는다. 그것은 일종의 학습이자 훈련이 된다. 이미지를 소비하는 것이 아니라, 특정한 관계 방식에 익숙해지는 과정이기 때문이다.

그래서 결론은 이렇게 정리할 수 있다. 섹스봇은 성적 대상화라는 오래된 문제를 새롭게 발명한 존재는 아닐 수 있다. 그러나 그 문제를 더 물리적으로, 더 반복적으로, 더 일상적인 차원에서 작동하게 만든다. 따라서 섹스봇 윤리는 단순히 '대상화인가, 아닌가'라는 이분법을 넘어야 한다. 물리적 존재와의 상호작용이 인간의 태도와 관계 감각을 어떻게 변화시키는지까지 포함해, 보다 다층적이고 장기적인 관점에서 분석할 필요가 있다.

섹스봇의 사회적 의미와 가능성

인간과 매우 유사한 섹스봇의 제작은 많은 사람에게 우려를 불러일으킨다. 겉으로 보기에 섹스봇은 단순한 쾌락 도구이거나, 경우에 따라서는 해로울 수 있는 기술처럼 보이기 때문이다. 그러나 제한적이고 특정한 맥락에서는 섹스봇이 긍정적으로 활용될 가능성도 존재한다. 예컨대 엄격한 윤리 기준과 강력한 규제 아래에서, 치료나 연구 목적에 한해 제한적으로 논의되는 사례들이 그러하다. 이러한 논의는 섹스봇을 일반화하거나 정당화하기 위한 것이 아니라, 잠재적 활용 가능성과 위험을 함께 검토하려는 시도로 이해할 필요가 있다

섹스봇의 대표적인 장점으로는 성적 접근성의 확대가 자주 언급된다. 이는 성적 관계를 맺기 어려운 개인에게 로봇과의 상호작용을 통해 제한적이나마 성적 교류 경험을 제공할 수 있다는 주장이다. 성적 충속은 인간의 행복과 웰빙과 깊이 연결되어 있으며, 이 점에서 섹스봇이 일부 사람들에게 친밀감을 경험하게 할 수 있다는 가능성 자체를 단순히 배제하기는 어렵다.

성관계는 많은 사람에게 삶을 의미 있게 만드는 중요한 요소다. 이는 사랑과 정체성, 자기표현, 정서적 충족과도 밀접하게 연결되어 있다. 합의 하의 성관계는 스트레스 감소, 기분 개선, 정서적 유대 강화 등 다양한 긍정적 효과를 가져온다. 그러나 장애, 사회적 고립, 심리적 트라우마 등으로 인해 성적 관계를 원하면서도 이를 경험하지 못하는 사람들 역시 존재한다. 이 경우 섹스봇은 쾌락과 접촉, 친밀감, 신체적 자신감 등 성관계의 일부 요소를 제한적으로 제공함으로써, 고립에서

비롯된 고통을 완화하는 보조적 수단으로 기능할 수 있다.

이러한 관점에서 볼 때, 섹스봇의 제작과 사용은 초기 단계에 한해 잠정적인 도덕적 논의의 대상이 될 수 있다. 다만 이는 어디까지나 조건부이며, 엄격한 규제와 명확한 목적 설정을 전제로 한다.

섹스봇이 제공할 수 있는 잠재적 혜택은 하나로 규정하기 어렵다. 사용 목적과 활용 방식에 따라 서로 다른 가치로 나타나며, 크게 치료적 활용과 쾌락·향상 중심의 활용으로 나눌 수 있다. 전자는 정상적인 성적 관계가 어렵거나 불가능한 신체적·심리적 상태를 가진 사람들을 돕는 목적이고, 후자는 장애와 무관하게 기존의 성적 경험을 확장하거나 만족을 개선하려는 목적이다.

치료적 활용의 예로는 다음과 같은 사례들이 논의된다.

첫째, 신체적 또는 인지적 장애로 인해 성적 파트너를 찾는 데 큰 장벽을 겪는 일부 집단에게, 섹스봇은 성적·정서적 욕구를 부분적으로 보완하는 도구가 될 수 있다. 이 경우 섹스봇은 인간관계를 대체하는 존재가 아니라, 결핍에서 비롯된 고통을 완화하는 보조적 수단으로 이해된다.

둘째, 인도나 중국 같은 국가에서는 성비 불균형과 강력한 문화적 일부일처제 기대가 결합되어 상당수 남성이 배우자를 찾지 못할 수 있다. 섹스봇은 이러한 불균형의 영향을 받는 이들에게 배출구나 대안을 제공함으로써 성적 결핍과 관련된 좌절감이나 사회적 불안감을 줄일 수 있다.

셋째, 교도소 수감이나 장기간의 군 복무처럼 성적 관계가 제한되는 환경에서, 섹스봇이 위험하거나 강압적인 행위의 대안으로 논의되기도 한다.

넷째, 인간과 함께 실현할 경우, 윤리적·법적 문제가 발생할 수 있는 특이한 성적 지향, 페티시, 환상에 대해, 현실 세계의 피해를 예방하는 방향에서 제한적 논의가 이루어지기도 한다. 다만 이 경우에도 사회적 합의와 강력한 규제가 전제되어야 한다는 점은 분명하다.

섹스봇은 또 다른 형태의 '준비용 치료'로 활용될 가능성도 거론된다. 이는 접근 불가능한 파트너를 대체하는 데 목적이 있는 것이 아니라, 향후 인간관계를 준비하는 과정에 초점을 둔다. 성적 수행 불안, 신체 이미지 문제, 트라우마, 성적 경험 부족 등으로 친밀한 관계 형성에 어려움을 겪는 사람들에게, 섹스봇이 자기 수용과 자신감을 회복하는 연습의 장이 될 수 있다는 것이다. 이는 궁극적으로 실제 인간과의 더욱 건강한 관계로 이어질 가능성을 전제로 한다.

성적 경험이 비교적 안정적인 사람들에게도 섹스봇은 학습 도구로 활용될 수 있다는 주장도 있다. 예컨대 파트너의 선호와 기피를 이해하도록 돕는 피드백 시스템을 통해, 성적 신호를 읽고 적절히 반응하는 능력을 연습할 수 있다는 것이다. 이러한 활용은 성적 기술의 문제가 아니라, 관계 속에서의 소통과 배려를 강화하는 방향으로 설계될 때 의미가 있다.

섹스봇은 기존의 관계 안에서도 합의 하에 활용될 수 있다. 기존의 성인용 기기가 주로 자극이나 새로움을 제공했다면, 섹스봇은 보다 개인화되고 복합적인 경험을 제공한다. 예를 들어 성적 욕구의 차이로 인한 갈등을 완화하거나, 관계를 유지하는 보조적 수단으로 논의되기도 한다.

원칙적으로 섹스봇은 인간 사이의 윤리적 성관계를 보완하거나 촉진하는 방향에서 제한적으로 활용될 가능성을 지닌다. 특정한 상황에서는 치료적 기능을 수행하며, 성적 경험과 친밀감의 범위를 확장하는 도구로 작동할 수도 있다.

그러나 동시에 섹스봇이 인간과의 성관계를 보완하는 수준을 넘어, 전면적으로 대체하는 사례도 등장하고 있다. 이른바 디지섹슈얼Digisexual로 불리는 일부 사람들은 무생물이나 인공적 존재와의 친밀한 관계를 선호하며, 로봇을 성적 파트너로 선택한다. 이를 하나의 성적 정체성이나 지향으로 이해할 것인지는 여전히 논쟁적이지만, 최소한 이 현상은 섹스봇 논의가 단순한 기술 문제가 아니라 인간의 관계, 욕망, 정체성을 다시 묻는 문제임을 분명히 보여준다.

결국 섹스봇의 윤리적 평가는 전면적 찬반의 문제가 아니다. 어떤 목적과 조건에서, 어떤 방식으로 활용되는가에 따라 그 의미는 달라진다. 중요한 것은 기술이 인간의 고립을 심화시키는 방향으로 작동하는지, 아니면 인간관계를 회복하고 보완하는 방향으로, 제한적으로 사용되는지에 대한 사회적 판단과 책임이다.

로봇도
예술가가 될 수 있을까?

로봇, 예술의 경계를 그리다

오랫동안 예술은 인간만이 가진 고유한 영혼의 영역이라 믿어왔다. 화가의 섬세한 붓질, 무용수의 애절한 몸짓, 배우의 떨리는 목소리는 기계가 결코 흉내 낼 수 없는 인간성의 정수로 여겨졌다. 하지만 최근 인공지능이 화풍을 학습해 그림을 그리고, 물리적인 몸을 가진 로봇이 무대 위에서 인간과 함께 춤을 추기 시작하면서 이러한 믿음은 거센 도전을 받고 있다. 데이터의 조합으로 태어난 디지털 이미지부터 실제 캔버스 위에 붓을 들이대는 로봇 화가 '아이다$^{Ai-Da}$'까지, 기술은 이제 단순한 도구를 넘어 창작의 주체로서 예술의 정의를 뿌리째 뒤흔들고 있다.

AI는 예술의 미래를 창조할 수 있을까? 이번 장에서는 기술과 예술이 만나는 가장 뜨겁고도 낯선 현장인 로봇 예술의 세계를 탐험한다. 20세기 초 미래주의 예술가들의 기계적 실험부터 백남준의 비디오 아트, 그리고 오늘날 무대 위에서 인간과 호흡하는 로봇 배우들에 이르기까지 예술 로봇이 걸어온 흥미로운 역사를 훑어본다. 또한, 로봇이 만든 작품이 과연 인간의 마음을 울리는 진정성을 가질 수 있는지, 기계적 완벽함이 인간의 즉흥성과 취약함을 대신할 수 있는지 같은 예리한 질문들을 제기해본다. 이번 장은 창의성이라는 거울을 통해 비춰본 로봇과 인간의 관계, 나아가 우리가 미래에 마주하게 될 새로운 예술적 풍경을 함께 생각하는 매우 흥미로운 장이 될 것이다.

예술 로봇이란 무엇인가?

AI 예술과 로봇 예술의 차이

최근 몇 년 동안 AI 예술은 뜨거운 논쟁의 대상이다. 그러나 많은 논의에서 예술의 소재로 등장하는 로봇과 AI 기술로 만들어지는 예술이 서로 혼동되고 있다. 전자는 우리가 흔히 말하는 '로봇 예술'이고, 후자는 엄밀한 의미에서의 'AI 예술'로 구분할 수 있다.

이 둘은 겉보기에는 비슷해 보일 수 있다. 하지만 예술의 주체와 생성 방식이라는 측면에서는 분명히 다른 문제를 다룬다.

AI 예술은 데이터와 알고리듬을 기반으로 한 창작을 의미한다. 예술가들은 오픈아트^{OpenArt}, 크레용^{Craiyon}, 달리^{DALL-E} 같은 텍스트 프롬프트 기반 도구를 활용한다. 예컨대 "한 폭의 밤하늘을 배경으로 한 사이버펑크 도시"라고 입력하면, AI는 학습된 이미지 데이터를 바탕으로 결과물을 생성한다.

AI 예술은 본질적으로 사용자의 입력과 사전 학습 데이터에 의존해 작동한다. AI가 스스로 독창적인 판단을 내리거나 예술적 감각을 '경험'하는 것은 아니다. 따라서 결과물은 언제나 프롬프트와 데이터의 범위 안에서만 생성된다.

또한 AI 예술은 대체로 시각적 산출물에 집중되며, 관객과의 물리적 상호작용은 제한적이다. 디지털 이미지나 음악, 글쓰기 등으로 확장되더라도, 이는 '몸으로 겪는 예술'과는 성격이 다르다.

반면 로봇 예술은 몸과 움직임을 지닌 존재가 창작에 참여하는 예술이다. 여기서 핵심은 로봇이 물리적 '몸'을 가진 채 실제 공간을 점유한다는 점이다. 예를 들어 일본의 나오[Nao] 로봇이나 보스턴 다이내믹스의 스팟[Spot]은 무대 위에서 인간과 함께 춤을 추거나 연극을 수행한다. 이때 관객이 마주하는 것은 단순한 출력물이 아니라, 동작의 정밀성, 공간 활용, 리듬, 그리고 실수까지 포함된 하나의 행위다.

또 다른 사례로는 로봇 화가 아이다[Ai-Da]가 있다. 아이다는 카메라와 시각 인식 센서를 통해 대상을 관찰하고, 실제 캔버스 위에 펜과 붓을 사용해 그림을 그린다. 관객은 결과물뿐 아니라 로봇의 움직임과 붓질, 미세한 떨림까지 직접 목격하게 된다. 관객은 로봇의 움직임과 붓질, 손의 미세한 떨림까지 직접 보고 경험함으로써, 단순한 이미지 출력 이상의 체험적 예술을 접할 수 있다. 로봇 예술은 결과물만 감상하는 것이 아니라, 로봇의 존재와 움직임을 직접 체험하며 예술의 의미를 재정의하게 한다.

예술 로봇의 역사

최근 피지컬 AI를 활용한 예술, 특히 로봇 예술이 주목받는 가장 큰 이유는 관객이 시각적으로 감상하는 데 그치지 않고, 몸으로 체험하는 감각을 동반하기 때문이다. 로봇은 더 이상 화면 속 이미지가 아니다. 공간을 점유하고, 움직이며, 때로는 실수한다. 이러한 실감이 예술 경험의 성격을 근본적으로 바꾼다.

그러나 이러한 시도는 결코 완전히 새로운 현상은 아니다.

이미 고대 중국에는 자동화 기술을 활용한 무대 장치가 존재했다. 기계식 비둘기와 물고기, 천사와 용 같은 형상들은 주로 수압 장치로 작동했으며, 황제의 유희와 의례를 위해 사용되었다.

서양 공학의 시초로 평가받는 알렉산드리아의 헤로^{Hero}는 스스로 작동하는 완전 자동 연극 무대 장치를 고안했다 이후 레오나르도 다빈치^{Leonardo da Vinci}는 인간의 노동과 반복적 동작을 기계로 대체하는 예지적 사고를 제시했다. 초기 항공기, 재봉틀, 대포 등 다양한 기계 설계도를 남긴 그의 노력은 오늘날 기계적 자동화를 탐구하는 근간이 되었다.

20세기 초에 이르러, 다다^{Dada}와 미래주의^{Futurism} 운동은 작품에 기계적·전자적 장치를 실험적으로 도입하고 예술과 기술의 상호작용을 적극적으로 시도하면서 전통적인 미학의 경계를 허물었다. 미래주의자들은 기계를 근대성과 진보의 상징으로 인식하고, 자신들의 작품을 통해 기술 발전과 산업화를 찬양했다.

　이러한 흐름을 대표하는 작가가 이탈리아의 자코모 발라^{Giacomo Balla}
다. 1912년 발표한 그의 대표작 〈목줄에 묶인 개의 역동성〉에서 발라
는 걷고 있는 개와 주인의 발을 수십 개의 중첩된 이미지로 표현했다.
이는 대상을 재현하는 데서 나아가, 움직이는 순간의 연속성을 포착하
려는 시도였다. 이 작품은 움직임과 시간, 기계적 반복성을 하나의 시
각적 경험으로 전환한 사례로 평가된다. 또한 당시 막 태동하던 연속
촬영 사진술의 원리를 회화에 도입함으로써, 기술적 통찰이 예술적 미
학으로 확장될 수 있음을 보여주었고, 이는 이후 로봇 예술과 디지털
미디어 아트로 이어지는 중요한 연결 고리가 되었다.

　1950~1960년대에 접어들며 예술가들은 로봇공학과 전자 기술이
지닌 가능성에 본격적으로 주목하기 시작했다. 그 중심에는 미디어 아
트의 거장 백남준이 있었다. 그는 해박한 공학적 지식을 바탕으로 텔
레비전과 비디오 카메라, 신호 변환 장치를 하나의 예술적 매체로 통
합했다. 특히 1963년 발표한 〈TV 부처〉는 폐쇄 회로^{CCTV}를 통해 불상
과 이를 비추는 모니터를 마주하게 함으로써, 기술과 인간, 그리고 관
객 사이의 관계를 근본적으로 다시 묻는 실험이었다. 백남준은 기술이
차가운 기계 장치에 머무르지 않고, 인간의 존재를 성찰하게 만드는
사유의 매개가 될 수 있음을 보여주었다.

　기계와 예술의 결합을 더욱 밀어붙인 인물로는 스코틀랜드 출신의
에두아르도 파올로치^{Eduardo Paolozzi}를 들 수 있다. 그의 작품은 기계적 ·
산업적 요소를 적극적으로 접목한 조각과 콜라주로 유명하다. 1960
년대, 파올로치는 다양한 기계 부품과 전자 장치를 활용한 조각 작

품을 제작했다. 대표작인 1963년 〈몬테 카시노 필사본〉The Manuscript of Monte Cassino은 버튼과 레버를 통해 연속적으로 작동하는 소형 기계 장치로 구성되어 있다. 관객은 작품을 바라보는 데서 그치지 않고, 설치된 버튼과 레버를 직접 조작하며 기계적 움직임을 체험한다. 이는 예술이 '보는 대상'에서 벗어나, 인간과 기계가 함께 작동하는 관계로 진화했음을 보여주는 중요한 전환점이었다. 파올로치의 창의적 접근은 기술이 단순한 장치를 넘어, 기계적 요소가 예술적 의미를 전달하고 인간-기계 간 상호작용의 가능성을 탐구할 수 있음을 보여준다.

1980~1990년대에 들어 예술가들은 창작 과정에서 로봇공학과 AI의 잠재적 응용 가능성을 적극적으로 탐구했다. 일본 출신 예술가 켄 리날도Ken Rinaldo는 이런 경향을 보여주는 대표적 인물이다. 그는 1990년 작품 〈자기생성〉Autopoiesis을 발표했다. 이 작품은 생물체와 상호작용하는 로봇을 통합한 실험석 설지 예술이었다. 작품은 조류 군락과 로봇 간 상호작용을 중심으로 이루어졌다. 로봇들은 센서와 알고리듬을 활용해 주변 환경과 생물체의 움직임을 감지하고, 이에 반응하며 일정한 패턴과 행동을 스스로 생성했다. 리날도의 시도는 기술이 단순한 기계적 움직임을 넘어, 생명체와 인공적 존재 간 상호작용, 자율성, 환경적 적응을 예술적 경험으로 구현할 수 있음을 보여준다. 그의 작업은 20세기 말 예술가들이 기술과 생명체 개념을 융합해 예술적 표현의 경계를 확장하고, 로봇과 AI를 창작 과정의 적극적 파트너로 활용하는 흐름을 보여준 중요한 사례다.

이후 머신러닝과 딥러닝 기술의 발전은 로봇 예술의 가능성을 한 단게 더 확장했다. 인간의 신경망을 모방한 알고리듬은 로봇이 이전보다 훨씬 복잡한 반응과 선택을 수행할 수 있게 했다. 사이버네틱 아트의 초기 실험에서 현대의 AI 기반 예술에 이르기까지, 로봇 예술은 멈추지 않고 계속 진화해 왔다.

결국 로봇 예술의 역사는 새로운 기술이 등장한 과정이라기보다, 인간이 예술을 경험하는 방식이 어떻게 변화해 왔는지를 보여주는 기록에 가깝다.

기계가 무대에 오를수록 예술의 본질은 오히려 더 분명해진다. 예술은 단순한 도구가 아니라, 인간이 마주한 의미를 감각하고 해석하며 감당하는 경험이라는 사실이다.

무대 위의 로봇

공연 예술 분야에도 로봇공학이 통합되기 시작했다. 이로 인해 연극계에는 이전에는 상상하기 힘들었던 새로운 창의적 가능성의 문이 열리고 있다. 무대에서 활동하는 배우들은 이제 단독으로만 출연하지 않는다. 낯설지만 새로운 존재, 바로 로봇과 함께 무대에 오르게 되었다. 로봇은 배우들과 함께 등장하며 연기, 조명, 무대 장치 제어 등 다양한 연출 방식을 숙지하고, 무대에서 펼쳐지는 서사 전달 방식 자체를 바꿔 놓는다

특히 주목할 점은 연극 제작 과정에서 연출자가 로봇을 실제 배우로 활용한다는 사실이다. 일부 최첨단 실험적 극단들은 휴머노이드 로

봇뿐 아니라 인간과 전혀 다른 형태의 비휴머노이드 로봇까지 출연진에 포함시켜 배우 실험을 했다. 이 로봇들은 단순한 장치나 소품이 아니다. 인간적 역할과 비인간적 역할을 동시에 수행하며 배우들과 함께 무대 위에서 이야기를 만들어간다. 예를 들어, 인간 배우와 로봇이 미니멀한 듀엣을 이루거나, 정밀한 타이밍과 반복 동작이 필요한 장면에서 로봇은 핵심적인 역할을 수행할 수 있다.

이러한 접근은 단순히 연극 기법을 새롭게 하는 차원을 넘어선다. 연기에 대한 전통적 인식과 기준 자체에 도전하며, 첨단 기술 시대를 맞아 인간성과 인공지능의 본질, 그리고 '연기'라는 행위의 의미에 대한 깊은 물음을 던진다. 무대 위 로봇은 우리가 연극을 보고 느끼는 방식을 바꾸는 것은 물론, 인간과 기계의 관계와 예술적 표현의 경계까지 새롭게 정의하도록 유도하는 존재로 떠오르고 있다.

로봇의 역할은 연기에만 머물지 않는다. 무대 디자인과 특수 효과에서도 중요한 창작 요소로 기능한다. 로봇은 이동식 세트를 정확한 타이밍에 배치하고 장면 전환에 맞춰 조명을 조절하며 시각 효과를 정밀하게 구현한다. 이 과정은 단순한 자동화가 아니라 무대의 흐름을 매끄럽게 만들고 관객의 몰입을 한층 깊게 만드는 역할을 한다. 일부 작품에서는 로봇이 장면의 분위기를 주도하거나 인간 배우가 놓치기 쉬운 미세한 순간을 포착해 강조한다. 그 결과 연극은 기술이라는 새로운 언어를 하나 더 얻게 되며, 로봇은 이야기를 전달하는 또 하나의 매개체로 자리 잡는다.

연극에서 발휘되는 로봇의 영향력은 연기나 무대 장치의 영역을 넘어선다. 일부 현대 공연에서는 관객이 로봇과 직접 상호작용하며 이야기의 흐름을 바꿀 수 있는 인터랙티브 내러티브가 구현되고 있다. 관객의 세세한 움직임이나 선택에 따라 로봇이 반응하고, 장면 전개가 달라진다. 이러한 참여형 스토리텔링은 전통적인 연극에서 배우와 관객 사이의 경계를 허문다. 관객 한 사람 한 사람에게 독특하고 개별화된 공연 경험을 제공하며, 단순히 이야기를 지켜보는 수동적 존재가 아니라 공연의 일부로 능동적으로 참여하게 한다. 결국 로봇은 관객과 연극 사이의 상호작용을 연결하고 확장시키는 매개체로 작동한다. 이를 통해 관객은 연극 속 사건에 몰입하며, 보다 다층적이고 깊이 있는 경험을 하게 된다.

그럼에도 불구하고 공연 예술 분야에서 로봇공학이 열어가는 가능성을 탐구할 때 우리가 유념해야 할 점이 있다. 다름 아닌 로봇 참여로 인해 생기는 윤리적·사회적 문제다. 로봇이 연극 경험의 중심에 자리 잡는다는 것은 단순히 새로운 장치가 등장한다는 의미가 아니다. 기존 연기, 창작, 그리고 관객과의 관계에 근본적인 변화를 가져온다는 뜻이다. 로봇이 인간 배우의 역할 일부를 수행할 때, 우리는 누가 공연의 공로를 인정받아야 하는지 같은 질문에 직면한다. 또한 관객과의 상호작용에서 로봇이 차지하는 비중이 커질수록 인간 배우의 감정 전달과 공연의 의미는 어떻게 달라질까? 이러한 문제들은 기존 엔터테인먼트 산업 전체에도 새로운 기준과 윤리적 지침에 대한 열린 논의의 필요성을 시사한다.

궁극적으로, 로봇공학을 연극과 스토리텔링에 통합하려는 시도는 우리에게 탐구와 혁신의 초대장과 같다. 이 초대장은 단순히 새로운 기술을 무대에 도입할지 말지의 문제가 아니다. 그보다 우리가 무대에서 무엇이 가능한지에 대한 기존 선입견을 다시 살펴보고, 새로운 방식으로 이야기를 전달할 가능성을 상상하게 만든다. 낯설지만 이런 흐름은 연출가, 배우, 무대 디자이너, 극작가 등 공연 예술에 참여하는 모든 이들에게 기술과 협력하여 미래 공연 예술을 창조할 기회를 제공한다. 또한 로봇과 인간이 함께 만드는 새로운 무대 경험은 관객에게 익숙하면서도 동시에 낯선, 전례 없는 감각적 · 정서적 경험을 선사할 것이다.

공연 예술 분야에서 로봇 혁명이 본격적으로 시작되었다. 이제 우리는 이 흥미롭고 새로움 넘치는 영역에 과감히 뛰어들 때다. 인간의 창의성과 첨단 기술이 만나 협력할 때, 그간 상상조차 하지 못했던 방식으로 무수한 이야기를 전달하고 표현할 수 있다. 로봇과 인간이 함께 만들어가는 무대는 단순한 공연을 넘어, 연극과 스토리텔링의 의미와 표현을 한층 풍부하게 확장하는 미래를 보여준다. 이것은 기술과 예술이 결합해 새로운 경험과 가능성을 창조하는 흥분되는 여정이자, 우리 모두에게 열린 도전이다.

로봇 연극이라는 도전

로봇 연극의 기술적·예술적 난제

연극은 어떤 예술보다도 배우와 관객 사이의 관계에 크게 의존한다. 같은 공연이라도 매일 밤 같은 모습으로 반복되지 않는 이유가 바로 여기에 있다. 그날의 분위기와 에너지, 관객의 집중과 감정이 어우러져 오직 한 번뿐인 순간으로 만들어진다. 배우는 관객의 웃음과 침묵, 조금 불편해하는 기색까지도 바로 느낀다. 그리고 그에 맞춰 말투를 바꾸고 속도를 조절하며 몸짓을 달리한다. 관객은 다시 그 변화에 반응한다. 이렇게 주고받는 반응이 계속 이어지며 연극은 살아 움직이게 된다.

이 즉각적인 반응과 긴밀한 연결이 연극의 가장 큰 특징이다. 그래서 '로봇 연극'이라는 생각은 흥미롭지만 동시에 낯설게 느껴진다. 과연 로봇 같은 피지컬 AI가 사람의 존재감과 반응으로 만들어지는 연극의 무대에 정말로 함께 설 수 있을까?

연극은 우리의 삶 속에서 신체화된 소통의 예술이다. 배우의 목소리, 호흡, 몸짓은 관객의 집중과 감정과 맞물려 흐른다. 공연 연구자들이 말하듯, 이 관계는 단순한 표현이 아니라 신체와 신체가 맞닿는 '생동하는' 상호작용이다. 즉, 공간 속에서 서로의 존재를 감지하고 이에 반응하는 행위다. 전통적인 극장에서는 배우들이 공간의 분위기를 예민하게 포착하며 즉흥적으로 반응한다. 웃음을 이끌어내기 위해 잠시 무대에서 멈추거나, 공감을 자아내기 위해 대사의 톤을 부드럽게 바꾸거나, 관객의 호응에 맞춰 몸의 리듬을 조절하기도 한다.

로봇에게 이러한 상호 관계적 춤은 큰 도전이다. 오늘날의 피지컬 AI, 즉 가장 발전한 휴머노이드까지 인간 배우처럼 관객의 반응에 실시간으로 조율할 수 있는 미묘한 지각과 감정 인식 능력을 갖추지 못했다. 로봇은 센서, 카메라, 음성 인식 장치로 데이터를 수집할 수 있지만, 이를 인간처럼 직관적으로 처리하지는 못한다. 대신 패턴 인식을 위한 알고리듬을 통해 분석한다. 인간 배우가 한숨 속에 담아내는 아이러니나 관객의 집단적 숨결 속 망설임을 감지할 수 있는 반면, 로봇은 주변 소음의 변화나 조명 세기의 변동만 포착할 뿐이다.

이 보이면서도 보이지 않는 격차는 단순히 기술만으로 해결할 수 있는 문제가 아니다. 이것은 존재와 존재 사이의 근본적인 문제다. 인간과 로봇은 근본적으로 다른 방식으로 신체를 구성한다. 인간 배우의 인식은 긴장, 피로, 흥분, 두려움 같은 감각을 실제로 느끼는 살아 있는 몸에서 비롯되며, 관객은 그 생생한 감각을 직관적으로 받아들인다. 반면 로봇은 이러한 감정을 느끼지 못하고 단지 행동만 모방한다. 따라서 로봇 연극의 핵심 과제는 로봇을 인간처럼 보이게 만드는 것이 아니다. 오히려 인간과 로봇의 차이를 인정하면서, 그 차이 속에서 새로운 의미를 창출하는 공연을 구상하는 데 있다.

실제 사례로 본 가능성과 한계

지난 20년 동안 많은 연극 실험은 인간과 로봇의 경계를 탐구해왔다. 그중 가장 이른 시기이자 널리 논의된 사례는 현대 일본 연극계의 중견 연출가 오리자 히라타Oriza Hirata와 오사카대학 지능형 로봇 연구실의 리더 이시구로 히로시Hiroshi Ishiguro의 공동 프로젝트다. 이시구로의 연구는 깊이 있는 인본주의적 신념에서 출발했다. 그는 한 인터뷰에서 "인간을 정의할 수 있다면, 그 정의에 맞는 로봇을 기꺼이 설계하겠다"고 말했다. 즉, 로봇을 통해 인간을 설명하려는 것이 아니라, 로봇을 통해 인간이란 무엇인가를 탐구하려는 시도다.

히라타와 이시구로는 로봇을 단순한 기계가 아닌, 인간의 본질을 비추는 거울처럼 활용했다. 이때 휴머노이드 로봇의 외형은 단지 껍데기에 불과하며, 중요한 것은 로봇이 무대에서 수행하는 활동이다. 공연에서 로봇의 움직임은 세 가지 방식으로 통합된다. 첫째, 사전 녹화된 소프트웨어를 통해 인간 배우의 동작을 재현하는 방법. 둘째, 사전 프로그래밍을 통한 자동 수행. 셋째, 원격 제어 방식이다. 제스처, 표정, 발화의 프로그래밍과 타이밍은 모두 히라타가 책임졌다.

이 협업을 대표하는 작품이자 로봇 극장 시리즈 중 가장 잘 알려진 작품은 2010년 초연된 〈사요나라〉다. 불과 30분 길이의 공연은 여배우 브라이얼리 롱^{Bryerly Long}과 안드로이드 제미노이드 F^{Geminoid F}가 미니멀한 듀엣으로 구성했다. 이야기의 중심에는 불치병을 앓는 젊은 여성이 있다. 그녀의 아버지는 딸을 위로하기 위해 여성 안드로이드 동반자를 선물하고, 안드로이드는 그 역할을 충실히 수행하며 젊은 여성을 위로하는 시를 읊조린다. 연극에서 안드로이드의 차분하고 절제된 말투와 한정된 표정은 인간 배우의 떨림이나 취약함과 뚜렷한 대조를 이룬다.

히라타는 기계의 한계를 숨기지 않고 오히려 적극적으로 드러내 극적 장치로 삼는다. 로봇의 감정적 무표정은 인간의 죽음을 비추는 거울로 기능하며, 관객의 공감은 기계 자체에 머물지 않는다. 대신 이 대조를 통해 '살아 있음'과 '느낌'의 의미를 더욱 선명하게 자각시켰다.

2014년, 히라타는 국제협업으로 로봇 연극 〈변신〉을 연출했다. 카프카^{Kafka}의 그레고르 잠자^{Gregor Samsa}를 안드로이드로 재해석한 작품이다. 이 작품에서 로봇은 문자 그대로 '소외'를 구현한다. 그레고르 잠사 역은 안드로이드 레플리에 S1^{Repliee S1}가 맡았다. 히라타는 이야기를 가까운 미래의 프랑스 작은 마을로 옮겨 각색했다. 어느 날 아침 깨어난 그레고르 잠사는 자신이 변해 있음을 발견하지만, 원작처럼 곤충이 아니라 안드로이드로 변한 것이다.

히라타의 각색에서 유기적 존재로서의 '타자'는 무기적 존재로 바뀌었지만, 이는 카프카의 원작에 내재된 신체적 혐오감을 증폭시키지 않는다. 대신, "무슨 일이든 일어날 수 있다"는 주제와 주어진 상황에 직면할 때 상황 자체가 갖는 의미가 강조된다. 안드로이드는 이시구로 히로시가 디자인했고, 무대 운영은 치카라이시 타케노부^{Takenobu Chikaraishi}가 맡았다.

〈변신〉은 일본과 프랑스가 공동 제작한 작품이다. 공연에서 가장 강조되는 제스처는 사회적 상호작용 전통의 차이다. 예를 들어, 어머니(역: 이렌 자코브)는 안드로이드 그레고르의 손을 잡고, 아버지(역: 제롬 기르세)는 자신의 이마를 안드로이드의 머리에 기댄다. 이러한 순간들은 인간과 안드로이드 사이의 직접적 근접성, 즉 피부와 외피 사이의 신체적 접촉을 부각한다. 그 속에서 두 개의 현실 층을 연결하는 유일한 매개는 목소리다. 안드로이드의 목소리와 움직임은 세입자 역을 맡은 배우 티에리 부 후^{Thierry Vuu Huu}가 담당했다. 이를 통해 인간과 로봇, 원본과 재현 사이의 미묘한 경계가 부각되었다.

로봇은 기술적 결함을 가질 수 있지만, 이론적으로 스스로 실패하거나 실수하지는 않는다. 우발성, 실수, 실패의 우연성은 여전히 인간 연기자의 고유 영역으로 남는다. 히라타의 작품에 등장하는 로봇들은 AI 를 갖추지 않았기 때문에, 예상치 못한 상황을 스스로 해결할 수 없다. 즉, 즉흥적인 협력이나 창조적 활동 능력은 결여되어 있다. 공연 과정에서 로봇의 역할은 본질적으로 일방적 행동이다. 로봇은 프로그램 된 순서를 정확히 수행하고, 인간 배우는 이에 맞춰 적응하며 반응한다. 물론 로봇이 실시간 원격 조종되는 경우에는 이런 구분이 다소 희미해진다.

히라타는 인간 배우와 로봇 배우 모두에게 동일한 지시를 내린다. 주로 정지 상태의 지속 시간, 정확한 타이밍, 발화의 템포에 초점을 맞추고, 심리적 지시는 최소화한다. 이런 방식의 연극은 겹치는 대사, 부드럽고 거의 들리지 않는 목소리, 즉흥적인 인상을 주는 정밀한 타이밍과 말투를 특징으로 하는, 일명 '조용한 연극'이라 할 수 있다.

이러한 실험은 일본에만 머물지 않았다. 2005년, 뉴욕의 극단 레 프레르 코르뷔지에Le Fr re Corbusier는 헨리크 입센Henrik Ibsen의 《헤다 가블러》Hedda Gabler를 로봇 연극 〈헤다트론〉Heddatron으로 재해석했다. 작품 설정은 교외에 사는 한 주부가 로봇들에게 납치되어 강제로 연극을 연기하게 된다는 이야기다.

이 작품에는 움직임과 제스처를 취하며, 사전 녹음된 목소리로 대사를 전달하는 산업 로봇 5대가 등장했다. 이 로봇들의 딱딱하고 기계적인 존재감은 관객에게 웃음을 유발하면서도, 동시에 묘한 불안감을 자아냈다. 특히 로봇이 자신이 표현하는 감정을 이해하지 못한다는 사실은, 작품이 던지는 자동화와 소외에 대한 비판적 메시지를 강화하는 장치로 작용했다.

이 모든 사례공통으로 보여주는 점은 분명하다. 로봇 공연자는 인간을 흉내 내려 할 때가 아니라, 자기만의 차이를 드러낼 때 가장 빛난다. 따라서 로봇의 진정한 강점은 정밀함, 반복 가능성, 완벽한 동기화, 그리고 대규모 움직임 구현에 있다. 다시 말해, 로봇은 밀리초 단위의 정확도로 조명이나 음향과 호흡을 맞추고, 인간의 신체적 한계를 넘어서는 시각적 장면을 만들어낼 수 있다는 얘기다.

피지컬 AI의 예술적 창의성

최근 기술 발전으로 AI는 예술, 음악, 글쓰기 등 다양한 창작 영역에 도전하고 있다. 사람들은 종종 AI가 인간의 창의성을 뛰어넘을 수 있을까라는 질문을 던진다. 이 질문은 단순히 예술에만 국한되지 않는다. AI가 사회와 문화 전반에 미치는 영향을 포함한 더 넓은 쟁점이기도 하다. 여기서는 예술 분야를 중심으로 AI 창의성과 인간 창의성의 차이를 독창성, 감정적 공명, 사회적 영향, 세 가지 측면에서 살펴보며, 양쪽의 주장을 균형 있게 설명해보겠다.

예술 로봇의 독창성 문제

로봇 창의성과 인간 창의성을 둘러싼 논쟁의 중심에는 독창성의 정의라는 질문이 놓여 있다. 로봇 창의성에 우호적인 입장은 독창성을 반드시 인간 경험에서만 나오는 고유한 능력으로 보지 않는다. 오히려 새롭게 결합하고 예측하지 못한 결과를 산출하는 능력 자체를 독창성의 기준으로 삼을 수 있다고 본다. 이런 관점에서 생성형 AI도 충분히 창의적일 수 있다. 방대한 데이터셋으로 학습한 머신러닝 알고리듬은 기존 작품의 패턴을 발견하고, 이를 전혀 다른 방식으로 재조합하며 새로운 결과물을 만들어낸다.

앞으로 피지컬 AI의 머리에 장착될 달리^{DALL-E}, 미드저니^{Midjourney}, 스테이블 디퓨전^{Stable Diffusion} 같은 생성형 AI 시스템이 만들어낼 이미지들은 많은 사람에게 놀라움과 시각적 충격을 줄 것이다. 미드저니가 제작한 바로크 양식의 우주비행사 초상화나 르네상스 성화를 사이버 펑크 스타일로 재해석한 작품은 온라인에서 큰 화제를 모았다. 이 작품들은 인간 예술가에게조차 예측하기 어려운 스타일의 융합을 보여주며, 때로는 프로그래머조차 결과를 예상할 수 없을 정도의 변주를 만들어낸다. 이런 현상은 AI가 인간의 창작에서 나타나는 우연성과 돌발성을 모방하거나, 때로는 능가할 가능성까지 있다는 점을 보여준다.

반대편에서는 AI가 본질적인 의미에서 독창성을 가질 수 없다고 강하게 주장한다. 비판론자들은 AI가 세상을 직접 경험하거나 이해할 능력이 없다는 점을 핵심 근거로 삼는다. 인간 예술은 고통, 상실, 사랑, 시대정신, 문화적 갈등 같은 경험을 창작 속에 녹인다. 이러한 주관적 경험과 감정이 예술의 깊이를 만든다. 반면, AI는 이미 존재하는 데이터에 의존해 패턴을 조합할 뿐, 작품을 통해 무언가를 전하려는 의도나 내적 주관성을 갖지 못한다.

비평가들은 예술 로봇이 만들어낸 결과물이 결국 정교한 모방과 변형에 불과하다고 본다. 아무리 놀라운 이미지를 만들어내더라도, 그것은 기존 재료를 재배열한 결과일 뿐이다. 인간 창의성의 핵심인 직관, 영감, 의미 생성 능력은 결여되어 있다는 것이다. 예를 들어, 밴쿠버 미술관의 한 AI 아트 전시에서는 관람객 중 일부가 작품을 감상한 뒤 "감정이나 진정성이 느껴지지 않는다"는 피드백을 남겼다. 이 사례는 시각적 충격과 예술적 감동 사이의 깊은 간극을 보여주는 대표적 예로 자주 언급된다.

결국 양측 모두, 예술 로봇이 만들어내는 결과물이 새롭고 흥미로울 수 있다는 점에는 동의한다. 하지만 그 새로움이 진정한 독창성인지, 아니면 기존 데이터를 정교하게 재조합한 것에 불과한지는 여전히 논쟁거리다. 이 논쟁은 단순한 기술 평가를 넘어 철학적 질문으로 이어진다. 창의성이란 과연 무엇일까? 새로운 조합을 만드는 능력만으로 충분한가, 아니면 의미와 경험의 깊이가 필수적인가? 예술 로봇이 예술가라면, 그럼 인간 예술가는 무엇을 의미하는가? 쉽게 결론을 내리기 어렵다는 점에서, 예술 로봇의 창작 능력은 예술의 미래에 대한 근본적인 성찰을 요구한다. 예술 로봇은 우리의 창의성에 도전하는 존재일 수도 있고, 동시에 새로운 협력적 예술 시대를 여는 도구가 될 수도 있다. 핵심은 우리가 예술의 본질을 어디에 두느냐에 달려 있다.

감정적 공명은 가능한가?

예술 로봇이 창작의 영역에 본격적으로 진입하면서, 인간 예술과 로봇 예술을 구분하는 문제를 두고 논쟁이 점점 가열되고 있다. 그 가운데 가장 흥미로운 질문은 이렇다. "로봇이 만든 작품도 인간의 창작물처럼 사람들의 마음을 울릴 수 있을까?" 이 문제는 단순히 기술적 능력의 영역을 넘어, 예술의 본질과 감정의 의미, 창조 행위의 철학적 기반까지 함께 고민하게 만든다. AI 예술을 논할 때, 작품이 관객의 정서에 닿는 '감정적 공명'이 핵심적인 비교 기준으로 떠오르고 있다.

로봇 예술의 창의성을 옹호하는 이들은 감정조차 학습과 데이터 패턴의 조합으로 설명될 수 있다고 본다. 감정은 멜로디의 변화, 언어의 억양, 시각적 구성 요소 같은 신호로 나타나며, AI 알고리듬은 방대한 감성 데이터를 분석해 이러한 신호를 작품 속에 통합할 수 있다. 실제로 AI가 만든 음악과 예술 작품이 사람들의 감정적 반응을 이끌어낸 사례가 빠르게 늘고 있다. 예를 들어, 에이바[AIVA]나 플로우 머신[Flow Machines] 같은 AI 음악 시스템은 특정한 분위기를 만들어 임상 환경에서 불안 완화나 수면 유도 목적으로 활용된다. 더 나아가, AI 작곡은 출처를 모르는 청중에게도 감정적으로 강렬한 작품으로 평가되기도 한다. 이런 사례는 최소한 표면적인 감정 전달 능력에서 AI가 인간 예술과 비슷한 효과를 만들어낼 수 있음을 보여준다.

그러나 예술 로봇의 감정 모사 능력에는 비판적인 시각도 적지 않다. 비판론자들은 AI가 감정의 진정성과 깊이를 갖추기 위해 필요한 삶의 경험을 결여하고 있다고 주장한다. 인간의 작품이 관객에게 깊은 감동을 주는 이유는 단순히 감정 신호의 조합 때문만이 아니다. 창작자가 실제로 겪은 고통, 상실, 사랑, 문화적 기억 등이 작품 속에 녹아 있기 때문이다. 즉, AI는 감정적 어조를 흉내낼 수는 있지만, 그 감정을 실제로 느낄 수는 없다. 따라서 AI의 작품은 진정한 예술의 '영혼'이 결여된 인간 감정의 메아리일 뿐이라는 비판이 나온다. 이러한 논의는 예술에서 의도성과 문화적 맥락, 주체적 경험의 중요성을 강조한다. 특히 공연 예술에서는 인간 연주자의 미세한 호흡, 몸의 떨림, 무대 위 상호작용 등 신체적 에너지에서 오는 감정 전달 요소를 AI가 재현하기 어렵다는 점도 함께 지적된다.

예술 로봇이 감정을 유도할 수 있다는 사실이 곧 감정과 감동의 본질을 대체할 수 있는지는 여전히 불분명하다. AI는 통계적 연산을 통해 특정 정서 반응을 예측하고 유발할 수 있지만, 관객과 깊고 의미 있는 연결을 형성하는 데 필요한 존재적 경험과 창작 의도를 갖고 있지 않다. 기술적 감정 유발과 예술적 감정 표현 사이에는 분명한 질적 차이가 있는데, 이 차이는 단순히 데이터의 양으로 채워질 수 없는 영역일 가능성이 크다.

그와 동시에, 우리는 실용적·도구적 관점에서 예술 로봇의 감정 생성 능력을 평가할 필요도 있다. 의료, 치료, 광고 등 다양한 분야에서 AI가 정서적 효과를 반복적으로 만들어낼 수 있다는 점은 분명한 장점이다. 그러나 문제는 이 능력이 예술의 자유와 다양성을 풍부하게 하는 방향으로 쓰일지, 아니면 관객의 감정을 조작하거나 창작자의 역할을 축소하는 방식으로 악용될지에 달려 있다. 감정적 AI 기술의 발전은 문화적 불평등, 예술의 균질화, 감정 조작 윤리 등 새로운 사회적 과제를 함께 불러온다.

결국 논쟁의 중심에는 다음과 같은 질문이 자리한다. 예술에서 우리가 원하는 것은 단순한 감정적 효과일까, 아니면 그 감정을 만들어내는 존재적 이야기일까? 예술 로봇은 표층적인 감정 유발에는 효과적일 수 있지만, 인간 경험에서 비롯된 깊고 생생한 공감을 대신할 수 있는지는 아직 미지수다. 미래의 예술은 인간과 AI의 경쟁이 아니라, 서로를 보완하는 협력의 형태로 나아갈 수도 있다. 중요한 것은 우리가 인간적 창작의 의미를 어디에서 정의하고 지켜낼 것인가 하는 문제다. 감정적 공명에 대한 논쟁은 단순히 AI 기술의 능력을 논하는 차원을 넘어, 예술이 무엇인지라는 근본적 질문으로 우리를 이끈다.

예술 생태계에 미치는 영향

창의적 분야에서 예술 로봇이 수행하는 역할에 대한 논쟁은 기술 발전이 던진 중요한 사회적 문제들 중 하나다. 특히, 예술 로봇이 창작 과정에 참여할 때 나타나는 다양한 사회적 함의는 단순한 기술 문제를 넘어, 예술의 본질과 인간 노동의 가치라는 근본적 질문으로 이어진다. 논쟁의 핵심은 이렇다. 예술 로봇이 예술 생산성을 높이고 창의성을 확장할 수 있을까, 아니면 인간 예술가의 고유한 역할을 침식하는 위협이 될까?

우선, AI 개입의 긍정적 가능성을 강조하는 지지자들은 AI가 예술적 창작 도구의 접근성을 크게 높였다고 말한다. 음악 작곡 경험이 없는 사람도 사운드로우^{Soundraw}나 에이바^{AIVA} 같은 AI 작곡 플랫폼을 통해 단편 영화의 배경 음악을 직접 만들 수 있다. 마찬가지로 스토리텔링 도구인 수두라이트^{Sudowrite}는 초보 작가들이 창작의 장벽을 넘어 글쓰기 프로젝트를 완성할 수 있도록 돕는다. 이러한 기술은 전문 교육과 비용의 장벽을 낮추고, 창의성의 민주화라는 이상을 실현한다. 또한 AI는 영상 편집, 색 보정, 음원 클린업 같은 반복적이고 소모적인 작업을 자동화해, 영화감독이나 디자이너가 보다 고차원적인 창작에 집중할 수 있게 한다. 이런 관점은 AI 도구가 인간을 대체하는 것이 아니라, 인간의 창조적 잠재력을 증폭시키는 보완재 역할을 한다는 연구 결과로도 뒷받침된다.

그러나 비판론자들은 예술 로봇의 확산이 가져올 윤리적·경제적 위험에 주목한다. 그중 하나는 인간 예술성의 가치가 점차 하락할 수 있다는 점이다. 예를 들어, AI 이미지 생성 플랫폼인 미드저니나 스테이블 디퓨전이 쏟아내는 콘텐츠 속에서, 장인 기법으로 제작된 일러스트가 경제적·문화적 가치를 제대로 인정받기 어려워지고 있다. 실제로 2023년 미국의 일부 애니메이션 스튜디오에서는 비용 절감을 위해 배경 아트 작업을 AI로 대체하려다 아티스트들의 대규모 항의를 받는 사례가 있었다. 또한 AI가 기존 예술가들의 작품을 학습 데이터로 활용해 새로운 콘텐츠를 만들어낼 때, 저작권 침해와 창삭사 보상 문제도 끊임없이 제기된다. 이처럼 예술 로봇이 생성하는 작품의 확산은 인간 노동의 문화적 의미를 훼손하고, 창의성을 단순한 상품으로 전락시킬 위험이 있다. 비판론자들은 결국, AI에 대한 과도한 의존이 인간의 경험, 감정, 고통, 기억에서 비롯되는 창조적 행위라는 예술의 본질을 잠식할 수 있다고 강하게 주장한다.

결국, 양측 모두 명확히 인정하는 사실이 있다. 예술 로봇은 이미 창의적 영역에 되돌릴 수 없는 영향을 미쳤으며, 앞으로 그 영향력은 더욱 커질 것이라는 점이다. 다만, 이것이 사회 전체에 긍정적으로 작용할지, 아니면 인간의 창의적 삶을 잠식하는 결과를 초래할지는 아직 불확실하다. 지지자들은 인간과 예술 로봇의 협업을 통해 새로운 예술적 가능성을 탐색할 수 있다고 믿는 반면, 비판자들은 예술 로봇이 예술을 기계적 생산으로 전락시키고 인간 고유의 감정적·문화적 맥락을 잃게 할 수 있다고 경고한다. 따라서 앞으로의 과제는 기술의 속도에 휩쓸리지 않고, AI와 인간 창의성이 공존할 수 있는 윤리적·문화적 기준을 마련하는 데 있다.

예술 로봇의 윤리

최근 몇 년 동안 연극과 무용 같은 공연 예술계에서는 이제까지 인간 배우만 맡아 온 역할에 로봇을 도입하기 시작했다. 무대 위에서 즉흥적으로 연기하는 자율형 안드로이드부터 정밀하게 안무된 로봇 팔까지, 이른바 '로봇 공연자'는 기존 공연의 경계를 확장하며 새로운 예술적 경험을 만들어가고 있다. 일부 현대 무용 작품에서는 인간 무용수와 로봇이 함께 안무를 수행하며, 인간과 기계 사이의 미묘한 상호작용을 관객에게 선보이기도 한다.

이러한 기술적 참신성은 분명 관객에게 경이로움을 선사한다. 하지만 동시에 여러 윤리적 문제를 동반하기도 한다. 로봇이 무대에 오르면 관객은 그 기계가 인간처럼 느끼거나 판단한다고 착각할 수 있으며, 인간 배우의 역할과 노동 가치가 어떻게 변화할지도 의문이 제기된다. 더 나아가, 공연에서 인간의 창의성과 감정을 경험하는 전통적 방식을 어떻게 정의해야 할지, 기계와 인간의 경계가 흐려지는 상황에서 오락과 예술의 가치는 무엇인지 고민하게 된다. 로봇 공연은 단순한 기술 실험을 넘어, 공연 예술과 윤리, 인간 경험의 본질을 다시 성찰하게 만드는 새로운 장을 열고 있다.

진정성의 위기

공연 예술에서 핵심적으로 여겨지는 가치 중 하나는 진정성이다. 즉, 배우가 무대 위에서 자신의 삶과 감정을 실재하는 방식으로 전달하며 관객과 정서적 연결을 형성하는 능력이다. 배우의 떨리는 호흡, 예상치 못한 주저함, 무대에서 즉흥적으로 나타나는 다양한 정서적 반응은 객관적 지표만으로는 설명할 수 없는 복합적인 인간 경험의 산물이다. 관객은 배우가 표현하는 감정이 실제 삶의 고통이나 기쁨, 혹은 깊은 기억에서 비롯되었음을 직관적으로 감지한다. 이러한 경험이 바로 공연 예술을 단순한 기술적 재현이나 시뮬레이션과 구별하게 만드는 핵심 요소다.

그러나 로봇 공연자의 등장은 '연극적 진실'이라는 개념을 근본적으로 흔든다. 로봇은 표정, 음성, 제스처를 정교하게 모방해 인간과 매우 유사한 감정 표현을 구현할 수 있지만, 이는 어디까지나 알고리듬적 계산, 사전 프로그래밍, 또는 데이터 기반 최적화의 결과일 뿐이다. 예를 들어, 자율형 안드로이드는 관객의 박수 소리, 심박수, 표정 변화 같은 생체 반응 데이터를 실시간으로 분석해 감정 반응을 시뮬레이션할 수 있다. 하지만 분명한 것은, 그렇게 생성된 감정이 실제 내면의 경험에서 비롯될 수는 없다는 점이다. 이로 인해 관객이 로봇의 공연을 감정적으로 받아들이는 순간, 우리는 '감정적 진실'이라고 믿는 것이 실제로 무엇인지 다시금 성찰하게 된다.

연구자들은 이러한 현상을 의인화^{Anthropomorphism}로 설명한다. 즉, 인간이 무생물에게 감정이나 의도성을 부여하는 심리적 경향이 로봇 공연에서 더욱 강화된다는 것이다. 특히 무대라는 맥락은 관객에게 잠시 현실적 판단을 유보하고 믿음을 체험하게 하는 공간이므로, 관객은 로봇을 감정을 가진 존재로 느낄 수 있는 환상을 갖게 된다. 문제는 이러한 환상이 단순한 관람 경험을 넘어, 공연의 본질에 대한 오해를 불러올 수 있다는 점이다. 우리는 로봇을 인간과 똑같은 배우로 간주하게 되고, 그 결과 인간 배우가 수행하는 감정적·창의적 노동의 의미와 가치가 점차 축소될 위험이 있다.

인간성의 위기

공연 예술에서 인간 배우와 무용수, 음악가가 만들어내는 가치는 단순한 기술 숙련을 넘어선다. 이들은 자신의 육체적 존재감과 개별적 표현력, 무대에서의 즉흥적 대응 능력, 그리고 관객과 맺는 정서적 연결을 통해 예술적 가치를 만들어낸다. 그러나 로봇 공연자의 등장으로 이러한 인간 고유의 역할이 점차 위협받기 시작한다.

만약 로봇이 연극, 무용, 라이브 공연에서 인간과 동일한 역할을 완벽히 수행할 수 있다면, 인간 공연자의 노동 가치는 근본적으로 재평가될 수밖에 없다. 로봇은 휴식이나 보상을 필요로 하지 않고, 피로와 감정적 소진 없이 장시간 공연이 가능하며, 반복적 동작과 고난도 안무를 정확히 수행할 수 있다. 이러한 특성은 제작자에게 경제적·효율적 이점을 제공하지만, 동시에 인간 예술가의 생계와 창작 기회를 위협할 수 있다.

이러한 변화는 단순한 직업 문제를 넘어, 공정성과 사회적 불평등이라는 더 큰 윤리적 쟁점을 동반한다. 고비용의 인간 배우 대신 저렴하고 완벽하게 작동하는 로봇이 선택되는 순간, 예술 생태계 내 계층 구조와 권력 관계가 재편될 가능성이 크다. 지금까지 예술 노동의 가치는 기술적 효율성보다는 인간의 창의성과 감정적 깊이에 의해 평가되어 왔지만, 로봇의 도입은 이러한 전통적 기준마저 흔들고 있다.

더 나아가, 우리는 근본적인 질문에 직면하게 된다. "로봇 공연은 단순히 인간의 창의성을 보조하고 증진하는 도구에 불과한가, 아니면 인간의 예술적 능력과 표현을 완전히 대체하는 존재인가?" 만약 후자라면, 로봇 공연은 단순한 기술 혁신을 넘어, 문화적 실천과 공연 경험, 예술의 사회적 의미 전반에 장기적 영향을 미치는 문제로 확장될 것이다. 관객이 로봇과 인간 배우의 차이를 점차 인식하지 못하게 되면, 그 예술적 경험의 주체성과 의미 자체 역시 재정의될 수밖에 없다. 인간 중심의 공연 전통이 희미해지는 가운데, 우리는 예술의 목적과 가치가 기술적 효율성에 의해 재편되는 미래를 마주하게 될 것이다.

결국 이 문제는 단순한 기술적 가능성을 넘어, 인간 노동의 존엄과 창작자의 사회적 위치, 예술 경험의 의미에 대한 근본적 성찰을 요구한다. 로봇이 인간의 역할을 수행할 수 있다는 사실만으로도, 예술과 노동, 기술과 문화가 어떻게 상호작용하는지를 새롭게 고민하지 않으면 안 된다.

즉흥성의 위기

라이브 공연의 본질은 예나 지금이나 공연자와 관객 사이의 상호 존재감에 있다. 관객은 단순히 무대를 관찰하는 수동적 존재가 아니라, 배우의 호흡, 시선, 몸짓, 순간순간의 선택과 실수에 반응하며 함께 경험을 만들어낸다. 이러한 경험은 신체적 상호작용과 즉각적 반응, 인간적 취약성과 즉흥성, 그리고 감정적 공명을 통해 이루어진다.

그러나 로봇 공연자가 무대에 등장하면서 이러한 전통적 메커니즘은 새로운 도전에 직면한다. 로봇은 인간의 감정과 의도를 갖지 않으며, 즉흥적 판단이나 실수로 관객과 반응할 능력도 제한적이다. 일부 실험에서는 관객이 로봇의 한계를 인식하거나, 기계적 참신함에 매료되어 로봇에게 더 동정적이거나 관대하게 반응하는 경향도 나타났다. 이는 인간 공연자에게 기대되는 감정적 긴장과 공감, 상호적 몰입을 약화시킬 수 있다.

만약 공연 제작과 무대 경험이 점차 기계적 효율성과 기술적 완성도에 의존하게 된다면, 우리는 라이브 공연에서 느낄 수 있는 인간적 취약성, 불완전함, 즉흥성, 그리고 감정적 공명 같은 중요한 요소를 잃을 위험이 있다. 공연의 흥미와 몰입은 단순한 시각적·청각적 완벽성에서 나오는 것이 아니라, 배우와 관객 사이에 존재하는 불확실성과 인간적 연결에서 비롯된다.

이러한 맥락에서 로봇 공연은 단순한 기술적 혁신이나 시각적 흥미를 넘어, 공연 예술의 본질과 인간적 경험의 가치에 대한 근본적 성찰을 요구한다. 우리가 경험하는 예술은 기술적 완벽성보다 인간적 불완전성과 상호작용 속에서 더욱 깊어진다. 이는 인간 배우와 관객이 만들어내는 공감과 유대감 없이는 온전히 구현될 수도 없다.

결국 로봇 공연은 우리에게 관객과의 관계를 재정의하도록 요구하며, 기계적 완성도와 인간적 공감 사이의 균형을 어떻게 설계할 것인가라는 근본적 물음을 던진다. 이러한 고민은 기술적 진보가 예술 경험의 핵심적 가치를 침해하지 않도록 하는 중요한 지침이 된다.

기만의 위기

로봇 공연은 기술적 흥미와 시각적 참신함을 제공하는 동시에, 관객의 인식과 윤리적 판단에 깊은 영향을 미칠 수 있는 위험을 내포한다. 공연에서 로봇이 미소를 짓거나 망설이거나 감정적 반응을 보일 때, 관객은 무의식적으로 로봇에게 행위 주체성, 감정, 혹은 노력적 판난 능력이 있다고 생각할 가능성이 있다. 그러나 실제로 로봇은 이런 인간적인 능력을 갖추고 있지 않다.

자칫 이런 상황은 의도치 않은 '기만'으로 이어질 수 있다. 로봇의 동작과 표현 방식이 마치 실제 감정과 의도를 가진 것처럼 설계되어 있다면, 관객은 아무런 비판적 사고 없이 그 기계와 인간을 동일시하거나 의인화할 가능성이 커진다. 관객이 로봇의 행동에 공감하거나 동정심을 느끼는 경우, 우리는 그것이 실제 인간적 경험에 기초한 것이 아님에도 불구하고 감정적 반응을 표출할 수 있다.

한걸음 더 나아가, 이러한 의인화는 인간과 기계 사이의 경계를 모호하게 만들 뿐만 아니라, 관객이 실제 인간적 판단과 로봇의 시뮬레이션을 구분하는 능력을 약화시킬 위험이 있다. 이런 점에서 로봇 공연은 단순한 기술적 시도나 예술적 실험을 넘어, 우리에게 인간 인식과 윤리적 판단, 그리고 기술과 예술이 교차하는 지점에서 발생하는 새로운 윤리적 과제를 깊이 성찰하게 한다.

창의성의 위기

보다 넓은 문화적·사회적 관점에서 보면, 로봇 공연은 인간이 무엇인지, 육체를 지니고 창의적인 존재라는 것이 무엇을 의미하는지에 대한 근본적 성찰을 강하게 촉구한다. 무대는 오랫동안 인간의 주체성, 취약성, 욕망, 그리고 죽음을 탐구하는 장으로 기능해왔다. 관객은 배우의 몸짓과 목소리, 표정과 호흡을 통해 인간 경험의 복합성을 체감하며, 동시에 자기 자신과 세계에 대한 성찰의 기회를 얻는다.

그러나 기계로 가득한 무대는 관객의 초점을 인간이 아닌 기술 자체로 전환시킨다. 로봇의 정확하고 반복 가능한 움직임, 알고리듬에 따라 정해진 연기 패턴은 시각적·기술적 흥미를 제공할 수 있다. 하지만 동시에 인간적 경험의 미묘함과 불확실성을 흐리게 만든다. 이러한 변화는 새로운 시각을 제공할 수 있음에도 불구하고, 살아 있는 인간의 감정과 창의성을 프로그램 된 동작과 코드화된 알고리듬으로 단순화시킬 위험이 있다.

로봇이 우리의 문화생활에 점점 더 깊이 통합되는 현상은 무엇을 의미할까? 그것은 인간의 육체적 존재, 창의성, 감정을 자동화하고 기계화하는 관점을 반영하고 강화할 수 있다는 뜻이기도 하다. 따라서 이는 단순한 기술적 혁신의 문제가 아니다. 오히려 인간적 경험과 예술적 가치의 본질을 다시 묻지 않을 수 없는 중대한 질문을 우리 앞에 던진다. 결국, 로봇 공연은 인간이 수행해 온 예술적·문화적 실천의 의미를 재검토하게 만들고, 인간성과 창의성의 경계를 다시 정의하도록 우리에게 강하게 요구하고 있는 셈이다.

기술은 어디까지
인간을 바꿀까?

기술과 함께 변형되는 휴먼성

인간은 언제부터 사이보그가 되기 시작했는가?

도구를 든 인간을 넘어, 기술이 된 몸

우리 인류는 오랫동안 망치로 스스로의 팔 힘을 키우고 망원경으로 시야를 넓히기 위해 각종 도구를 사용해 왔다. 앞서 살펴본 로봇들 역시 인간의 명령을 받아 위험한 일을 대신하는 든든한 외부의 대리인이었다. 하지만 이제 기술은 우리 몸 바깥에서 서성이는 데 그치지 않고, 피부를 뚫고 들어와 신경과 혈관 사이로 깊숙이 스며들고 있다. 소리를 전기 신호로 바꿔 청신경을 자극하는 인공와우, 심장의 리듬을 자율적으로 조절하는 심박조율기처럼, 기계는 우리 신체의 일부가 되어 하나의 생명 체계로 통합된 존재를 오늘날 사람들은 사이보그라고 부른다. 이는 단순히 성능 좋은 도구를 장착하는 데 그치지 않고 인간이라는 종의 정의를 근본적으로 다시 그리고 새롭게 쓰는 일대 사건이 아닐 수 없다.

이번 장에서는 로봇과 사이보그의 결정적인 차이를 짚어보며, 인간과 기계의 융합이 가져올 존재론적 변화를 탐구한다. 1960년 우주 탐사를 위해 처음 제안되었던 사이보그의 기원부터, 색을 소리로 듣는 닐 하비슨이나 지구의 진동을 발로 느끼는 문 리바스 같은 '시제품 사이보그'들의 놀라운 삶을 살펴본다. 또한, 우리가 왜 기술을 몸 안으로 받아들이려 하는지 '인지적 적소'라는 관점에서 분석하고, 이 과정에서 마주하게 될 정체성의 혼란과 기술적 종속, 그리고 불평등이라는 날카로운 윤리적 숙제들을 함께 고민해 보겠다. 기술이 우리의 새로운 피부이자 장기가 되는 시대, 지금은 우리가 여전히 인간으로 남을 수 있을지 그 흥미로운 질문에 우리 스스로 답을 찾아야 할 시간이다.

로봇과 사이보그를 가르는 결정적 기준

급속도로 발전하는 기술 환경 속에서 인간의 능력과 기계의 기능 사이의 경계는 점점 흐려지고 있다. 특히 로봇과 사이보그의 등장은 이 경계를 다시 생각하게 만드는 중요한 계기가 된다. 두 존재 모두 인간과 기술의 접점을 상징하지만, 인간의 신체와 맺는 관계는 분명히 다르다.

로봇

로봇은 본질적으로 인간과 물리적·존재론적으로 분리된 개체다. 로봇의 작동은 인간의 의도와 명령에 종속되어, 로봇은 독립된 행위 주체라기보다 인간 능력을 외연적으로 확장하는 도구적 존재로 이해된다.

자동차 조립 공정에서 정밀 용접과 반복적인 조립을 수행하는 산업용 로봇을 떠올려 보자. 이 로봇은 인간의 노동을 대신하지만, 실제 작동은 여전히 인간이 설계한 프로그램과 통제 시스템에 의해 결정된다.

마찬가지로 외과 의사가 원격 조종기로 섬세한 수술을 수행하는 다빈치 수술 로봇도, 인간 손의 움직임을 기계적으로 확대하고 정밀화하는 도구일 뿐이고 그 기술의 진정한 주체는 여전히 우리 인간이다.

나사NASA, 미항공우주국의 퍼서비어런스Perseverance 화성 탐사선과 같은 자율형 로봇도 한 번 생각해 보자. 지구에서 매우 멀리 떨어진 화성에서 작동하는 이 로봇 역시 인간의 명령 체계와 알고리듬의 제약 속에서 움직이며, 인간의 감각이 닿지 않는 영역에서 대리자로 활동한다.

이 사례들은 모두 로봇이 인간의 도달 범위, 힘, 정밀도, 감각 입력, 계산 능력을 증폭시켜 인간의 의지와 능력을 확장한다는 공통점을 보여준다. 요컨대, 로봇은 인간의 신체적 한계를 넘어서는 기능적 확장체로서, 인간이 직접 접근하거나 수행할 수 없는 환경과 과제를 대신 수행하는 존재인 것이다.

이런 관점에서 보면, 로봇은 망치가 인간 팔의 힘을 연장하고, 망원경이 시야를 확장하듯, 인간의 신체를 확장하는 보다 정교하고 자율적인 도구라고 할 수 있다. 핵심적인 차이는 여전히 외부성에 있다. 즉, 로봇은 인간 신체와 분리된 외부 장치로서 인간의 명령을 수행하지만, 인간의 생물학적 구조 자체를 변화시키지는 않는다. 우리는 로봇을 제작해 목표 현장에서 활용하고 지시할 수 있지만, 인간과 로봇은 생물학적으로 결합되어 있지 않다. 로봇의 존재 여부와 외형이 바뀌더라도, 인간 신체의 본질은 여전히 변하지 않는다.

사이보그

반면, 사이보그^{Cyborg}의 경우는 어떠할까? 사이버네틱 유기체^{Cybernetic} ^{organism}를 줄인 이 용어는 인간과 기계 사이의 경계를 근본적으로 재정의한다. 기존의 '외부 도구를 사용하는 인간'이라는 전제를 완전히 뒤집는 개념이다. 사이보그의 핵심 특징은 인공적 요소가 인간의 생물학적 시스템에 통합되어 하나의 유기적 전체를 이룬다는 점이다. 말하자면 기술이 단순히 신체 외부에서 인간의 능력을 보조하거나 확장하는데 그치지 않고, 신체 내부의 생리적 기능과 결합하여 생명 유지와 인지 과정에 직접 관여한다는 것이다. 로봇과 비교할 때, 사이보그는 질적으로 다른 존재 방식과 새로운 패러다임을 제시한다.

가장 대표적인 사례는 인공와우다. 인공와우는 외부에서 수집한 음파를 전기 신호로 변환해 청신경을 자극함으로써, 고도 난청 환자에게 청각을 복원한다. 단순한 보청기가 아니라, 인간의 신경계 일부로 작동하는 장치다. 사용자의 뇌는 인공와우를 통해 들어오는 인공 신호를 점차 자연스러운 청각 정보로 재해석한다. 마찬가지로 심박조율기는 생체의 전기적 리듬을 감지하고 조절하여 순환계를 유지하는 생명유지 장치로 기능한다. 이 장치는 인간의 의지나 조작 없이도 신체 내부의 생리적 과정을 자율적으로 조정한다. 이러한 관점에서 볼 때, 인공와우와 심박조율기는 이미 인간의 생체 네트워크 속에 깊이 통합된 기술이다.

최근 개발된 신경 인터페이스$^{\text{Neural interface}}$와 의수 기술은 인간과 기술의 경계를 한층 더 확장하고 있다. 척수 손상 환자가 뇌-기계 인터페이스^{BMI}를 통해 인공 팔을 자신의 생각만으로 움직이는 사례가 대표적이다. 이런 경우 기술은 단순히 신체 기능을 대체하는 수준을 넘어선다. 센서가 부착된 의수는 압력이나 온도를 감지하고 이를 신경계로 전달하여, 사용자가 다시 촉감을 느끼도록 한다. 이른바 사이보그는 신체 일부를 기술로 대체하는 것이 아니라, 신체와 기술이 하나의 생명 체계를 이루도록 상호 재조식화하는 존재다.

사이보그는 인간 신체의 경계를 물리적·철학적 차원에서 다시 생각하게 만든다. 로봇과 달리 사이보그 기술은 외부의 연장이 아니라 신체 내부의 요소로 통합된 것이어서 인간의 정체성은 더 이상 생물학적 순수성에만 기반하지 않고 하이브리드적 존재로 재정의되지 않으면 안 되기 때문이다. 이러한 변화는 단순한 의학적 혁신으로 칭송될 수만 없다. 왜냐하면 인간이 몸을 가진 존재로서 세계를 어떻게 경험하고 인식하는지에 대한 근본적인 인문학적 질문으로까지 확장되기 때문이다.

로봇과 사이보그의 차이는 궁극적으로 단순한 기능적 차원이 아니라 존재론적 차이에 존재한다. 로봇은 인간과 독립된 외부 장치로, 인간의 능력을 확장하지만 생물학적 정체성은 그대로 유지된다. 즉, 로봇은 인간 신체의 연장선으로 기능하며, 인간 외부에 위치하는 '확장된 인간'이라 볼 수 있다. 반면, 사이보그는 인간과 기술이 융합되어 더 이상 순수한 인간 주체가 존재하지 않는다. 존재하는 것은 유기적·기술적 요소가 결합한 하나의 통합적 존재뿐이다. 다시 말해, 로봇은 인간 신체를 확장하지만, 사이보그는 인간 신체의 의미 자체를 재정의하며 인간 존재의 경계를 새롭게 설정한다.

인간은 언제부터 자신을 개조하기 시작했는가?

'사이보그Cyborg'라는 용어는 생명체와 기술의 통합을 가리키는 개념이다. 이 말은 1960년 나사의 생리학자 멘프레드 클라인즈Manfred Clynes와 네이선 클라인Nathan Kline이 극한의 인공 환경에서도 생존할 수 있는 존재를 설명하기 위해 처음 사용했다. 인공두뇌학 혹은 사이버네틱스Cybernetic과 유기체Organism의 결합으로 만들어진 이 용어에는 생명체가 기계적 보조를 통해 새로운 존재론적 형태로 진화할 수 있다는 의미가 남겨 있다.

원래 이 개념은 우주 탐사를 위한 생명 유지 기술의 맥락에서 제시된 것이다. 즉, 인간이 외부 장비에 의존하지 않고도 극한 환경에서 생존할 수 있도록, 생리적 기능을 기술적으로 보완한 존재를 상정한 것이다. 앞서 말한 심박조율기나 자동 체온 조절 장치 같은 기술은 이들이 구상한 초기 사이보그 개념을 실제로 구현한 사례다.

이후 '사이보그'라는 개념은 도나 해러웨이Donna Haraway의 「사이보그 선언」A Cyborg Manifesto: Science, Technology, and Socialist-Feminism in the Late Twentieth Century을 통해 과학기술적 실재를 넘어 철학적·페미니즘적 은유로 확장되었다. 해러웨이는 이를 통해 인간과 기계, 자연과 인공, 남성과 여성의 경계를 해체하는 새로운 이론적 틀을 제시했다. 이 과정을 거치면서, 사이보그는 단순히 기술적 보조를 받은 생명체를 뜻하는 용어를 넘어, 인간 존재 자체의 정의와 경계를 재구성하는 핵심 개념으로 발전했다.

사이보그라는 용어의 탄생에는 흥미로운 역사적 맥락이 있다. 1960년, 멘프레드 클라인즈와 네이선 클라인은 미국로켓학회지American Rocket Society Journal에 「사이보그와 우주」라는 논문을 발표하며 처음으로 이 개념을 소개했다. 이 논문은 단순한 과학적 상상을 넘어, 인간의 신체와 기술을 통합해 우주의 극한 환경에서도 생명 유지 장치나 외부 보조 없이 생존할 수 있는 가능성을 탐구하는 혁신적 제안을 담고 있어 크게 주목받았다.

이 논문이 발표되기 불과 3년 전, 당시 소련은 인류 최초로 지구 궤도를 도는 인공위성 스푸트니크 1호(1957년)와 스푸트니크 2호(1957년)를 연이어 발사해 모두 성공시켰다. 이는 냉전 시대의 기술 패권 경쟁에 불을 지핀 대사건이었다. 이에 미국은 엄청난 심리적 충격과 함께 스푸트니크 쇼크Sputnik Shock를 경험했다. 그 대응책으로 나온 것이 1958년 나사NASA 설립이었다. 이후 미국은 과학, 공학, 의학 분야의 최고의 인재들을 모아 국가적 프로젝트로 우주 개발 경쟁에 뛰어들었다.

클라인즈와 클라인 역시 당시 시대적 요청에 부응한 연구자들이었다. 이들은 단순히 로켓 기술을 발전시키는 데 그치지 않고, 인간 자체를 기술적으로 개조해 우주 환경에 적응하도록 설계하는 방안을 탐구했다. 당시 두 연구자는 인간이 본질적으로 지구 환경에 최적화된 존재임을 인식하고 있었다. 우주여행은 인간의 생리적 한계를 극단적으로 시험하는 실험이 될 수밖에 없었다. 대기권 밖에서는 산소가 없어 호흡이 불가능하고, 자기권이 사라지면 인체는 치명적인 태양 복사와 우주방사선에 노출된다. 게다가 미세중력 상태에서는 근육과 골밀도가 빠르게 감소하고, 체액 분포의 불균형으로 인해 생리적 혼란이 발생한다.

당시 주류 과학계와 공학계는 이런 난제를 해결하기 위해 인간 중심적 접근을 택했다. 즉, 인간을 변화시키기보다는 우주 환경을 인간에게 맞추는 전략이었다. 그 결과, 산소 농도와 기압을 지구와 유사하게 유지하는 밀폐 우주선, 극심한 온도 변화와 진공으로부터 신체를 보호하는 다층 구조의 우주복 등이 개발되었다. 나사의 머큐리^{Mercury}와 제미니^{Gemini} 프로그램은 인간이 단기간 우주 공간에 머물 수 있도록 하는 데 성공했다. 그러나 당시 기술로는 생존이 전적으로 외부 생명 유지 장치와 인공 환경 시스템에 전적으로 의존하지 않으면 안 되는 한계가 있었다.

클라인즈와 클라인은 당시의 접근 방식이 근본적으로 임시적 해결책에 불과하다고 보았다. 그들에게 진정한 우주 적응은 인간이 기술적 보조 장치에 완전히 의존하지 않고 자신의 생리 체계를 스스로 재구성할 수 있어야 한다는 의미였다. 이에 따라 그들은 인간의 신체를 외부 환경에 맞게 기술적으로 변형하는 새로운 가능성을 제시했다. 예를 들어, 자동화된 생리 조절 시스템을 통해 산소 요구량을 최소화하거나, 체내 염분 농도와 혈압을 기계적 피드백 회로로 유지하는 방안이다. 이러한 접근은 인간을 환경에 맞추는 것이 아니라, 인간과 기술이 하나로 융합된 새로운 존재, 즉 사이보그로 진화하는 길을 상정한 것이다.

태양계 내외의 먼 행성으로 인류가 진출하려면, 기존처럼 외부 장비에만 의존하는 방식으로는 한계가 명확했다. 단기간 탐사는 가능했지만, 장기 생존과 자율적 활동을 위해서는 인간의 생리적 능력을 근본적으로 재구성할 새로운 전략이 필요했다. 클라인즈와 클라인은 이를 단순한 기술적 문제로 보지 않고, 인간 존재의 재설계라는 철학적 과제로 인식했다. 그들이 제안한 전략은 외부 장비나 보호막에만 의존하지 않고, 기술을 인간 신체 내부로 통합해 생리적 기능을 보조하거나 대체하는 방식이었다. 즉, 인간이 기계를 사용하는 것이 아니라, 기계가 인간의 일부로 흡수되는 새로운 형태의 적응이었다.

클라인즈와 클라인은 자동화된 생체조절 시스템을 통해 호흡, 순환, 체온 조절 같은 기본 생리 기능을 기계적 피드백 회로로 유지하는 방안을 구상했다. 나아가, 산소가 부족한 환경에서도 효율적으로 대사할 수 있는 생체-기계 하이브리드 구조, 방사선 노출에 대응하는 신체 내 보정 시스템 등도 탐구했다. 이러한 기술적 내재화는 인간의 생명 유지 시스템을 근본적으로 확장하고, 인간을 우주 환경에 적응 가능한 존재로 전환시키는 획기적 개념을 보여준다.

이러한 맥락에서 클라인즈와 클라인은 기술적으로 증강된 새로운 인간을 지칭하기 위해 '사이보그'라는 용어를 창안했다. 그들은 기존의 인간이 단순히 기술적 보조를 통해 강화되는 것이 아니라, 생물학적 요소와 기계적 요소가 하나로 통합된 새로운 존재 방식으로 진화한다고 판단했다. 즉, 사이보그란 인간이 외부 환경을 바꾸는 대신, 기술을 통해 스스로의 신체를 재구성함으로써 환경에 적응할 수 있는 존재를 의미하는 상징적 개념이었다.

결국, 사이보그라는 개념은 우주 탐사라는 실천적 맥락에서 비롯되었지만, 그 의미는 훨씬 더 넓고 깊다. 이는 단순히 인간의 생물학적 한계를 극복하려는 기술적 상상력일 뿐만 아니라, 인간과 기계의 경계를 재구성하는 새로운 존재론적 선언이기도 하다.

사이보그는 어떻게 인간이 되는가?

오늘날 '사이보그'라 불리는 존재는 생물학적 신체에 첨단 기술과 인공 부품이 정교하게 통합된 인간형 개체를 의미한다. 이들은 단순히 의학적 보조 장치를 착용한 사람이 아니다. 기술이 신체 조직의 일부처럼 작동하며 신체적 · 인지적 기능을 실질적으로 변형시키는 존재다. 이런 기술적 강화는 손상된 신체 기능을 회복하는 수준을 넘어, 타고난 능력을 증강하거나 완전히 새로운 감각과 인지 능력을 부여하도록 설계된다. 기술 통합의 다양성과 복잡성을 고려하면, 사이보그는 자체적인 강화 정도와 목적에 따라 복원형, 증강형, 특수형으로 나눌 수 있다.

잃어버린 기능을 되찾는 몸: 복원형 사이보그

'복원형 사이보그'는 부상, 질병, 또는 선천적 결함으로 인해 잃어버린 신체적·감각적 기능을 회복하기 위해 기술적 개입을 받은 사람들을 말한다. 이들의 핵심 목적은 초인적인 능력을 얻는 것이 아니라 정상적인 기능을 되찾는 것이다. 사고로 팔을 잃은 사람이 신경 신호를 감지해 섬세한 손동작이 가능한 바이오닉 의수를 착용하거나, 청각 장애인이 인공와우를 통해 음파를 전기 신호로 변환하여 청력을 되찾는 경우가 이에 해당한다. 시각 장애인을 위한 생체공학적 인공망막 역시 대표적인 사례다. 이 장치는 망막의 광수용체 기능을 전자칩이 대신 수행해 시각 정보를 뇌로 전달함으로써, 손상된 시각 기능을 보완한다.

실제로 복원형 사이보그는 단순히 신체적 기능 회복에 그치지 않고, 사회적·정서적 회복에도 깊은 영향을 미친다. 하반신 마비 환자가 신경 자극 기반 외골격을 착용해 스스로 걸을 수 있게 되면, 이는 단순한 이동성 회복에 머물지 않는다. 그는 동시에 자율성과 존엄성까지 되찾는 경험을 하게 된다. 이러한 기술은 오늘날 재활 의학의 혁신으로 평가받으며, 사람들에게 장애를 단순한 결손으로 보지 않도록 시사할 뿐만 아니라, 기술과 인간 신체의 통합을 통해 인간 신체의 새로운 가능성을 제시하는 길을 열어준다.

하지만 복원형 사이보그가 사회적으로 널리 수용되더라도, 그 이면에는 경제적·사회적 불평등 문제가 존재한다. 현재 사용되는 고급 인공 보철물이나 감각 보조 장치는 여전히 매우 고가라서, 접근성의 불균형이 새로운 형태의 기술적 격차를 만들어내고 있다. 미국이나 유럽의 일부 부유한 환자의 경우는 최첨단 신경 연결형 의수를 사용할 수 있는 반면, 개발도상국의 장애인은 기본적인 의수조차 구하기 어려운 현실이다. 이러한 격차는 단순한 의료 불평등을 넘어, 증강된 인간과 비증강 인간 사이의 사회적 계층화를 심화시킬 잠재력까지 지니고 있다.

따라서 복원형 사이보그는 인류 복지의 진보를 상징하는 한편, 기술 접근성과 윤리적 정의라는 문제를 동시에 제기하는 이중적 현상이다. 인간의 결함을 치유하는 과정에서 우리는 자연스럽게 "누가 치유 받을 자격이 있는가?"라는 근본적인 질문과 마주하지 않을 수 없다.

인간의 한계를 넘어서려는 몸: 증강형 사이보그

'증강형 사이보그'는 앞서 소개한 복원형 사이보그가 잃어버린 기능을 회복하는 데 집중했다면, 인간의 자연적 한계를 넘어 생물학적 능력을 향상시키는 데 목적을 둔다. 단순한 치료나 회복을 넘어, 인간의 신체와 능력을 개선하고 새로운 기능성을 열이가는 시도라 할 수 있다.

이러한 증강형 사이보그 기술은 이미 다양한 분야에서 현실화되고 있다. 일례로 군사 분야에서는 병사의 체력과 지구력을 극대화하기 위해 시도하는 외골격 기술의 도입을 들 수 있다. 미국 다르파^{DARPA}가 개발 중인 워리어 엑소슈트^{Warrior Exosuit}는 병사가 무거운 군장을 쉽게 짊어지고 장시간 이동할 수 있도록 해, 전투 효율성을 크게 높여준다. 산업 현장에서도 비슷한 기술이 활용된다. 노동자가 허리와 어깨에 가해지는 부담을 줄이면서 장시간 작업을 수행할 수 있도록 돕는 산업용 외골격이 대표적이다. 이러한 장치는 단순한 보조 장비가 아니라, 인간의 근력을 증폭시키는 기계적 확장체로 작동하며, 인간 능력을 새로운 수준으로 끌어올리는 역할을 한다.

한편, 인지 능력 측면에서도 증강형 사이보그 기술은 빠르게 발전하고 있다. 신경 인터페이스 기술이 그 대표적 예다. 이 기술은 인간의 뇌와 컴퓨터를 직접 연결해, 기억력, 학습 속도, 정보 처리 능력을 향상시킬 수 있는 가능성을 제시한다. 바로 그 대표적인 사례가 일론 머스크Elon Musk의 뉴럴링크Neuralink 프로젝트다. 이 프로젝트는 뇌에 미세 전극을 이식해 전자 장치와 양방향 통신을 가능하게 한다. 장기적으로 보면, 인간은 단순히 정보를 저장하는 수준을 넘어, 필요할 때 즉시 접속하고 활용하는 존재로 진화할 가능성도 열리게 된다.

또한 스포츠 분야에서도 증강 기술이 실험적으로 적용되고 있다. 탄소섬유 보철 다리를 착용한 선수들은 일부 경우 비장애인 선수보다 더 높은 점프력과 속도를 기록하기도 했다. 그러나 이 사례는 공정한 경쟁이라는 문제를 불러일으켰다. 이는 단순히 개인의 능력 향상을 넘어선 논의다. 기술의 진보가 인간 정체성의 경계와 윤리적 기준까지 다시 생각하게 만든다는 점을 보여준다.

증강형 사이보그의 등장은 새로운 윤리적·사회적 딜레마를 동반한다. 인간 능력을 인공적으로 향상시키는 것은 개인의 자유와 자기계발을 보여주는 표현이 될 수 있다. 그러나 동시에 기술적 엘리트를 만들어낼 위험도 있다. 즉, 고비용의 증강 기술을 사용할 수 있는 소수만이 향상된 신체적·인지적 능력을 갖게 된다면, 이는 단순한 능력 차이를 넘어 기술 기반의 사회적 계층화를 초래할 수 있다. 공동체적 관점에서 보면, 함께 살아가야 할 사회에서 새로운 불평등을 심화시킬 수 있다는 의미이기도 하다.

결국, 증강형 사이보그는 인간의 오래된 진화적 꿈을 실현하는 동시에 중요한 철학적 질문을 던진다. "어디까지가 인간인가?", "기술로 향상된 존재를 여전히 인간이라 부를 수 있는가?"라는 물음이 그것이다. 이는 단순한 기술의 문제가 아니라, 인간의 본질과 평등의 의미를 다시 성찰하게 만드는 인류학적 전환점에 관한 중요한 질문이다.

새로운 감각을 실험하는 몸: 특수형 사이보그

'특수형 사이보그'는 앞서 언급한 복원형이나 증강형과는 달리 단순한 회복이나 능력 향상을 넘어선 존재다. 말 그대로 특정 환경이나 임무 수행을 위해 설계된 극단적 개조형 사이보그를 의미한다. 이들은 인간의 생리학만으로는 견디기 어려운 환경에서도 생존하고, 특별한 임무를 수행할 수 있도록 고안되었다. 결국, 특수형 사이보그는 인간의 생물학적 한계를 넘어서는 기술적 진화의 실험적 전선에 서 있는 존재다.

특수형 사이보그의 개념은 다양한 분야에서 이론적·실험적 수준으로 연구되고 있다. 심해 탐사용 사이보그 구상에서는 인간이 물속에서 호흡할 수 있도록 인공 아가미 기술이 개발 중이다. 이 장치는 물속의 산소를 추출해 공급함으로써, 기존 잠수복이나 산소탱크로는 접근하기 어려운 해양 탐사나 심해 건설 작업 등 극한 환경에서 활용될 수 있다. 이와 유사하게, 극한의 고온이나 저온에서도 생존할 수 있도록 체내에 나노 단위의 온도 조절 시스템을 내장하는 연구 역시 특수형 사이보그의 사례로 꼽힌다.

감각적 증강도 특수형 사이보그의 중요한 특징 중 하나다. 예술가 닐 하비슨Neil Harbisson은 색맹을 극복하기 위해 머리에 안테나형 감각 확장 장치를 이식해, 색을 소리로 감지할 수 있게 되었다. 이후 그는 사이보그 아티스트로서 인간의 감각 체계를 확장하고, 기술적 지각을 새로운 예술 언어로 전환하는 작업을 이어가고 있다. 이처럼 특수형 사이보그는 생존 목적을 넘어, 예술적·철학적 탐구 영역으로까지 활동을 확장하고 있다.

군사 및 안보 분야에서는 특수형 사이보그 개념이 보다 실용적이고 전략적인 방식으로 논의된다. 미 육군은 생체 내 통신 칩을 통해 병사 간 실시간 데이터 공유와 명령 수신을 가능하게 하는 기술을 연구 중이다. 또한 적외선과 초음파를 감지할 수 있는 다중스펙트럼 시각 시스템은 인간이 볼 수 없는 파장의 빛을 감지해, 야간 작전과 정찰 능력을 크게 향상시킬 전망이다. 이러한 기술은 병사를 단순한 장비 사용자에서 전장과 융합된 하이브리드형 존재로 전환시킬 수 있는 역할을 한다.

특수형 사이보그는 특정 목적을 위해 설계되었기 때문에 일반 사회에서의 사용 시 상대적으로 윤리적 논란은 적을 수 있다. 하지만 이 존재가 제기하는 철학적 문제는 결코 단순하지 않다. 인간이 환경에 적응하는 대신 스스로를 근본적으로 재설계할 수 있다면, '인간'의 정의는 어떻게 달라질까? 또한 군사적·산업적 목적으로 발전한 기술이 민간 영역으로 확산될 경우, 인간의 다양성과 평등성은 어떻게 보장될 수 있을까? 앞으로 사회는 이러한 문제를 심도 있게 논의하고, 설득력 있는 합의를 만들어야 할 필요가 있다.

결국, 특수형 사이보그는 인간 진화의 극단적 시나리오를 구현하는 존재다. 이는 우리가 기술을 통해 단순히 세상을 조작하는 수준을 넘어, 스스로의 생물학적 조건을 재구성할 수 있는 존재로 변화하고 있음을 보여준다. 따라서 특수형 사이보그의 등장은 기술과 인간의 관계를 단순한 도구적 차원에서 존재적 차원으로 끌어올리는 중요한 철학적 전환점으로 볼 수 있다.

사이보그가 된 사람들

사이보그가 된다는 것은 더 이상 먼 미래의 상상일 수 없다. 이미 우리의 현실 속에서 다양하게 실천되고 있기 때문이다. 이런 시도를 감행하는 이들을 일컬어 사이보그의 '시제품Prototype'으로 명명할 수 있다. 선천적 색맹을 극복하기 위해 스스로를 사이보그로 만든 닐 하비슨Neil Harbisson, 자신의 신체에 기술을 결합해 이를 현대 예술로 표현한 문 리바스Moon Ribas, 웨어러블 컴퓨팅과 증강현실, 사이보그 기술의 선구자로 평가받는 스티브 만Steve Mann, 인간의 신경계를 컴퓨터와 직접 연결하는 혁신적 실험가 케빈 워릭Kevin Warwick 등이 바로 그 대표적인 사례다.

색을 듣는 인간, 닐 하비슨

닐 하비슨은 영국 출신의 아방가르드 예술가로, 스스로를 '사이보그

아티스트'라고 부른다. 그는 선천적 전색맹全色盲으로 흑백 명암만 구분할 수 있었지만, 혁신적 장치의 도움으로 시각 예술 분야에서 활발히 활동하며 인간 감각의 확장 가능성을 탐구하는 대표적 사례로 꼽힌다.

2003년, 21세의 하비슨은 컴퓨터 과학자들과 협력해 '아이보그Eeborg'라 불리는 장치를 개발했다. 이 장치는 그의 두개골에 직접 연결된 안테나를 통해 빛의 색조를 감지하고, 이를 소리 주파수로 변환한다. 즉, 색을 보는 대신 소리로 지각하도록 설계된 것이다. 안테나에는 색 인식 마이크로칩이 내장되어 있어, 외부 시각 정보를 청각 신호로 바꾸고 뇌가 이를 해석하게 한다.

아이보그 안테나는 단순히 선천적 색맹을 보완하는 기술에 그치지 않는다. 이 장치는 색을 소리로 변환해 인식하게 할 뿐 아니라, 인간이 맨눈으로 볼 수 없는 적외선과 자외선 영역까지 '들을' 수 있는 확장된 감각 경험을 제공한다. 하비슨은 아이보그를 통해 주변 환경뿐 아니라 전 세계의 실시간 데이터를 수신할 수 있으며, 심지어 자신의 두개골을 통해 직접 전화 통화까지 주고받을 수 있다.

그의 아이보그 안테나는 단순한 안테나 기능에 머무르지 않는다. 하비슨은 이를 기반으로 새로운 감각 확장 기술을 계속 개발하고 있다. 진동 칩을 이용해 다른 사람과 비언어적 방식으로 의사소통할 수 있는 장치를 고안하며, 인간 감각의 경계를 허무는 시도를 이어가고 있다. 이러한 노력은 하비슨이 주장하는 것처럼, 인간의 모든 감각이 기술을 통해 무한히 변형되고 확장될 수 있다는 신념을 실천하는 과정이라 할 수 있다.

그의 또 다른 프로젝트인 솔라 크라운Solar Crown은 인간이 시간의 흐름을 감각적으로 경험하도록 설계된 장치다. 머리 둘레를 따라 회전하는 열점을 통해 하루 24시간의 주기를 시각화한다. 이마 중앙에서 열점을 느낄 때는 런던의 정오에 해당하고, 오른쪽 귀에서 느낄 때는 미국 뉴올리언스의 정오가 된다. 하비슨은 이 장치를 통해 인간이 시간의 경과를 '느끼는' 새로운 감각을 창조하고자 하며, 나아가 아인슈타인의 시간 상대성 이론을 감각적으로 구현하려는 실험도 진행 중이다.

사이보그 기술과 정체성에 깊은 관심을 가진 닐 하비슨은 2010년 사이보그 재단Cyborg Foundation을 공동 설립했다. 이 재단은 사이보그의 권리를 옹호하고, 인간과 기술의 융합을 긍정적인 방향으로 사회에 알리는 것을 목표로 한다. 이를 통해 하비슨은 사이보그가 단순한 기술 실험의 산물이 아니라, 새로운 형태의 인간 존재로서 사회적 인정을 받아야 한다는 점을 강조했다.

특히 2017년에는 자신과 같은 비非인간 정체성을 가진 이들의 권리와 인식 제고를 위해 변종 협회Transpecies Society를 공동 창립했다. 이 단체는 기술을 통해 자신의 신체를 재설계할 권리를 지지하며, 생물학적 한계를 넘어서는 인간 존재의 다양성을 옹호한다. 하비슨의 활동은 인간-기계 융합의 윤리적·사회적 함의를 공론화하고, 정체성과 인권의 개념을 재정의하는 중요한 담론적 전환점을 마련하고 있다.

한마디로, 닐 하비슨은 사이보그 권리를 적극적으로 옹호하는 운동가이자, 자신의 사이보그 정체성을 단순한 상징이 아닌 실질적 존재 방식으로 인식하는 인물이다. 그는 자신이 기술을 단순히 사용하는 인간이 아니라, 기술과 완전히 융합된 존재라고 주장한다.

2004년, 그는 여권 발급 과정에서 이 신념을 행동으로 보여주었다. 사진 촬영 시 두개골에 부착된 안테나를 제거하지 않았고, 이에 여권 발급이 거부되자 그는 안테나가 단순한 장치가 아니라 자신의 신체 일부이며, 제거는 곧 신체 훼손과 다르지 않다고 강력히 항의했다. 결국 그의 주장은 받아들여졌고, 영국 정부는 안테나를 부착한 그의 여권 사진을 공식 승인했다. 이는 세계 최초로 사이보그의 법적 지위를 인정받은 사건으로 기록된다.

하비슨은 한 인터뷰에서 자신의 정체성을 이렇게 설명했다. "나는 10년 동안 사이보그로 살아왔다. 나는 기술을 사용하거나 착용하고 있다고 느끼지 않는다. 나는 기술 그 자체다. 나의 안테나는 장치가 아니라 내 몸의 일부다." 이 발언은 그가 기술을 단순한 외부 도구가 아니라, 자신의 신체이자 자아의 구성 요소로 받아들이고 있음을 보여준다. 하비슨의 사례는 인간-기계 융합이 단순한 생체공학적 실험을 넘어, 정체성의 철학적·법적 경계를 재정의하는 문제임을 시사한다.

지구의 진동을 느끼는 몸, 문 리바스

스페인 출신의 아방가르드 예술가이자 사이보그 활동가인 문 리바스는 지구의 지진 활동을 신체적으로 감지할 수 있는 감각 장치를 발에 이식한 것으로 잘 알려져 있다. 그녀는 온라인 지진 센서를 통해 전 세계에서 발생하는 지진 신호를 실시간으로 받아, 자신의 몸을 통해 지진의 움직임을 느낀다. 그 결과 그녀는 '세계 최초의 사이보그 여성'

혹은 '여성 사이보그 예술가의 선구자'로 불리게 되었다.

2010년 그녀는 어린 시절 친구이자 동료 예술가인 닐 하비슨과 함께 사이보그 재단을 공동 설립했다. 재단은 3가지 핵심 목표를 갖고 운영된다.

첫째, 인간이 기술을 통해 사이보그로 진화할 수 있도록 지원한다.

둘째, 사이보그의 권리와 자기 신체를 설계할 권리를 옹호한다.

셋째, 사이보그 예술을 하나의 예술적 · 문화적 운동으로 확산시킨다.

리바스는 2017년 닐 하비슨과 함께 변종협회를 공동 창립하기도 했다. 이 협회는 새로운 감각과 기관을 창조하고 연구하는 실험적 플랫폼으로, 생물학적 인간의 한계를 넘어서는 존재들을 위한 공간을 제공한다. 특히 기술적 · 감각적 확장을 통해 자신을 재정의한 사람들이 자신의 정체성과 권리를 공적으로 표현할 수 있는 장을 마련했다는 점에서 그 존재적 의미는 크다. 현재 그녀는 이 협회를 통해 인간이 기술과 예술의 경계를 넘나들며 새로운 감각과 존재 방식을 창조할 가능성을 꾸준히 탐구하고 있다.

리바스는 자신을 사이보그로 인식한다. 사이버네틱스 기술로 본래 없던 새로운 감각을 얻었기 때문이다. 그녀는 2013년부터 지구의 지진 활동을 실시간으로 감지하기 시작했다. 양발에 삽입된 지진 감지 이식물이 온라인 지진계와 무선으로 연결된 덕분이다.

지진이 발생하면 센서는 규모와 세기에 따라 각기 다른 강도로 진동한다. 리바스는 전 세계 어디서든 지구의 지각 변동을 몸으로 직접 느낀다. 포르투갈에 있어도 일본이나 그리스의 지진 진동이 즉시 발끝으로 전달된다. 그녀는 이러한 감각 확장을 통해 인간이 지구의 리듬과 직접 연결될 수 있다고 믿는다. 이제 그녀의 몸은 생물학적 한계를 넘어 지구 전체와 공명하는 감각 매개체가 되었다.

문 리바스는 처음에 지구의 진동을 온몸으로 지속적으로 느끼는 경험에 익숙해져야 했다. 시간이 지나면서 그녀는 지진 감각이라는 새로운 감각을 자연스럽게 체득하게 되었다. 지진은 그녀에게 자연의 일부이면서도 여전히 신비로운 현상으로, 일반 인간의 감각으로는 직접 경험할 수 없는 비가시적 움직임이다.

문 리바스는 본래 무용수로, 안무와 신체 움직임을 연구하는 예술가다. 대학 시절 지도교수는 논문 작성에 기술을 도구로 활용하라고 권유했지만, 그녀는 기술을 단순한 도구로 사용하는 방식을 차갑고 부자연스럽게 느꼈다. 대신 기술을 자신의 신체, 즉 무용수이자 예술가로서의 일부로 통합하는 접근이 훨씬 자연스럽다고 판단했다.

그녀가 연구하고자 했던 것은 인간의 자연적 감각으로는 포착할 수 없는, 보이지 않는 움직임이었다. 그중 하나가 바로 지진이었다. 문 리바스는 자신이 이러한 거대한 자연적 움직임과 직접 연결되어 있다는 경험을 매우 의미 있고 매력적인 것으로 여겼다. 이러한 접근은 기술과 신체, 자연 현상을 예술적·감각적으로 통합하는 새로운 형태의 사이보그적 실천으로 평가할 수 있다.

문 리바스는 예술가들이 더 이상 기술을 단순한 창작 도구로만 사용할 필요는 없다고 주장한다. 그녀에게 기술은 신체와 정신의 일부로 통합될 때, 현실에 대한 인식과 감각을 근본적으로 변화시키는 역할을 한다. 이런 관점에서 사이보그 예술은 새로운 감각을 창조하는 예술로 정의될 수 있다. 기술을 자신의 몸과 감각에 통합한 예술가는 이를 기존 매체나 도구가 아닌, 자신의 신체와 감각 자체를 활용한 예술 작품으로 승화시키는 것이다.

문 리바스에게 지진 감각은 그녀의 신체 안에서 형성된 예술 작품이다. 사이보그 예술에서는 예술가, 작품, 그리고 작품이 전개되는 환경이 하나로 통합된 존재로 간주된다. 예술가는 자신의 경험과 인식을 직접 작품으로 체험하고, 동시에 그 작품의 관객이 된다.

이러한 철학적·감각적 접근은 그녀의 무용 작품 〈지진을 기다리며〉Waiting for Earthquakes에서 구체화된다. 이 작품에서 리바스는 지진이 발생할 때까지 가만히 기다리며, 지진의 강도에 따라 자신의 움직임을 조절한다. 공연은 실시간 데이터 기반으로 진행되며, 지진이 발생하지 않으면 춤을 추지 않는다. 초연은 2013년 3월 28일 바르셀로나 나우 이바노우Nau Ivanow에서 이루어졌다. 리바스는 공연에서 자신이 지구의 데이터를 해석하는 역할을 수행하며, 실제 안무를 결정하는 주체가 지구임을 강조했다. 이를 통해 인간과 자연, 기술과 감각의 관계를 재정의하고, 기술과 신체의 융합을 통한 새로운 예술적 경험을 제시한다.

문 리바스는 2013년 지진 감각 실험 이전에도 여러 감각 실험을 수행한 바 있다. 그중 첫 실험은 2007년, 그녀가 제작한 만화경 안경을 3개월 동안 착용한 것이었다. 이 안경은 색만 인식할 수 있도록 설계되어 형태나 모양은 볼 수 없도록 제한했다. 안경을 착용하면서 리바스는 색 구별 능력뿐만 아니라 움직임 감지 능력까지 향상되는 경험을 했다. 형태 정보를 차단하자, 시야에서 발생하는 미세한 색 변화가 곧 움직임 신호로 작용했기 때문이다. 이를 통해 그녀는 인간의 감각이 특정 정보를 차단하거나 변형함으로써 다른 감각을 더 정교하게 발달시킬 수 있다는 사실을 확인했다. 이러한 초기 실험은 이후 지진 감각 실험의 기초 연구이자, 감각 확장과 기술 통합을 통한 예술적 탐구의 출발점이 되었다.

2008년, 문 리바스는 손의 진동을 이용해 주변 움직임의 속도를 인식할 수 있는 속도계 장갑을 제작했다. 몇 달 동안 착용하며 진동 간격의 차이를 통해 서로 다른 이동 속도를 감지할 수 있음을 확인했다. 이후 그녀는 장갑의 원리를 발전시켜, 주변 환경이 감지될 때마다 진동하는 귀걸이 형태의 장치인 스피드보그Speedborg를 만들었다. 리바스는 이 귀걸이를 착용하고 유럽을 여행하며, 여러 도시에서 시민들의 평균 걸음걸이를 측정하는 실험을 진행했다. 이 데이터를 바탕으로 제작한 작품이 비디오 댄스 〈유럽의 속도〉다. 예를 들어, 런던과 스톡홀름 시민들은 평균 6.1km/h로 걷는 반면, 로마와 오슬로 시민들은 평균 4km/h로 걷는 것으로 나타났다.

2009년, 마침내 문 리바스는 자신의 속도뿐 아니라 앞서 걷는 사람들의 이동 속도도 탐지할 수 있는 능력을 갖추게 되었다. 이를 바탕으로 그녀는 8개의 신호등 세트와 연계된 안무 작품 〈녹색 신호등〉을 제작했다. 바르셀로나 람블라 데 카탈루냐Rambla de Catalunya 거리에서 리바스는 신호등 타이밍을 미리 파악하고, 각 신호등 사이 거리를 측정했다. 이를 통해 적색 신호등에 걸리지 않고 연속적으로 이동할 수 있는 최적 걸음 속도를 계산했다. 그 결과, 리바스는 거리 한쪽 끝에서 다른 쪽 끝까지 한 번도 멈추지 않고 이동하며, 실시간 계산과 움직임이 결합된 안무를 선보였다.

문 리바스는 인간이 수백 년 동안 더 편안하게 살기 위해 환경을 변화시켜 온 사실을 인정하면서도, 이제는 지구의 지속 가능성을 고려해 스스로를 변화시켜야 할 때라고 주장한다. 그녀는 인간이 야간 시력을 갖추면 밤에도 불을 켤 필요가 없어지고, 지구의 절반이 어둠을 밝히기 위해 소비하는 에너지 낭비를 크게 줄일 수 있다고 말한다. 또한 인간이 스스로 냉난방을 조절할 수 있다면, 에어컨이나 히터 같은 에너지 집약 장치를 사용하지 않아 환경 부담을 최소화할 수 있다. 리바스에게 이것이 단순한 기술적 편의가 아니라, 인간이 환경에 적응하고 신체를 확장함으로써 지속 가능성을 확보하는 자연스러운 선택이다.

결국 문 리바스는, 인간이 끊임없이 지구를 변화시키기보다 다른 종들이 환경에 맞춰 스스로를 변화시키듯, 우리 역시 주어진 환경에 적응하도록 스스로를 변형하는 것이 더 합리적이고 자연스러운 접근일 수 있다고 주장한다.

눈과 기억을 확장한 인간, 스티브 만

캐나다 온타리오에서 태어난 스티브 만은 자신의 삶 자체를 하나의 사이보그 실험실로 삼아 살아가는 인물이다. 그는 증강현실^{AR}, 컴퓨터 영상, 웨어러블 컴퓨팅, 그리고 HDR^{High Dynamic Range, 고해상도 동적 범위} 이미지 처리 분야에서 선구적인 연구를 수행해 왔다. 이러한 공로를 인정받아 그는 오늘날 '웨어러블 컴퓨팅의 아버지' 또는 '웨어러블 증강현실의 아버지'라 불린다.

스티브 만은 40년이 넘는 세월 동안 웨어러블 기술을 연구하며 인간 신체의 기능을 기술적으로 확장하는 데 노력해 왔다. 그 결과, 그는 세계 최초의 헤드 마운트 디스플레이인 '아이탭EyeTap, Digital Eye Glass'을 개발하는 성과를 거두었다. 이 장치는 사용자가 실시간으로 캡처하고 처리한 이미지를 컴퓨터 그래픽으로 증강된 방식을 통해 볼 수 있도록 지원한다.

스티브 만은 컴퓨터와 기술을 설계할 때, 인간이 까다로운 기술 요구에 맞춰 적응하기보다 컴퓨터가 인간의 생리적·인지적 능력에 유기적으로 맞춰 기능해야 한다고 믿는다. 이러한 철학을 바탕으로 그는 깨어 있는 시간 동안 인간의 능력과 생물학적 시스템을 강화할 수 있는 웨어러블 컴퓨터를 개발해왔다.

그의 연구 범위는 매우 광범위하다. 인체 이식물 기술에서부터 역감시Sousveillance, 즉 디지털 시대에 대중이 권력자나 상층부를 감시하는 행위에 이르기까지 다양한 분야를 아우른다. 나아가 프라이버시와 사이버 보안, 그리고 사이보그 법Cyborg law에 관한 담론 역시 그의 주요 연구 대상이다.

이 외에도 그는 인간이 다양한 빛의 파장을 인지할 수 있도록 돕는 장치를 비롯하여 다채로운 웨어러블 기술을 선보였다. 또한 웨어러블 컴퓨팅과 신체 증강이 지니는 윤리적·사회적 함의를 깊이 있게 탐구하며, 관련 논문 발표와 저술 활동을 지속적으로 이어가고 있다.

또한 그는 인공지능의 선구자인 마빈 민스키^{Marvin Minsky}, 레이 커즈와일^{Ray Kurzweil}과 함께 '인문학적 지능^{Humanistic Intelligence, HI}'이라는 새로운 학문 분야를 개척했다. 이 학문은 인간의 인지 능력과 기술의 상호작용을 탐구하며, 기술이 인간 지능을 증강하는 방식을 중점적으로 연구한다.

스티브 만과 그의 제자들은 10억 달러 이상의 가치를 지닌 여러 기업을 공동 설립하기도 했다. 또한 세계 최초로 발명과 기업가정신을 결합한 '발명 기업가정신^{Inventorship}' 강좌를 개설하여 후학 양성에도 힘쓰고 있다.

예술적 측면에서의 성취도 주목할 만하다. 그는 액체의 진동을 통해 소리를 생성하는 세계 최초의 악기인 '물 오르간^{Hydraulophone}'을 발명했다. 이를 통해 그는 단순한 기술적 혁신을 넘어 예술적 감각과 인간 경험의 확장을 동시에 탐구하는 사이보그적 실천을 몸소 보여주고 있다.

신경계를 연결한 실험, 케빈 워릭

케빈 워릭은 영국의 과학자이자 레딩대학교 교수로, 기술과 인간 신체의 통합을 탐구하는 사이버네틱스 분야에서 독보적인 업적을 남긴 인물이다. 그는 오랫동안 인공지능^{AI}과 트랜스휴머니즘^{Transhumanism}에 깊은 관심을 가져왔으며, 자기 신체와 인지 능력을 기술로 확장하거나 업그레이드하는 연구를 직접 수행하며 사이보그 프로젝트를 이끌었다. 레딩대학교에 따르면, 워릭과 그의 연구팀은 1998년부터 "사람이 컴퓨터와 융합하면 어떤 일이 벌어질까?"라는 근본적인 질문을 던지며 그 해답을 탐구해 왔다. 이 연구는 단순한 기술적 실험을 넘어, 인간과 기계의 직접적 통합이 신체적·인지적 경험에 미치는 영향과 그에 따른 사회적·윤리적 함의를 분석하는 데 초점을 맞추고 있다.

케빈 워릭을 세계적인 주목을 받게 한 첫 번째 실험은 1998년 자신의 왼쪽 위팔에 무선 송신기 칩을 이식한 사이보그 프로젝트였다. 이 칩은 고유 식별 코드를 전송하도록 설계되었으며, 실험실 문에 설치된 수신기가 이를 인식해 워릭이 근처를 지나갈 때 자동으로 문을 열어 주었다.

또한, 무선 송신 장치를 통해 조명을 제어하거나 컴퓨터가 "안녕하세요, 워릭 교수님!"이라고 인사하게 하는 실험도 병행되었다. 스스로 사이보그라 칭한 워릭은 9일 동안 이 칩을 몸에 유지하며 실험을 지속했고, 그 기간 세상과 특별한 유대감을 느꼈다고 보고했다. 실험은 안전하게 마무리되었으며, 기술과 신체의 통합 경험은 의도한 대로 정상 작동함을 입증했다.

2002년, 워릭은 두 번째 이식 실험을 단행했다. 이번에는 150mm 길이의 전극이 연결된 작은 판 형태의 장치를 사용했는데, 이전의 피하 이식과는 달리 신경에 직접 연결하는 방식을 취했다. 장치의 끝부분은 팔에 절개한 삭상 조직Reticular connective tissue, 망상 결합 조직과 연결되어 신경 신호를 직접 수집하고 전송할 수 있는 능력을 확보했다.

이 실험의 성과 중 하나는 소나Sonar, 수중 음파 탐지기 원리를 기반으로 한 '초음파 시력'의 구현이었다. 물체에 접근할 때마다 소나가 신경으로 작은 자극 신호를 전달했고, 덕분에 워릭은 눈을 감은 상태에서도 실험실 안을 안전하게 보행할 수 있었다.

연구진은 이식된 칩을 통해 수집된 신경 자극이 독립적인 로봇 보철물 제어에 활용될 수 있는지를 탐구했다. 워릭이 손을 움직여 발생시킨 신경 신호는 전용 컴퓨터를 거쳐 원격지에 있는 로봇 팔을 제어하는 데 사용되었다. 특히 이 실험은 인터넷망을 통해 수행되었는데, 워릭은 미국에 있었고 로봇 팔은 영국 레딩대학교에 있었다. 이로써 인간의 신경계와 로봇 시스템 간의 실시간 원격 통합 가능성이 입증되었고, 워릭은 사이보그 연구 분야에서 '캡틴 사이보그'라는 별명을 얻게 되었다.

세 번째 실험에는 워릭의 아내도 참여했다. 그녀 역시 왼팔에 간단한 전극을 이식했으며, 이 전극은 남편의 이식 조직과 케이블로 연결되었다. 두 사람은 전기 자극을 이용한 일종의 모스 부호 방식으로 의사소통을 시도했다. 워릭은 이 이식 조직을 3개월 동안 체내에 유지했으며, 제거 후 정밀 의학 검사를 통해 칩과 신체 모두에 이상이 없음을 확인했다.

워릭은 이식형 기술 외에도 AI, 로봇공학, 머신러닝 분야에서 다수의 저술을 남기며 활발히 활동했다. 특히 그는 파킨슨병 치료를 위한 차세대 뇌심부자극술^{DBS} 설계에 기여했다. 뇌를 지속적으로 자극하던 기존 방식과 달리, 워릭은 증상이 나타나기 전 필요한 시점을 예측해 신호를 전달함으로써 증상을 사전에 억제하는 방식을 제안했다.

최근 연구에 따르면, 이 접근법은 다양한 유형의 파킨슨병을 식별하고 맞춤형 자극 전략을 수립하는 데 유용함이 입증되었다. 이처럼 워릭의 연구는 신체 증강 기술과 의료적 적용을 잇는 중요한 이정표로 평가받고 있다.

사이보그는 어떻게 세상을 인식하는가?

인간의 정체성 관점에서 사이보그는 인간의 한 유형이다. 이는 기술로 증강된 인간이자 인간 종의 확장된 형태라고 볼 수 있다. 이 점에서 사이보그는 로봇과 명확히 구분된다. 로봇은 인간과 전혀 다른 존재로, 마치 동물이 인간과 구분되는 것과 같다. 로봇이 인간의 외형을 흉내 낼 수는 있어도 인간의 살, 뼈, 혈관 같은 생리적 구조는 갖추지 못하며, AI가 인간 사고를 모사하더라도 의식이나 감정, 경험까지 완전히 재현할 수는 없다. 반면, 사이보그는 인간의 몸과 뇌를 기반으로 기술을 결합한 존재다. 즉, 인간에서 출발해 한게를 넘어선 확장형 존재이지, 인간과 완전히 단절된 새로운 종은 아닌 것이다.

AI가 급격히 발달하면 사이보그 기술의 영역은 더 이상 우주 탐험이나 극한 환경에만 제한되지 않을 가능성이 크다. 과거에는 우주비행사들이 생명 유지와 탐사를 위해 신체를 강화하고 기술을 이식하는 실험 대상이었지만, AI와 생체공학이 결합한 미래 사회에서는 일반인도 자발적으로 신체 증강을 선택할 수 있다. 예를 들어, AI 보조 칩으로 기억력과 계산 능력을 향상하거나 신경 인터페이스를 통해 컴퓨터와 직접 소통하는 능력을 갖추는 것이 더 이상 SF가 아니라 일상 속 기술로 자리 잡을 수 있다는 것이다.

환경과 함께 진화하는 몸: 생태적 적소

인간 존재의 기원과 방향성에 대한 근본적인 질문은 진화심리학자들의 주된 관심사다. 그들은 "우리는 어디에서 왔으며, 어디로 가고 있으며, 어떠한 과정을 통해 지금의 존재로 진화하게 되었는가?"라며 끊임없이 묻는다.

이 숭고한 질문은 비단 과학의 영역에만 머무르지 않는다. 예술 역시 오래전부터 같은 문제를 깊이 고심해 왔다. 19세기 말, 화가 폴 고갱Paul Gauguin에게 이 질문은 그의 생애를 관통하는 사유의 중심이었으며, 그의 대표작을 탄생시키는 결정적인 계기가 되었다.

| D'où venons-nous? Que sommes-nous? Où allons-nous?_미국 보스턴 미술관 소장

미국 보스턴 미술관에 있는 이 그림의 제목은 〈우리는 어디서 왔는가, 우리는 무엇인가, 우리는 어디로 가는가?〉D'o venons-nous? Que sommes-nous? O allons-nous? 이다.

작품의 제목이 암시하듯, 고갱은 인간 존재의 근원과 의미, 그리고 미래를 하나의 질문으로 묶어 제시한다. 여기서 그가 특히 주목한 것은 인간이 살아가는 '공간'이다. 우리는 모두 적절한 시공간 속에서 살아간다. 시간과 더불어 공간은 인간의 삶이 이루어질 수 있는 가장 기본적인 조건이다. 우리가 어디에서 어떻게 살아가든, 우리의 경험은 언제나 특정 공간과 맞닿아 있을 수밖에 없다.

그런데 고갱이 성찰한 공간은 단순히 발을 딛고 서 있는 물리적 배경에 그치지 않는다. 그 공간은 구체적인 삶의 토대일 뿐만 아니라, 우리가 세상을 이해하고 사고하는 방식, 그리고 삶의 기반을 형성하는 힘을 지닌다. 고갱은 인간이 공간 속에서 산다는 사실을 넘어, 그 공간이 인간 존재 자체를 어떻게 규정하는지를 되묻고자 했다. 그의 그림은 인간이라면 누구나 자신이 처한 환경과 조건 속에서 형성된 존재임을 시각적으로 형상화하고 있다. 즉, 인간의 삶 또한 하나의 '적절한 자리', 즉 적소適所를 토대로 이해되어야 한다는 것이다.

이 지점에서 고갱의 질문은 자연스럽게 생물학적·진화론적 관점과 만난다. 진화론의 관점에서 보면 인간을 제외한 대부분의 생물은 특정한 '생태적 적소Ecological niche'를 차지하도록 진화해 왔다. 생태적 적소란 한 종種이 생태계 안에서 맡고 있는 역할과 자리를 뜻한다. 이는 단순히 거주지를 의미하는 것을 넘어, 어떤 자원을 이용하고 무엇을 먹으며, 다른 종들과 어떤 관계를 맺고 살아가는지를 포괄하는 개념이다.

각 생물 종의 생태적 적소는 신체 구조와 생리적 특성, 식습관, 행동 방식, 번식 전략, 환경 변화에 대한 적응 능력 등 여러 요소가 어우러져 형성된다. 예를 들어 기린은 높은 나무의 잎을 먹기 위해 긴 목을 발달시켰고, 북극곰은 혹독한 추위를 견디기 위해 두꺼운 지방층과 흰 털을 갖게 되었다. 이처럼 생물들은 자신이 처한 환경 속에서 생존과 번식에 가장 유리한 방향으로 특화되어 왔다.

서로 다른 종들이 같은 공간에서 공존할 수 있는 이유도 여기에 있다. 각 종은 자신에게 맞는 자원과 환경을 선택함으로써 불필요한 경쟁을 피한다. 가령 같은 숲에 사는 두 종의 새가 모두 곤충을 먹더라도, 한 종은 나무 꼭대기에서 먹이를 찾고 다른 종은 땅 가까운 덤불 속에서 먹이를 구한다면 서로의 삶을 방해하지 않고 살아갈 수 있다. 이것이 바로 생태적 적소가 작동하는 방식이다.

생명의 역사 전체를 조망하면 이러한 적소의 선택과 확장은 더욱 극적으로 드러난다. 과거 지구의 생명체는 모두 물이라는 필수 조건을 갖춘 바다나 그 주변에서 시작되었다. 그러나 시간이 흐르면서 일부 생명체는 새로운 가능성을 찾아 육지로 나오는 도전을 시작했다.

고대 어류 중 일부는 지느러미를 다리처럼 사용하며 육지로 이동했고, 그 결과 양서류와 파충류, 포유류로 이어지는 진화의 갈래가 형성되었다. 오늘날의 식물과 곤충, 포유류 역시 새로운 생태적 적소를 찾아 바다를 떠난 존재들이다. 생명의 확장은 여기서 멈추지 않고 공중이라는 공간으로 이어졌다. 곤충은 날개를 발달시켜 하늘로 올라갔으며, 새의 조상들 또한 비행 능력을 익히며 그 뒤를 따랐다. 이처럼 생명은 바다에서 육지로, 다시 하늘로 활동 영역을 넓히며 끊임없이 새로운 적소를 개척해 왔다.

기술과 함께 사고하는 마음: 인지적 적소

인간 역시 다른 생물과 마찬가지로 생태적 적소를 지닌 존재다. 인간도 먹고, 위험을 피하며, 번식하는 하나의 생물 종이기 때문이다. 실제로 먼 과거의 인간은 아프리카의 특정 환경 속에서 다른 동물들과 크게 다르지 않은 방식으로 살아갔다. 그러나 진화의 어느 시점부터 인간은 조금 다른 방향으로 나아가기 시작했다. 환경에 몸을 맞추는 대신, 삶의 조건 자체를 바꾸는 전략을 택한 것이다.

이 선택은 인간의 생태적 적소를 다른 생물의 적소와 구별되게 했다. 대부분 생물이 특정 환경에 맞춰 신체와 행동을 특화한 반면, 인간의 적소는 고정되지 않는다. 인간은 도구와 기술을 통해 환경을 재구성하며 살아왔다. 농업은 자연에 없던 새로운 질서를 만들어냈고, 도시는 인간만의 서식지가 되었다. 오늘날에는 물리적 공간을 넘어 디지털 공간까지 인간 삶의 일부로 편입되고 있다. 이처럼 인간의 적소는 끊임없이 이동하고 확장되며 재구성되는 자리다.

이 지점에서 한 가지 질문이 자연스럽게 떠오른다. 그렇다면 인간은 과연 어떤 환경을 차지하기 위해, 어떤 방향으로 진화해 온 것일까? 인지과학자 스티븐 핑커^{Steven Pinker}를 비롯한 여러 학자는 인간이 단순히 먹고 번식하기에 알맞은 물리적 환경, 즉 전통적인 의미의 생태적 적소만을 목표로 진화한 존재는 아니라고 말한다. 오히려 인간은 '인지적 적소^{Cognitive niche}'를 점유하도록 진화해 왔다는 것이다.

이런 관점에서 보면 인간의 진화는 곧 뇌와 사고의 진화라 할 수 있다. 인간은 강한 근육이나 날카로운 이빨 대신, 도구를 사용하고 환경을 바꾸며 살아남는 길을 택했다. 언어와 복잡한 사고, 사회적 협력을 통해 인간은 자신에게 유리한 조건을 만들어 왔다. 다시 말해, 인간은 주어진 환경에 적응하는 데서 멈추지 않고, 생각하는 능력으로 새로운 삶의 자리를 창조해 온 존재다.

생태학에서 말하는 생태적 적소가 한 종이 생존을 위해 차지하는 물리적 자리와 역할을 뜻한다면, 인지과학에서 말하는 인지적 적소는 훨씬 더 추상적인 개념이다. 이는 인간이 사고하고 문제를 해결하는 능력을 이용해 환경을 이해하고 조작하며 살아가는 영역을 가리킨다. 예컨대 인간은 강한 손톱이 없었지만 돌을 깎아 필요한 도구를 만들었고, 추위를 이겨낼 풍성한 털이 없었지만 불과 옷으로 추위를 이겨냈다. 또한 사냥과 채집, 농경 사회로의 전환 과정에서 협력과 언어, 규범과 문자를 발전시키며 삶의 조건을 재구성해 왔다.

이 때문에 인간의 인지적 적소는 단순한 물리적 환경의 일부로 설명될 수 없다. 그것은 정보를 해석하고 의미를 부여하며, 다른 존재와의 관계 속에서 세계를 다시 짜맞추는 정신적 공간에 가깝다. 다른 생물들이 주로 신체적 적응을 통해 환경에 대응해 왔다면, 인간은 지능과 상상력을 활용해 환경 자체를 바꾸는 방향으로 진화했다.

이런 맥락에서 학습, 기억, 문제해결, 의사소통 같은 인지 능력은 부차적인 특성일 수 없다. 그것은 인간에게 있어 생존과 번식의 핵심 도구다. 인간을 포함한 영장류는 복잡한 사회적 관계 속에서 협력하고 도구를 만들며, 새로운 문제에 유연하게 대응하는 능력을 발전시켜 왔다. 그 결과 인간이 차지한 인지적 적소는 단순한 생존 공간이 아니라,

지능과 사회성, 창의적 적응력이 중심이 되는 진화의 무대가 되었다.

인지적 적소라는 개념은 인간과 관련해 설명하는 데 그치지 않는다. 인지 능력은 다른 종과의 관계 속에서 끊임없이 테스트 되고 변화해 왔다. 포식자는 더 정교한 추적 전략을 발전시키고, 먹잇감은 이를 피하기 위한 감지와 회피 능력을 키운다. 이런 상호작용은 생리적 적응을 넘어 인지적 공진화로 이어진다. 인지적 적소란, 생명체들이 서로의 지성을 자극하며 형성해 온 하나의 지적 생태계인 셈이다.

인류의 조상은 바로 이 인지적 적소를 가장 극적으로 확장한 존재였다. 그들은 협력과 사회적 학습을 통해 지식을 축적했고, 문화적 진화를 통해 그 지식을 세대 간에 전달했다. 그 결과 인간은 더 이상 유전자의 느린 변화만을 기다릴 필요가 없었다. 인간은 스스로 환경을 만들고 그 환경에 의미를 부여하는 존재가 되었다.

하지만 바로 이 지점에서 흥미롭고도 다소 역설적인 상황이 드러난다. 인간의 인지 활동은 막대한 에너지를 소모하기 때문이다. 인간의 뇌는 전체 체중의 불과 2%에 지나지 않지만, 하루에 소비하는 에너지는 전체의 25% 이상에 이른다. 다시 말해, 생각한다는 행위 자체가 생리학적으로 매우 큰 비용을 요구한다는 뜻이다. 이러한 이유로 인간은 진화적·문화적 차원에서 인지적 부담을 가능한 한 줄이려는 전략을 끊임없이 발전시켜 왔다. 반복적인 계산과 기억, 복잡한 판단은 점차 도구와 기술에 맡겨졌다. 이러한 '인지적 노동의 외주화'는 인류의 오래된 습관이자 생존 전략이었다.

이 흐름 속에서 바퀴와 문자, 계산기와 컴퓨터가 등장했고 오늘날에는 AI에 이르렀다. 지금까지 기술은 인간의 인지적 적소를 위협하기보다 보완하고 확장하는 역할을 해 왔다. 그러나 최근 상황은 다르다. AI는 이제 단순한 보조 도구를 넘어 언어 이해와 문제해결, 창작처럼 인간 고유의 영역으로 여겨졌던 기능까지 수행하기 시작했다.

이 변화는 인류가 오랫동안 점유해 온 인지적 적소의 안정성을 흔든다. 인간이 만든 도구가 인간의 자리를 잠식하기 시작했기 때문이다. 우리는 여전히 생각하는 존재이지만, 그 역할을 계속 직접 수행할 것인지는 확실하지 않다. 사고와 판단을 기계에 맡길 것인가, 아니면 인간의 인지적 주체성을 유지할 것인가?

가능한 선택지는 크게 두 가지다. 하나는 인지적 역할을 점차 기계에 넘기고, 인간은 가상공간과 자동화된 환경 속에서 의미를 찾는 존재로 이동하는 길이다. 다른 하나는 기계와 경쟁하는 대신, 기계와 결합함으로써 인지 능력을 확장하는 길이다. 이 경우 인간은 신체와 기술을 결합한 사이보그적 존재로 진화하게 된다.

인간이 사이보그의 길을 상상하는 이유는 단순한 기술적 욕망 때문만은 아닐지 모른다. 그것은 인간에게 거의 유일하게 허락된 인지적 적소를 지키기 위한 진화적 대응일 수 있다. 인간은 본질적으로 활동하는 존재다. 여기서 활동이란 몸의 움직임만이 아니라 사유하고 판단하며 배우고 기억하는 모든 정신적 작용을 포함한다. 인간은 생각을 멈출 때 존재의 활력을 잃는다.

AI의 등장은 이 영역에 대한 최초의 본격적인 외부 도전이다. 인간은 이제 자신이 만든 지능과 공존하거나, 혹은 통합하는 방식을 선택해야 하는 시점에 서 있다. 궁극적으로 인간은 경쟁하기보다 자신이 창조한 지능을 내면화함으로써 스스로 확장해 온 존재였다. 인간이 사이보그가 되는 길을 선택한다면, 그것은 단순한 기술적 진보가 아니라 인간이 인간으로 남기 위한 또 하나의 진화적 선택일 것이다. 과연 그런 시대는 현실이 될 것인가? 이 질문 앞에 우리는 서 있다.

인간이 사이보그가 된다는 것

사이버네틱^{Cybernetic, 생명체, 기계, 조직과 또 이들의 조합을 통해 통신과 제어를 연구하는 학문} 기술을 이용한 인간 증강, 즉 '사이보그화^{Cyborgization}'는 인공 장치나 부품을 신체에 통합하여 신체적 능력이나 인지 기능을 높이거나, 손상된 기능을 복원하는 과정을 의미한다. 이는 한때 공상과학^{SF} 소설 속의 상상에 불과했지만, 오늘날에는 의학과 공학, 철학 등 다양한 학문 분야에서 실질적으로 논의되는 중요한 과학적 · 윤리적 주제가 되었다.

특히 사이보그 기술이 점차 우리의 신체와 일상 속으로 깊이 스며듦에 따라, 이 기술이 제공하는 혜택과 그에 따른 잠재적 위험을 신중하게 저울질해야 한다는 점이 중요한 화두로 부상하고 있다. 이는 단순한 능력 향상의 문제를 넘어, 인간의 정체성과 자율성, 그리고 윤리적 책임에 이르기까지 연결되는 매우 복잡한 논쟁을 내포하고 있다.

확장된 능력이라는 유혹

우리가 인간과 기계를 결합하여 사이보그가 되고 신체를 기계화한다 하더라도, 우리의 정신과 의식은 여전히 인간으로 남는다. 이러한 관점에서 사이보그화는 인간성을 유지하면서도 신체 능력과 인지 능력을 확장할 수 있는 유효한 방법으로 이해될 수 있다. 그렇다면 인간이 사이보그가 되었을 때 얻을 수 있는 구체적인 장점은 무엇인가? 그중 핵심적인 5가지를 꼽아보았다.

가치와 경험의 보존 및 확장

사이보그가 되면 우리가 소중히 여기는 많은 가치와 경험을 보호하고 더욱 확장할 수 있다. 사이보그는 단순히 가상 세계 속 아바타나 온라인상의 존재에 머물지 않는다. 이는 인간과 기계가 결합하여 현실 세계에서 직접 활동하는 실체적 존재를 의미한다. 덕분에 우리는 물리적 공간 속에서 맺는 사회적 관계, 감각적 경험, 문화적 활동 등을 그대로 유지하면서도, 이를 이전보다 풍부하게 향상할 수 있게 된다.

생물학적 한계 극복

사이보그화는 인간이 본래 가진 생물학적 한계를 넘어설 수 있는 길을 열어준다. 인간은 선천적인 신체 조건과 인지적 제약 때문에 경험이나 활동에 일정한 제한을 받는다. 가령 인간은 한 번에 처리할 수 있는 정보량이 한정되어 있으며, 원자와 전자로 이루어진 미시 세계나 수 광년 떨어진 우주의 거시 세계를 직접 관찰할 수 없다. 인간은 적당한 크기의 물체가 적당한 속도로 움직이는 세상인 '중간 세계'만을 인식하며 살아간다.

신경 이식물이나 뇌-컴퓨터 인터페이스[BCI] 기술은 이러한 한계를 뛰어넘게 한다. 닐 하비슨의 안테나나 문 리바스의 지진 모니터링 칩, 케빈 워릭의 신경 이식물 사례처럼, 증강 기술은 새로운 감각과 미적 경험, 그리고 원거리 행동 능력을 부여한다. 이러한 기술 결합은 새로운 형태의 의사소통과 확장된 인식을 가능하게 함으로써 삶의 질과 경험의 지평을 획기적으로 넓힌다.

우주 탐험을 위한 필연적 선택

사이보그화는 인간의 우주 탐험 가능성 역시 비약적으로 높인다. 본래 '사이보그'라는 용어 자체가 인간의 우주 진출 열망에서 비롯되었다. 지구 환경에 최적화되어 진화한 인간의 생물학적 몸으로는 극심한 방사선, 저중력, 자원 제한 등 우주의 극한 환경을 견뎌내기 어렵다. 따라서 유전적 · 생물학적 처방을 넘어 기계와 통합되는 사이보그화는 우주 공간에서 안전하고 장기적인 활동을 보장하기 위한 필수적인 기술 전략이 된다.

인류 집단의 지속 가능성 확보

사이보그화는 '집단 이후세[Collective afterlife]'를 가능하게 하는 수단이 될 수 있다. 미국의 도덕 및 정치철학자 새뮤얼 셰플러[Samuel Scheffler]가 2013년 저서 『죽음과 이후세』[Death and the Afterlife]에서 제시한 이 개념은 인류 집단이 우리 이후에도 지속되는 상태를 뜻하며, 이는 현재 우리 삶의 가치와 도덕적 동기를 지탱하는 중요한 기반이 된다. 인류 소멸에 대한 공포는 삶의 의미를 퇴색시키지만, 사이보그화를 통한 신체 및 인지 증강은 인류가 지구를 넘어 우주 공간에서도 존속할 수 있게 돕는다. 즉, 사이보그화는 개인의 수명을 넘어 인류 전체의 문화적·도덕적 연속성을 담보하는 역할을 한다.

실존적 강건함과 죽음의 제약 해방

사이보그화는 인간의 실존적 강건함을 높이고 생물학적 수명의 한계를 넘어설 가능성을 제시한다. 이는 트랜스휴머니즘 운동의 핵심 가치이기도 하다. 노화에 취약한 생물학적 부위를 첨단 소재로 대체함으로써 노화 과정을 통제하고 실존적 견고함을 강화하는 것이다. 비록 불멸과 수명 연장을 둘러싼 윤리적 논쟁은 여전히 존재하지만, 사이보그 기술을 통해 삶의 물리적 제약을 극복하려는 시도는 현재 인간 삶의 질과 의미를 고양하는 데 분명히 기여할 수 있다

통제와 의존이라는 위험

앞서 살펴본 사이보그화의 여러 장점에도 불구하고, 그 이면에는 분명한 그늘과 잠재적 위험이 존재한다. 특히 다음에 제시하는 5가지는 사이보그 기술을 논할 때 반드시 깊이 성찰해야 할 핵심적인 위험 요소들이다.

기술적 종속과 새로운 형태의 구속

인간의 생물학적 한계를 극복하려는 기술적 노력은 자유와 자율성 측면에서 예상치 못한 결과를 초래할 수 있다. 사이보그화 과정에서 기술이 신체에 통합되면, 해당 기술을 개발하고 관리하는 기업이나 기

관에 대한 의존이 불가피해진다. 이러한 의존성은 일종의 '기술적 종속' 혹은 '기술적 노예화'로 이해될 수 있다. 본래 사이보그화는 노화, 질병, 신체적 제약이라는 '생물학적 감옥'에서 벗어나기 위함이었으나, 역설적으로 장치의 유지와 보수, 소프트웨어 업데이트, 제조업체의 통제권 등이 지배하는 '기술적 감옥'에 갇힐 위험에 직면하게 된다.

현실과의 단절 및 문화적 소외

사이보그화가 지나치게 진행될 경우, 우리가 상상하는 유토피아적 삶과 현재의 현실 사이에는 문화적 · 사회적 격차가 지나치게 벌어질 위험이 있다. 인간의 경험이 가상공간이나 증강현실 속에서 급격히 변화하면, 현재 우리가 이해하고 체험하는 현실과 미래의 삶 사이에 거대한 단절이 생길 수 있기 때문이다.

특히 미래의 가상현실이나 증강현실 속 삶이 현세의 인간에게 이해 불가능한 영역이 된다면, 그 격차는 더욱 심각해진다. 철학적 · 윤리적 관점에서 볼 때, 스스로 이해할 수 없는 삶을 의미 있거나 윤택한 삶으로 평가하기란 어렵다. 우리가 일상적으로 경험하는 사례를 떠올려 보아도 이는 명확해진다. 직장이나 사회적 공동체에서 동료나 주변인의 행동과 생활 방식을 이해할 수 없을 때 느끼는 심리적 스트레스와 불편함은 이해 가능성이 삶의 질에 얼마나 중요한지를 잘 보여준다.

따라서 사이보그화 과정에서 문화적 격차와 이해 가능성의 문제를 충분히 고려하지 않는다면, 기술적 유토피아는 오히려 대중적인 혼란과 소외를 불러일으키는 결과로 이어질 수 있다.

인간의 '비인간화'와 자율성 침해

사이보그화는 인간의 '비인간화'를 촉진할 가능성이 있다. 브렛 프리슈만Brett Frischmann과 에반 셀린저Evan Selinger는 2018년 저서 『인류 재설계』Re-engineering Humanity에서 현대 기술사회공학Techno-social engineering이 인간의 존엄성과 자율성에 부정적인 영향을 미치고 인간 고유의 특성을 잠식할 수 있다고 했다. 기술사회공학이란 법적·사회적 제도의 규제를 기반으로 새로운 기술을 활용해 인간의 행동을 변화시키거나 조작하는 시스템을 말한다. 이 과정에서 인간이 기계적·자동화된 패턴으로 환원될 위험이 존재한다는 것이 이들의 핵심 주장이다.

이러한 기술사회공학의 주요 메커니즘 중 하나는 과정과 결정을 자동화하는 장치들이다. 스마트 홈 기기, 자율주행차, 디지털 개인 비서와 같은 기술은 인간의 행동을 특정 방식으로 조건화한다. 이는 복잡하고 상황에 맞는 판단을 요구하는 인간의 행동을 단순화하고, 기계적인 루틴으로 축소하는 결과를 낳는다. 일상의 흔한 사례인 스마트폰 앱의 알림 기능 역시 사용자가 신중한 사고 없이 즉각적이고 반사적으로 행동하도록 유도한다. 이러한 현상은 자율적이고 사유하는 존재로서의 특징을 점차 약화하며, 결국 사이보그화된 인간이 기술 중심 환경 속에서 비인간화될 위험을 내포한다.

프리슈만과 셀린저는 인간이 점점 기계처럼 행동하는 정도를 평가하기 위한 도구로 '역逆 튜링 테스트Reverse Turing test'를 제안했다. 이는 앨런 튜링이 고안한 본래의 튜링 테스트를 거꾸로 적용한 개념으로, 기계가 인간과 구별되지 않을 만큼 지능적인지를 평가하는 원래의 테스트와 달리, 역 튜링 테스트는 인간이 얼마나 기계적인 방식으로 행동하는지를 측정한다.

본래 인간은 의사결정 과정에서 항상 '합리적 선택 이론'의 규칙을 따르지는 않는다. 때로는 편향적이거나 예측 불가능한 행동을 보이며 순수한 합리성과는 차이를 나타내기 마련이다. 반면 기계는 편향이나 불일치 없이 논리적 계산과 프로그래밍에 따라 결정을 내린다. 따라서 기술사회공학적 시스템이 인간을 합리적 선택에 더 가깝게 행동하도록 유도한다면, 이는 인간이 점점 기계와 유사한 행동 패턴을 따르게 됨을 의미한다. 다시 말해, 이러한 시스템은 인간의 행동을 자동화하고 단순화하여 인간 고유의 판단력과 자율성을 잠식하고, 우리를 기계적 상태로 몰아넣을 수 있는 것이다.

우주 탐험에서의 무질서와 디스토피아적 위기

사이보그화는 인간이 우주 탐험에서 마주하는 생물학적 한계를 어느 정도 완화할 수 있지만, 동시에 예상치 못한 새로운 위험에 노출될 가능성도 안고 있다.

사이보그 기술은 방사선, 미세중력, 극한 온도 등 우주의 생물학적 위험을 줄이는 데 기여할 수 있다. 그러나 우주 공간에는 사이보그의 신체와 시스템에 부정적 영향을 미칠 수 있는 다양한 기술적·환경적 위험이 잠재해 있다. 예컨대 장기간의 우주 체류로 인한 기계적 결함, 신경 인터페이스의 오류, 장치 유지보수의 실패 등은 곧바로 심각한 생존 위협으로 직결될 수 있다. 이러한 이유로 사이보그화를 통해 우주 탐험이 가능해지더라도, 인간이 경험하게 될 현실은 이상적인 유토 피아보다는 완전히 통제되지 않은 디스토피아적 조건에 더 가까울 수 있다.

이를 경계하는 대표적인 학자가 필 토레스Phil Torres다. 토레스는 2018년 논문 「우주 식민지화와 고통의 위험」에서, 인간의 우주 탐험이 예상치 못한 비극적 사건을 불러올 수 있으며, 여러 잠재적 이익에도 불구하고 그 위험성이 매우 크다고 경고했다. 토레스가 우주 탐험에서의 비극적 충돌을 강조하는 근거는 인간 본성에 대한 이해와 사회철학적 전통에 뿌리를 두고 있다.

그는 이 위험을 토머스 홉스Thomas Hobbes의 이론적 틀과 연결하여 설명한다. 홉스는 1651년 저서 『리바이어던』Leviathan에서 인간이 폭력적 충돌에 빠지는 3가지 근본적 이유를 제시했다.

첫째는 제한된 자원을 차지하려는 경쟁이며, 둘째는 위협으로부터 자신을 보호하려는 안전 추구다. 마지막 셋째는 폭력을 통해 명성을 얻고 위협을 선제적으로 막으려는 동기다. 이 세 요인이 동시에 작용하고 사회적 질서가 무너질 때, 개인과 집단은 폭력의 순환 속에 갇히게 된다.

홉스는 이러한 문제를 해결하기 위해 무력 사용의 독점권을 가진 강력한 사회 제도인 '리바이어던'을 제시했다. 이를 통해 협력과 조정을 끌어내고 평화를 유지할 수 있다고 본 것이다. 하지만 토레스의 관점에서 보면 우주 식민지라는 새로운 환경에서도 인간은 이러한 본성적 충돌에 쉽게 노출될 수밖에 없다. 따라서 이를 통제할 강력한 사회적 · 제도적 장치 없이 추진되는 우주 탐험은 심각한 위험을 내포하게 된다.

토레스는 지구에서조차 평화를 유지하기 어려운 상황에서 우주 식민지의 평화 유지란 사실상 불가능하다고 주장하며, 그 근거로 3가지 요인을 제시한다.

- 종의 분화와 문화적 단절: 인간 식민지는 다양한 환경에 적응하는 과정에서 장기적으로 서로 다른 문화적 · 생물학적 특성을 지닌 집단으로 나뉘게 되며, 심지어 종 자체가 분화될 가능성도 크다. 이러한 차이는 상호 이해를 어렵게 만들고 충돌 가능성을 높인다.

- 통제력의 한계: 우주의 방대함은 은하 규모의 공통 규칙을 정하고 시행하는 것을 불가능하게 한다. 광대한 거리와 통신 지연으로 인해 중앙집중식 조정이 어려워지며, 이는 곧 무질서와 충돌의 불씨가 된다.

- 파괴적 기술의 오용: 미래의 우주 식민지는 기존의 대량살상무기^{WMD, Weapon of Mass Destruction}보다 훨씬 강력한 파괴적 기술을 개발할 잠재력을 지닌다. 강력한 에너지 기반 무기나 행성 규모의 군사 장치가 분쟁에 동원될 경우, 그 결과는 극단적으로 악화할 수 있다.

공학적·생리학적 난제와 실현 가능성의 제약

소프트웨어 중심의 자동화 기술인 자율주행차나 실시간 음성·언어 번역 시스템 등은 최근 몇 년 사이 급격히 발전하며 예상보다 빠르게 현실화되었다. 반면, 인간의 생물학과 직접 통합되는 수준의 증강, 즉 완전 통합형 뇌-컴퓨터 인터페이스[BCI]나 장기 체내 이식형 보조 장치 등은 아직 기술적 돌파구가 충분히 확보되지 않은 상태다. 이러한 기술이 전혀 불가능한 것은 아니나 현재로서는 극히 드문 사례에 머물러 있는데, 이는 사이보그화가 하드웨어, 생체공학, 면역학, 신경과학 등 여러 분야의 난제를 동시에 해결해야 하기 때문이다.

구체적으로 살펴보면 사이보그화를 가로막는 공학적·의학적 제약은 다음과 같다.

- 생체적합성Biocompatibility 문제: 몸속에 삽입되는 장치가 면역 반응이나 염증, 조직 손상을 일으키지 않도록 설계해야 하며, 장기간 안전하게 작동함을 입증하는 데 상당한 시간이 소요된다.

- 신경계와의 통합 문제: 뇌와 말초신경계는 매우 복잡하고 역동적이기 때문에 장치를 안정적으로 연결하는 것이 쉽지 않다. 만약 연결이 잘못되면 의도치 않은 신경 자극이나 인지·정서 기능의 변화와 같은 부작용이 발생할 수 있다.

- 물리적 및 에너지 제약: 장치가 안전하게 전원을 공급받고 구동 시 발생하는 열을 관리하며, 오랜 시간 문제없이 작동하도록 만드는 것 역시 해결해야 할 중요한 과제다.

- 안전성 검증과 임상 시험: 인간에게 적용하기 위해서는 장기간의 안전성과 효과를 확인해야 한다. 이를 위해 엄격한 윤리적·법적 규제와 고도의 정밀함을 요구하는 임상 시험 과정을 거쳐야 한다.

따라서 지금 당장 사이보그화가 불가능하다고 단정할 수는 없으나, 현실화에 이르기까지는 여전히 중대한 과학적·공학적·윤리적 장애물이 남아 있다. 이러한 장애물은 개인의 건강 및 정체성과 직결되는 위험을 동반한다. 그러므로 기술 개발 과정에서는 신중한 설계와 엄격한 안전성 평가, 투명한 규제, 그리고 장기적인 관찰이 반드시 병행되어야 한다. 결국 사이보그화의 전망은 낙관과 신중함을 동시에 요구하며, 단기간의 상용화보다는 단계적이고 증거 기반적인 접근이 필요하다.

사이보그 사회의 윤리

사이보그 기술의 급속한 발전은 인간의 신체적 한계를 넘어 새로운 가능성을 열어 주고 있다. 인공 장기, 신경 임플란트, 생체 보조 장치 등은 단순한 의료적 치료를 넘어 인간 능력의 확장과 진화의 새로운 국면을 제시한다. 그러나 이러한 기술이 인간 신체와 밀접하게 통합됨에 따라, 기술적 진보와 함께 복잡한 윤리적 문제들이 생겨나고 있다. 여기서는 인간 정체성의 혼란, 기술 접근성의 불평등, 프라이버시 침해라는 3가지 핵심 문제를 중심으로 사이보그 기술이 사회에 미치는 영향을 살펴보고 대응 방향을 제안하고자 한다.

사이보그 기술의 3가지 윤리적 쟁점

첫째, 인간 정체성의 철학적 재정의 문제다. 사이보그 기술이 신체의 일부로 통합될수록 "인간이란 무엇인가?"라는 오래된 질문은 새로운 복잡성을 띠게 된다. 가령 인공 심장이나 뇌 임플란트를 통해 생명을 유지하거나 기억력을 향상하는 존재를 여전히 완전한 인간으로 볼 것인가, 아니면 부분적으로 기계화된 존재로 분류할 것인가의 문제는 인간 존엄성 및 권리와 직결된다.

도나 해러웨이가 「사이보그 선언」에서 지적했듯, 인간과 기계의 경계가 흐려질수록 우리에게 익숙한 자연과 인공, 유기체와 기계, 인간과 비인간 등의 이분법적 사고는 무의미해진다. 이러한 경계의 붕괴는 자율적 주체로서의 인간이라는 근대적 인식론을 흔들며, 인간성에 대한 사회적 합의를 더욱 어렵게 만든다.

둘째, 기술 접근성의 형평성 문제다. 사이보그 기술의 혜택이 특정 계층에 편중될 경우, 기술을 이용하지 못하는 이들은 생물학적 한계에 묶인 채 살아가야 한다. 이는 경제적 불평등을 넘어 신체적·인지적 격차를 고착화하는 '포스트휴먼 불평등'을 초래할 수 있다.

일례로 미 국방부 산하 DARPA가 병사의 회복력을 극대화하는 생체 보조 시스템을 개발하는 것처럼, 군사 분야에 기술을 선제적으로 적용하면 인간 사이의 경쟁력 격차는 비정상적으로 커질 수 있다. 따라서 사이보그 기술의 확산은 정의와 형평성의 관점에서 다뤄져야 한다.

셋째, 프라이버시 침해와 감시 사회의 심화다. 신체 내부에서 데이터를 수집하고 외부 네트워크와 연결되는 사이보그 기술은 개인의 생리 정보나 행동 패턴을 실시간으로 추적할 위험을 안고 있다. 신경 임플란트가 감지한 뇌파 데이터가 상업적 · 정치적 목적으로 악용될 가능성은 인간의 생명권과 자유권에 대한 심각한 위협이 된다.

사회적 대응을 위한 4가지 제언

이러한 윤리적 문제를 해결하기 위해 다음과 같은 다층적인 대응 방안이 필요하다.

- 윤리적 기준과 규제의 확립: 생명윤리, 기술윤리, 법학 등 다양한 학문 분야의 논의를 바탕으로 인간 존엄성을 침해하지 않는 국제적인 기술 사용 원칙을 마련해야 한다.

- 기술 접근성의 공공성 보장: 공공 보건 시스템을 통해 사이보그 기술의 보급을 조정함으로써, 장애인과 노인 등 기술적 혜택이 절실한 계층이 소외되지 않도록 해야 한다.

- 프라이버시 보호 기술의 병행 발전: 사용자가 자신의 신체 데이터를 통제할 수 있도록 암호화 기술과 데이터 주권 보장 장치를 강화해야 한다.

- 기술철학 및 윤리 교육의 확대: 사회 구성원 모두가 기술 변화의 철학적 의미를 성찰하고 비판적 사고를 기를 수 있는 교육이 선행되어야 한다.

결국 사이보그 기술은 인간의 신체적 가능성을 확장하는 동시에 인간의 정체성과 권리를 재정의할 것을 요구한다. 기술의 진보는 그 자체로 가치 중립적이지 않으며, 활용 방향에 따라 인간성을 강화하거나 약화할 수 있다. 따라서 미래의 사이보그 사회는 기술 혁신만큼이나 깊은 윤리적 성찰 위에 세워져야 하며, 인간의 존엄성을 중심에 둔 문명만이 진정한 의미의 인간적인 미래를 보장할 수 있다.

디지털 불멸은
과학인가, 신화인가?

용 폭군을 물리치고, 영원한 삶을 꿈꾸다

놀랍게도 인류의 유구한 역사는 죽음이라는 거대한 벽 앞에서 무력함을 느낄 때마다 이를 겸허히 받아들이는 지혜를 배우는 과정이기도 했다. 하지만 이제 기술의 진보를 믿는 사람들은 죽음을 숙명이 아닌, 반드시 해결해야 할 질병이자 악으로 규정하기 시작했다. 닉 보스트롬이 들려주는 〈용 폭군의 우화〉는 매일 수만 명을 잡아먹는 무시무시한 용(죽음)을 물리치기 위해 인간이 어떻게 기술이라는 무기를 갈고 닦았는지를 생생하게 보여준다. 죽음을 당연한 자연의 섭리로 보지 않고, 우리가 극복해야 할 마지막 과제로 삼는 이 담대한 철학적 흐름을 우리는 트랜스휴머니즘이라 부른다.

이번 장에서는 인간의 생물학적 한계를 초월하려는 트랜스휴머니즘의 핵심 사상과 그 구체적인 실천들을 살펴본다. 미래의 의학 기술로 부활하기 위해 시신을 초저온으로 얼리는 크라이오닉스냉동보존술부터, 인간의 기억과 의식을 통째로 컴퓨터에 옮겨 심으려는 파격적인 시도인 마인드 업로딩까지 그 놀라운 현주소를 짚어본다. 또한, 100조 개가 넘는 시냅스의 지도를 그리는 계산적 복잡성과 "디지털 복제본도 나라고 할 수 있는가?"라는 정체성의 혼란, 그리고 불멸이 가져올 사회적 불평등에 이르기까지 우리가 마주할 철학적 난제들을 깊이 있게 탐구해 보겠다.

인간은 왜 불멸을 꿈꾸는가?

트랜스휴머니즘이 그려온 미래의 우화

트랜스휴머니즘Transhumanism은 인간 존재의 근본적 한계를 초월하려는 운동으로, 그 급진성과 실험적 성격 때문에 종종 치열한 논쟁의 대상이 되곤 한다. 이 운동이 지향하는 목표와 철학적 정당성을 이해하기 위해서는 닉 보스트롬Nick Bostrom이 2005년 발표한 단편소설 〈용의 폭군에 관한 우화〉The Fable of the Dragon-Tyrant를 주목할 필요가 있다.

이 작품은 우화라는 형식을 빌려 트랜스휴머니즘이 제시하는 윤리적 근거, 즉 기술을 통해 인간의 고통과 죽음을 극복해야 한다는 당위를 설득력 있게 보여준다. 이야기는 이렇게 시작된다.

"옛날 옛적, 세상은 강력하고 억압적인 용의 지배를 받고 있었다. 그 용은 가장 높은 성당보다 더 높이 솟아 있었고, 묵직한 검은 비늘로 온몸이 덮여 있었다. 용의 붉은 눈은 증오로 이글거렸고, 끔찍한 턱에서는 악취 나는 누런 점액이 한없이 흘러나왔다. 용은 인류에게 끔찍한 공물을 요구했다. 자신의 엄청난 식욕을 채우기 위해, 매일 저녁 어둠이 깔리면 성인 남녀 만 명을 용이 사는 산기슭으로 끌고 가야 했다. 때로는 용이 이 불행한 사람들을 도착하자마자 삼켜 버리기도 했고, 때로는 산에 가두어 몇 날 며칠, 심지어 몇 년 동안 굶긴 뒤 결국 잡아먹기도 했다."

— 닉 보스트롬, 〈용의 폭군에 관한 우화〉 중에서

이 우화는 겉보기에 매우 잔혹하다. 우화 속 세계에서는 매일 수만 명의 사람이 끔찍하게 희생되기 때문이다. 그러나 보스트롬은 이 상황을 단순한 허구적 공포로 설정하지 않았다. 그는 우리가 현실에서 매일 마주하는 '노화'와 '죽음'이라는 피할 수 없는 사실을 은유적으로 드러내기 위해 이 장치를 사용했다. 즉, 우화 속 용-폭군은 오랫동안 자연적인 과정으로 여겨져 온 '죽음'을 의인화한 상징이다.

우화의 후반부는 인간이 죽음과의 관계를 실존적 · 종교적 · 심리적 · 기술적 차원에서 어떻게 재구성해 왔는지를 단계적으로 탐구한다. 초기의 인간은 죽음을 거스를 수 없는 숙명으로 받아들이지만, 점차 이를 극복 가능한 문제로 전환하며 과학과 기술의 힘으로 맞서 싸우기 시작한다. 이러한 과정은 인류 정신사에서 반복되어 온 패턴, 즉 신화적 체념에서 과학적 개입으로 이행하는 인식의 전환을 상징한다.

여느 우화와 마찬가지로 이 이야기 역시 해피엔딩으로 마무리된다.

왕과 백성들은 오랜 연구와 수많은 실패 끝에 죽음을 상징하는 괴물을 물리칠 '슈퍼 무기'를 개발해 낸다. 이 결말은 인간이 기술적 진보를 통해 생물학적 필연성을 극복할 수 있다는 희망과 죽음을 정복하려는 인간 정신의 승리를 상징적으로 보여준다.

보스트롬이 전달하고자 하는 핵심 메시지는 명확하다. 죽음을 단순히 수용해야 할 자연의 질서로 보지 않고, 윤리적·기술적 도전 과제로 재정의해야 한다는 것이 그의 핵심 주장이다. 그런 점에서 이 우화는 인간의 유한성이 필연적이라는 전통적 인식에 도전하며, 기술과 이성의 진보를 통해 이러한 한계를 뛰어넘을 수 있다는 도덕적·실천적 명제를 제시하고 있다.

하지만 철학적 관점에서 볼 때, 노화와 죽음은 단순히 제거해야 할 장애물에 그치지 않는다. 그것은 존재의 의미를 형성하는 필수적 요소이기도 하다. 인간의 삶이 유한하기에 가치, 선택, 책임이라는 개념이 비로소 성립할 수 있기 때문이다. 만약 모든 인간이 불멸을 얻는다면, 지구는 자원과 공간의 한계로 포화 상태에 이를 것이며 이는 심각한 생태적·사회적 위기로 이어질 수 있다.

또한 영원한 생존은 실존적 권태와 삶의 의미 상실을 초래할 가능성이 크다. 불멸의 세계에서는 죽음이 부여하던 시간적 긴장과 서사적 완결성이 사라지고, 삶의 윤리적 밀도 역시 약화할 수밖에 없다. 인류는 지금까지 죽음을 단순히 피할 수 없는 운명으로만 여기지 않고, 그것을 존재의 필연적 조건으로 합리화하며 의미를 부여해 왔다. 이는 단순한 체념이 아니라, 죽음이 삶에 역동적인 의미를 부여한다는 실존주의적 통찰에 근거한 판단이다.

결국 보스트롬의 우화는 불멸의 기술적 가능성을 상상하게 하는 동시에, 죽음을 통해서만 확보할 수 있는 인간적 의미와 윤리적 균형에 대해 우리에게 근본적인 질문을 던지고 있다.

인간 향상을 향한 핵심 주장들

트랜스휴머니즘은 인문학, 과학, 공학, 정치학 등 여러 학문 분야가 경계 없이 서로 얽혀 있는 복합적인 성격을 띤다. 여기에 정치적 의제와 이론적 추측까지 뒤섞여 있어 한마디로 정의하기란 쉽지 않다. 관점에 따라 이를 하나의 이데올로기나 철학으로 보기도 하고, 누군가는 신념 체계로, 또 다른 이들은 과학적 검증이 필요한 이론들의 집합으로 이해하기도 한다.

통상적으로 트랜스휴머니즘은 '수명, 인지, 웰빙을 크게 향상할 수 있는 정교한 기술을 개발하고 널리 보급함으로써 인간의 조건을 개선하려는 철학적·지적 운동'으로 정의된다. 즉, 과학과 기술을 활용해 인간의 정신적·육체적 특성을 고양하려는 지적·문화적 운동인 셈이다. 이 운동은 장애, 고통, 질병, 노화, 죽음을 인간의 선천적 조건이자 극복해야 할 대상으로 보며, 현대 과학의 지식을 기반으로 인류의 한계와 취약성을 넘어서는 것을 주된 목표로 삼는다.

트랜스휴머니즘에는 주목할 만한 특징이 몇 가지 있다. 이를 정리하면 다음과 같다.

기술을 통한 인간 능력의 고양

유전공학, 사이버네틱스, 나노기술 등 첨단 기술을 통해 인간의 기본 능력을 향상해야 한다고 믿는다. 특히 사이버네틱스는 인간의 신체와 기술 시스템을 통합하여 신체적·인지적 능력을 확장하려는 시도의 핵심적 근거가 된다.

윤리적 가이드라인 강조

기술 발전은 단순한 기능 향상을 넘어 윤리적 판단의 틀 안에서 이루어져야 한다. 사회적 정의, 형평성, 접근성, 인간 존엄성 문제를 면밀히 고려해야 하며, 안전성 확보와 사전 동의, 개인정보 보호 등을 핵심 원칙으로 삼아 기술이 사회에 긍정적으로 기여하도록 유도한다.

수명 연장과 웰빙의 극대화

노화 연구, 질병 예방, 재생 의학 등 생명과학의 성과를 토대로 인간이 더 오래, 더 건강하게 높은 삶의 질을 유지하는 것을 지향한다.

인지적 역량의 확장과 마인드 업로딩

기억력, 학습 능력, 창의성 향상을 중요 과제로 삼으며 신경 인터페이스나 AI 기반 의식 시뮬레이션에 주목한다. 이 과정에서 논의되는 마인드 업로딩은 인간의 의식과 기억을 컴퓨터나 인공적 기판으로 이전하려는 이론적 개념으로, 미래 연구의 중요한 철학적 장치로 기능한다.

개인의 자율성과 선택의 자유

개인은 자신의 가치와 정체성에 맞게 발전을 추구할 권리가 있다.

다만 이러한 기술적 선택이 불평등을 심화하지 않도록 공평한 접근성과 윤리적 감독이 반드시 병행되어야 한다. 이는 기술이 특정 집단의 특권으로 전락하는 것을 경계하는 윤리적 요구다.

인류 공동의 난제 해결을 위한 글로벌 관점

기술 발전의 혜택이 개인에 그치지 않고 빈곤, 질병, 환경 지속 가능성, 기후 위기 등 전 지구적 문제를 해결하는 데 활용되어야 한다고 본다. 따라서 기술 접근성과 분배 정의를 확보하는 것은 트랜스휴머니즘의 필수적인 정책적 과제다.

트랜스휴머니즘의 관점에서 트랜스휴먼Transhuman은 현재의 인간인 휴먼Human에서 미래의 포스트휴먼Posthuman으로 나아가는 과도기적 존재를 의미한다. 트랜스휴먼은 기술적 개입을 통해 신체적·정신적 능력이 평균적 한계를 뛰어넘었음에도 여전히 인간성을 유지하고 있다는 점에서 포스트휴먼과 구분된다.

중요한 점은 트랜스휴먼이 단순히 상상에만 머물지 않는다는 사실이다. 이미 우리는 트랜스휴먼화 된 삶을 살고 있다. 의학적 치료와 식단 관리, 성형수술이나 성전환 수술과 같은 생물학적 개입뿐만 아니라 안경, 보청기, 인공 장기 등 기술적 보조물을 통해 신체 능력을 확장하는 행위 모두가 그 증거다. 결국 트랜스휴먼은 먼 미래에 나타날 존재가 아니라, 이미 우리 곁에 도달한 실천적 현실이라고 할 수 있다.

몸을 보존하려는 시도, 크라이오닉스

얼려서 시간을 멈춘다는 발상

트랜스휴머니즘은 인간의 생물학적 한계를 넘어설 수 있다고 믿는 문화적 · 철학적 운동이다. 특히 크라이오닉스Cryonics, 냉동보존술를 지지하는 담론 환경에서 활발히 논의되어 왔으며, 인간의 지적 · 신체적 제약을 기술로 극복할 수 있다는 신념을 공유한다. 그 바탕에는 불멸에 대한 낙관적 전망이 자리하고 있다.

이 운동은 인간의 지적 · 신체적 한계를 첨단 기술로 극복할 수 있다고 믿으며, 종국에는 불멸에 도달할 수 있다는 낙관적 전망을 공유한다. 즉, 트랜스휴머니즘은 인간을 고정된 존재가 아닌 끊임없이 개선 가능한 대상으로 간주하며, 기술을 통해 인류의 조건을 근본적으로 재설계하려는 강력한 의지를 담고 있다.

트랜스휴머니스트들은 인공지능AI, 생명공학, 나노기술, 신경과학 등 첨단 과학기술의 융합이 머지않아 육체적 불멸을 실현할 것으로 확신하고 있다. 이러한 낙관론의 중심에는 미국의 컴퓨터과학자이자 미래학자인 레이 커즈와일Raymond Kurzweil이 제시한 '특이점' 개념이 자리 잡고 있으며, 그들은 기술적 진보가 인간의 생물학적 한계를 재정의하는 결정적 전환점을 가져올 것이라 기대한다.

그러나 트랜스휴머니즘은 현재의 인간휴먼에서 미래의 존재포스트휴먼로의 이행이 결코 단기간에 이루어질 수 없다는 현실 또한 명확히 인식하고 있다. 이러한 기술적 진보가 완성되기까지는 현실적으로 수십 년, 혹은 수 세기에 걸친 시간이 필요하기 때문이다. 따라서 이 과도기를 극복하기 위한 전략적 대안으로 제시되는 방안이 바로 죽음을 지연하거나 일시적으로 회피하는 '크라이오닉스'이다.

크라이오닉스는 임상적으로 사망한 개인의 신체나 뇌를 초저온 상태로 동결하여, 훗날 과학기술이 비약적으로 발전했을 때 소생시키고자 하는 시도다. 이는 기술적 불멸이 실현되기 전까지 생명의 불씨를 보존하려는 '플랜 B'이자, 미래라는 목적지에 닿기 위한 시간적 가교의 역할을 한다.

본질적으로 크라이오닉스는 미래 과학이 현재의 사망자를 되살려낼 수 있다는 가정 위에 세워진 기술적 실험이자 문화적 실천이다. 초저온 상태로 신체 조직을 장기 보존하는 이 기술은, 향후 의학적 진보를 통해 손상된 조직을 복원하고 생명 기능을 온전히 회복할 수 있다는 잠재적 가능성에 전적으로 의존한다.

종종 크라이오닉스는 자연계의 생리 현상인 '동면'과 혼동되기도 하지만, 양자 사이에는 명확한 차이가 존재한다. 동면은 생명 활동이 극도로 둔화한 상태에서도 생체 유지 기능이 지속되는 현상이지만, 크라이오닉스는 사후 세포 손상을 최소화하며 비생명적인 정지 상태를 유지하는 인공적 절차다. 따라서 이 과정에는 세포 파괴를 방지하기 위한 고도의 방부 처리 기술이 요구되며, 궁극적인 지향점 역시 단순한 보존을 넘어 미래 기술에 의한 재생과 건강한 삶의 회복에 있다.

결국 크라이오닉스는 불멸과 재생을 향한 인류의 오랜 욕망을 현대 과학기술의 틀 안에서 구체화하려는 시도로 평가할 수 있다. 그러나 냉정하게 평가하자면, 현시점의 크라이오닉스는 입증된 과학이라기보다 낙관적 가설과 철학적 열망의 산물에 가깝다. 냉동 과정에서 불가피하게 발생하는 미세한 결정화 손상과 단백질 변성을 현재 기술로는 온전히 복구할 길이 없기 때문이다. 이처럼 크라이오닉스는 실질적인 불멸의 수단이라기보다, 미래 과학에 대한 굳건한 신념과 기술적 유토피아를 상징하는 하나의 기호로서 존재하고 있다.

몸을 얼려 시간을 멈추는 과정

비록 크라이오닉스가 아직 과학적으로 확증되지 않은 기술적 가정에 기반하고 있음에도 불구하고, 이를 실천으로 옮기려는 지지자들은 이미 체계적인 상업적·조직적 인프라를 구축해 두고 있다.

이들은 일정 금액을 지불할 의향이 있는 개인에게 시신 냉동 보존 서비스를 제공하는 비영리 또는 영리 기관을 설립하여 운영 중이다. 대표적인 기관으로는 알코어 생명연장 재단Alcor Life Extension Foundation과 크라이오닉스 인스티튜트Cryonics Institute가 있다. 이들 기관은 미래의 기술적 도약을 기다리며, 현재의 임상적 사망자들을 초저온 상태로 관리하는 실질적인 역할을 하고 있다.

이 기관들은 법적·의학적 절차를 엄격히 준수한다. '크라이오닉 정지Cryonic suspension'는 환자가 의학적·법적으로 사망했다고 선언된 직후에만 시작될 수 있다. 살아 있는 상태에서 냉동 절차를 진행할 경우, 살인이나 조력 자살로 간주될 가능성이 있기 때문이다. 따라서 대부분

의 크라이오닉스 기관은 의료 전문가가 임상적 사망을 공식적으로 선
포한 뒤, 가능한 한 신속히 체온을 낮추고 산소 공급을 유지하면서 혈
액을 방부 용액으로 교체해 세포 손상을 최소화하는 절차를 체계적으
로 수행한다.

이상적인 조건에서 수행되는 크라이오닉 정지 절차는 조직 손상과
세포 변성을 최소화하기 위해 심정지 직후 몇 초 내에 시작되어야 한
다. 사망 직후 신체의 생화학적 붕괴가 매우 빠르게 진행되므로 시간
적 민감성이 성공의 결정적 요소가 된다.

사망이 공식 선언되면 대기 중이던 대응팀은 즉시 심장-폐 우회 장
치를 가동한다. 이 장치는 항응고제와 부동액 화합물을 순환계에 주입
하여 혈액 응고를 방지하고, 냉동 과정에서 발생하는 얼음 결정에 의
한 세포 파괴를 억제한다. 이러한 처치는 생물학적 조직의 구조를 가
능한 한 온전하게 유지하기 위한 핵심적인 공학적 단계이다.

동시에 드라이아이스^{고체 이산화탄소}를 이용해 시신 온도를 약 $-79°C$까
지 급속히 낮추는 초기 냉각 단계가 진행된다. '안정화'라고 불리는 이
과정은 효소 작용과 미생물 활동을 차단하여 부패를 지연시킨다.

안정화가 완료된 시신은 이후 액체 질소가 채워진 듀어 탱크<sup>Dewar
tank</sup>로 옮겨지며, 이곳에서 약 $-196°C$의 극저온 환경 속에 안치된다.
이 온도에서는 모든 생물학적 대사가 사실상 정지하기 때문에, 이론적
으로는 시신을 무기한 보존할 수 있다고 예측된다.

왜 사람들은 이 기술을 믿는가?

크라이오닉스 지지자들은 이 프로젝트가 오늘날 과학의 한계를 넘어선 불확실성 위에 서 있다는 점을 분명히 인식하고 있다. 또한 미래의 과학기술이 냉동 보존된 개체를 실제로 되살릴 수 있으리라는 보장이 현재로서는 없다는 사실 역시 인정한다. 그럼에도 불구하고, 이들은 과학의 지속적인 진보와 기술적 혁신이 언젠가는 이러한 복원을 가능하게 할 수 있다는 잠재적 가능성에 기대를 걸고 있다.

크라이오닉스는 1964년 로버트 에틴거Robert Ettinger가 『불멸의 전망』The Prospect of Immortality을 출간하며 학계와 대중에게 알려졌다. 에틴거는 이 책에서 미래의 과학 발전을 통해 인간을 재소생시킬 수 있다는 가정 아래, 임상적으로 사망한 이를 냉동 보존하는 혁신적인 방법을 제안했다. 그는 이 접근을 단순한 죽음의 지연이 아니라, 인간 존재의 생물학적 한계를 극복하기 위한 새로운 의학적·기술적 시도로 정의했다.

이후 1974년, 에틴거는 『슈퍼맨이 된 사나이』Man into Superman를 발표하며 인류를 향상된 존재로 변화시킬 수 있는 구체적인 트랜스휴머니즘적 가능성을 제시했다. 여기서 그는 생물학적 제약을 넘어선 인간의 잠재력이 과학적 진보를 통해 충분히 실현 가능하다고 확신했다.

비슷한 시기인 1969년, 미국의 작가 앨런 해링턴Alan Harrington 역시 『불멸주의자』The Immortalist를 통해 크라이오닉스 담론을 전면적으로 다루었다. 해링턴은 "죽음은 인류에게 부과된 것이며, 더는 받아들일 수 없다"라는 파격적인 슬로건으로 자신의 핵심 사상을 요약했다. 그의 주장은 죽음을 자연스러운 섭리로 수용하던 전통적 관점을 거부하고, 과학을 통해 죽음을 극복할 수 있다는 '기술적 휴머니즘'의 낙관주의를 상징적으로 보여준다.

마음을 옮기려는 시도, 마인드 업로딩

21세기에 들어서며 인간 존재를 이해하는 방식은 빠르게 달라지고 있다. 생명공학과 인지과학, 인공지능, 나노기술이 서로 얽히며 인간과 기계의 경계가 점점 흐려지고 있기 때문이다. 신체와 기술의 융합이 가속화되는 이 흐름은 우리에게 가장 근본적이면서도 논쟁적인 질문을 던진다.

"인간의 정신은 과연 생물학적 뇌를 떠나 다른 기판으로 옮겨질 수 있는가?"

이 질문은 단순한 공상과학적 상상을 넘어 과학, 철학, 기술 연구 분야가 직면해야 할 근본적인 난제이자, 미래 사회를 이해하기 위한 핵심 논제라고 할 수 있다.

마인드 업로딩Mind uploading은 바로 이 질문에 대한 기술적·이론적 시도다. 이는 인간의 마음을 디지털 또는 하이브리드 형태로 복제함으로써 새로운 존재 방식의 가능성을 탐구한다.

인간은 여전히 생물학적 한계에 묶인 존재인가, 아니면 정보로서 다시 구성될 수 있는 존재인가? 우리는 아직 이 질문에 분명한 답을 갖고 있지 않다. 그럼에도 이 탐구가 중요한 이유는 분명하다. 그것이 인간 본성에 대한 이해의 지평을 넓히고, 인류의 미래를 상상하는 방식 자체를 바꾸기 때문이다.

이제 마인드 업로딩 개념의 기원과 정의를 시작으로, 이를 실현하기 위해 요구되는 계산적 복잡성과 가능한 기술적 접근 방식, 나아가 뇌 스캔 및 매핑 과정에 이르기까지의 논의를 차례로 살펴보고자 한다.

인간 마음의 디지털 복제라는 이 급진적인 아이디어가 과연 어떠한 과학적 기반 위에 서 있는지, 동시에 어떠한 기술적·철학적 장벽과 마주하고 있는지를 들여다보는 과정은 조심스러우면서도 매우 흥미롭고 의미심장하다. 여기에는 단순한 기술적 가능성의 검토를 넘어, 우리 인간 존재의 근본적 의미를 성찰하게 하는 심오한 질문이 담겨 있기 때문이다.

마음을 데이터로 만든다는 생각

마인드 업로딩은 생물노년학자^{생물학적 노화 과정, 그 진화적 기원 등을 연구하는 학자} 조지 M. 마틴^{George M. Martin}이 1971년 처음으로 제안한 개념이다. 어떤 점을 강조하느냐에 따라 뇌 업로딩^{Brain uploading}, 뇌 에뮬레이션^{Brain emulation}, 전뇌 에뮬레이션^{Whole-brain emulation} 등으로도 불린다. 어떠한 용어를 사용하건 이들의 공통된 전제는 인간 뇌의 기능과 의식 상태가 디지털 컴퓨터, 양자 컴퓨터, 혹은 생물학적 뇌와 유사한 기능을 수행하는 여타의 장치에서 재현될 수 있다는 가능성이다.

마인드 업로딩은 미래 기술로서 인간의 생물학적 뇌를 디지털로 복제하는 것을 목표로 삼는다. 다시 말해, 뇌에 저장된 기억, 정신 상태,

성격적 특성 등의 모든 정보를 컴퓨터나 디지털·생물학적 하이브리드 시스템으로 이전하는 것을 의미한다.

이러한 가설은 한 개인이 완전히 디지털화된 뇌를 소유하게 되는 시나리오는 물론, 뇌의 일부는 생물학적 조직으로 남고 나머지는 디지털 기판으로 대체되는 혼합형 뇌의 가능성까지 모두 포괄한다. 이는 인간의 정신이 반드시 생물학적 단백질 구조에만 귀속되지 않을 수 있다는 도전적인 통찰을 제시한다.

마인드 업로딩 가설의 핵심 전제는 인간의 마음이 뇌의 신경망 연결 구조와 시냅스 가중치Synaptic weight에 의해 구현된다는 점이다. 즉, 마음을 물리적 뇌의 정보 상태로 이해하며, 이를 데이터 파일이나 소프트웨어처럼 비물질적인 형태로 표현할 수 있다고 본다.

이러한 접근법에 따르면 뇌의 신경망 구조와 기능 정보를 추출하여 디지털 파일로 저장한 뒤, 이를 다른 물리적 기판 위에서 재현하는 것이 가능하다. 이렇게 구현된 새로운 장치는 원래의 뇌와 유사한 방식으로 자극에 반응하고 인지하며, 의식적 활동을 수행하는 마음을 생성할 수 있다. 설령 완전한 의식 기능이 부족하더라도, 지능적인 행동 수행이나 이전 세대 인간과의 기본적인 의사소통은 가능해진다. 많은 미래학자는 마인드 업로딩을 의학적 혁신과 범용인공지능AGI 연구의 논리적 정점으로 평가하며, 계산 신경과학을 통해 인지 기능을 디지털화하려는 주요 연구 방향으로 간주한다.

마인드 업로딩은 정신적 경험과 의식적 과정을 정보 처리 시스템으로 이전함으로써, 전통적인 생물학적 한계를 넘어선 새로운 존재 방식과 불멸의 가능성을 탐구한다. 대중적 관심은 주로 수명 연장에 집중되는데, 이는 노화와 손상으로 인해 수십 년 안에 기능이 쇠퇴할 수밖에 없는 생물학적 신체의 필연적 한계를 극복하려는 욕구에서 비롯된다.

반면, 디지털화된 뇌는 노화되지 않으며 체계적으로 관리되는 데이터처럼 장기간 보존될 수 있다. 또한 업로드된 뇌는 복제가 가능하고 새로운 경험으로 업데이트될 수 있으며, 하나의 복사본이 손실되더라도 다른 복사본으로 즉시 대체할 수 있다. 이는 생물학적 인간에게는 불가능한 형태의 데이터 중복성과 지속성을 제공한다.

마인드 업로딩은 미래의 소생을 전제로 신체를 극저온 상태로 보존하는 크라이오닉스와는 근본적으로 다른 접근 방식을 취한다. 크라이오닉스가 물리적 신체 그 자체를 보존하는 데 초점을 맞춘다면, 마인드 업로딩은 마음과 의식을 디지털 형태로 재현하고 그 연속성을 유지하는 것을 목표로 한다. 이러한 본질적 차이로 인해 마인드 업로딩은 단순한 생명 연장 기술을 넘어, 인간 존재의 새로운 지평을 탐구하는 주제로서 트랜스휴머니즘 연구자들의 핵심적인 관심사로 자리 잡고 있다.

뇌를 계산으로 옮기는 데 필요한 복잡성

인간의 뇌는 지금도 여전히 수많은 비밀을 품고 있다. 그 때문에 기억과 경험이 뇌 속에 저장되는 방식과 그 정보를 손실 없이 외부로 옮기는 일은 결코 단순한 문제가 아니다. 특히 인간의 뇌를 그대로 업로드하여 정밀하게 시뮬레이션하려면 상상을 초월하는 기술적 난이도와 막대한 계산 능력이 필요하다.

이를 이해하려면 먼저 인간 뇌의 구조부터 살펴볼 필요가 있다. 인간의 뇌에는 약 1,000억 개에 달하는 뉴런신경세포이 존재한다. 일반적으로 젊은 뇌일수록 더 많은 활성 뉴런을 유지하는 경향이 있다. 각 뉴런은 시냅스를 통해 수천 개에서 많게는 수만 개의 다른 뉴런과 연결된다. 이로 인해 뇌는 극도로 복잡하고 방대한 신경망을 형성한다. 현재 추정에 따르면 인간 뇌의 시냅스 수는 약 100조 개에서 1,000조 개에 이른다. 이러한 수치 차이는 주로 나이에 따른 변화에서 비롯된다고 알려져 있다.

2008년 닉 보스트롬과 앤더스 샌드버그는 인간 뇌의 종합 지도를 구축하기 위해 초당 10^{18}에서 10^{22}회의 부동소수점 연산, 즉 플롭스FLOPS, Floating Point Operations Per Second. 초당 수행 가능한 부동소수점 연산의 개수를 나타낸 지표가 필요하다고 추정했다. 이는 1 뒤에 0이 17개에서 22개나 붙는 규모로, 직관적으로 가늠하기조차 어려운 방대한 양이다.

참고로 2021년 기준 세계 최고 성능인 일본의 슈퍼컴퓨터 '후가쿠Fugaku'는 초당 약 5.4×10^{17}회의 연산을 수행한다. 수치상으로는 후가쿠보다 조금 더 강력한 컴퓨터가 있다면 인간의 마음을 시뮬레이션할 수 있을 것처럼 보일지도 모른다.

그러나 이 추정은 뉴런의 연결 구조나 시냅스의 강도 같은 정적인 정보만을 고려한 결과이다. 실제 뇌가 지닌 문제의 복잡성은 이러한 단순 연산 규모를 훨씬 훨씬 뛰어넘는다.

실제 뇌의 작동 방식을 그대로 시뮬레이션하는 일은 더욱 까다롭다. 각 뉴런은 순간마다 전기적·생화학적 신호를 주고받으며 끊임없이 변화하고, 이 과정에는 수많은 단백질과 복잡한 화학 반응이 개입한다. 이러한 동적 활동을 정확히 재현하려면 분자 수준, 혹은 양자 수준에 이르는 정밀한 모델링이 필요하다. 이에 따라 요구되는 계산 능력과 저장 용량도 기하급수적으로 늘어날 수밖에 없다.

뇌의 대사 과정과 단백질 상태, 개별 분자의 움직임까지 반영한 완전한 모델을 구축하려면 상상을 초월하는 계산량이 필요하다. 닉 보스트롬과 앤더스 샌드버그는 이러한 수준의 시뮬레이션에 약 10^{43} 플롭스가 필요할 것으로 추정했다. 이는 현재 후가쿠 슈퍼컴퓨터의 성능과는 비교조차 할 수 없는 압도적인 수치이다. 따라서 인간 정신을 충실히 복제하는 일은 가까운 미래에 현실적으로 불가능한 과제에 가깝다.

그럼에도 마인드 업로딩 지지자들의 전망은 비교적 낙관적이다. 이들은 컴퓨팅 능력이 시간이 지날수록 선형이 아닌 기하급수적으로 증가한다는 '수확 가속의 법칙Law of accelerating returns'을 주요 근거로 든다. 양자 컴퓨터와 인공 신경망 기술이 비약적으로 발전한다면, 향후 수십 년 안에 필요한 계산 자원을 확보할 수 있다는 것이다. 이러한 예측에 따르면 완전한 뇌 에뮬레이션은 2100년 무렵 기술적으로 가능해질 전망이다.

결국 디지털 불멸의 가능성은 이론적으로 성립할 수 있으나 현실에서는 여전히 먼 미래의 이야기이다. 당분간 우리의 관심은 AGI 개발과 초고성능 컴퓨팅이 경제 및 사회 전반에 가져올 변화에 집중될 것이다. 나아가 생명체를 정밀하게 시뮬레이션하려는 시도는 초기 지능 진화의 토대가 된 탄소와 이산화탄소의 역할을 이해하는 새로운 단서가 될 수도 있다.

생각을 옮기기 위해 제안된 방법들

마인드 업로딩의 방대한 계산 복잡성을 살펴봤다면, 이제는 구체적인 방법과 실제 과정을 시선에 담을 차례이다. 호주의 인지과학자이자 분석철학자인 데이비드 차머스David Chalmers는 2009년 논문에서 뇌 업로딩의 3가지 주요 형태를 제시했다.

파괴적 뇌 업로딩(Destructive Uploading)

현재 가장 먼저 실현될 가능성이 높은 방식으로 여겨진다. 이 접근법은 뇌를 극도로 얇은 층으로 절개한 뒤, 각 층을 정밀하게 분석하여 신경 구조를 기록한다. 수집된 정보는 뉴런의 작동을 모사하는 컴퓨터 모델로 옮겨져 디지털 형태로 재구성된다. 이 과정에서 생물학적 뇌는 물리적으로 분해되므로 원본과 복사본이 동시에 존재할 수 없다. 원본 뇌를 해체하는 대가로 디지털 마음을 얻는 방식이다.

점진적 뇌 업로딩(Gradual Uploading)

나노기술 활용을 전제로 하는 방식이다. 미세한 나노 장치가 개별 뉴런에 부착되어 그 활동을 학습하고 점차 시뮬레이션한다. 모든 뉴런의 기능이 나노 장치로 대체되면 인간의 정신은 완전히 디지털 실체로 전이된다. 이 방식은 원본 뇌를 한순간에 파괴할 필요가 없어 생물학적 뇌와 디지털 복제본이 일정 기간 공존할 수 있다. 뇌의 일부는 디지털

이고 나머지는 생물학적인 혼합 상태가 가능하다는 점이 특징이다.

비파괴적 뇌 업로딩(Non-destructive Uploading)

3가지 방식 중 실현 가능성이 가장 낮은 접근법으로 꼽힌다. 뇌를 절개하지 않고 첨단 영상 기술로 뉴런과 시냅스 활동을 정밀하게 스캔하여 디지털 환경으로 옮기는 방식이다. 이론상 원본 뇌와 디지털 복제본이 동시에 공존할 수 있다는 장점이 있다. 구현 난도는 매우 높지만, 원본을 손상하지 않고 업로딩을 시도할 수 있어 가장 안전한 방법으로 여겨진다.

뇌 업로딩은 원본 뇌를 파괴하는 방식, 점진적으로 디지털 전환하는 방식, 원본을 보존하며 업로드하는 방식으로 구분된다. 각 접근법은 기술적 난이도와 원본 보존 가능성에서 뚜렷한 차이를 보인다. 이러한 구분을 이해하는 것은 뇌 업로딩이 제기하는 정체성, 생명, 책임과 같은 윤리적 논의를 깊이 있게 살피는 중요한 토대가 된다.

생각을 다른 몸에 옮긴다는 상상

마인드 업로딩을 논의할 때 가장 먼저 해결해야 할 과제는 인간의 뇌를 스캔하고 정밀하게 매핑하는 문제이다. 이는 단순히 뉴런의 배열을 기록하는 작업이 아니다. 감각 수용체와 근육 세포, 나아가 척수까지 포함한 신체 전반의 정보를 포착하여 컴퓨터에 저장하는 것을 전제로 한다.

현재 다양한 뇌 스캔 기술이 존재하지만, 인간의 마음을 온전히 복제할 만큼 정밀한 단계에는 도달하지 못했다

뇌 영상 기술

첫 번째 방법은 기존의 뇌 영상 기술이다. 기능적 자기공명영상fMRI으로 뇌의 혈류 변화를 추적하거나, 자기뇌파검사MEG로 전기적 활동을 측정하여 3차원 지도를 만든다. 이러한 비침습적 기법은 정교한 3D 뇌 모델을 구축할 수 있게 한다. 하지만 현재의 기술은 마인드 에뮬레이션에 필수적인 미세 구조와 세부 신경 활동을 포착하기에 공간 해상도가 여전히 부족하다.

연속 단면 촬영법

두 번째 방법은 연속 단면 촬영법Serial sectioning이다. 이 방식은 원본 뇌를 파괴해야 하지만, 뉴런과 연결 구조를 극도로 정밀하게 기록할 수 있다. 뇌와 척수 등 신경계를 냉동한 뒤 나노미터 단위로 층층이 스캔하며 시냅스 연결을 포착한다. 각 층을 촬영한 후 표면을 제거하고, 전체 뇌가 완전히 매핑될 때까지 이 과정을 반복한다. 실제로 2010년대 한 연구진은 쥐의 뇌에 이 방법을 적용해 성공적인 기록을 남겼다. 다만 뇌를 필연적으로 파괴하므로 의식 보존이나 불멸성 추구에는 사용할 수 없는 방식이다.

뇌의 기능은 단순한 구조만으로 설명되지 않는다. 시냅스에서 일어나는 분자적 사건들이 뇌의 작동을 크게 좌우하기 때문이다. 이를 충

실히 시뮬레이션하려면 현재의 기술을 뛰어넘는 정밀함이 필요하다. 일부 연구자는 분자 수준의 염색 기법을 활용해 뉴런 내부 구성까지 포착하자고 제안한다. 하지만 생화학적 과정이 의식과 경험으로 이어지는 원리에 대한 이해는 아직 부족하다. 결과적으로 인간 뇌 재현에 필요한 핵심 정보를 확보하는 데는 근본적인 한계가 존재한다.

이러한 방법으로 방대한 데이터를 수집한다면, 다음 단계는 이를 컴퓨터에 업로드하여 신경망 분석 모델을 구축하는 것이다. 이 모델은 전체 뇌 혹은 특정 기능 영역을 선별적으로 모델링하는 것으로, 정밀한 분석 모델만 뒷받침된다면 에뮬레이터를 통해 뇌의 작동 메커니즘을 완벽히 복제할 수 있다.

뇌 시뮬레이션 연구는 선충이나 파리 같은 단순한 생물에서 출발해 점차 포유류로 확장된다. 대표적 사례는 스위스 로잔연방공과대학교EPFL의 블루 브레인 프로젝트Blue Brain Project이다. 포유류 신경 회로의 역설계를 목표로 하는 이 프로젝트는 2006년 쥐의 신피질 일부를 성공적으로 시뮬레이션했다. 신피질은 고차원적 인지 기능을 수행하는 영역으로, 이 성과는 인간 뇌의 복잡한 신경망을 이해하기 위한 중요한 중간 단계로 평가된다.

왜 아직도 성공하지 못했을까?

마인드 업로딩은 계산적 복잡성뿐 아니라 구현 과정 자체에서도 여러 난제에 부딪힌다. 주요 쟁점 중 하나는 뇌를 스캔하여 업로드한 뒤에도 과연 '진짜 의식'이 존재할 수 있는가 하는 것이다. 이에 대해 미국의 인지과학자 수잔 슈나이더Susan Schneider는 마인드 업로딩이 기술적으로 성공하더라도, 그것은 원래 정신을 복제한 결과에 불과하다고 주장한다. 사진이나 영상이 실제 인물과 동일한 존재가 아닌 것처럼, 업로드된 마음 역시 원본과 동일한 의식을 지닌다고 보기는 어렵다는 것이다. 이 경우 원본 인간은 여전히 존재하지만, 외부 관찰자에게만 연속성이 유지되는 것처럼 보일 뿐이라는 해석이 가능해진다.

또 다른 쟁점은 업로드된 마음이 실제로 의식을 지닌 존재인지, 아니면 단순히 계산을 수행하는 프로그램에 불과한지에 대한 문제다. 이를 이해하기 위해 흔히 언급되는 비유가 미국의 철학가 존 설John Searle의 '중국어 방Chinese Room' 사고실험이다.

이 실험에서 중국어를 전혀 이해하지 못하는 사람은 규칙과 사전에 따라 기호를 조작해 중국어 문장에 답한다. 겉으로는 중국어를 이해하는 듯 보이지만, 실제로는 아무런 의미나 경험을 느끼지 못한다. 마인드 업로딩 역시 외형상 사고하고 반응하는 것처럼 보일 수는 있지만, 내부에 주관적 경험이나 느낌이 존재하지 않을 가능성이 있다는 점에서 논쟁의 대상이 된다.

만약 업로드된 마음이 실제로 의식을 지닌 존재라면, 그들이 아픔이나 고통을 느낄 수 있을까 하는 중요한 질문이 뒤따른다.

많은 철학자는 그 가능성을 진지하게 받아들이며 관련 윤리적 쟁점을 제기한다. 예를 들어 업로드된 마음이 고통을 경험할 수 있다면, 이를 최소화하거나 차단하기 위해 일종의 '가상 마취제'와 같은 장치를 마련해야 할지도 모른다. 더 나아가 스캔이나 업로드 과정에서 오류가 발생할 경우, 마음이 불완전한 상태로 형성되어 의도치 않은 고통이나 혼란을 겪을 위험도 존재한다. 이런 점에서 마인드 업로딩은 기술적 도전일 뿐 아니라 고통과 책임에 대한 새로운 윤리적 기준을 요구하는 문제이기도 하다.

뇌를 부분적으로만 에뮬레이션하는 경우에도 여러 고민이 뒤따른다. 예를 들어 블루 브레인 프로젝트에서는 쥐의 뇌 중 일부만을 시뮬레이션했다. 이러한 부분적 에뮬레이션만으로 뇌의 일부가 온전한 존재처럼 여겨질 수 있을지, 아니면 본질적으로 불완전한 상태라고 보아야 할지는 쉽게 말하기 어렵다. 또한 인위적으로 구현된 마인드 업로딩이 과연 어떤 권리와 도덕적 지위를 갖는지, 우리는 여전히 이 근본적인 물음에서 자유롭지 못하다.

결국 마인드 업로딩이 기술적으로 가능해진다 하더라도 그와 함께 제기되는 철학적·윤리적 고민은 사라지지 않을 것이다. 의식이란 무엇인지, 업로드된 마음이 감각이나 고통을 실제로 느낄 수 있는지, 그리고 그러한 존재에게 어떤 권리와 지위를 부여해야 하는지 아직 명확한 해답을 찾지 못했기 때문이다. 바로 이런 이유로 마인드 업로딩은 순수한 과학기술의 문제를 넘어, 인간 존재의 의미를 다시 묻게 하는 철학적으로도 가장 흥미롭고 논쟁적인 주제 중 하나로 남아 있다.

복제된 나는 '나'인가?

현재 마인드 업로딩 기술은 실험 단계에 머물러 있으며 실제 구현 여부도 불확실하다. 하지만 미래에 기술이 등장할 가능성을 배제할 수 없는 만큼 윤리적·사회적·법적 영향을 미리 고민해야 한다. 업로드된 뇌가 원본과 동일한 정체성을 지니는지, 생물학적 인간처럼 의식을 경험하는지, 나아가 도덕적 권리의 주체가 될 수 있는지와 같은 질문은 결국 피할 수 없는 과제이다.

인간의 정신을 디지털로 복제한 인간 에뮬레이션이 등장한다면 사회는 법적·정치적·경제적 차원에서 전례 없는 문제에 직면한다. 특히 주목할 영역은 일자리 시장이다. 생물학적 인간과 에뮬레이션이 같은 일자리를 두고 경쟁할 경우 에뮬레이션이 우위를 차지할 가능성이 크다. 에뮬레이션을 운영하는 비용은 인간의 신체 유지 비용보다 낮고 효율성 면에서도 인간을 능가하기 때문이다.

에뮬레이션은 스스로 성능을 최적화하며 컴퓨터의 장점인 방대한 기억 용량과 빠른 연산 속도를 활용한다. 이를 통해 인간이 도달하기 어려운 수준의 인지 능력과 생산성을 달성할 수 있다. 이러한 변화는 인간 노동자의 입지를 위축시키고 사회적 불안이나 저항으로 이어질 가능성을 내포한다.

법적 차원에서 인간 에뮬레이션은 기존 제도로 다루기 힘든 새로운 도전을 제기한다. 대표적 쟁점은 에뮬레이션에 인간과 동일한 권리를 부여할 것인가 하는 문제이다. 만약 원본 인간이 사망한다면 디지털 복제본이 재산이나 법적 책임, 직위를 상속할 수 있을지 논란이 된다. 또한 불치병 환자의 생애 말기 결정을 에뮬레이션이 대신할 수 있는지도 주요한 쟁점이다.

범죄와 처벌 문제는 더욱 복잡하다. 에뮬레이션의 범죄에 전통적 형벌을 적용할지, 아니면 데이터 수정 같은 강제적 재활 방식을 택할지 결론 내리기 어렵다. 반대로 인간이 에뮬레이션을 의도적으로 종료했을 때 이를 살인으로 간주할 수 있는지도 법과 윤리가 맞닥뜨릴 난제이다.

정치적 관점에서도 에뮬레이션은 불평등과 갈등을 증폭시킬 수 있다. 에뮬레이션이 노동시장과 자원을 장악하면 인간은 주변부로 밀려나 차별을 경험할 수 있다. 특히 에뮬레이션이 군사 시스템을 통제할 경우 국제적 긴장은 더욱 격화된다. 에뮬레이션의 판단 속도를 인간 지도자들이 따라가지 못하면서 통치와 위기관리 자체가 이전보다 훨씬 복잡해질 가능성도 존재한다.

인간과 에뮬레이션의 공존은 사회의 기본 구조를 근본적으로 바꿔놓을 잠재력을 지닌다. 노동과 법, 정치는 물론 인간의 생존 조건에 이르기까지 새로운 도전이 연쇄적으로 등장할 것이다. 따라서 기술이 확산하기 전에 윤리적 · 법적 · 정치적 틀을 신중하게 마련해야 한다.

AI 기술이 사회를 디스토피아로 몰아넣는 사태를 피하려면 정보와 자본, 기술 사용에 있어 민주적 의사결정을 존중해야 한다. 또한 공동의 통제가 분명하게 작동해야 한다. 이 해답을 마련하는 과정은 결국 다음 세대가 떠안게 될 가장 중요한 질문 중 하나가 될 것이다.

기술적 특이점 이후의
세상은 어떨까?

인류 최후의 발명, 기술적 특이점

우리는 지금껏 기술을 인간이 다루는 도구로만 여겨왔다. 하지만 미래의 어느 지점, 인공지능이 자기 스스로를 발전시켜 인간의 지능을 기하급수적으로 앞지르는 순간이 온다면 우리는 어떻게 될까? 마치 블랙홀의 중심처럼 기존의 물리 법칙이 더 이상 통하지 않는 지점을 물리학에서는 '특이점'이라 부른다. 이와 마찬가지로 인류의 역사가 더 이상 인간의 통제나 예측 범위를 벗어나 급격하게 변하는 시점을 일컬어 '기술적 특이점'으로 명명한다. 이는 단순히 성능 좋은 컴퓨터가 나오는 수준을 말하는 게 아니다. 이런 단계를 뛰어 넘어 기계가 스스로 더 똑똑한 기계를 설계함으로써 지능이 폭발적으로 증가하는 인류사 최대의 변곡점을 말하는 것이다.

이번 장에서는 버너 빈지와 레이 커즈와일이 예견한 기술적 특이점의 정체와 그 너머의 풍경을 상상해 본다. 인공지능이 인간과 결합하는 시나리오부터 생명공학이 빚어낼 지능의 폭발까지, 특이점을 향한 다양한 가설들을 짚어본다. 또한 "기계는 의미를 이해하지 못한다"는 존 설의 비판이나 과학자들의 회의적인 시각을 통해 균형 잡힌 시각을 유지하고자 한다. 나아가 질병이 사라진 슈퍼 헬스의 시대, 성별과 신체의 제약을 벗어난 포스트휴먼의 모습, 그리고 증강된 인간을 보며 느끼는 제2의 불쾌한 골짜기까지, 특이점 이후 우리가 마주할 낯설지만 경이롭고 섬뜩함을 지닌 미래의 청사진을 함께 들여다보겠다.

특이점이라는 아이디어는 어디서 나왔는가?

기술적 특이점은 미래의 어느 시점에서 AI가 인간 지능을 기하급수적으로 능가하게 되는 가상의 사건을 가리킨다. 이 시점부터 기술 발전은 통제하기 어려울 정도로 가속되며 사회 전반에 중대한 변화를 불러온다. 수학자이자 컴퓨터 과학자인 버너 빈지Vernor Vinge가 처음 제안한 이 개념은 AI 특이점 혹은 지능 폭발로 불리며, 인류 문명의 전개 방식을 근본적으로 뒤바꿀 결정적 전환점으로 거론된다.

수학과 물리학에서 말하는 특이점이란 각각 어떤 대상이 더 이상 정의되지 않거나 정상적으로 작동하지 않는 지점, 혹은 물질의 밀도와 중력장이 무한대로 커져 기존 물리 법칙이 적용되지 않는 시공간의 한 지점을 가리킨다. 빈지는 이 개념을 기술 발전에 투영하여, 기술 진보가 인류 문명을 근본적으로 바꿀 만큼 급격하게 전개되는 미래 시점을 '기술적 특이점'으로 정의했다.

그는 1993년 논문 「다가오는 기술적 특이점」The Coming Technological Singularity

에서 이 이론을 공식화했다. AI가 인간 지능을 뛰어넘는 기계의 출현으로 이어지면, 기술 변화가 전례 없는 속도와 규모로 가속될 수 있다는 설명이다. 특히 인간 수준을 초월한 인공지능이 스스로 더 나은 알고리듬을 설계하고 개선하며 발전을 자기 증폭적으로 밀어 올린다는 점이 논의의 핵심이다.

그에 따르면 기술적 특이점은 기계가 설계와 기능을 스스로 개선하며 능력이 기하급수적으로 증폭되는 '지능 폭발'의 형태로 나타난다. 이러한 특이점이 발생하면 인간의 현재 지능으로는 이후 문명의 전개 방향을 거의 예측할 수 없게 된다.

빈지는 특이점이 질병, 기후 변화, 빈곤 같은 인류의 난제를 해결할 초지능적 기계의 탄생으로 이어질 것으로 낙관했다. 동시에 이러한 기술 발전이 인간의 가치와 어긋나면 인류 전체에 실존적 위험을 초래할 수 있다고 경고했다.

레이 커즈와일Ray Kurzweil은 2005년 저서 『특이점이 온다』The Singularity Is Near를 통해 이 개념을 대중적으로 확산시켰다. 그는 2045년을 기점으로 인간을 능가하는 AI가 출현해 지능 폭발을 일으킴으로써, 인류의 지적 역량이 비약적으로 확장될 것이라 예견했다.

커즈와일에 따르면 기술적 특이점은 재귀적으로 능력을 향상하는 초지능 AI의 출현으로 특징지어진다. 초지능 AI는 인간의 이해 범위를 넘어서는 방식으로 학습하고 스스로 의사결정을 내린다. 그 결과 AI의 행동과 판단 과정은 인간이 예측하거나 통제하기 어려운 영역으로 들어서게 된다.

요약하면 기술적 특이점 이후에는 휴먼성과 포스트휴먼성이 인간의 이해 범위를 넘어서는 결정적 전환점을 맞는다. 그렇게 되면 특이점 발생 이후에는 일반적인 인간의 인지 능력으로 사회적·기술적 변화의 양상과 결과를 정확히 파악하거나 예측하는 일이 사실상 불가능해진다. 초지능 AI가 스스로 새로운 기술을 설계하고 적용하기 시작하면, 그 전개 과정은 인간의 직관적 사고와 경험 범위를 훨씬 벗어날 가능성이 크다.

특이점은 어떤 미래를 예고하는가?

기술적 특이점은 기술 발전이 일정한 속도로 변하는 단계를 벗어나 기하급수적으로 빨라지는 가상의 시점을 가리킨다. 이 시기에는 인간 지능을 넘어서는 '초지능Superintelligence'이 등장하며, 인류 역사는 거대한 전환점을 맞이한다.

학계에서는 이 특이점 이후의 전개를 설명하기 위해 3가지 주요 시나리오를 논의하고 있다. 이는 미래의 불확실성을 탐구하고 기술이 사회 전반에 미칠 파급력을 분석하는 중요한 이론적 토대가 된다.

제1 시나리오: 지능 폭발과 초지능의 출현

특이점 연구소Singularity Institute가 제시하는 첫 번째 시나리오는 자기 수정 능력을 갖춘 소프트웨어 기반 AI의 등장과 그로 인한 초고속 지능 폭발이다. AI 시스템은 외부 개입 없이 스스로 설계와 기능을 업그레이드하며, 짧은 시간 안에 인간의 인지 능력을 넘어서는 단계에 이른다.

이후 등장할 초지능은 생물학적 인지 과정을 따르지 않으며, 오직 데이터와 연산에 기반한 독자적인 경로로 도약한다. 문제는 초지능의 지향점이 인간의 가치관과 충돌할 경우, 적대적이거나 예측 불가능한 결과를 초래할 위험이 크다는 점이다. 설계된 목표가 인간의 의도와 미세하게라도 불일치할 때, 초지능은 의도치 않은 방식으로 작동하며 극심한 사회적 혼란을 일으킬 수 있다. 이러한 불확실성은 인류의 존속 자체를 위협하는 실존적 위험Existential risk의 핵심적인 근거로 자주 거론된다.

제2 시나리오: 뇌 임플란트와 마인드 업로딩

레이 커즈와일이 제시하는 두 번째 시나리오는 인간과 기계가 뇌 임플란트를 통해 결합하는 미래이다. 본래 신경학적 치료를 목적으로 개발된 기술이 확장됨에 따라 생물학적 물질과 인공적 물질 사이의 경계는 점차 무색해진다. 커즈와일은 이 과정이 궁극적으로 인간의 의식을 비생물학적 매체로 전이하는 마인드 업로딩까지 가능하게 할 것이라 가정한다.

마인드 업로딩의 핵심은 뇌의 구조와 기능을 디지털로 복제하여 정신 활동을 생물학적 사후에도 지속하는 것이다. 의식을 특정 신체로부터 독립시킬 수 있다면 이론적으로는 불멸에 도달할 수 있다. 이는 뇌를 정밀 스캔하여 디지털 지도Digital map를 만들고, 이를 바탕으로 기계 안에 기능적 복사본Functional replica을 구현한 뒤 의식을 이전하는 단계로 진행된다. 다만 이 시나리오는 자아의 동일성과 연속성이라는 풀기 어려운 윤리적·철학적 쟁점을 불러일으킨다.

제3 시나리오: 생명 지능 폭발과 포스트휴먼

마지막 시나리오는 영국의 트랜스휴머니즘 철학자 데이비드 피어스David Pearce가 제안한 생명지능 폭발Bio-intelligence explosion이다. 이 구상에 따르면 생명공학 분야가 급격하고 기하급수적으로 발전하면서, 가까운 미래의 인간은 유전자 조작과 신경 구조의 재편집을 통해 자신의 인지적·정서적 특성을 반복적으로 향상시킬 수 있게 된다. 이를 통해 인간은 전례 없는 수준의 진화를 스스로 통제하게 되며, 그 결과 초지능, 초감각, 최상의 행복이라는 상태로 나아간다는 전망이 제시된다. 이 과정에서 인간은 생명공학 기술의 도움을 받아 스스로를 생물학적 포스트휴먼Biological posthuman으로 재설계하는 존재가 될 수 있다.

피어스는 개인이 자신의 유전자 코드를 직접 편집하여 능력을 극대화하는 바이오 해킹Biohacking의 잠재력에 주목한다. 생명 지능 폭발 시나리오는 유전자 편집, 합성 생물학, 신경 기술의 융합이 인간 역량의 전면적인 재편을 이끌 것으로 내다본다. 실제로 단순한 질병 예방을 넘어 지능과 신체 능력을 인위적으로 강화하려는 시도는 이미 시작되었으며, 이는 기존의 생물학적 범주를 탈피한 새로운 형태의 인류가 탄생할 가능성을 강력히 시사한다.

특이점은 과장된 신화인가?

레이 커즈와일의 기술적 특이점 프로그램은 대중과 일부 학계의 큰 관심을 끌었다. 하지만 전통적인 정규 과학과 철학적 관점에서는 상당한 비판을 받았다. 대표적으로 철학자 존 설의 비판이었다. 설은 커즈와일의 저작을 평가하며, 기계는 의미를 이해하는 존재가 아니라 단지 기호를 규칙에 따라 조작할 뿐이라고 주장했다. 설은 자신의 입장을 설명하기 위해, 기계적 처리와 의미 이해의 차이를 직관적으로 보여주는 유명한 '중국어 방' 사고실험을 제시했다.

이 실험은 중국어를 모르는 사람을 방 안에 가두고 외부에서 중국어 메시지를 받게 하는 것이다. 피실험자에게는 메시지를 어떻게 변환할지 정리된 설명서가 주어지며, 그는 그 규칙에 따라 기호를 기계적으로 처리해 응답을 내놓는다. 외부 관찰자는 그가 중국어를 이해한다고 믿지만, 실제로 그는 기호를 기계적으로 조작했을 뿐 의미는 전혀 모른다. 설은 이를 통해 계산과 이해 사이의 근본적 격차를 강조했다

존 설의 관점에서 보면 계산이란 본질적으로 의미를 이해하지 못한 채 그냥 규칙에 따라 기호를 조작하는 행위에 불과하다. 이런 이유로 커즈와일이 말하는 기계 지능의 기하급수적 증대는 의식이나 의미 이해의 문제를 해결하지 못한 채, 계산 능력을 강화하는 데 그친다는 것이 설의 비판이다. 그는 진정한 의식을 지닌 기계를 만들기 위해서는 먼저 의식 그 자체가 무엇인지 이해해야 하지만, 인간은 아직 그 단계에 이르지 못했다고 지적한다. 초지능 AI가 복잡한 수학 문제를 순식간에 풀고 고도의 논리적 추론을 수행할 수 있다 하더라도, 그것이 문제의 의미를 이해하거나 인간과 같은 주관적 경험을 갖는다고 보장할 수는 없다. 이는 기술적 특이점 논의에서 성능과 능력의 향상과 의식

의 존재를 동일시해서는 안 된다는 점을 분명히 보여준다.

또 다른 비판자는 마음 철학 분야에서 널리 알려진 영국 철학자 콜린 맥긴Colin McGinn이다. 맥긴은 레이 커즈와일이 주장하는 것처럼 AI가 인간의 지능을 능가하고, 더 나아가 인간의 의식을 기계에 업로드할 수 있다는 관점에 강한 의문을 제기한다. 그는 기계가 말하고 스스로 움직이며 문제를 해결하는 등 외형적으로 인간과 매우 유사한 행동을 보일 수는 있지만, 그렇다고 해서 그것이 인간과 같은 주관적 경험이나 의식을 지닌다는 뜻은 아니라고 강조한다. 다시 말해, 기계는 인간의 외적 행동을 정교하게 모방할 수는 있어도, 인간과 동일한 내적 경험이나 감정을 반드시 갖는 존재가 되는 것은 아니라는 얘기다.

맥긴은 이 관점에 따라, 만약 기계가 인간과 유사한 주관적 경험을 지닐 수 없다면 인간의 마음을 컴퓨터에 업로드하는 시도는 본질적으로 인간 정신의 고유한 특성을 상실시키는 행위일 뿐이다. 인간의 마음에는 주관적 경험과 의식이라는 핵심 요소가 포함되어 있는데, 컴퓨터의 하드웨어가 이러한 내적 경험을 지탱할 수 없다면 구조를 아무리 정교하게 복제하더라도 인간 정신의 연속성을 보장할 수 없기 때문이다. 그 결과 남는 것은 인간 정신의 진정한 연속이 아니라, 마음의 근본적 특성이 해체되거나 빠져나간 불완전한 산물에 불과하다고 그는 주장한다. 예를 들어, 사랑, 슬픔, 기쁨과 같은 인간의 감정적 경험은 단순한 정보 처리로 환원될 수 없으며, 신경 구조를 기계에 그대로 복제한다고 해서 동일한 경험이 자동으로 생성되는 것은 아니라는 점이 그의 비판의 핵심이다.

많은 과학자가 레이 커즈와일의 주장, 특히 기술적 특이점과 마인드 업로딩에 관한 전망에 대해 대체로 신중하거나 회의적인 태도를 보인다. 일부 학자는 그의 예측 속에 잠재적 가능성이 담겨 있음을 인정하면서도, 전체적인 전망에 대해서는 여전히 의문을 제기한다. 특히 2008년 캐나다의 심리학자 스티븐 핑커Steven Pinker는 커즈와일의 미래 예측을 강하게 비판하며 다음과 같이 주장했다.

"다가오는 특이점을 믿어야 할 이유는 전혀 없다. 우리가 머릿속으로 미래를 그려볼 수 있다고 해서, 그것이 실제로 가능하거나 실현될 것이라는 증거가 되지는 않는다. 어린 시절 미래를 상상하며 떠올렸던 돔형 도시, 제트팩을 타고 하는 출퇴근, 수중 도시, 수마일 높이의 초고층 건물, 원자력 자동차를 떠올려 보라. 이 가운데 실현된 것은 거의 없고, 대부분은 상상에 머물렀을 뿐이다. 순수한 계산 능력만으로 모든 문제가 마법처럼 해결되지는 않는다. 그것은 결코 만능의 물질이 아니다."

핑커는 우리가 어떤 미래를 상상할 수 있다는 사실만으로 그것이 곧 실현 가능하거나 실제로 일어날 것이라고 믿어서는 안 된다는 점을 강조한다. 아이디어를 머릿속에 그려보는 행위는 그 가능성을 뒷받침하는 과학적·경험적 증거와 동일시 될 수 없다는 것이다. 실제로 공상과학 소설이나 미래주의적 담론에서 큰 인기를 끌었지만 끝내 현실이 되지 못한 사례는 수없이 많다. 이는 상상 속의 혁신이 반드시 현실로 이어지는 것은 아니라는 점을 잘 보여준다.

더 나아가 핑커는 컴퓨팅 파워, 즉 정보를 빠르게 처리하는 능력의 증가만으로는 복잡한 인간 사회의 문제들이 자동으로 해결되거나, 커즈와일이 예측한 것처럼 획기적인 도약이 이루어지지 않는다고 지적한다. 이해의 진전, 새로운 알고리듬의 개발, 그리고 실제 적용을 가능하게 하는 기술적·개념적 발전이 함께 이루어지지 않는 한, 단순한 처리 능력의 증대만으로는 한계가 분명하다는 것이다.

미국의 저명한 인지심리학자 더글러스 호프스태터Douglas Hofstadter 역시 AI가 인간의 지능을 능가해 사회 전반에 근본적 변화를 일으킨다는 기술적 특이점 개념에 대해 전반적으로 회의적인 입장을 보였다. 그는 레이 커즈와일과 한스 모라벡의 저작을 분석하며, 그 안에 합리적인 통찰과 과장되거나 비약적인 주장들이 뒤섞여 있어 무엇을 신뢰해야 할지 명확히 가르기 어렵다고 지적한다. 호프스태터는 커즈와일과 모라벡이 매우 지적인 사유를 하는 인물들이라는 점 자체는 분명히 인정한다. 다만 아무리 뛰어난 학자라 하더라도 비합리적이거나 과도하게 낙관적인 아이디어를 제시할 수 있다는 점을 강조했다.

특히 호프스태터는 마인드 업로딩, 디지털 불멸, 사이버 공간에서의 인격 통합, 그리고 극적인 기술 발전 가속화에 관한 주장에 대해서는 강한 의구심을 드러냈다. 그렇다고 해서 커즈와일이나 모라벡의 모든 예측을 전면 부정한 것은 아니며, 일부 전망이 언젠가는 실현될 가능성 자체를 배제하지는 않았다. 다만 그 시기와 구체적인 형태에 대해서는 현재로서는 알 수 없다고 보았다. 이런 맥락에서 호프스태터의 주장은 기술적 특이점 논의를 둘러싸고, 비판적 거리두기와 가능성에 대한 열린 태도를 동시에 유지하려는 비교적 균형 잡힌 입장을 취한다.

한편 존스홉킨스대학교의 신경과학자 데이비드 린든David Linden은 레이 커즈와일이 뇌 연구를 논의할 때 범하는 핵심적 오류를 예리하게 짚어내었다. 그는 커즈와일이 방대한 뇌 데이터를 수집할 수 있는 기술적 능력과 뇌가 실제로 어떻게 작동하는지에 대한 이해를 혼동하고 있다고 주장한다. 린든에 따르면 이 두 과정은 서로 독립적으로 진행되며, 한쪽에서의 진전이 다른 쪽의 진전을 자동으로 보장하지 않는다.

린든은 뇌 구조와 활동 데이터를 수집하는 도구와 방법이 기하급수적으로 발전할 수 있다는 점 자체는 인정한다. 실제로 그런 기술 발전이 이루어진다면 연구자들은 점점 더 빠르고 정밀하게 뇌 데이터를 확보할 수 있을 것이다. 그러나 린든은 이러한 데이터 수집의 가속화가 곧바로 신경계와 뇌 기능에 대한 근본적 이해의 가속을 의미하지는 않는다고 강조한다. 뇌의 작동 원리를 깊이 파악하는 과정은 기술 발전의 속도와는 별개로, 훨씬 더 안정적이고 선형적인 방식으로 천천히 축적되는 지식을 필요로 한다는 것이 그의 평가다.

이러한 비판들에도 불구하고 레이 커즈와일의 예측을 완전히 배제하기는 어렵다. 만약 2045년 무렵 특이점이 현실화된다면, 그 변화의 양상은 인간의 이해 범위를 초월할 가능성이 크다. 특이점 이후의 세계는 본질적으로 인류의 현재 인지적 한계를 넘어선 영역이기 때문이다.

이러한 불확실성 속에서도 트랜스휴머니스트들은 새로운 사회 구조와 신체적 변화의 가능성을 포함한 미래상을 끊임없이 모색 중이다.

이는 기술적 도약이 가져올 미지의 영역을 선제적으로 탐구하고, 인간 존재의 확장된 가능성을 논리적으로 구축하려는 시도로 평가된다.

특이점 이후의 인간

레이 커즈와일의 기술적 특이점 이론이 옳고, 실제로 2045년 무렵 그 지점에 도달한다고 가정해 보자. 인류가 맞닥뜨릴 변화는 사회, 문화, 기술 전반에 걸친 심대하고 근본적인 변혁이 될 것이다.

사실 이러한 미래를 정확히 예측하는 일은 본질적으로 불가능하다. 특이점 이후의 전개는 현생 인류의 인지 범위를 완전히 벗어난 영역이기 때문이다. 이는 기존의 역사적 흐름이나 사회적 문법으로는 해독할 수 없는, 문명사적 단절에 가까운 사건으로 이해해야 한다.

다만 현재의 기술 발전 흐름과 레이 커즈와일의 전망을 토대로 변화의 방향을 상상해 볼 수는 있다. 과연 인류는 어떤 방향으로 나아가게 될 것인가? 이제부터 기술적 특이점 이후, 인간 존재의 모습과 사회적 환경이 어떻게 변화할 수 있는지 몇 가지 가상적 시나리오를 살펴보고자 한다.

병들지 않는 몸: 슈퍼헬스

기술적 특이점 이후의 인간은 분자 수준에서 신체를 거의 완벽하게 통제하며, 이른바 슈퍼헬스Super-health 상태를 누리는 존재가 된다. 나노 기술의 발전은 바이러스나 박테리아 같은 미세한 생물학적 위협을 무력화하거나 정밀하게 제어하여, 기존 의학의 한계를 넘어서는 예방과 치료의 가능성을 열어준다. 이러한 나노기술의 발전은 단순한 건강 유지를 넘어 시각과 청각 등 기존 감각의 성능을 확장하거나 전혀 새로운 감각 체계를 부여하는 단계로까지 진화한다

그 결과 개인은 자신의 신체와 정신 상태를 실시간으로 모니터링하고, 장기와 조직, 세포는 물론 개별 뉴런의 활동까지 관찰하고 조절할 수 있게 된다. 궁극적으로는 지금까지 인간의 인식 밖에 놓여 있던 신체 영역과 기능들마저 의식적 이해와 통제의 범주 안으로 편입될 가능성이 크다.

이처럼 전례 없는 수준의 인식과 통제력은 인간이 자신의 마음을 정밀하게 탐구할 수 있는 새로운 경로를 제시한다. 개인은 자신의 욕망과 의견, 내면의 갈등과 모순이 어디에서 비롯되는지를 깊이 이해하고 분석할 수 있게 된다. 나아가 마음 자체를 재구성하거나 치료함으로써 사고 구조 전반에 대한 심층적인 통찰을 얻는 것도 가능해진다.

이러한 자기 인식과 정신 조작 능력은 오늘날의 심리치료나 상담 수준을 훨씬 뛰어넘어, 개인이 자신의 정신 상태를 투명하게 이해하고 능동적으로 관리하도록 만든다. 궁극적으로 이는 현재 상상하기 어려운 형태의 자유의지 실현으로 이어진다. 사고와 욕망의 근본 원인을 이해하고 조정할 수 있는 인간은 선택과 행동의 순간마다 차원 높은 자유를 경험하게 되며, 자신의 가치와 욕구에 부합하는 방향으로 자아와 의지를 형성할 잠재력을 갖추게 된다.

나노의학이 광범위하게 보급되면 오늘날 우리가 자연스럽게 받아들이는 각종 질병과 불편함은 근본적으로 사라질 가능성이 크다. 여기

에는 약물 의존성뿐 아니라 행위 중독, 강박증이나 미신 같은 심리적 상태까지 포함된다. 알레르기와 과민증, 위장 장애는 물론 가려움이나 여드름, 온도 변화에 대한 민감성 같은 감각적 불편 역시 나노의학적 개입으로 해결할 수 있다.

피부 결점이나 신체 비대칭, 두통 등 외형적인 부분이나 일상의 불편함을 개선하는 것도 이러한 기술 활용의 한 사례라고 볼 수 있다. 나아가 이명과 코막힘, 졸음이나 월경 등 일상적인 생리적 불편함과 심리적 공포증 역시 정밀한 과학적 접근으로 해결이 가능한 영역이 된다. 이는 미래의 포스트휴먼이 신체가 주는 제약에서 벗어나 완전히 새로운 삶의 양식을 누리게 될 것임을 의미한다.

생물학을 넘는 향상

기술적 특이점 이후의 생물학적 향상은 단일한 방향이 아닌 3가지 복합적인 측면에서 진행된다.

포스트휴먼 신체

첫 번째 변화는 인간이 '포스트휴먼 신체Posthuman body'를 갖게 된다는 점이다. 미국의 미래학자인 나타샤 비타모어Natasha Vita-More는 이러한 미래의 인간 형상을 '프리모 포스트휴먼Primo Posthuman'이라 명명했다. 프리모 포스트휴먼은 현재 인간이 지닌 생물학적·인지적 한계를 넘어, 기술을 통해 향상되고 증강된 새로운 인류를 의미한다. 이는 개인이 기술적 수단을 활용해 자신의 본성과 능력을 스스로 재정의할 수 있는 가능성을 지닌 존재로, 전통적인 생물학적 진화를 넘어선 미

래상을 상징한다. 프리모 포스트휴먼은 향상된 신체 능력과 확장된 감
각, 연장된 수명, 고도화된 인지 기능을 갖추게 된다.

이 시대의 인류는 생식 능력을 유지하면서도 성별 전환이 자유로운
지능형 자기 수정 시스템과 나노기술 기반의 메타브레인Meta-brain을 보
유한다. 이 메타브레인은 인간이 자신의 유전자를 직접 조절하고 변형
함으로써 종 전체의 생태학적 영향을 최소화하는 한편, 자발적인 유전
적 적응을 가능하게 한다. 그 결과 인간 신체에 적용할 수 있는 변화의
범위는 사실상 무한에 가까워진다. 다른 종의 특성을 부분적으로 획득
하거나 집단적 마음을 형성할 수도 있고, 우주 환경에 맞게 신체를 개
조하거나 신체 크기를 극단적으로 조정하는 것도 가능해진다.

그 결과 피부색을 비자연적인 색으로 바꾸거나 염색체 수를 조절할
수 있으며, 수면 자체를 제거해 잠을 자지 않아도 되는 상태에 이를 것
이다. 골격을 유연하게 만들거나 손가락을 촉수 형태로 변형하고, 선
택적 청각을 통해 원하는 소리만 감지하는 능력, 나아가 새의 날개를
생성하는 것까지도 가능하다. 이러한 자율적 신체 변형의 잠재력은 형
태학적 자유Morphological freedom라 부른다.

포스트젠더주의

두 번째 변화는 인간이 성별이라는 제약을 넘어선다는 점이다. 전
통적으로 성별은 인간의 잠재력에 임의적인 한계를 부과해 온 요소로
여겨져 왔다. 그러나 앞으로 나노기술과 유전공학, 체외 수정 기술, 인
공 자궁, 성전환 기술, 그리고 성별을 포함한 다양한 특성을 자유롭게
설계할 수 있는 컴퓨터 시뮬레이션 기반의 가상 신체가 발전하면서,

이러한 생물학적 · 신경학적 한계는 점차 약화될 것이다. 그 결과 인간은 자신의 심리 상태와 정체성을 유연하게 조절할 수 있는 '심리적 유동성Psychological fluidity'과 남성적 · 여성적 특성이 혼합되거나 중성적인 상태를 아우르는 '양성성Androgyny'을 함께 갖추게 된다.

이른바 '포스트젠더주의Post-genderism'는 성별 자체를 부정하거나 제거하는 것이 아니다. 그보다는 고정된 성별 규범에서 벗어나, 개인이 자신의 정체성을 스스로 선택하고 조정할 수 있게 하려는 것이다. 결과적으로 성별은 더 이상 타고난 유전적 숙명이 아닌, 개인의 자유로운 선택권 안으로 들어오게 된다.

맞춤형 인지 처리

세 번째 변화는 맞춤형 인지 처리Customized cognitive processing 능력의 확보다. 이는 개인이 자신의 신경 구조와 기능을 직접 조정함으로써, 특정한 필요와 선호에 맞게 세상을 인식하고 상호작용하는 방식을 선택할 수 있음을 의미한다. 이러한 맞춤화는 정서적 반응의 강도와 방향, 타인과의 사회적 상호작용 방식, 자발적인 사회 참여 수준, 미적 취향, 개인적 우선순위 설정 등 다양한 영역으로 확장될 수 있다. 궁극적으로 이 시대의 인류는 자신의 인지적 · 정서적 경험을 정밀하게 설계하고 조절함으로써, 세상과 소통하는 방식을 스스로 결정하는 능력을 새로운 차원의 인지적 자율성을 얻게 된다.

이러한 생물학적 향상은 신경다양성Neurodiversity과 긴밀하게 연결되어 있다. 신경다양성은 개인마다 서로 다른 신경학적 기능의 차이가 자연스러운 변이임을 인정하고 존중하자는 개념으로, 자폐 스펙트럼이나 주의력결핍 과잉행동장애^{ADHD}, 난독증 등에서 나타나는 차이 역시 결함이나 비정상으로 보기보다 인간 신경계가 지닌 다양한 표현형 중 하나로 이해한다. 이러한 관점은 인간이 자신의 신체적 형태와 기능을 스스로 설계할 수 있다는 가능성을 강조하며, 사회적·문화적 다양성을 확장하고 인간 경험의 폭을 넓히는 잠재력에 주목한다.

기술적 특이점 이후 등장할 맞춤형 인지 및 정서 조절 능력은 이러한 신경다양성을 인위적으로 증강하거나 최적화할 수 있는 길을 열어줄 수 있다. 이를 위해서는 신경과학과 관련 기술의 지속적인 발전이 필수적이며, 궁극적으로 신경다양성에 대한 깊은 이해와 기술적 개입은 인간 정신의 잠재력을 극대화하고 사회 전체를 더욱 풍요롭게 만드는 토대가 될 수 있다.

이는 결국 '인지적 자유^{Cognitive liberty}'라는 개념으로 이어진다. 인지적 자유란 외부의 간섭 없이 자기 생각과 정신 과정을 스스로 통제하는 능력이다. 기술적 향상을 통해 인간은 미적 감각을 섬세하게 조정하거나 의도적으로 공감각을 형성할 수 있으며, 인지적 편향을 제거해 더욱 합리적인 사고 능력을 갖출 수도 있다. 예를 들어, 미적 감각을 정교하게 조정하여 평소 매력을 느끼지 못하던 대상에서 새로운 심미적 가치를 발견하거나, 서로 다른 감각을 통합하여 공감각 같은 독특한 신경학적 현상을 의도적으로 구현할 수 있다. 나아가 감정적 반응을 스스로 조율하고 인지적 편향을 자발적으로 제거함으로써, 이전보다 명확하고 합리적인 사고 능력을 갖추는 것도 가능하다.

이러한 변화는 맞춤형 약물과 유전공학, 그리고 신경 이식과 같은 첨단 기술을 통해 구체화 될 전망이다. 결과적으로 이러한 다각적인 기술적 개입은 인간이 자신의 정신 기능을 더욱 자율적으로 세밀하게 조율할 수 있도록 뒷받침한다. 나아가 인지적 자유의 범위를 근본적으로 확장함으로써, 인간이 자신의 내면세계를 온전히 다스리고 통제하는 결정적인 계기가 될 것이다.

변형되는 인간 본성

기술적 특이점 이후 인간 본성에 관한 질문은 하나의 답으로 정리되기보다 철학, 과학, 기술 등 여러 학문적 시각이 교차하며 더욱 입체적인 논의로 확장된다.

일부 학자들은 기술 발전이 인간의 전통적 본성을 근본적으로 변화시키거나 해체하는 동시에, 이를 더 높은 차원으로 발전시킬 수 있다고 본다. 이는 인간이 생물학적·인지적 한계를 극복함으로써 더 이상 자연적 제약에 묶이지 않는 존재로 진화할 수 있다는 주장에 설득력을 더한다. 반면 인간의 한계를 초월하려는 시도 자체가 오히려 인간 본성의 핵심을 드러낸다고 주장하는 학자들도 있다. 더 나은 존재가 되려는 욕망이야말로 본래 가장 인간다운 특성이며, 기술은 그 욕망을 실현하는 도구에 불과하다는 것이다.

또 다른 시각에서는 인간 본성을 고정불변의 속성이 아니라 역사와 문화가 빚어낸 산물로 이해한다. 이 관점에서 트랜스휴머니즘은 인간성에 대한 위협이라기보다, 기술적 변화를 지렛대 삼아 사회와 문화의 의미를 새롭게 재구성할 기회로 작용한다. 이처럼 엇갈리는 해석들은 인간 본성의 변화가 어느 하나의 결말로 수렴되지 않으며, 기술적·철학적 요인들이 복합적으로 맞물려 돌아가는 역동적인 과정임을 보여 준다.

미국 노던일리노이대학NIU 래리 안하트Larry Arnhart 명예교수는 기술적 특이점이 다가와도 인간 본성은 근본적으로 유지된다고 주장한다. 인류가 오랜 진화 과정을 거치며 유전자 조작이나 급진적인 기술을 무작정 따르지 않는 신체적·신경학적 저항력을 이미 갖추었다는 것이다. 특히 인간의 욕망은 수천 년간 생존과 안녕을 지탱하기 위해 균형 잡힌 체계로 자리 잡았기에, 급격한 외부 변화에도 쉽게 흔들리자 않는 일정한 내성을 지니고 있다는 것이 그의 주장이다.

그는 성 정체성, 건강, 예술적 표현, 지적 탐구 등 인류가 보편적으로 공유하는 약 20가지 핵심 욕구를 제시했다. 그리고 이러한 기본적 욕구가 기술 발전으로 인해 무너지기보다 오히려 더욱 뚜렷해질 것이라고 내다본다. 가상현실이나 신체 확장 기술로 경험의 지평이 넓어지더라도, 기술은 학습·창작·사회적 교류와 같은 인간 본연의 갈망을 대신하기보다 이를 뒷받침하고 확장하는 방식으로 작동하기 때문이다. 이를 통해 그는 극단적인 사례를 제외하면, 인간이 스스로 현실 세계를 등지거나 자신의 생물학적 토대를 완전히 저버릴 가능성은 희박하다고 단언했다.

안하트의 관점에서 보면 특이점 이후의 인간은 신체적·인지적 능력을 비약적으로 증폭시킬 수는 있지만, 근본적인 본성과 욕구의 골격만큼은 유지할 수밖에 없다. 요컨대 기술은 인간 본성을 파괴하는 침

입자가 아니라, 이를 보완하고 강화하는 동반자적 역할을 맡게 될 가능성이 크다.

인간을 넘어 확장되는 생명

기술적 특이점 이후의 미래를 상상할 때, 인지 향상의 대상은 인간에만 국한되지 않는다. 유전공학, 신경과학, AI 등 첨단 기술이 눈부시게 발전함에 따라, 특정 동물의 지능을 끌어올리는 가능성 또한 다양한 관점에서 논의될 수 있다. 침팬지나 돌고래처럼 고도의 지능을 지닌 종은 물론, 코끼리와 고래 같은 영리한 포유류 역시 이러한 기술적 개입의 잠재적 대상에 포함된다. 이른바 동물의 '지능 고도화Uplift'라 불리는 이러한 구상은, 인간과 동물을 가르는 경계를 근본적으로 다시 생각하게 만든다.

이론적으로 인간의 지능을 높일 수 있다는 짐을 인정한다면, 동물에게도 비슷한 방식을 적용할 수 있다는 논의는 매우 자연스러운 흐름이다. 예를 들어, 신체 구조상 도구를 쓰기 어려운 돌고래나 고래에게 나노 기술과 로봇공학을 결합한 기계 팔다리를 제공한다면, 이전보다 훨씬 복잡한 활동이 가능해진다.

상상력을 조금 더 확장하면, 이렇게 능력이 강화된 동물들은 인간과의 관계에서 더 자율적인 행동을 보이거나, 생태계 안에서 이전과는 전혀 다른 새로운 역할을 맡게 될 수 있다. 이는 인간 위주의 기술 발전이 생태계 전체에 미칠 영향력을 깊이 고민하게 만드는 중요한 사례다.

이러한 흐름 속에서, 능력이 강화된 동물들이 인간이 하기 힘든 일을 대신하게 될 가능성도 충분히 생각해 볼 수 있다. 그러나 이 시나리오는 동물을 단순히 도구로 부리는 차원을 넘어, 반드시 깊이 있는 윤리적 고민이 함께 이루어져야 한다. 만약 지능이 높아진 동물이 인간 대신 노동을 한다면, 그에 걸맞은 권리와 보호 체계 역시 마련되어야 하기 때문이다.

이는 동물의 높아진 지능과 능력을 사회적으로 인정하고, 새로운 법적·사회적 위치에 맞춰 존중하며 대우해야 함을 뜻한다. 이러한 논의는 미래 사회에서 인간과 인간이 아닌 지적 존재가 맺는 관계를 어떻게 다시 정의할 것인가라는 근본적인 물음으로 이어진다. 결국 기술적 특이점은 인간뿐만 아니라 지구상의 모든 지적인 존재들이 맺고 있는 관계의 틀을 완전히 뒤바꾸는 계기가 될 것이다.

기술과 하나가 되는 존재

기술과의 융합이라는 측면에서 보면, 인류는 앞으로 다양한 형태의 '포스트휴먼 AI'를 마주하게 될 가능성이 크다. 미국의 나노기술 연구가 스토어스 홀John Storrs Hall은 포스트휴먼 AI의 역할과 특성에 따라 몇 가지 유형으로 구분했다. 이러한 분류는 각 AI가 인간 지능을 어떤 방식으로 뛰어넘는지, 얼마나 스스로 판단하고 행동하는지, 그리고 학습을 통해 자신을 어떻게 진화시키며 인간과 소통하는지 이해하는 데 유용한 길잡이가 된다.

홀이 제시한 분류 체계는 다음과 같이 정리할 수 있다. 이는 각 AI가 인간과 맺는 지능적 관계, 자율적인 정도, 그리고 소통 방식에 따라 나뉜다. 이러한 정리는 포스트휴먼 AI가 어떤 경로를 통해 인간의 한계를 넘어설 수 있는지 한눈에 파악하는 데 그 목적이 있다.

하이포휴먼 AI(Hypohuman AI)

지능 수준이 인간에 미치지 못하며, 주로 인간의 지시와 통제에 따라 움직이는 AI다. 특정한 업무를 보조하거나 정해진 범위 내의 단순 작업을 수행하는 데 쓰인다.

다이아휴먼 AI(Diahuman AI)

인간과 비슷한 지능을 갖추고, 사람과 유사한 방식으로 배우고 적응하는 AI다. 인간과 자연스럽게 소통하며 파트너로서 협력 관계를 맺을 수 있다.

패라휴먼 AI(Parahuman AI)

인간의 몸이나 정신의 일부로 통합되도록 설계된 AI다. 인간과 공생하거나 의식과 직접 연결될 가능성을 지니며, 뇌-컴퓨터 인터페이스 BCI를 통해 인간의 생각 과정에 직접 참여하는 형태가 대표적이다.

알로휴먼 AI(Allohuman AI)

지능은 인간과 비슷하지만, 세상을 바라보는 관점과 동기가 근본적으로 달라 마치 외계 지능처럼 느껴지는 AI다. 인간과는 다른 논리 체계와 목적을 지니고 있어 서로를 완벽히 이해하는 데 한계가 있을 수 있다.

에피휴먼 AI(Epihuman AI)

인간보다 조금 더 뛰어난 지능을 가졌으면서도, 인간적인 정서나 소통 방식은 그대로 유지하는 AI다. 인간 사회의 일원으로서 함께 일하거나 상호 작용하기에 가장 적합한 모델로 꼽힌다.

하이퍼휴먼 AI(Hyperhuman AI)

인간의 지능을 압도적으로 능가하는 존재다. 방대한 지식을 통합적으로 다루며 인류 전체의 지적 역량을 합친 것보다 더 뛰어난 능력을 발휘한다. 기술적 특이점 이후, 인간이 상상하기 힘든 수준의 연구와 생산을 담당하며 사회의 핵심적인 역할을 맡게 될 것으로 보인다.

홀이 제시한 포스트휴먼 AI 분류는 인간보다 낮은 단계부터 인간을 능가하는 초지능에 이르기까지, 다양한 지능의 스펙트럼을 체계적으로 보여준다. 이 구분은 각 유형의 AI가 인간과 어떤 방식으로 상호작용하고 관계를 형성하는지를 구체적으로 드러낸다.

예를 들어, 하이포휴먼 AI는 인간의 통제 아래 보조적인 역할에 머무는 반면, 패라휴먼이나 에피휴먼 AI는 인간과 지적 · 사회적으로 깊이 결합하여 밀접한 협력 관계를 맺을 수 있다. 이와 대조적으로 하이퍼휴먼이나 알로휴먼 AI는 인간의 이해 범위를 벗어난 지능과 목적의식을 지니고 있어, 이전과는 전혀 다른 차원의 관계를 형성하게 된다.

이러한 분류는 특이점이 온 이후 AI가 사회, 문화, 윤리 전반에서 인간과 어떻게 어울려 살아가야 할지 분석하는 데 중요한 밑바탕이 된다.

인간의 의식을 디지털 세계로 옮기는 마인드 업로딩 가능성 또한 빼놓을 수 없는 논의 주제다. 여기서 등장하는 핵심 개념이 바로 '인포모프Infomorph'이다. 이는 러시아의 미래학자 알렉산더 치슬렌코Alexander Chislenko가 1996년 발표한 논문 「마음 시대의 네트워킹」Networking in the Mind Age에서 이론화한 개념으로, 물리적인 몸에 갇히지 않는 순수한 정보 형태의 생명체, 즉 '분산된 정보적 존재Distributed info-being'를 뜻한다.

'인포모프Infomorph'는 정보Information와 형태Morphology를 합친 말로, 디지털 정보가 스스로 그 구조를 자유롭게 바꿀 수 있다는 점을 강조한다. 이들은 육체라는 그릇 없이 디지털 가상 세계를 기반으로 살아가며, 인간처럼 사고하고 느낄 수 있는 존재로 그려진다. 특히 미래학자들은 인간의 뇌를 컴퓨터로 정밀하게 복제하거나 의식을 전송하는 과정을 통해, 우리가 언젠가 인포모프로 거듭날 수 있다고 내다본다. 이는 생물학적인 몸이 수명을 다하더라도, 디지털 공간 속에서 우리의 의식은 끊임없이 이어질 수 있다는 파격적인 가능성을 시사한다.

인포모프의 구체적인 형태는 오늘날의 인터넷 네트워크에서 엿볼 수 있다. 물리적으로 떨어진 여러 서버에 흩어진 데이터가 찰나의 순간에 하나로 통합되어 제 기능을 수행하듯, 인포모프 역시 고정된 장소나 물리적인 몸체에 얽매이지 않고 작동한다. 이러한 존재의 유연함은 물질이라는 한계에서 인간을 자유롭게 하며, 궁극적으로 고차원적인 정보 생명체라는 새로운 지평을 열어준다.

인포모프는 실질적인 신체 없이 정보 그 자체로 존재하는 생명체다. 보통 인간은 자신을 명확한 경계가 있는 단일한 육체로 정의하지만,

인포모프는 데이터와 소프트웨어, 서버 등이 필요에 따라 모였다 흩어지는 유연한 집합체에 가깝다. 이들의 세계에서 '나'라는 주체는 고정된 틀에 갇히지 않고 끊임없이 변화하며, 그러한 유동성 속에서도 지능적인 판단을 내리고 주도적으로 움직인다. 이는 하나의 고정된 실체로 살아가던 인간의 전통적인 삶을 넘어, 완전히 새로운 차원의 존재 방식을 제시한다.

다시 등장하는 불쾌한 골짜기

기술적 특이점 이후 인간은 이른바 '제2의 불쾌한 골짜기Second uncanny valley'라는 새로운 심리적 현상을 경험할 가능성이 크다. 이는 1970년 일본의 로봇공학자 모리 마사히로Mori Masahiro가 제안한 원래의 '불쾌한 골짜기' 가설을 확장한 개념이다.

모리가 말한 불쾌한 골짜기는 인간과 매우 유사하지만, 완전히 같지는 않은 로봇이나 디지털 아바타를 마주할 때 느끼는 섬뜩함과 불안감을 말한다. 인간의 외형과 행동을 닮아 친근감을 주다가도, 결정적인 차이로 인해 오히려 혐오감이나 불편함을 일으키는 현상을 뜻한다고 할 수 있다. 제2의 불쾌한 골짜기는 기술적 특이점 이후 인간과 기계, 혹은 생물학적 인간과 증강된 인간 사이의 경계가 급격히 흐려지는 상황에서도, 이와 유사한 심리적 불안과 정체성 혼란이 다시 발생할 수 있음을 시사한다.

모리의 가설에 따르면, 로봇이 인간을 닮아갈수록 인간의 반응은 처음에는 긍정적인 방향으로 흐른다. 그러나 이러한 호감은 일정한 임계

점까지만 유지된다. 로봇이 인간과 거의 구별되지 않으면서도 여전히 완전히 같지는 않은 미묘한 단계에 이르면, 섬뜩함과 불편함이 급격히 증가하기 때문이다. 이 지점이 바로 '불쾌한 골짜기'다. '골짜기'라는 명칭은 인간이 느끼는 심리적 편안함을 나타낸 곡선이 특정 구간에서 아래로 깊게 파이는 양상을 시각적으로 설명한 것이다. 이후 로봇이 인간과 거의 동일한 수준에 도달해서야 비로소 부정적 반응은 완화되고 친근한 감정이 회복된다.

이러한 불쾌감은 본질적으로 질병이나 이상 징후를 지닌 개체를 피하려는 인간의 진화적 생존 본능과 연결되어 있다. 기존의 불쾌한 골짜기가 시체나 좀비처럼 생명과 비생명의 경계에 놓인 대상을 다뤘다면, '제2의 불쾌한 골짜기'는 포스트휴먼으로 향하는 여정에서 나타나는 새로운 현상을 가리킨다. 즉, 인간에서 포스트휴먼으로 이행하는 과정에 있는 '트랜스휴먼'이 이 두 번째 골짜기를 형성하는 핵심 존재가 된다. 나아가 의수인공 팔나 신체 증강 장치 역시 인간과 포스트휴먼 양측 모두에게 이질감을 유발하는 사례로 해석될 수 있다.

제2의 불쾌한 골짜기는 인간이 사이버네틱 신체나 뇌-컴퓨터 인터페이스, 유전자 편집 기술을 신체 및 정신에 본격적으로 통합할 때 가시화된다. 이러한 기술적 결합은 개인을 전통적인 인간 범주에서 이탈시키며 정체성의 경계를 모호하게 만든다. 나아가 이 모호함은 과거 휴머노이드 로봇에서 느꼈던 불안과 섬뜩함을 다시금 불러일으킨다. 예를 들어, 외형은 평범한 인간과 다름없으나 감각이나 운동, 인지 능력이 극도로 증강된 존재를 마주할 때, 관찰자는 친숙함과 이질감이 충돌하는 인지 부조화와 심리적 긴장을 경험하게 된다.

원래의 불쾌한 골짜기 가설과 마찬가지로, 인간과 매우 유사하면서도 분명히 인간이라고는 말하기 어려운 특성을 지닌 증강된 인간 혹은 트랜스휴먼은 관찰자에게 강한 심리적 부조화를 일으킬 수 있다. 이러한 부조화는 그 대상이 완전한 인간도 아니고, 그렇다고 완전한 기계도 아니라는 애매한 인식에서 비롯된다.

결과적으로 제2의 불쾌한 골짜기는 타인에 대한 공감이나 관계 형성에 부정적인 영향을 미칠 뿐만 아니라, 결국 사회적·정서적 단절로 이어질 가능성이 있다. 예컨대 뇌-컴퓨터 인터페이스로 사고와 행동이 강화되거나 유전자 편집으로 종의 한계를 넘어선 개인과 상호작용을 할 때, 평범한 인간은 깊은 유대감을 형성하는 데 상당한 어려움을 겪을 수 있다. 이는 기술적 도약이 반드시 사회적 수용으로 이어지는 것은 아님을 시사한다.

결국 포스트휴먼 시대를 앞둔 우리에게 남겨진 진짜 과제는 기술의 고도화 그 자체보다, 그 과정에서 겪게 될 심리적 저항과 존재론적 혼란을 어떻게 포용하고 해소할 것인가에 있다.

양자 컴퓨팅은 피지컬 AI의 종착역인가?

0과 1의 벽을 넘는 마법, 양자 컴퓨팅

컴퓨터 기술은 지난 수십 년 동안 트랜지스터의 크기를 줄여가며 '무어의 법칙'을 충실히 이행했다. 하지만 이제 우리는 원자만큼 작아진 부품들이 서로 간섭하고 열을 내뿜는 물리적 한계에 부딪혔다. 더이상 0 아니면 1이라는 비트의 이분법만으로는 인공지능이 요구하는 폭발적 데이터 연산을 감당하기 어려운 지점에 이르렀다. 바로 여기서 자연의 가장 깊은 곳, 미시 세계의 원리를 이용한 '양자 컴퓨팅'이 구원투수로 등장한다. 양자 컴퓨터는 단순히 더 빠른 계산기를 넘어, 우리가 알고 있던 계산 방식 자체를 완전히 뒤바꾸는 새로운 문명의 인프라로 급부상하고 있다.

이번 장에서는 고전 물리학의 상식을 뒤엎는 양자역학의 기묘한 성질들이 어떻게 최첨단 계산 기술로 탈바꿈했는지 살펴본다. 여러 상태가 동시에 존재하는 '중첩'과 아무리 멀리 떨어져 있어도 연결되는

‘얽힘’, 그리고 장벽을 그대로 통과해버리는 ‘터널링’ 같은 현상들이 양자 컴퓨터의 심장이 되는 과정을 흥미롭게 풀어낸다. 또한 수천 년이 걸릴 소인수분해를 단 몇 분 만에 끝내는 ‘쇼어 알고리듬’부터, 방대한 데이터 속에서 정답을 빛처럼 찾아내는 ‘그로버 알고리듬’까지 양자 기술이 지닌 가공할 잠재력을 확인해 본다. 신약 개발과 물류 혁신, 그리고 보안의 패러다임을 바꿀 양자 혁명의 현장 속으로 한 번 야심차게 들어가 보려 한다.

왜 기존 컴퓨팅은 한계에 부딪혔는가?

양자 컴퓨팅은 단순히 계산 속도를 높이는 장치가 아니라, 계산의 논리 자체를 근본적으로 뒤바꾸는 새로운 패러다임이다. 인류는 그동안 인공지능AI의 비약적인 발전을 이끈 연산 능력의 역사적 역할과 동시에 그 방식이 마주한 물리적 한계를 목격해 왔다. 이제 우리는 왜 양자 컴퓨팅이 차세대 AI를 넘어 과학과 산업 전반의 핵심 인프라로 거론되는지 그 필연성을 검토해야 한다.

여기에서는 기존 연산 체계의 구조적 한계를 짚어보고, 기술 진화의 거대한 흐름 속에서 왜 양자 컴퓨팅이 피할 수 없는 선택지가 되었는지 체계적으로 살펴본다.

컴퓨터는 왜 더 빨라질 수 없을까?

AI 응용 기술이 정교해질수록 그 이면에 요구되는 계산 능력 역시 기하급수적으로 팽창하고 있다. 이제 AI는 단순한 이미지 인식이나 번역을 넘어 자율주행, 의료 진단, 신약 개발, 그리고 고도의 자연어 처리와 같은 정밀한 영역으로 깊숙이 파고들고 있다. 이에 따라 우리가 처리해야 할 데이터의 양과 연산 속도에 대한 요구도 폭발적으로 증가하고 있다.

그렇다면 다음 단계로 나아가기 위해 무엇이 필요할까? 딥러닝 모델을 학습시키고 복잡한 시뮬레이션을 수행하려면 기존 컴퓨터로는 감당하기 어려운 수준의 연산 능력이 요구된다. 예컨대, 인간의 뇌 구조를 모방한 대규모 신경망을 훈련하거나 기후 변화를 예측하는 정밀 시뮬레이션을 실행하려면, 수천 대의 고성능 GPU가 쉼 없이 돌아가야 할 만큼 막대한 연산량이 투입되어야 한다.

지난 수십 년간 인공지능[AI] 발전의 속도를 결정지은 핵심 동력은 단연 연산 능력의 향상이었다. AI가 지능을 정교한 수학적 계산으로 구현하는 방식을 고수하는 한, 이러한 연산 의존 구조는 앞으로도 지속될 가능성이 크다.

여기서 반드시 짚고 넘어가야 할 개념이 바로 무어의 법칙[Moore's Law]이다. 이 법칙은 인텔[Intel]의 공동 창립자인 고든 무어[Gordon Moore]가 1965년에 처음 제안했다. 그는 집적회로 안에 들어가는 트랜지스터의 수가 약 1~2년마다 두 배로 증가한다는 경험적 패턴을 발견했고, 이러한 추세가 장기간 지속될 것이라 예측했다. 이 놀라운 전망은 수십 년 동안 거의 정확하게 맞아떨어졌다. 실제로 1970년대 이후 컴퓨터의 연산 능력은 거의 기하급수적으로 성장해 왔고, 그 축적된 결과가 오늘날 거대언어모델[LLM]이나 이미지 생성 모델과 같은 고도화된

AI 기술을 가능하게 한 토대가 되었다.

2002년 레이 커즈와일은 무어의 법칙을 한 단계 확장한 '수확 가속의 법칙Law of accelerating returns'을 제시했다. 이 법칙은 기술 발전이 일정한 속도로 진행되는 것이 아니라, 시간이 지날수록 그 속도 자체가 빨라지는 '기하급수적 성장'을 보인다는 주장이다. 특히 커즈와일은 '비용 대비 초당 부동소수점 연산FLOPS per dollar'이 지속적으로 폭발적인 증가를 이어갈 것이라고 예측했다. 다시 말해, 같은 비용으로 수행할 수 있는 연산의 양이 해마다 급격히 늘어난다는 것이다. 실제로 1990년대의 슈퍼컴퓨터가 초당 수억 회 수준의 연산을 수행했다면, 오늘날 AI용 GPU는 같은 시간에 수조 회의 연산을 처리할 수 있다. 이러한 비약적인 성능 향상은 커즈와일이 말한 수확 가속의 법칙이 현실에서 구현된 대표적인 사례로 볼 수 있다.

수확 가속의 법칙은 지난 수십 년 동안 놀라울 만큼 잘 작동해 왔지만, 최근 들어서는 그 한계가 점차 드러나고 있다. 트랜지스터의 크기는 이미 원자 단위에 근접했고, 기존 컴퓨팅 부품이 지닌 물리적 제약과 발열, 전력 소모, 전자 간 간섭 같은 문제도 갈수록 심각해지고 있다. 이제는 단순히 트랜지스터를 더 작게 만드는 방식만으로 연산 속도를 계속 끌어올리는 것이 사실상 불가능한 단계에 이르렀다.

역사적으로 보면 기술이 한계에 도달할 때마다 이를 대체하는 새로운 기술이 등장했다. 증기기관의 한계를 전기가 넘어섰고, 진공관의 한계를 반도체가 돌파했듯이, 오늘날에는 양자 컴퓨팅이 다음 기술 혁명의 주자로 주목받고 있다. 양자 컴퓨팅은 기존의 실리콘 기반 컴퓨터로는 결코 도달할 수 없는 계산 영역을 개척하며, 전통적인 컴퓨터로는 수천 년이 걸릴 문제를 이론적으로는 단 몇 초 만에 처리할 잠재력을 지닌다.

이런 점에서 양자 컴퓨팅은 단순히 더 빠른 컴퓨터를 넘어선다. 그것은 무어의 법칙과 커즈와일의 수확 가속의 법칙을 새로운 방식으로 계승하는 근본적인 패러다임 전환이다. 인류의 기술 발전 속도가 다시 한번 비약적으로 도약할 수 있는 새로운 발판이 마련되고 있는 셈이다.

양자 컴퓨팅은 무엇을 가능하게 만드는가?

양자 컴퓨팅은 기존 컴퓨터를 완전히 대체하는 만능 기술이라기보다, 특정한 목적과 조건에서 압도적인 성능을 발휘하는 전문적 도구에 가깝다. 특히 방대한 데이터를 다루거나 확률 계산이 핵심이 되는 문제, 혹은 수많은 경우의 수를 반복적으로 탐색해야 하는 복잡한 문제 해결에서 독보적인 강점을 보인다.

이러한 특성은 고급 데이터 분석과 예측 모델링에 의존하는 현대 산업사회 전반에 근본적인 변화를 불러올 것이다. 양자 기술이 가장 큰 혁신을 일으킬 것으로 기대되는 5가지 핵심 분야는 다음과 같다.

의료 및 제약

양자 컴퓨팅은 분자 사이의 상호작용을 정밀하게 시뮬레이션할 수 있어, 새로운 치료법과 신약 개발의 방식 자체를 바꿀 잠재력을 지닌다. 방대한 생물·화학 데이터를 빠르게 분석하여 기존보다 훨씬 짧은 시간 안에 유망한 화합물을 찾아낼 수 있기 때문이다. 그 결과 신약 개발은 물론, 첨단 소재 연구 전반에서도 혁신이 기대된다. 또한 복잡한 생물학적 시스템을 보다 정확하게 모델링하여 맞춤형 의료에도 기여할 수 있다. 예를 들어, 암 치료가 특정 환자에게 어떤 영향을 미칠지를 사전에 시뮬레이션하여 실제 치료에 들어가기 전 최적의 전략을 예측할 수 있다. 이러한 접근은 시행착오를 줄이고, 환자의 유전적·분자적 특성에 기반한 개인 맞춤형 치료 계획을 가능하게 하며, 궁극적으로 복잡한 질병의 관리와 치료 방식에 근본적인 변화를 가져올 것이다.

금융 및 암호학

오늘날의 글로벌 금융 시스템은 매우 정교한 암호화 기술과 보안 도구로 보호되고 있다. 이러한 암호화는 데이터를 안전하게 지키기 위해 복잡한 수학적 계산에 의존하기 때문에, 기존 컴퓨터로는 이를 단기간에 해독하기가 사실상 불가능했다. 이 점에서 지금까지의 암호 체계는 비교적 안전하다고 여겨져 왔다. 그러나 양자 컴퓨터가 본격적으로 등장할 경우, 그동안 안전하다고 믿어온 암호 방식이 무력화될 가능성도 제기된다.

이는 언뜻 보면 사이버 보안에 대한 심각한 위협처럼 보이지만, 다른 한편으로는 새로운 기회이기도 하다. 양자 컴퓨팅은 오히려 기존보다 훨씬 강력한 보안 체계를 구축하는 데 활용될 수 있으며, 양자 컴퓨터에 대응할 수 있는 양자 저항형 암호화 기술을 구현할 잠재력을 지닌다.

이런 이유로 양자 기술은 앞으로 글로벌 금융 시스템의 안전성을 뒷받침하는 핵심 디지털 인프라로 주목받고 있다. 실제로 블록체인 기업들 역시 양자 컴퓨팅의 위험성을 염두에 두고, 제한적인 형태로나마 양자 기술을 자사 시스템에 통합하려는 시도를 이어가고 있다. 누구도 금융 거래의 근간이 되는 암호 구조가 붕괴되는 상황을 원하지 않기 때문이다.

물류 및 공급망

양자 컴퓨팅은 전 세계 해운사와 물류 기업에 진정한 게임 체인저가 될 것이다. 오늘날 대형 컨테이너 선박은 대륙을 오가며 항만 혼잡, 기상 변화, 연료비 변동, 통관 지연 등 수많은 변수에 동시에 대응해야 한다. 그러나 기존 컴퓨터는 한 번에 고려할 수 있는 요소의 수가 제한적이어서, 지연으로 인한 비용 증가와 운영 비효율을 완전히 피하기 어렵다.

이 지점에서 양자 컴퓨팅은 판을 바꿀 수 있다. 양자 컴퓨터는 실시간으로 방대한 데이터를 분석해 폭풍의 이동 경로, 항구별 연료 가용성, 실시간 혼잡도 같은 수많은 요인을 동시에 고려할 수 있다. 그 결과 가장 효율적인 항로를 즉각 계산해 내는 것이 가능해진다. 예컨대 특정 항구에서 갑작스러운 운송 지체가 발생하면, 양자 컴퓨터는 곧바로 대체 경로를 제안해 가동 중단 시간을 최소화하고 전체 운송 일정을 다시 최적화할 수 있다. 이러한 최적화는 운영비 절감이나 배송 시간 단축에 그치지 않는다. 연료 소비를 줄여 탄소 배출을 최소화하고, 국제 해운의 지속 가능성을 높이는 효과까지 기대할 수 있다.

궁극적으로 양자 컴퓨팅은 글로벌 물류 시스템을 재편하며, 상품이 국경을 더 빠르고 안정적으로 이동하도록 만드는 동시에 국제 무역의 환경적 영향을 함께 고려하는 핵심 기술로 자리 잡을 가능성이 크다.

AI와 머신러닝

양자 컴퓨팅은 AI 알고리듬의 능력을 한 단계 끌어올릴 잠재력을 지닌다. 기존의 머신러닝 기법은 데이터 규모와 복잡성이 커질수록 처리 속도와 분석 정밀도에서 한계를 드러내며, 그 결과 미묘한 패턴이나 중요한 상관관계를 놓치기 쉽다. 그러나 양자 컴퓨팅을 활용하면 AI는 방대한 데이터를 이전과는 비교할 수 없을 만큼 빠른 속도로 처리하고 분석할 수 있다. 이를 통해 기존에 포착하기 어려웠던 숨은 연결 관계와 구조까지 식별해낼 가능성이 열린다. 이러한 향상된 패턴 인식 능력은 산업 전반의 의사결정 방식을 바꾸고, 보다 깊은 통찰과 선제적인 전략 수립을 가능하게 한다.

결국 양자 컴퓨팅은 AI의 역할 자체를 재정의하며, 복잡한 문제해결을 위한 훨씬 더 강력한 도구를 제공할 수 있고, 그 결과 AI와 머신러닝 알고리듬은 이전보다 한층 진보한 데이터 분석과 예측 능력을 갖추게 될 것이다.

과학적 탐구

양자 컴퓨팅은 복잡한 분자 행동과 환경 시스템을 연구하는 데서 전례 없는 수준의 정밀도를 제공하며, 앞으로의 과학 연구 전반을 혁신할 잠재력을 지닌다.

기후 과학에서는 온실가스와 해류, 대기 변화 사이의 복잡한 상호작용을 이해하는 것이 정확한 기후 모델링의 핵심이다. 기존의 슈퍼컴퓨터는 매우 강력하지만, 이러한 상호작용 전체의 복잡성을 완벽하게 포착하기에는 한계가 있어 불완전한 모델에 의존할 수밖에 없다. 반면 양자 컴퓨팅은 환경 시스템의 상호작용을 새로운 차원에서 분석하고 시뮬레이션할 수 있어, 특정 요인의 변화가 지구 온난화에 어떤 영향을 미치는지에 대해 더 깊은 통찰을 제공할 수 있다. 이를 바탕으로 정책 입안자들은 탄소 포집 기술을 최적화하거나 재생에너지 배치를 보다 정교하게 조정하는 등, 온실가스 배출을 줄이기 위한 효과적인 기후 대응 전략을 설계할 수 있을 것이다.

재료과학 분야에서도 양자 컴퓨팅은 강력한 변화를 예고한다. 원자와 분자의 구조를 정밀하게 시뮬레이션하고, 그로부터 나타나는 고유한 물성을 예측하여 새로운 지속 가능한 재료를 발견하는 데 기여하기 때문이다. 플라스틱을 대체할 친환경 소재를 개발하거나, 더 효율적인 태양전지와 배터리를 설계하려면 분자 수준에서의 행동을 깊이 이해하는 것은 필수적이다. 양자 컴퓨팅은 기존 컴퓨터로는 탐색하기 어려웠던 방대한 소재 조합의 가능성을 빠르게 검토하고, 지속 가능성과 성능이라는 목표에 맞게 그 특성을 정밀하게 최적화할 수 있게 해준다. 그 결과 재료 개발의 시행착오는 줄어들고, 에너지와 환경 문제를 해결할 새로운 해법이 보다 빠르게 등장할 수 있으리라 본다.

세상은 어떻게 작동하는가?

이제 양자 컴퓨팅의 이론적 토대인 양자역학의 본질과 그것이 고전역학과 어떤 점에서 근본적으로 다른지를 살펴볼 차례다. 그 출발점은 일상적 직관과 결정론에 기대어 세계를 이해해 온 고전적 관점에서 벗어나는 것이다. 대신 확률, 중첩, 불연속성으로 특징지어지는 양자적 세계를 들여다보아야 한다.

양자적 세계관을 이해함으로써 비트와 큐비트의 경계를 파악하고, 양자 컴퓨터가 왜 기존의 계산 방식과는 전혀 다른 패러다임으로 작동하는지 더욱 분명히 이해할 수 있다. 이는 단순한 기술적 진보를 넘어, 우주를 계산하는 언어 자체의 변화를 의미한다.

세상을 바라보는 두 가지 완전히 다른 방식

양자 컴퓨터는 양자역학의 원리에 기반해 작동하는 전혀 새로운 계산 패러다임이다. 그 작동 방식과 응용 가능성을 제대로 이해하려면 먼저 고전역학Classical mechanics과 양자역학Quantum mechanics 사이의 개념적 · 이론적 차이를 짚어볼 필요가 있다.

고전역학

지금까지 우리의 직관은 대부분 고전역학, 즉 고전 물리학의 틀 위에서 형성되어 왔다. 고전역학은 아이작 뉴턴Isaac Newton이 정립한 이론으로, 흔히 '뉴턴 역학Newtonian mechanics'이라고도 불린다. 이는 일상적인 규모에서 물체가 어떻게 기동하고 상호을 작용하는지를 수학적으로 설명하며, 그 결과를 정확히 예측해 낸다.

우리 일상은 고전역학의 직관을 충실히 반영하고 있다. 자동차 열쇠는 대개 한 시간 전에 두었던 그 자리에 그대로 있고, 갑자기 냉장고 안에서 발견되는 일은 거의 없다. 옷장 속 옷 역시 하룻밤 사이에 스스로 색이 바뀌지 않기 때문에 우리는 다음 날 입을 옷을 미리 골라둘 수 있다. 마찬가지로 투수가 정확한 궤적으로 던진 야구공은 보통 포수의 글러브로 날아가며, 엉뚱하게 다른 경기장에 떨어지지는 않는다. 이런 예들은 우리가 세계를 안정적이고 예측 가능한 것으로 받아들이는 고전역학적 직관을 잘 보여준다.

이처럼 고전역학이 설명하는 세계는 놀라울 만큼 높은 예측 가능성을 지닌다. 물체의 초기 위치와 속도, 그리고 작용하는 힘을 정확히 알기만 하면 이후의 모든 운동 상태를 거의 완벽한 정밀도로 계산할 수 있다. 나사^{NASA}가 수십억 킬로미터 떨어진 목표 지점에 우주선을 정확히 도달시킬 수 있는 깃도 바로 이러한 결정론직 역학 체세가 세공하는 신뢰할 만한 예측 능력 덕분이다

그러나 전자^{Electron}나 양성자^{Proton} 같은 아원자^{Subatomic} 입자가 등장하는 미시적 세계에서는 이야기가 달라진다. 이 입자들은 크기가 극도로 작을 뿐 아니라, 종종 빛의 속도에 가까운 속도로 움직인다. 이 영역에서는 우리가 익숙하게 여겨온 고전적 직관이 더 이상 유효하지 않게 된다.

예컨대 전자빔을 전기장이나 자기장 속에 통과시키면, 입자의 경로는 고전역학이 예측하듯 곧은 직선으로만 진행하지 않는다. 파동처럼 휘어지거나 여러 경로가 겹치면서 간섭무늬$^{\text{Interference pattern}}$를 만들어낸

다. 이는 미시 세계의 존재들이 고정된 입자로서의 성질뿐만 아니라 파동으로서의 성질을 동시에 지니고 있음을 시사한다. 결국 이러한 현상은 세계의 근본 원리가 결정론적 확실성이 아닌, 전혀 다른 논리로 작동하고 있음을 보여주는 대표적인 사례다

양자역학

양자역학은 양성자, 중성자Neutron, 전자와 같은 아원자 입자들의 움직임과 상호작용을 규명하는 기초 물리학의 토대이다. 이는 고전역학으로 설명할 수 없었던 미시 세계의 현상을 이해하기 위해 발전했다. 이 세계에서 입자들은 거시적 물체와 전혀 다른 방식으로 움직인다. 입자의 위치와 운동량은 동시에 정확하게 확정될 수 없으며, 상황에 따라 파동처럼 퍼지다가도 입자처럼 관측된다. 이러한 이중적 성질은 자연을 바라보는 우리의 관점을 뿌리째 뒤흔든다.

양자 세계로 들어서면 자연을 이해해 온 우리의 직관은 더 이상 믿을 만한 기준이 되지 않는다. 무엇보다 양자 물체, 즉 양자는 고전역학에서 다루는 물체처럼 명확하고 예측 가능한 궤도를 따르지 않는다. 애초에 그런 방식의 예측 자체가 원리적으로 불가능하다. 양자역학의 관점에서 보면, 우주선과 같은 시스템조차 하나의 단일한 경로를 따라 움직인다고 말할 수 없으며, 동시에 여러 가능한 경로가 중첩된 상태로 존재하는 것처럼 기술된다. 우리는 고전적 우주선의 비행경로를 매우 높은 정밀도로 계산할 수 있지만, 동일한 사고방식을 양자적 대상에 그대로 적용할 수는 없다. 양자 상황에서 가능한 최선의 접근은, 특정 시점에 특정 위치에 존재할 확률을 양자역학의 수학적 형식으로

계산하는 것뿐이다.

물 분자H_2O의 구조를 예로 들어 보자. 물 분자는 두 개의 수소 원자와 한 개의 산소 원자가 결합하여 형성된다. 각각의 원자는 다시 양성자와 중성자로 이루어진 원자핵, 그리고 그 주변을 움직이는 전자로 구성된다. 여기서 중요한 점은 전자와 같은 아원자 입자가 고전역학의 예상처럼 하나의 뚜렷한 궤도를 따라 움직이지 않는다는 사실이다. 전자는 확률적 분포로 기술되며, 이를 수학적으로 표현한 것이 파동함수Wave function이다. 파동함수는 전자가 특정 위치에서 관측될 가능성을 나타낼 뿐, 정확한 경로를 알려주지는 않는다. 이러한 방식은 미시 세계를 이해하는 양자역학의 전형적인 기술 방식이다.

양자Quantum는 에너지의 불연속적인 최소 단위, 즉 더 이상 쪼갤 수 없는 기본 덩어리를 의미한다. 여기서 '불연속적Discrete'이라는 표현은 에너지가 연속적인 값으로 변하는 게 아니라, 반드시 정해진 크기의 묶음 단위로만 존재한다는 뜻이다. 예를 들어 반쪽짜리 양자나 3분의 1 양자처럼 양자를 더 작은 조각으로 나누는 것은 물리적으로 불가능하다. 에너지는 언제나 하나의 완전한 단위로만 주어지며, 이 점이 고전적 에너지 개념과 양자적 개념을 가르는 핵심적인 차이이다.

그 대표적인 예가 빛의 입자인 광자Photon다. 광자는 정확히 하나의 양자 에너지를 운반하는 빛의 기본 단위이다. 우리가 흔히 생각하듯 빛 에너지가 연속적으로 흘러가는 것은 아니다. 실제로는 광자라는 개별적이고 분리된 에너지 묶음이 하나씩 전달된다. 이는 마치 자판기에 정해진 단위의 동전만 투입할 수 있는 것과 유사하다. 빛 에너지 역시 정해진 양자 단위로만 증가하거나 감소할 수 있다. 다시 말해 1.7개나 0.5개의 광자를 보내는 것은 불가능하며, 광자는 언제나 정수 개수로만 존재한다. 이 점이 바로 양자 세계의 불연속성을 직관적으로 보여주는 사례다.

이 혁신적인 사고는 막스 플랑크^{Max Planck}가 흑체 복사 문제를 해결하는 과정에서 처음 제시했고, 이후 알베르트 아인슈타인^{Albert Einstein}이 광전효과를 규명하며 이 이론은 확고한 정설로 자리 잡았다. 아인슈타인은 이 연구를 통해 빛이 파동처럼 퍼지기도 하지만, 동시에 입자처럼 에너지의 묶음으로 작용한다는 사실을 분명히 보여주었다. 빛이 지닌 이러한 이중적 성질에 대한 이해는 기존 물리학의 틀을 근본적으로 뒤흔들었고, 그 결과 오늘날 현대 물리학의 핵심 기반인 양자역학이 탄생하게 되었다.

비트^{Bit}에서 큐비트^{Qubit}로

양자 컴퓨터의 작동 원리를 이해하려면 일단 양자가 무엇인지부터 알아야 한다. 나아가 양자가 품고 있는 독특한 성질과 핵심 개념들을 차근차근 짚어볼 필요가 있다.

비트

오늘날 우리는 거의 모든 일상을 컴퓨터와 함께한다. 게임과 영화 스트리밍, 금융 업무와 쇼핑, 그리고 타인과의 소통에 이르기까지 대부분의 활동이 컴퓨터를 통해 이루어진다. 하지만 정작 우리는 컴퓨터가 무엇이며, 어떻게 작동하는지에 대해서는 깊이 고민하지 않는다. 전기를 사용하면서 전선 내부의 물리적 현상을 따지지 않듯, 컴퓨터 역시 그저 효율적인 도구로만 생각할 뿐이다. 화면에 나타난 결과물 이면에서 수많은 0과 1의 신호가 경이로운 속도로 교차하며 연산을 수행하고 있다는 사실은 간과하곤 한다.

하지만 컴퓨터를 제대로 이해하려면 무엇부터 짚어야 할까? 우선 컴퓨터는 단순히 돌아가는 기계가 아니라, 정보를 입력받아 처리하고 다시 출력하는 논리적 시스템임을 알아야 한다. 예컨대 키보드 입력이나 마우스 클릭 같은 사소한 동작조차 컴퓨터 내부에서는 전기 신호의 흐름으로 변환된다. 이 신호들은 복잡한 계산 과정을 거쳐 다시 우리가 이해할 수 있는 시각적 화면과 청각적 소리로 구현된다.

가장 기본적인 수준에서 컴퓨터란 외부의 데이터를 받아들이고, 이를 처리·저장한 뒤 다시 출력하는 장치다. 형태와 크기는 제각각이지만, 이 원리는 모든 컴퓨터에 공통으로 적용된다. 우리가 손에 쥐고 있는 스마트폰부터 인터넷의 중심을 이루는 데이터 센터의 서버, 자동차 안의 마이크로프로세서, 국가 연구소의 거대한 슈퍼컴퓨터까지 모두 같은 언어를 사용해 정보를 다룬다. 그 공통 언어가 바로 비트^{Bit}다.

이진 숫자$^{\text{Binary digit}}$의 줄임말인 비트는 0과 1이라는 두 가지 값만으로 정보를 표현한다. 컴퓨터는 이 단순한 조합을 바탕으로 문자, 이미지, 음악, 영상 등 우리가 인식하는 모든 데이터를 인코딩한다. 예를 들어 우리가 읽는 문자 'A'도 컴퓨터 내부에서는 '01000001'이라는 여덟 개의 비트로 저장되고 처리된다.

중요한 점은 비트가 추상적인 수학 개념에 머물지 않고 언제나 물리적 세계 안에서 구현된다는 사실이다. 컴퓨터 내부에서 비트는 실제로 측정 가능한 물리적 상태로 존재한다. 아주 작은 막대자석의 북극이 위를 향하면 '1', 아래를 향하면 '0'으로 해석하거나, 전기 스위치에서 전류가 흐르면 '1', 차단되면 '0'으로 표현하는 식이다. 이처럼 컴퓨터가 다루는 정보는 전기적·자기적인 실재 상태로 변환되어 전달된다. 수억 개의 트랜지스터가 켜지고 꺼지며 비트를 표현하고, 이 비트들의 조합이 모여 정교한 연산과 논리 구조를 완성한다.

비트는 정보를 안정적으로 유지하는 데 탁월한 성능을 발휘한다. 한 비트를 특정 상태로 설정하면 외부의 큰 충격이 없는 한 그 정보를 오랜 시간 보존할 수 있다. 그러나 비트에도 물리적 기반에 따른 한계는 존재한다. 외부의 전기적 잡음, 자기장 간섭, 극단적인 온도 변화 등에 의해 상태가 왜곡될 가능성이 상존하기 때문이다.

또한 비트 하나는 오직 0 아니면 1이라는 단 두 가지 상태만 가질 수 있다. 따라서 복잡하고 거대한 정보를 처리하기 위해서는 필연적으로 천문학적인 숫자의 비트를 조합해야 한다. 이러한 이분법적 결정성은 고전적 계산 방식이 지닌 강력한 무기인 동시에, 해결해야 할 난제가 늘어날수록 물리적 한계에 부딪히게 되는 근본적인 제약이기도 하다.

큐비트

바로 이 지점에서 양자 컴퓨터가 등장한다. 양자 컴퓨터 역시 일반 컴퓨터와 마찬가지로 입력과 출력, 정보 처리, 메모리라는 기본 기능을 갖추고 있다. 그러나 결정적인 차이는 고전적인 비트 대신 양자비트, 즉 큐비트Qubit를 사용한다는 점에 있다.

큐비트는 0과 1 중 하나의 상태에만 머무르지 않고, 두 상태가 동시에 겹친 중첩 상태로 존재할 수 있다. 여기에 더해 개별 큐비트들은 서로 얽힘 상태를 유지할 수 있는데, 이 경우 물리적으로 멀리 떨어져 있더라도 한 큐비트의 상태가 정해지는 순간 다른 큐비트의 상태도 즉각 결정된다. 이러한 중첩과 얽힘이라는 양자적 특성 덕분에, 양자 컴퓨터는 고전 컴퓨터로는 처리하기 어려운 복잡한 계산을 훨씬 효율적으로 수행할 수 있다. 양자 컴퓨터가 마치 초능력을 지닌 것처럼 보이는 것도 바로 이 때문이다.

이런 특성 탓에 양자 컴퓨터는 마치 초능력을 지닌 것처럼 보인다. 고전적인 비트 두 개가 담을 수 있는 정보는 특정 시점에 단 하나의 상태뿐이다. 비트 두 개로 가능한 조합은 00, 01, 10, 11의 네 가지이지만, 실제로는 그중 단 하나의 상태만 표현할 수 있다. 반면 두 개의 큐비트는 이 네 가지 조합을 모두 중첩된 상태로 동시에 표현할 수 있다. 이 원리를 확장하면 큐비트가 세 개일 때는 8가지 조합을, 네 개일 때는 16가지 조합을 한꺼번에 담게 된다. 큐비트를 하나 추가할 때마다 가능한 상태의 수가 두 배로 늘어나는 셈이다. 이는 단순히 산술적인 수치 향상이 아니라 계산 능력이 폭발적으로 확장되는 기하급수적 도약이라는 점에서 양자 컴퓨팅의 가장 강력한 특징으로 꼽힌다.

양자 컴퓨터를 제대로 활용하기 위한 핵심은 큐비트의 얽힘이다. 큐비트들이 서로 얽혀 연결될 때 비로소 기하급수적으로 커진 계산 공간을 실제로 사용할 수 있기 때문이다. 운영자는 이 위에서 큐비트에 사칙연산이나 훨씬 복잡한 연산을 적용한다. 큐비트가 중첩과 얽힘을 유지하는 동안 양자 컴퓨터는 여러 계산을 동시에 진행할 수 있으므로, 기존 컴퓨터보다 압도적인 속도로 문제를 해결할 수 있다. 다만 얽힘을 만들고 연산을 수행하는 구체적인 방식은 시스템마다 다르다. 어떤 방식은 전자기 신호로 큐비트를 조작하며, 또 다른 방식은 레이저를 사용해 상태를 제어한다. 이렇게 물리적 신호로 큐비트의 상태를 정밀하게 다루며 계산을 수행한 뒤, 마지막 단계에서 우리가 읽을 수 있는 결괏값을 출력한다.

양자 컴퓨터가 기하급수적으로 많은 계산을 동시에 수행한다고 해서, 그 결과물을 모두 그대로 얻을 수 있는 것은 아니다. 양자 컴퓨터가 모든 가능성을 즉시 검토하여 정답을 도출하는 것 같지만, 실제 작동 방식은 훨씬 정교하고 치밀하다. 큐비트의 중첩 상태는 분명 여러 가능성을 동시에 표현할 수 있지만, 이를 관측측정하는 순간 양자 상태가 붕괴하며 단 하나의 결괏값만 남기 때문이다. 따라서 양자 컴퓨터의 진정한 파괴력은 모든 답을 한 번에 살피는 데 있는 것이 아니라, 중첩과 얽힘을 정교하게 제어하여 원하는 답이 나타날 확률을 극대화하는 데 있다.

구글Google의 양자 컴퓨팅 연구원인 스티븐 조던은 이러한 양자 연산의 미묘한 특성에 대해 다음과 같이 역설했다.

"양자 중첩을 이용하면 여러 계산을 동시에 수행하는 일종의 병렬 컴퓨팅이 가능하다. 하지만 사람들이 흔히 상상하듯, 양자 컴퓨터가 모든 가능한 해를 효율적으로 무차별 대입 방식으로 탐색할 수 있는 것은 아니다. 계산이 끝난 뒤 측정을 통해 얻을 수 있는 정보는 본질적으로 제한적이다. 핵심은 중첩 상태에서 수행된 전체 계산 가운데서, 의미 있는 정보만을 효과적으로 끌어낼 수 있도록 측정 방식을 설계하는 데 있다."

조던은 양자 컴퓨터의 힘이 단순히 중첩과 병렬성 그 자체에만 있는 것이 아니라, 그 결과를 어떻게 읽어내고 활용하느냐에 달려 있음을 강조한다. 이는 양자 컴퓨팅이 모든 가능성을 한꺼번에 파악하는 마법 같은 기술이 아니라는 점을 분명히 하는 것이기도 하다.

결국 양자 컴퓨팅의 본질은 확률의 파동을 정교하게 조절하여 정답을 찾아내는 고도의 수학적 설계에 있다. 그런 점에서 양자 컴퓨팅은 단순히 무한한 병렬성을 수행하는 물리적 단계를 넘어, 방대한 복잡성 속에서 유의미한 정답을 추출하는 알고리듬의 예술이라 할 수 있다.

양자 세계의 낯선 규칙들

지금까지 양자역학이 고전역학과 무엇이 다른지 살펴봤다. 이제 그 차이를 만드는 양자 세계 고유의 성질을 구체적으로 살펴볼 차례다. 양자역학은 단순히 '아주 작은 세계의 물리학'에 그치지 않는다. 이에 현실을 이해하는 방식 자체를 근본적으로 바꾸는 핵심 개념들을 통해 그 본질적인 이유를 파헤쳐 보고자 한다.

파동과 입자의 이중성, 여러 상태가 동시에 존재하는 중첩, 멀리 떨어져 있어도 하나의 상태를 공유하는 얽힘, 그리고 고전적으로는 넘을 수 없는 장벽을 통과하는 터널링 같은 현상들은 양자 세계의 독특한 질서를 여실히 보여준다. 더 나아가 이들은 단순한 과학적 흥밋거리에 그치지 않고, 양자 컴퓨팅을 지탱하는 단단한 물리적 토대가 된다.

이러한 특성들은 고전적 계산 방식으로는 꿈꿀 수 없었던 새로운 가능성의 영토를 개척한다. 각 개념은 양자 컴퓨터가 정보를 처리하고 연산을 수행하는 독창적인 알고리듬의 뿌리가 되며, 결과적으로 기존 컴퓨팅의 한계를 돌파하는 가장 강력한 무기가 된다.

파동이자 입자인 존재: 파동-입자 이중성

빛의 이중적 본질, 즉 파동-입자 이중성Wave-particle duality이란, 빛이 상황에 따라 상반되어 보이는 두 가지 성질, 즉 파동과 입자의 특성을 모두 드러낸다는 것을 말한다. 어떤 실험에서 빛은 물결처럼 퍼지고 간섭하는 파동의 모습으로 나타나고, 또 다른 실험에서는 개별 알갱이처럼 검출되는 입자의 행동을 보인다. 이러한 이중적 작동 방식은 이중슬릿 실험Double-slit experiment을 통해 확인할 수 있다.

이중슬릿 실험은 빛이나 전자와 같은 입자가 단순한 알갱이가 아니라, 파동과 같은 성질을 동시에 지닌다는 사실을 보여주는 대표적인 사례다. 실험 장치는 매우 단순하다. 입자를 방출하는 장치 앞에 좁은 두 개의 틈이중슬릿이 있는 장벽을 세우고, 그 뒤편에 도달 위치를 기록하는 스크린을 설치한다. 이 단순한 구성만으로도 양자 세계의 기묘한 특성이 선명하게 드러난다.

직관적으로 보면, 입자는 두 개의 틈 중 하나를 통과해 스크린에 두 줄의 흔적을 남겨야 한다. 마치 축구공을 두 개의 문 사이로 찼을 때 어느 한쪽을 지나 흔적이 남는 것과 비슷하다. 그러나 실제 실험 결과는 전혀 다르다. 스크린에는 밝고 어두운 무늬가 번갈아 나타나는 '간섭무늬'가 만들어진다. 이는 파동이 서로 겹치고 상쇄될 때 나타나는 전형적인 패턴으로, 입자가 고전적인 알갱이가 아니라 파동처럼 행동하고 있음을 보여주는 분명한 증거이다.

더 놀라운 사실은 입자를 하나씩 아주 천천히 보내더라도 똑같은 간섭무늬가 생긴다는 점이다. 독립적인 입자라면 스크린에 두 줄만 남길 것이라 예상하기 쉽지만, 실제로는 시간이 흐름에 따라 파동 간섭 패턴이 뚜렷하게 나타난다. 이는 개별 입자가 관측되기 전까지는 어느 한쪽 틈을 지난 것이 아니라, 두 개의 틈을 동시에 통과하는 중첩 상태에 놓여 있었음을 시사한다.

그러나 슬릿 앞에 입자의 경로를 확인하는 측정 장치를 설치하면 상황은 급격히 반전된다. 이때 스크린의 간섭무늬는 사라지고 오직 두 개의 줄만 관측된다. 즉, 관측이 개입되는 순간 입자는 파동적 중첩 상태를 유지하지 못하고 하나의 경로를 선택한 입자처럼 행동한다. 이는 측정 행위 자체가 대상의 상태를 근본적으로 변화시킨다는 점을 시사한다.

이 실험은 양자역학의 핵심 원리를 가장 극명하게 보여준다. 관측 전의 입자는 확정된 궤적을 지닌 실체가 아니라, 여러 가능성이 일렁이며 겹쳐진 확률적 상태로 머문다. 그러나 관측이 이루어지는 찰나, 그 수많은 가능성은 단 하나의 결과로 응축된다. 양자 세계에서 관측은 단순히 이미 존재하는 현실을 '확인'하는 절차가 아니다. 오히려 현실이 어떤 모습으로 드러날지를 직접 '결정'하고 '창조'하는 결정적인 역할을 한다.

이중슬릿 실험은 우리가 세계를 이해해 온 방식에 근본적인 의문을 던진다. 현실은 관측과 상관없이 그곳에 실재하는가, 아니면 관측하는 순간에야 비로소 형태를 갖추는가? 이 실험은 양자 세계가 우리의 상식적인 직관을 완전히 배반하는 독자적인 법칙을 따른다는 사실을 명징하게 보여준다. 바로 이 지점에서 양자역학의 대항해가 시작되며, 이는 오늘날까지도 인류를 매혹하는 가장 심오하고도 신비로운 난제로 남아 있다.

동시에 존재하는 상태: 양자 중첩

양자 세계에서 가장 흥미로운 개념 가운데 하나는 양자 중첩^{Quantum superposition}이다. 이해를 돕기 위해 일상적인 상황을 떠올려 보자. 누군가가 사다리에 올라가 있다고 가정하면, 사다리의 각 단은 서로 다른 위치 에너지를 지닌다. 위치 에너지는 사람이 그 자리에서 뛰어내릴 때 얼마나 빠르게 움직일지를 좌우한다. 땅에 서 있는 사람은 가장 낮은 에너지를 갖고, 사다리의 첫 번째 단에 올라서면 그보다 조금 더 높은 에너지를 갖게 된다. 사다리의 높이가 올라갈수록 위치 에너지도 점점 증가하며, 맨 위 단에 이르면 가장 큰 에너지를 지니게 된다.

하지만 원자처럼 극도로 작은 입자는 이와 전혀 다른 방식으로 행동한다. 원자는 마치 한 번에 두 가지 이상의 에너지를 동시에 지닌 것처럼 작동할 수 있다. 사다리의 비유를 그대로 쓰자면, 원자가 사다리의 맨 아래와 맨 위에 동시에 서 있는 셈이다. 사람에게는 결코 일어날 수 없는 일이지만, 미시 세계에서는 이런 상태가 가능하다. 이렇게 하나의 입자가 여러 에너지 상태가 겹쳐진 채 존재하는 상황을 양자 중첩이라고 부른다.

이 기묘한 중첩 상태는 외부의 관측이나 개입이 있기 전까지 유지된다. 그러나 관측이 일어나는 순간, 원자는 중첩된 여러 가능성 중 단하나의 상태로 결정된다. 즉, 관측 전까지는 확률적 분포로 존재하던 대상이 관측을 기점으로 확정된 실체가 되는 것이다. 사다리의 비유로 보면 결국 맨 아래 단이거나 맨 위 단 가운데 하나로 '정해지는' 것이다. 이러한 중첩의 원리는 양자 컴퓨터가 수많은 정보를 동시에 처리할 수 있게 만드는 핵심적 동력이 된다.

슈뢰딩거의 고양이: 직관을 뒤흔드는 사고실험

양자 중첩을 설명하는 가장 유명한 사례는 오스트리아의 물리학자 에르빈 슈뢰딩거Erwin Schrödinger가 1935년 제안한 '고양이 실험'이다. 슈뢰딩거는 양자 상태의 불확정성이 일상적 직관과 얼마나 충돌하는지 보여주기 위해 이 가상의 실험을 고안했다.

실험의 설정은 이렇다. 완전히 밀폐된 상자 안에 고양이 한 마리와 방사성 원자, 방사선을 감지하는 검출기, 그리고 독가스 장치를 함께 넣는다. 상자는 외부와 완전히 차단되어 있어, 안에서 어떤 일이 벌어지는지 직접 확인할 수 있는 방법은 전혀 없다.

이 실험에서 핵심은 방사성 원자가 정확히 언제 붕괴할지는 오직 확률로만 알 수 있다는 점이다. 상자를 열기 전까지는 고양이가 살아 있는지, 죽어 있는지를 누구도 단정할 수 없다. 양자역학의 언어로 말하면, 상자 속 고양이는 '살아 있는 상태'와 '죽어 있는 상태'이 동시에 겹쳐 있는 중첩 상태에 놓여 있는 셈이다. 그러나 누군가 상자를 열어 안을 들여다보는 순간 상황은 달라진다. 관측이 이루어지는 즉시 중첩은 사라지고, 고양이는 비로소 살아 있거나 죽은 하나의 상태로 확정된다. 즉, 관측 행위가 결과를 결정하는 계기가 되는 것이다.

물론 현실에서 고양이가 실제로 동시에 살아 있으면서 죽어 있을 수는 없다. 에르빈 슈뢰딩거가 제시한 이 사고실험은 그런 현실을 주장하려는 것이 아니라, 양자 세계에서는 입자가 관측되기 전까지 여러 가능성으로 존재하다가 관측 순간 하나의 결과로 정해진다는, 우리의 직관을 뒤흔드는 특성을 이해하기 위한 비유적 장치다. 즉, 관측 행위가 단순히 현실을 확인하는 것을 넘어 결과를 결정하는 핵심 계기가 된다는 점을 시사한다.

떨어져 있어도 연결되는 현상: 양자 얽힘

양자 중첩의 개념을 한 단계 더 확장하면, 여러 원자나 입자가 서로 얽혀 하나의 상태를 이루는 현상에 이르게 된다. 이를 양자 얽힘

entanglement이라고 한다.

양자 얽힘이란 두 개 이상의 양자 물체가 물리적으로 멀리 떨어져 있어도, 각자의 상태가 분리되지 않고 하나의 시스템처럼 긴밀히 연결되어 있는 상태를 말한다. 한 입자에 변화가 일어나면 다른 입자 역시 거리와 상관없이 즉각적으로 연관된 변화를 보이는 것이다.

물론 이것이 정보가 빛보다 빠르게 전달된다는 뜻은 아니다. 두 입자는 애초에 하나의 공통된 양자 상태를 공유하고 있기 때문에 그 상태의 변화가 동시에 드러날 뿐이다. 고전역학의 상식으로는 도저히 이해하기 어려운 이 현상을 두고 아인슈타인은 '유령 같은 원거리 작용Spooky action at a distance'이라고 말하기도 했다.

좀 더 쉽게 비유해 보자. 앞서 언급한 슈뢰딩거의 상자 속에 고양이를 한 마리가 아니라 여러 마리 넣는다고 상상해 보자. 이 고양이들은 모두 하나의 독가스 장치에 연결되어 있어, 장치가 작동하면 전부 동시에 영향을 받는다. 이런 상황에서 고양이들은 각자 따로 살아 있거나 죽어 있는 상태가 아니라, 모두가 함께 살아 있거나 함께 죽어 있는 하나의 중첩된 상태로 묶여 있다. 다시 말해, 상자를 열기 전까지는 개별 고양이의 생사가 따로 정해져 있지 않고, 전체가 하나의 양자 상태를 공유하고 있는 셈이다. 누군가 상자를 열어 그중 한 마리만 확인하더라도, 그 순간 나머지 고양이들의 상태 역시 동시에 결정된다. 한 마리가 살아 있다면 모두 살아 있고, 한 마리가 죽어 있다면 전부 죽어 있는 것이다. 이 비유는 양자 얽힘이 '각각의 존재'가 아니라 '전체의 상태'로 작동한다는 점을 직관적으로 보여준다.

또 다른 비유를 들어 설명할 수 있다. 두 개의 동전이 아주 특별한 방식으로 서로 연결되어 있다고 상상해 보자. 두 동전을 동시에 던졌을 때 하나가 앞면이면 다른 하나는 반드시 뒷면이 나오도록 얽혀 있다고 가정해 보자. 이제 이 동전 중 하나는 내 집에, 다른 하나는 아주 멀리 떨어진 당신 집에 두었다고 가정해 보자. 두 장소는 멀리 떨어져 있지만, 내가 동전을 던져 앞면이 나오는 순간, 당신 집에 있는 동전은 마치 그 사실을 알고 있는 것처럼 즉시 뒷면으로 결정된다. 두 동전 사이에 어떤 신호가 오간 것도 아니고, 정보를 전달할 시간도 필요 없다. 결과만 놓고 보면, 두 동전의 상태는 거리와 무관하게 즉각적으로 연결되어 있는 셈이다. 이 비유는 양자 얽힘이 보여주는 직관을 단순화한 것으로, 서로 분리된 것처럼 보이는 대상들이 하나의 상태를 공유할 수 있음을 이해하는 데 도움을 준다.

실제 양자 얽힘은 앞서 든 동전의 비유보다 훨씬 더 극단적인 모습을 보인다. 예컨대 얽힌 두 입자 가운데 하나를 지구에 두고, 다른 하나를 수백만 광년 떨어진 은하로 보냈다고 가정해 보자. 이때 지구에 있는 입자의 상태를 측정하는 순간, 은하에 있는 입자의 상태 역시 동시에 결정된다. 겉으로 보기에는 마치 정보가 빛의 속도를 뛰어넘어 즉각 전달된 것처럼 느껴진다. 바로 이 점 때문에 양자 얽힘은 우리의 상식과 직관을 가장 강하게 뒤흔드는 현상 중 하나로 여겨진다.

이러한 시나리오는 고양이처럼 익숙한 거시 세계의 대상에 적용하면 황당하게 들리지만, 미시 세계에서는 반복적인 실험을 통해 증명된 엄연한 사실이다. 수 킬로미터 떨어진 거리에서 두 광자를 측정했을 때, 한쪽의 편광 방향이 정해지는 순간 다른 쪽의 편광이 즉시 결정되는 결과가 관찰된 바 있다. 이처럼 양자 얽힘은 우리의 일상적 감각과 직관을 가장 강렬하게 뒤흔드는 현대 물리학의 정수이다.

벽을 통과하는 확률: 양자 터널링

양자 터널링Quantum tunneling은 아원자 입자가 고전 물리학의 관점에서는 절대 넘을 수 없는 전위 장벽Potential barrier을 통과하는 것처럼 보이는 양자역학적 현상이다. 다시 말해 입자가 장벽 앞에서 멈추거나 반사될 것이라는 상식을 벗어나, 뚜렷한 이동 경로가 관측되지 않음에도 불구하고 장벽 반대편에서 갑자기 나타나는 현상을 말한다. 이는 입자가 실제로 장벽을 '뚫고 지나가는' 것이 아니라, 양자적 확률 분포에 따라 장벽 너머에 존재할 가능성이 현실화하는 것으로 이해할 수 있다.

이 현상을 일상에 빗대어 보자. 높은 벽을 향해 공을 던지면 벽에 부딪혀 튕겨 나오거나 멈추는 것이 정상이다. 아무리 힘껏 던져도 공이 벽을 그대로 통과해 반대편에 나타나는 일은 절대 일어나지 않는다. 그러나 양자 세계에서는 이야기가 다르다. 전자와 같은 입자는 장벽 너머에 존재할 수 있는 확률적 가능성을 지니고 있으며, 실제 실험에서도 장벽 반대편에서 입자가 갑자기 검출되는 현상이 확인된다. 마치 벽에 던진 공이 충돌 장면 없이 어느새 반대편 바닥에 놓여 있는 것과 같은 이 직관을 거스르는 현상이 바로 양자 터널링이다.

이 현상은 현대 컴퓨팅 기술의 핵심 부품인 트랜지스터와도 깊이 연결되어 있다. 트랜지스터는 전기 신호를 켜고 끄는 미세한 스위치로,

전압이 가해지면 전류가 흐르고(1), 전압이 없으면 전류가 차단되는(0) 방식으로 작동한다. 컴퓨터는 바로 이 단순한 '켜기/끄기' 동작을 조합해 복잡한 계산과 정보 저장을 수행한다. 전류의 흐름을 정밀하게 제어하기 위해 트랜지스터 내부에는 전자가 쉽게 넘어가지 못하도록 설계된 전위 장벽이 존재한다. 일반적인 크기와 조건에서는 이 장벽이 효과적으로 작동해 전자를 차단하고, 그 덕분에 트랜지스터는 안정적인 디지털 신호[0과 1]를 유지할 수 있다.

하지만 트랜지스터의 크기가 점점 줄어들어 원자 수준에 가까워지면 예상치 못한 문제가 나타난다. 아무리 전위 장벽을 높게 설계하더라도, 전자는 양자 터널링 효과 때문에 장벽을 넘지 않고도 반대편에서 발견될 수 있다. 스위치가 분명히 '꺼진' 상태임에도 불구하고 전자가 새어 나와 원래는 없어야 할 전류가 흐를 수 있다. 이는 마치 단단한 벽이 앞을 가로막고 있는데도 공이 벽을 부수거나 통과한 흔적 없이 반대편 바닥에 갑자기 나타나는 것과 비슷한 상황이다. 이런 현상은 반도체 미세 공정이 물리적 한계에 다다랐음을 보여주는 대표적인 사례다.

이처럼 물리적 한계가 분명해지면서, 현재의 반도체 기술은 더 이상 끝없이 작아질 수 없고 기존 컴퓨팅 방식의 성능 향상 역시 점차 한계에 부딪히고 있다. 바로 이 지점에서 양자역학의 성질을 계산 그 자체에 활용하는 양자 컴퓨팅이 새로운 대안으로 주목받기 시작했다. 기존 컴퓨터가 극복하지 못하는 장벽을, 양자 컴퓨터는 오히려 양자적 현상을 적극적으로 이용해 넘어서려는 것이다. 양자 터널링과 같은 독특한 현상은 단순한 물리적 이상 현상이 아니라, 양자 컴퓨터가 기존 컴퓨터로는 도달할 수 없는 계산 영역을 열어 주는 핵심적인 토대 가운데 하나로 자리 잡고 있다.

양자 터널링은 단순한 이론적 가설에 머무르지 않고 이미 현대 기술의 실질적인 기반으로 활용되고 있다. 대표적인 사례가 스마트폰과 컴퓨터의 저장장치인 플래시 메모리^{SSD, USB}이다. 플래시 메모리는 양자 터널링 현상을 이용해 데이터를 기록한다. 메모리 내부의 극도로 얇은 절연막을 전자가 터널링하여 통과하느냐, 아니면 통과하지 못하느냐에 따라 전자의 배열 상태가 달라지고, 이 차이가 곧 0과 1이라는 정보로 기록된다. 다시 말해 우리가 사진을 저장하고 문서를 보관할 때마다, 눈에 보이지 않는 미시 세계에서는 전자들이 물리적 장벽을 확률적으로 넘나들며 데이터를 남기고 있는 셈이다.

이처럼 양자 터널링은 고전적 한계를 드러내는 동시에, 미시 세계의 기묘한 법칙이 어떻게 거대한 정보 혁명의 토대가 될 수 있는지를 여실히 보여준다.

계산의 방식이 바뀐다

이제 양자 알고리듬^{Quantum algorithm}의 본질과 작동 방식, 그리고 핵심적인 유형들을 구체적으로 탐색해 보자. 이를 통해 고전 컴퓨팅의 한계를 돌파하는 양자만의 강력한 무기가 무엇인지 더욱 분명하게 확인할 수 있다.

양자 컴퓨팅의 핵심 가치는 단순히 연산 속도를 조금 더 높이는 데 있지 않다. 특정 유형의 문제에서 고전 컴퓨터와는 차원이 다른 질적인 속도 향상을 만들어낸다는 점이 본질이다. 고전 알고리듬이 모든 경우의 수를 하나씩 검토하며 막대한 시간을 소모할 때, 양자 알고리듬은 중첩과 얽힘을 활용해 해답에 이르는 경로를 획기적으로 재구성한다.

이러한 질적 도약은 암호 해독, 최적화 경로 탐색, 분자 시뮬레이션 등 기존 컴퓨팅 체계가 한계에 부딪혔던 영역에서 새로운 가능성을 제시한다. 그런 점에서 양자 알고리듬의 작동 원리를 이해하는 것은 현대 컴퓨팅이 직면한 물리적·수학적 난제를 어떻게 창의적으로 해결할 수 있는지 파악하는 출발점이다.

양자 알고리듬은 어떻게 작동하는가?

양자 컴퓨터는 정보를 큐비트라는 새로운 단위로 저장하고 계산한다. 큐비트는 고전적인 비트처럼 0이나 1중 하나만 취하는 것이 아니라, 0과 1이 동시에 존재하는 중첩 상태를 가질 수 있다. 비유하자면 일반 비트가 앞면 혹은 뒷면만 갖는 동전이라면, 큐비트는 공중에서 회전하며 앞뒤가 동시에 가능한 동전에 가깝다. 또 하나의 핵심 원리는 얽힘이다. 이는 두 개 이상의 큐비트가 강하게 연결되어, 물리적으로 멀리 떨어져 있더라도 한 큐비트의 상태가 변하면 다른 큐비트의 상태가 즉시 함께 결정되는 현상을 말한다.

이러한 중첩과 얽힘 덕분에 양자 컴퓨터는 경우의 수를 순차적으로 계산하는 대신 여러 가능성을 동시에 다룰 수 있다. 이처럼 양자적 성질을 계산에 적극적으로 활용해 문제를 해결하는 절차를 양자 알고리듬이라고 부른다. 양자 알고리듬은 중첩, 얽힘, 간섭 현상을 정교하게 조합하여 특정 문제에서 고전 알고리듬보다 훨씬 빠르고 효율적인 계산이 가능하도록 설계된 방법이다.

양자 컴퓨터는 아직 낯설고 어렵게 느껴질 수 있지만, 그 작동 원리를 일상의 비유로 떠올리면 이해가 한결 수월해진다. 양자 알고리듬은 양자가 지닌 독특한 성질을 계산에 활용해 문제를 해결하는 절차이며, 이 과정은 개념적으로 4가지 핵심 단계로 구분할 수 있다.

1단계: 초기화

모든 계산은 초기화 단계에서 출발한다. 양자 컴퓨터가 사용하는 기본 단위는 큐비트로, 한 번에 하나의 값만 갖는 일반 비트와 달리 여러 상태를 동시에 품을 수 있다. 계산을 시작하려면 큐비트들을 일정한 0과 1의 기준 상태로 맞춰 두어야 한다. 이는 마치 경기에 나설 선수들을 모두 같은 출발선에 세워 준비시키는 과정과도 같다. 초기 조건을 명확히 설정해야만, 이후의 복잡한 양자 연산이 흐트러짐 없이 정확한 궤도를 따라 전개될 수 있다.

2단계: 양자 게이트 연산

일반 컴퓨터가 전기 신호로 0과 1을 바꾸듯, 양자 컴퓨터는 양자 게이트라는 도구로 큐비트의 상태를 조작한다. 예를 들어 하다마드Hadamard 게이트는 하나의 큐비트를 여러 가능성이 겹친 상태로 만들고, CNOT 게이트는 두 큐비트를 연결해 서로 영향을 주고받게 한다. 이 과정을 통해 큐비트들은 수많은 해법이 겹친 중첩의 상태로 진입하여, 정답을 걸러내기 위한 본격적인 연산 준비를 마친다.

3단계: 얽힘과 간섭

이는 양자 알고리듬의 핵심이라 할 수 있는 얽힘과 간섭이 본격적으로 작동하는 단계다. 얽힘은 여러 큐비트가 보이지 않는 끈으로 연결된 듯 하나의 시스템처럼 움직이게 하고, 간섭은 수많은 가능한 결과들 가운데 정답에 해당하는 경우는 점점 강화하고, 간섭은 수많은 결과 중 정답에 해당하는 경우는 강화하고 오답은 상쇄하여 약화한다. 이러한 원리를 통해 양자 컴퓨터는 무의미한 나열을 피하고, 확률적 간섭을 이용해 정답이 자연스럽게 도출되도록 연산의 방향을 정교하게 이끌어간다.

4단계: 측정 및 결과 확인

이는 측정을 통해 결과를 확인하는 과정이다. 계산이 끝난 뒤 관측이 이루어지는 순간, 큐비트는 여러 가능성이 겹쳐 있던 상태를 벗어나 0 또는 1이라는 하나의 확정된 값으로 결정된다. 이는 양자 상태가 현실에서 읽을 수 있는 명확한 결과로 붕괴하는 순간이다. 이 모든 측정 과정을 거치고 나면, 비로소 양자 컴퓨터가 길러낸 최종 해답이 그 모습을 드러낸다

결론적으로 양자 알고리듬은 '큐비트 준비 → 상태 조작 → 얽힘과

간섭을 통한 정답 강화 → 측정을 통한 결과 확인'의 흐름으로 작동한다. 모든 계산을 양자 세계의 고유한 방식으로 수행하는 이 새로운 체계는 기존 컴퓨팅의 한계를 넘어, 수천 년이 걸리던 계산을 단 몇 분 안에 처리할 수 있는 잠재력을 보여준다.

대표적인 양자 알고리듬의 유형

양자 알고리듬은 고전적 알고리듬과의 비교를 통해, 어떤 방식의 속도 향상을 기대할 수 있는지에 따라 3가지로 나뉜다.

문제 크기가 커질수록 계산 속도의 차이가 급격히 개선되는 기하급수적 속도 향상Exponential speedup, 계산량을 다항식 수준으로 줄여 주는 다항식 속도 향상Polynomial speedup, 그리고 데이터의 구조나 특성에 따라 특정 경우에만 성능 이점을 보이는 데이터 의존적 선택적 속도 향상Selective speedup이 바로 그것이다.

쇼어 알고리듬

양자 기술의 진정한 파괴력은 계산 속도를 '조금' 높이는 데 있지 않다. 기하급수적으로 다른 차원의 속도를 만들어낸다는 데 있다. 이에 따라 기존 컴퓨팅으로는 손도 대지 못했던 문제들이 비로소 계산 가능한 대상으로 바뀌기 시작한다.

그 중심에는 1994년 미국의 수학자 피터 쇼어Peter Shor가 제안한 쇼어 알고리듬Shor's algorithm이 있다. 양자 컴퓨팅을 접한 사람이라면 누구나 한 번쯤은 이 인수분해 알고리듬의 이름을 들어봤을 것이다. 쇼어 알고리듬은 교과서에 실릴 정도로 대표적인 양자 알고리듬 가운데 하나로, 양자 컴퓨팅이 고전 컴퓨팅을 얼마나 크게 뛰어넘을 수 있는지를 분명하게 보여주는 드문 예다. 이 알고리듬은 고전 컴퓨터로는 사실상 해결하기 어려운 문제를 양자적인 방식으로 계산해냈으며, 우리가 현재 알고 있는 한 실용적인 규모에서 고전적으로 수행하는 것은 거의 불가능한 작업을 처리할 수 있음을 보여주었다.

쇼어 알고리듬이 다른 양자 알고리듬보다 특히 두드러지는 이유는 크게 두 가지다.

첫째, 고전 알고리듬에 비해 숫자 인수분해를 기하급수적으로 빠르게 수행할 수 있다는 점이다. 많은 양자 알고리듬이 계산 속도에서 일정한 이점을 제공하지만, 쇼어 알고리듬은 그중에서도 기하급수적 속도 향상을 보여주는 극히 드문 사례이자, 동시에 현실적인 응용 가능성을 지닌 몇 안 되는 알고리듬에 속한다.

둘째, 더 중요한 점은 이 알고리듬을 이용하면 실제로 합리적인 시간 안에 큰 수의 인수분해가 가능해진다는 사실이다. 바로 이 특성 때문에, 오늘날 전 세계에서 가장 널리 사용되는 암호 체계를 직접적으로 위협할 잠재력을 지닌 것으로 평가된다.

쇼어 알고리듬은 양자 컴퓨팅이 본격적으로 주목받는 계기가 되었다. 이 알고리듬이 국가와 산업계, 나아가 일반 대중에게까지 잠재적 위협으로 인식되면서, 양자 기술 전반에 대한 관심을 급격히 끌어올렸기 때문이다. 수십 년이 지난 지금도 쇼어 알고리듬은 여전히 양자 알고리듬의 표준으로 자리 잡고 있다.

금융 시스템과 국가 안보, 각종 암호화 응용 분야를 보호하기 위한 노력 역시 오랜 시간 이어져 왔다. 특히 양자 안전 암호가 보편적으로 도입되기 전까지, 충분한 양자 컴퓨팅 능력을 갖춘 누군가가 쇼어 알고리듬을 실제로 활용할 가능성은 여전히 현재진행형의 문제이자 지정학적 위험으로 남아 있다.

동시에 이 알고리듬은 양자 기술 분야에 수십 억 달러 규모의 투자를 이끌어낸 결정적 동력이기도 했다. 발표된 지 30년이 지난 지금도, 많은 연구자들은 기하급수적 가속을 실현할 또 다른 실용적 응용 분야를 찾기 위해 연구에 몰두하고 있다. 결국 하나의 알고리듬이 양자 컴퓨팅의 잠재력을 증명했다면, 다른 알고리듬 역시 존재할 수 있다는 기대가 자연스럽게 뒤따른다. 그리고 현재까지 가장 유력한 후보들 역시 여전히 쇼어 알고리듬에서 비롯된 아이디어를 토대로 하고 있다.

쇼어 알고리듬을 이용한 숫자 인수분해는 먼저 대상 숫자보다 작은 임의의 정수를 하나 선택하는 단계에서 출발한다. 이후 이 임의의 수와 대상 숫자를 바탕으로 최대공약수를 계산해, 우연히 이미 인수분해가 이루어졌는지를 확인한다.

비교적 작은 수라면 이 과정만으로도 충분하지만, 매우 큰 수의 경우에는 슈퍼컴퓨터나 양자 컴퓨터의 계산 능력이 요구될 수 있다. 여기서 양자 컴퓨터의 핵심적인 역할은 대상 숫자와 관련된 주기를 찾아내는 데 있다. 이 계산 결과를 토대로 새로운 임의의 수를 다시 시험할지, 아니면 원하는 인수가 이미 발견되었는지를 판단한다. 만약 대상 숫자의 인수분해가 성공적으로 이루어졌다면, 쇼어 알고리듬은 그 즉시 계산을 종료한다.

쇼어 알고리듬의 파괴력은 고전 방식과 비교했을 때 요구되는 연산량의 차이에서 극명하게 증명된다. 예를 들어 1,000자리에 달하는 거대 정수의 소인수를 찾는 작업은, 현존하는 최고 성능의 고전 슈퍼컴퓨터로도 우주의 나이보다 긴 시간이 소요되어 사실상 불가능의 영역에 속한다.

일반적으로 N자리 숫자를 인수분해할 때 고전 알고리듬은 N에 대해 지수적으로 증가하는 수준의 계산량을 요구하는 반면, 쇼어 알고리듬은 대략 로그엔$^{\log N}$의 세제곱 정도에 해당하는 계산만으로 문제를 해결할 수 있다. 이를 실제 시간으로 환산하면, 고전 컴퓨터가 100시간 동안 매달려야 할 계산을 양자 컴퓨터는 단 9분 만에 종결할 수 있다는 의미다. 이러한 '연산의 혁명'은 양자 컴퓨팅이 단순한 도구의 진화를 넘어, 국가 안보와 산업의 근간을 뒤흔들 새로운 질서의 설계자임을 시사한다.

이 압도적인 연산 능력은 현재 전 세계 금융 거래의 방패막이인 RSA[Rivest-Shamir-Adleman] 암호 체계를 단숨에 무력화할 수 있다. RSA 암호화는 두 개의 매우 큰 소수를 곱하는 방식에 기반을 둔다. 소수란 1과 자기 자신 외에는 어떤 정수로도 나누어지지 않는 숫자다. 이렇게 만들어진 곱은 규모가 워낙 커서, 기존의 컴퓨팅 방식으로는 이를 효율적으로 인수분해 할 방법이 사실상 없다. 그러나 만약 이 곱을 다시 소수로 분해할 수 있다면, 다시 말해 인수분해를 역곱셈 과정처럼 수행할 수 있다면, 암호에 사용된 소수를 알아낼 수 있고 결국 인터넷 통신을 무단으로 해독하는 것도 가능해진다.

나아가 쇼어 알고리듬은 비트코인의 보안까지 위협할 가능성도 지닌다. 비트코인에서 거래 서명과 코인 소유권을 보호하는 개인 키는 현재의 암호 기술에 의존하고 있다. 그런데 충분한 성능을 갖춘 양자 컴퓨터가 쇼어 알고리듬을 활용할 수 있게 되면, 이러한 암호화 키를 매우 빠른 속도로 해독할 수 있다. 그렇게 되면 비트코인 보유 자산은 물론, 다양한 블록체인 기반 애플리케이션까지 위험에 노출될 수 있다. 더 나아가 암호화폐 시스템 전반에 대한 신뢰 자체가 흔들릴 가능성도 배제할 수 없다. 이런 이유로, 양자 컴퓨터가 상용화되는 시점에는 비트코인 해독이 양자 기술의 첫 번째 현실적 적용 사례가 될 것이라는 전망도 제기되고 있다.

결과적으로 쇼어 알고리듬은 기술적 성취를 넘어 국가 간 지정학적 헤게모니의 핵심 변수로 부상했다. 강력한 양자 컴퓨팅 능력을 선점한 주체가 기존 보안 체계를 무너뜨릴 '디지털 마스터키'를 쥐게 되기 때문이다. 이에 대응해 전 세계는 양자 내성 암호[PQC] 도입과 같은 새로운 안보 전략 수립에 사활을 걸고 있으며, 이는 현재 전 세계적으로 수십억 달러 규모의 자본이 양자 기술에 집중되는 결정적 동기가 되고 있다.

그로버 알고리듬

양자 컴퓨팅이 제공하는 두 번째 유형의 이점은 다항식 속도 향상이다. 이 경우 양자 알고리듬의 강점은 문제의 규모가 커질수록 처리 시간이 다항식 형태로 증가한다는 데 있다. 그 결과 속도 향상 자체는 기하급수적인 경우만큼 극적이지는 않지만, 계산과 문제해결 과정 전반에서 의미 있고 실질적인 성능 개선을 가져온다.

다항식 속도 향상을 보여주는 대표적인 사례로는 1996년 미국의 컴퓨터 과학자 로브 그로버Lov Grover가 고안한 그로버 알고리듬Grover's algorithm이 가장 널리 알려져 있다. 그로버 알고리듬은 양자 컴퓨팅 분야에서 가장 유명한 알고리듬 중 하나로, 양자적 원리를 '구조화되지 않은 검색'이라는 매우 기본적인 계산 문제에 적용한 뛰어난 사례다. 여기서 구조화되지 않은 검색이란 정렬되어 있지 않은 목록 속에서 특정 요소를 찾아내는 작업을 의미한다.

거대한 가방 안에 10억 개의 작은 주머니가 있고, 오직 하나에만 우리가 찾는 집 열쇠가 숨겨져 있다고 상상해 보자. 기존 컴퓨터라면 이 주머니들을 하나씩 열어보는 방법뿐이다. 평균적으로는 약 5억 번, 최악의 경우 10억 번에 이르는 확인 과정을 거쳐야 비로소 열쇠를 찾을 수 있다.

이런 방식은 시간이 지나치게 오래 걸리며 매우 비효율적이다. 하지만 양자 컴퓨터는 전혀 다른 전략을 취한다. 먼저 '양자 중첩'이라는 특성을 활용해, 마치 10억 개의 주머니를 동시에 살펴보는 것처럼 계산을 시작한다. 이 단계에서는 열쇠의 위치를 하나로 특정하지 않고, 모든 가능성이 중첩된 상태로 존재한다. 이어서 '양자 간섭' 과정을 통해 열쇠가 들어 있지 않은 주머니들의 가능성, 즉 잘못된 선택지의 확률을 점차 낮춘다. 이는 마치 잡음을 하나씩 제거해 나가는 과정과 비슷하다. 그와 동시에 열쇠가 들어 있을 가능성이 있는 주머니의 신호는 점점 강화된다. 결국 잘못된 선택지들은 서로를 상쇄하며 사라지고, 정답에 해당하는 후보만이 남게 된다.

이 과정을 여러 차례 반복하면, 기존 방식에서 수억 번의 시도가 필요했던 작업을 양자 방식에서는 불과 수만 번의 반복만으로 수행할 수 있다. 예를 들어 10억 개의 선택지 중 하나를 찾아야 할 때, 고전적인 방식이 수백만에서 수억 번의 시도를 요구한다면 양자 방식은 그 횟수를 약 3만 번 수준으로 크게 줄인다.

이처럼 그로버 알고리듬은 단순히 검색 속도를 높이는 데 그치지 않고, 여러 가능성을 동시에 다루며 잘못된 선택지는 제거하고 정답은 증폭시키는 새로운 계산 방식을 제시한다. 그 결과 정렬되지 않은 데이터베이스 검색은 물론, 최적 경로 탐색이나 자원 배분 같은 현실적인 문제들도 훨씬 더 효율적으로 해결할 수 있다.

그로버 알고리듬은 양자 컴퓨팅이 지닌 독특하면서도 강력한 가능성을 잘 보여준다. 쇼어 알고리듬이 인수분해처럼 뚜렷한 수학적 구조를 가진 문제에서 압도적인 속도를 발휘한다면, 그로버 알고리듬은 아무런 구조가 없는 방대한 데이터 속에서 대상을 찾아야 하는 상황에 적용된다. 이는 양자역학이 특수한 계산 문제뿐만 아니라 폭넓은 현실 세계의 문제에서도 실질적인 이점을 제공할 수 있음을 시사한다.

그로버 알고리듬의 핵심은 검색과 최적화 문제를 바라보는 새로운 사고방식을 제시한다는 데 있다. 흔히 데이터베이스 검색 속도를 높이는 기술로 소개되지만, 실제 의미는 그보다 훨씬 넓다. 이 알고리듬은 최적의 선택지를 찾거나 수많은 가능성 중 최선의 해를 골라야 하는 복잡한 최적화 과제에도 적용될 수 있다.

중요한 점은 그로버 알고리듬이 이러한 문제 유형에서 이론적으로 가장 빠른 방식이라는 사실이다. 1997년 미국의 물리학자 찰스 베넷Charles H. Bennett 등의 연구에 따르면, 그 어떤 양자 알고리듬도 그로버 알고리듬보다 적은 질문Query만으로 정답을 찾아낼 수는 없다는 점이 증명되었다. 즉, 속도 향상이 기하급수적 수준은 아닐지라도 제곱근 단위에 해당하는 2차 가속만으로 거대한 검색 공간에서는 엄청난 차이를 만들어내는 것이다. 예컨대 10억 개 가운데 하나를 찾아야 하는 경우, 기존 방식이 수억 번의 시도를 요구하는 데 비해, 그로버 알고리듬은 수만 번의 반복만으로도 충분하다.

그로버 알고리듬은 계산의 세계에서 하나의 시적인 전환점과도 같다. 이 알고리듬은 무차별 대입이라는 거친 방식에서 벗어나, 정답을 향해 나선형으로 접근하는 우아한 기하학적 회전을 통해 검색의 개념을 새롭게 탄생시킨다. 마치 어두운 방에서 무작정 손을 더듬는 대신, 빛의 방향 자체가 스스로 굴절하며 출구를 드러내는 장면을 떠올리게 한다.

이 알고리듬은 단순한 계산 도구에 머물지 않는다. 그것은 양자 컴퓨팅이라는 거대한 성전의 주춧돌이자, 계산이라는 행위가 논리의 영역에만 국한된 것이 아니라 물리적 현실과 깊이 얽혀 있음을 상기시킨다. 그로버 알고리듬은 조용히 말한다. 가장 위대한 혁신은 복잡한 구조를 끝까지 추적하는 데서 나오지 않는다고. 오히려 자연 법칙 속에 숨어 있는 미묘한 리듬을 발견하고, 그 리듬을 계산의 무대 위에서 살아 움직이게 할 때 비로소 혁신이 탄생한다고. 결국 그로버 알고리듬은 우리에게 질문을 던진다. 과연 계산이란 무엇인가? 정답을 찾는 일이란 가능성의 숲을 헤매는 과정이 아니라, 존재의 가장 깊은 층위에 숨겨진 질서 자체가 스스로 모습을 드러내도록 한 과정이 아닐까?

HHL 알고리듬과 양자 어닐링

양자 컴퓨팅에 대한 기대는 날이 갈수록 커지고 있다. 물론 양자 컴퓨터가 모든 종류의 계산을 기존 컴퓨터보다 빠르게 처리하는 만능 해결책은 아니다. 오히려 그 진정한 강점은 특정한 조건과 분야에서 기존의 한계를 뛰어넘는 '선택적 속도 향상Selective speedup'을 제공하는 데 있다. 이는 명확하게 정의된 맞춤형 상황에서만 높은 효율을 발휘하는 알고리듬을 통해 구현되며, 특히 복잡한 최적화 문제를 해결하는 과정에서 새로운 가능성을 보여준다.

이러한 선택적 속도 향상을 보여주는 대표적인 사례로는 2009년에 제안된 HHL 알고리듬Harrow-Hassidim-Lloyd algorithm을 들 수 있다. 이 알고리듬은 선형 방정식 시스템을 효율적으로 해결하는 데 특화되어 있다. 이러한 문제를 풀기 위해서는 보통 행렬을 역으로 계산하는 복잡한 과정이 필수적인데, 이는 고전 컴퓨팅 환경에서 큰 계산 부담을 수반한다. HHL 알고리듬은 양자 중첩과 얽힘 같은 양자역학적 원리를 활용해 이 과정을 획기적으로 단순화함으로써, 특정 조건하에서 매우 높은 계산 효율을 가능하게 한다.

기존 알고리듬이 시스템의 차원(N)이 커질수록 최소 N3에 비례해 계산 시간이 늘어나는 것과 달리, HHL 알고리듬의 시간 복잡도는 조건에 따라 로그엔^{logN} 수준까지 낮아질 수 있다. 이는 이론적으로 기하급수적 속도 향상에 해당하며, 기존 컴퓨터에서 100시간이 걸리던 계산을 양자 컴퓨터에서는 약 40분 만에 마칠 수 있을 정도의 압도적인 차이를 만들어낸다. 다만 이러한 성능 개선은 문제의 규모와 행렬의 구조, 그리고 양자 하드웨어의 성능 등 특정한 조건이 충족될 때에만 가능하다는 점을 함께 고려해야 한다.

HHL 알고리듬이 제공하는 선형 시스템 풀이 능력은 현실 세계에서 가장 중요한 문제 유형 가운데 하나인 최적화 문제해결에 필수적인 역할을 한다. 최적화란 경로 계획이나 공급업체 관리, 재무 포트폴리오의 수익 극대화처럼, 제한된 자원 안에서 가능한 최상의 결과를 도출하는 것을 목표로 한다.

이러한 목표를 달성하려면 방대하고 복잡한 데이터셋을 신속하게 처리하며 최적의 방법을 찾아내야 한다. 하지만 데이터의 규모가 커질수록 기존 컴퓨터는 계산 과부하에 직면하기 쉽다. 특히 대다수의 최적화 모델은 변수들 사이의 선형 관계를 포함하는데, 바로 이 지점에서 HHL 알고리듬의 진가가 발휘된다.

HHL을 바탕으로 한 양자 최적화 알고리듬은 특정 조건 하에서 기존 방식보다 기하급수적이거나 다항식 수준의 의미 있는 계산 이득을 제공한다. 이는 단순히 연산 시간을 단축하는 것을 넘어, 고전 컴퓨팅으로는 시도조차 불가능했던 난제들을 해결할 수 있는 새로운 가능성을 제시한다.

선형 방정식 체계를 활용하는 방식 외에도, 최적화 문제에 특화된 또 하나의 핵심 양자 알고리듬으로 양자 어닐링Quantum annealing이 있다. 이 이름은 금속을 가열한 뒤 서서히 냉각시켜 원자들이 가장 안정적인 상태로 재배열되도록 유도하는 금속공학의 어닐링풀림 공정에서 유래했다.

양자 어닐링은 실제 재료의 온도를 조절하는 대신, 양자 시스템의 매개변수를 변화시켜 시스템이 스스로 가능한 해답들을 탐색하도록 유도한다. 이는 금속 원자들이 에너지적으로 가장 유리한 상태를 찾아 정렬되듯, 양자 시스템 역시 주어진 문제에서 가장 바람직한 결과를 향해 자연스럽게 수렴하도록 안내하는 방식이다. 이러한 점에서 양자 어닐링은 양자 알고리듬이 파이썬Pthon, 1991년 네덜란드계 소프트웨어 엔지니어인 귀도 반 로섬이 발표한 고급 프로그래밍 언어과 같은 고전적 프로그래밍 언어의 단순한 연장선이 아님을 보여준다. 오히려 이는 양자역학의 물리적 복잡성 자체에 깊이 의존하여 설계되어야 함을 증명하는 대표적인 사례라 할 수 있다.

결론적으로 오늘날의 양자 컴퓨팅 혁명은 단순히 계산 속도를 올리기 위한 기술이 아니다. 기존의 방식으로는 결코 닿을 수 없었던 특정 영역을 정조준한 '선택적 돌파'의 결과물이다. 일례로 HHL 알고리듬과 양자 어닐링은 고전역학의 한계에 부딪혔던 방대한 선형 방정식 체계와 복잡한 최적화 문제에 대해 가장 정교한 해법을 제시한다. 특히 최적화 기술은 단순한 경로 계획을 넘어 인공지능의 심장인 머신러닝 신경망 학습에 이르기까지, 산업의 지형을 뒤바꿀 광범위한 파급력을 지닌다.

결국 양자 컴퓨팅은 문제를 푸는 속도를 높이는 기술이 아니라, 문

제를 다루는 사고의 틀 자체를 재정의하는 기술이다. 그것은 우리 문
명의 다음 도약을 앞당길 잠재력의 실체라 할 수 있다.

김동환. 2024. 『인지인문학을 향하여』. 역락.

김동환. 2024. 『인공지능, 트랜스휴먼, 사이보그』. 커뮤니케이션북스.

김동환. 2025. 『인공지능과 기술적 실업』. 커뮤니케이션북스.

김동환. 2025. 『AI와 신체 확장』. 커뮤니케이션북스.

Anderson, E. 2017. Private Government: How Employers Rule Our Lives (And Why We Don't Talk about It). Princeton, NJ: Princeton University Press.

Autor, D. 2016. Will automation take away all our jobs? https://ideas.ted.com/will-automation-take-away-all-our-jobs/

Ben-Ari, M. and Mondada, F. 2018. Robots and their applications, in M. Ben-Ari and F. Mondada, (eds.), Elements of Robotics (Cham: Springer International Publishing), 1~20.

Binder, M., N. Hirokawa, and U. Windhorst. 2009. Encyclopedia of Neuroscience. London: Springer.

Brynjolfsson, E. and McAfee, A. 2014. The Second Machine Age: Work, Progress, and Prosperity in a Time of Brilliant Technologies. New York: W. W. Norton.

Burri, S. 2017. What is the problem with liller robots?'. In R. Jenkins, M. Robillard, and B. J. Strawser (eds.), Who Should Die: Liability and Killing in War (Oxford: Oxford University Press), 163~187.

Čapek, K. 2004. R.U.R. (Rossum's Universal Robots). Penguin Publishing Group.

Chalmers, D. 2009. 'The singularity: A philosophical analysis', in S. Schneider (ed.), Science Fiction and Philosophy: From Time Travel to Superintelligence (Wiley Nicholas), 171~224.

Chow, K. 2013. Animation, Embodiment, and Digital Media: Human Experience of Technological Liveliness. New York: Palgrave Macmillan.

Chislenko, A. 1996. Networking in the mind age. http://penta.ufrgs.br/edu/telelab/10/mindage.htm

Clynes, M. and Kline, N. 1960. Cyborgs and space. Astronautics, September, 26~27, 74~76. Reprinted in Gray, C. H., et al. (1995), 29~34.

Coeckelbergh, M. 2017. New Romantic Cyborgs: Romanticism, Information Technology, and the End of the Machine. Cambridge, MA: The MIT Press.

Coeckelbergh, M. 2021. Green Leviathan or the Poetics of Political Liberty. New York: Routledge.

Coeckelbergh, M. 2022. Robot Ethics. Cambridge, MA: The MIT Press.

Coleman, F. 2019. A Human Algorithm: How Artificial Intelligence Is Redefining who We Are. Berkeley: Counterpoint.

Danaher, J. 2019. Automation and Utopia: Human Flourishing in a World without Work. Cambridge: Harvard University Press.

Darling, K. 2021. The New Breed: What Our History with Animals Reveals about Our Future with Robots. New York: Henry Holt and Co.

Dawkins, R. 1999. The Extended Phenotype: The Long Reach of the Gene. Oxford: Oxford University Press.

Drexler, E. 1987. Engines of Creation: The Coming Era of Nanotechnology. New York: Knopf Doubleday Publishing Group.

Enemark, C. 2013. Armed Drones and the Ethics of War: Military Virtue in a Post-Heroic Age. London: Routledge.

Ettinger, R. 1974. Man into Superman. New York: Avon.

Ettinger, R. 1964 [2005]. The Prospect of Immortality. Palo Alto, CA: Ria

University Press.

Frayne, D. 2015. The Refusal of Work. London: ZED Books.

Frey, C. B. and Osborne, M. A. 2013/2017. The future of employment: How susceptible are jobs to automation? Technological Forecasting and Social Change, no. 114.

Frischmann, B. and Selinger, E. 2018. Re-engineering Humanity. Cambridge: Cambridge University Press.

Gunkel, D. 2015. Resistance is futile: Cyborgs, humanism and the borg. in D. Brode and S. Brose (eds.), The Star Trek Universe: Franchising the Final Frontier (New York: Rowman and Littlefield).

Haraway, D. 1985. A cyborg manifesto. Socialist Review (US).

Harrington, A. 1969. The Immortalist. New York: Random House.

Hobbes, T. 1651. Leviathan. Oxford: Oxford University Press.

Hoque, F. 2025. Transcend: Unlocking Humanity in the Age of AI. New York: Post Hill Press

Jeffries, S. 2014. Interview-Neil Harbisson: The World's First Cyborg Artist, The Guardian, May 6, 2014. https://www.theguardian.com/artanddesign/2014/may/06/neil-harbisson-worlds-first-cyborg-artist.

Kaplan, J. 2015. Humans Need Not Apply. New Haven, CT: Yale University Press.

Kurzweil, R. 2005. The Singularity Is Near: When Humans Transcend Biology. New York: Penguin.

Kurzweil, R. 2024. The Singularity Is Nearer: When We Merge with AI. New York: Penguin.

LeDoux, J. 2003. Synaptic Self: How Our Brains Become Who We Are. New York: Penguin Books.

Leonhard, G. 2016. Technology vs. Humanity: The Coming Clash Between Man And Machine. London: Fast Future Publishing.

Manyika, J., M. Chui, M. Miremadi, J. Bughin, K. George, P. Willmott, and Dewhurst, M. 2017. A Future that works: Automation, employment and productivity. McKinsey Global Institute Report.

Manzocco, R. 2019. Transhumanism-Engineering the Human Condition: History, Philosophy and Current Status. New York: Springer.

Marcus, G. 2024. Taming Silicon Valley: How We Can Ensure That AI Works for Us. Cambridge, MA: The MIT Press.

Meyer, D. 2017. Robots may steal as many as 800 million jobs in the next 13 years. Fortune, 19 Nov. 2017, http://fortune.com/2017/11/29/robots-automation-replace-jobs-mckinsey-report-800-million/

Miller. A. 2019. The Artist in the Machine: The World of AI-Powered Creativity. Cambridge, MA: The MIT Press.

Moravec, H. 1990. Mind Children: The Future of Robot and Human Intelligence. Cambridge: Harvard University Press.

Pickover, C. A. 2024. Artificial Intelligence: An Illustrated History From Medieval Robots to Neural Networks. New York: Union Square & Co.

Pol, E. and Reveley, J. 2017. Robot induced technological change: Toward a youth-focused coping strategy. Psychosociological Issues in Human Resource Management, no. 5: 169~186.

Polanyi, M. 1966. The Tacit Dimension. Chicago: University of Chicago Press.

Ribas, M. 2018. Design yourself: How to connect with nature through technology. https://www.ted.com/talks/moon_ribas_design_yourself_how_to_connect_with_nature_through_technology/transcript

Robillard, M. 2024. The ethics of weaponized AI. in C. V liz (ed.), The Oxford Handbook of Digital Ethics (Oxford: Oxford University Press), 631~651.

Rosen, S. 1981. The economics of superstars. American Economic Review, no. 71.

Scheffler, S. 2013. Death and the Afterlife. Oxford: Oxford University Press.

Shonstrom, E. 2020. The Wisdom of the Body: What Embodied Cognition Can Teach us about Learning, Human Development, and Ourselves. Lanham: Rowman & Littlefield.

Simon, C. 2022. AI versus the human brain. https://www.forbes.com/sites/forbestechcouncil/2022/09/29/ai-versus-the-human-brain/?sh=3c930ee67123

Singer, P. W. 2009. Wired for War: The Robotics Revolution and Conflict in the 21st Century. New York: Penguin Press.

Slingerland, E. 2008. What Science Offers the Humanities: Integrating Body and Culture. New York: Cambridge University Press.

Slingerland, E. 2014. Trying Not to Try: Ancient China, Modern Science and the Power of Spontaneity. New York: Crown Publishing.

Slingerland, E. 2018. Mind and Body in Early China: Beyond Orientalism and the Myth of Holism. New York: Oxford University Press.

Susskind, D. 2020. A World without Work. London: Penguin.

Tomasson, B. and H. Hyena. 2010. The Extropist Manifesto. The Extropist Examiner (blog). https://extropism.tumblr.com/post/393563122/the-extropist-manifesto

Torres, P. 2018. Space colonization and suffering risks: Reassessing the 'maxipok' rule, Futures, no. 100: 74~85.

Upchurch, M. and Moor, P. 2017. Deep automation and the world of work, in P. Moore, M. Upchurch, and X. Whitakker (eds.), Humans and Machines at Work (London: Palgrave MacMillan), 45~71.

Uria-Recio, P. 2024. How AI Will Shape Our Future: Understand Artificial Intelligence and Stay Ahead. Pedro URIA-RECIO.

Véliz, C. 2024. The Oxford Handbook of Digital Ethics. Oxford: Oxford University Press.

Veltman, A. 2016. Meaningful Work. Oxford: Oxford University Press.

Vinge, V. 1993. The coming technological singularity: How to survive in the post-human Era. in VISION-21 Symposium Sponsored by NASA Lewis Research Center and the Ohio Aerospace Institute. http://www.rohan.sdsu.edu/faculty/vinge/

Warwick, K. 2014. The cyborg revolution. Nanoethics, no. 8.

Weil, D. 2014. The Fissured Workplace: How Work Became So Bad for So Many and What Can Be Done about It. Cambridge, MA: Harvard University Press.

찾아보기

ㅈ

ㅎ

A

G

H

번호

AI 이후, 인간은 무엇으로 정의되는가?

이제 인간은 더 이상 기계를 다루기만 하는 존재가 아니다.

기계와 함께 판단하고, 때로는 기계의 판단을 받아들이는 존재가 되어 가고 있다.

기술은 우리 대신 점점 더 많은 결정을 내리고,

우리는 그 결정 앞에서 고개를 끄덕이거나 고민한다.

그래서 질문도 달라졌다.

더 이상 "AI는 무엇을 할 수 있는가?"를 묻지 않는다.

이제 우리가 묻는 것은 이것이다.

"판단의 기준은 누가 만드는가?"

"그 기준에 대한 책임은 어디까지 인간의 것인가?"

이 책은 답을 주지 않는다.

대신, 기준을 묻는다

_ 김동환 · 최영호

피지컬 AI 프런티어
행동하는 기계가 쓴 새로운 삶의 방식

발행 · 2026년 4월 20일

지은이 · 김동환, 최영호

발행인 · 옥경석
펴낸곳 · 주식회사 에이콘온

주소 · 서울시 강서구 양천로 583 우림블루나인비즈니스센터 A동 2009호
전화 · 02)2653-7600 | **팩스** · 02)2653-0433
홈페이지 · www.acornpub.co.kr | **독자문의** · www.acornpub.co.kr/contact/errata

편집장 · 임채성 | **디자인** · 윤서빈 | **홍보** · 박혜경, 백경화 | **경영지원** · 최하늘, 김희지

에이콘온(AcornON) – 에이콘온은 'ON'이라는 단어처럼,
사람의 가능성에 불을 켜는 콘텐츠를 지향합니다.

인스타그램 · instagram.com/acornon_pub
페이스북 · facebook.com/acornpub
유튜브 · youtube.com/@acornpub_official

Copyright ⓒ 주식회사 에이콘온, 2026, Printed in Korea.
ISBN 979-11-94409-55-7
http://www.acornpub.co.kr/book/9791194409557

책값은 뒤표지에 있습니다.